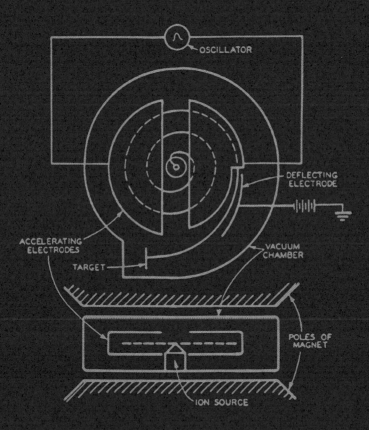

OSCILLATOR

DEFLECTING
ELECTRODE

ACCELERATING
ELECTRODES

TARGET

VACUUM
CHAMBER

POLES OF
MAGNET

ION SOURCE

THiNKr

新思

新 一 代 人 的 思 想

The Making of the Atomic BOMB

横空出世

核物理与
原子弹的诞生

Vol. 1

Richard Rhodes　[美]理查德·罗兹 著　　江向东 廖湘彧 译　　方在庆 译校

中信出版集团 | 北京

图书在版编目（CIP）数据

横空出世：核物理与原子弹的诞生 /（美）理查德
·罗兹著；江向东，廖湘彧译 . -- 北京：中信出版社，
2023.10

书名原文：The Making of the Atomic Bomb
ISBN 978-7-5217-5615-9

Ⅰ.①横… Ⅱ.①理…②江…③廖… Ⅲ.①核物理
学②原子弹－技术史－史料－世界 Ⅳ.① O571
② TJ91-091

中国国家版本馆 CIP 数据核字（2023）第 066431 号

横空出世——核物理与原子弹的诞生
著者：　　[美]理查德·罗兹
译者：　　江向东　廖湘彧
译校：　　方在庆
出版发行：中信出版集团股份有限公司
　　　　　（北京市朝阳区东三环北路 27 号嘉铭中心　邮编　100020）
承印者：　北京盛通印刷股份有限公司

开本：880mm×1230mm　1/32　　印张：37　　　字数：858 千字
版次：2023 年 10 月第 1 版　　印次：2023 年 10 月第 1 次印刷
京权图字：01-2023-3990　　　　书号：ISBN 978-7-5217-5615-9
　　　　　　　　　定价：168.00 元

推荐与赞誉

一部伟大的作品。罗兹先生做了极佳的工作，我不认为还有作品能超越它。

路易斯·W. 阿尔瓦雷茨（Luis W. Alvarez）

1968 年诺贝尔物理学奖得主

……在我已经读过的内容中，作者对核能研究和核弹研发相关的科学史，以及美国为这些领域做出贡献的一个个人物的深入了解给我留下了深刻的印象。

尤金·P. 维格纳（Eugene P. Wigner）

1963 年诺贝尔物理学奖得主

《横空出世》有如一部精彩的小说，我从书中了解到了很多以前不知道的东西。为了写作这部作品，罗兹先生显然做了认真且富有才智的准备工作。

埃米利奥·塞格雷（Emilio Segrè）

1959 年诺贝尔物理学奖得主

罗兹先生在书中细致地呈现了化学家在原子弹研发中扮演的角色。在我看来,《横空出世》是迄今为止对曼哈顿工程最为全面的记述。

格伦·T. 西博格（Glenn T. Seaborg）

1951 年诺贝尔化学奖得主

《横空出世》拥有弥尔顿史诗般的价值。我还没有在其他地方看到过有人将整个故事以如此详尽的细节、如此通俗的语言讲述得如此优雅和精彩,引领读者体验那些美妙而深刻的科学发现以及它们的应用。

在这个充满痛苦的世纪里,在决定命运的重大决策面前,那个时代的一个个伟大人物——科学界的、军界的、政界的——显得栩栩如生。这部涉及 20 世纪各种最深刻问题的巨著能够帮助我们理解 21 世纪世界面临的机遇和隐忧。

I. I. 拉比（I. I. Rabi）

1944 年诺贝尔物理学奖得主

纪念约翰·库什曼

（John Cushman，1926—1984）

作者诚挚感谢阿尔弗雷德·P. 斯隆基金会
对本书研究和写作的支持

如果将其视作有关人类成就和盲目的故事，那么科学发现就是伟大的史诗。

罗伯特·奥本海默（Robert Oppenheimer）

在制造原子弹这样的宏大工程中，各种想法、希望、建议和理论计算与基于测量的实际数据间的差异至关重要。只要少数几个不可预测的原子核截面与它们的实际数值相差一个因子 2，那么所有的委员会、所有的政治活动和所有的计划，将全部化为泡影。

埃米利奥·塞格雷

目 录

第一篇　深刻而必然的真理

第二篇　一种特殊的主权

第三篇　生与死

导　读

　　从仅仅是科学家头脑中的一个构想到研制成功再到投放，原子弹的发明是 20 世纪上半叶最为重要的历史事件。它彻底改变了人类的历史。人类迈入了一个随时可能被集体毁灭的后原子弹时代。这一时代始于美苏两大阵营对峙的冷战，以及随之而来的疯狂的核军备扩张。这一过程值得任何一个关心人类未来的人深思。苏联解体后的后冷战时代并没有改变人类的危险处境。对于原子弹及其早期历史，已有数不清的著作从不同的侧面、相异的立场进行了描述，而美国作家理查德·罗兹 1986 年出版的《横空出世——核物理与原子弹的诞生》是其中最具特色的著作之一。

　　要将这波澜壮阔的流动画面，以通俗而又不失专业水准，引人入胜而又不过于琐碎的方式呈现出来，绝不是一件简单的事。平铺直叙的编年史方式太常见了，吸引不了多少人。过于专业的讲解又会让大多数门外汉望而生畏，毕竟没有多少人会对具体的技术细节感兴趣。如何能神形兼备、有血有肉、逻辑有序、线索分明，非有高超的叙事技巧不可。

　　罗兹通过交替地切换场景，只用两个人就把整个故事串起来了，呈现出一幅首尾相连、交相呼应的画面。这两个人就是利奥·西拉德（Leo Szilard）和尼尔斯·玻尔（Niels Bohr），他们是罗兹这本书的双核。仅就动员爱因斯坦给罗斯福总统上书一件事，西拉德就可以青史留名；仅以量子力学的奠基者身份，玻尔就能永载史册。但他们对历史的贡献远不止这些。西拉德和玻尔都参加过曼哈顿工程，对原子弹的成功研制各自贡献了独特的力量。西拉德是研制原子弹的科学家中率先反对使用原子弹的人之一，二战后又不遗余力地倡导"帕格沃什科学和世界事务会议"（Pugwash Conferences on Science and World Affairs）运动。玻尔早就预料到了原子弹可能会导致核军备竞赛，并天真地设想通过与苏联分享技术来达到世界和平。他试图影响世界各国领袖的做法非但没有成功，反而差点使自己身陷囹圄。但在他身上体现的"开放"精神在"科学共和国"（The Republic of Science）里生根发芽，产生了深远的影响。西拉德和玻尔的命运在某种程度上成为科学家积极入世、"知其不可而为之"的精神缩影。

⦿

究竟由谁来告诉我们历史？是专业精深的史学家、目光敏锐的新闻记者、叙事高超的小说家，还是亲身经历过的当事人、具有悲悯情怀的科学家？抑或常显浅薄、万金油式的多面手？在我看来，好的历史应该是由兼具以上特点的深刻的多面手写就的。罗兹就是一个有思想深度的多面手。

让我们体验一下他的叙事风格。故事一开始，作者把西拉德置于大萧条时期伦敦的一个十字路口。西拉德究竟向哪里走还不确定。"他可能没有任何目的地，他常常一边走一边思考，另一个目的地随时都可能冒出来。"紧接着作者用了一个比喻："就在他横穿大街时，时间在他面前裂开了一道口子，他看到了一条通往未来的路，看到死神将走进这个世界，看到我们的所有悲哀、种种事物的幽灵将至。"在这个现实与幻想交替的场景之后，罗兹慢慢引出了西拉德独特的身世。

西拉德出生于匈牙利的一个犹太家庭。虽然匈牙利在外强中干，虽处于鼎盛时期但矛盾重重、民族众多的奥匈帝国内部具有某种特殊的地位，但犹太人在匈牙利的边缘化处境并不比在帝国其他地方强多少。教育或经商是他们少有的几条改变命运的途径。西拉德最早在匈牙利学习工程，后来到当时的世界科学中心——德国首都柏林学习物理学。在此期间，凭着他的机敏和聪慧，他与许多物理学大师，包括爱因斯坦在内，结下了深厚的友谊。他从诺贝尔物理学奖得主马克斯·冯·劳厄（Max von Laue）处获得博士学位。爱因斯坦对他的博士论文非常赞赏。西拉德是一个好动的人，热衷于发明。仅在 1924 年到 1934 年间，他（包括与爱因斯坦一起）就向德国专利局申请了 29 项专利。他与爱因斯坦合作申请过电冰箱专利，但因噪声太大而没有投入实际生产。西拉德比美国物理学家欧内斯特·O. 劳伦斯（Ernest O. Lawrence）还早三个月提出了回旋加速器的基本原理和总体设计（劳伦斯因回旋加速器获得了 1939 年的诺贝尔物理学奖）。

1914 年，英国作家 H. G. 威尔斯（H. G. Wells）在他的《获得解放的世界》（*The World Set Free*）一书中预言，1956 年将爆发一场英法等国与德奥等国之间的世界核大战，世界上的主要城市都将被原子弹摧毁。受威尔斯的影响，西拉德在核理论的思想指导下，于 1928 年 12 月 17 日提交了最早的直线加速器的专利申请，一周后又提交了回旋加速器的专利申请。1934 年底，他又提交了同步回旋加速器的专利申请。1932 年中子被发现后，西拉德就被原子核链式反应是可能的这一事实迷住了。他正确地预测了这种反应的结果及其潜在的能量来源。为此，他在 1934 年初提交了链式核反应专利申请，这为他后来与美国军方之间有关优先权问题的争论埋下了伏笔。奥托·哈恩（Otto Hahn）[①]与他的学生兼助手弗里茨·施特拉斯曼（Fritz Strassmann）在 1939 年发现核裂变后，没有人比西拉德更为担心。他积极主动地让美国政府认识到事态的严重性——如果让纳粹德国抢先制造成功原子弹的话，那可不是一件闹着玩儿的事。是他动用爱因斯坦这张名片，亲自"导演"了由爱因斯坦签名的致罗斯福总统的信。正是由于西拉德懂工程设计，从而建议使用无硼的纯石墨作为缓冲中子的装置，他与恩里科·费米（Enrico Fermi）共同设计的第一座核反应堆才得以成功运行。1939年，为了反抗军方对科学研究的粗暴干涉，他在纽约发起了科学家之间的自愿保密运动。

一时间，西拉德在科学界呼风唤雨。然而好景不长，到了1943 年，西拉德跌至了人生的低谷。他与曼哈顿工程的军方负责人莱斯利·格罗夫斯（Leslie Groves）之间的冲突几乎到了不可调和的地步。一开始，格罗夫斯还勉强能容忍他，因为如果把他置于曼哈顿工程控制区之外的话，可能会更加危险。到后来，格罗夫斯实在忍无可忍了，想直接开除他。

怀有偏见的格罗夫斯把西拉德当成"敌国侨民"，建议"在战争期间拘禁他"。相比于格罗夫斯对奥本海默的欣赏与力保，他对

[①] 德国化学家、物理学家，因为对放射性元素及核裂变现象的研究获 1944 年诺贝尔化学奖。——编者注

西拉德的敌视与不容耐人寻味。人与人之间是不是也存在天敌或"克星"？为了证明自己的清白，西拉德将自己从 1939 年到 1940 年期间的文档整理出来，其中包括向罗斯福总统的谏言，以及他在强化美国、英国和法国物理学家自愿保密方面所做的努力。为了在与格罗夫斯的较量中取得上风，西拉德决定孤注一掷。他的策略是，曼哈顿工程使用了他在此之前有关反应堆的发明专利，为此政府必须付费。这让格罗夫斯以及控制曼哈顿工程的科学研究和发展局（Office of Scientific Research and Development，OSRD）局长万尼瓦尔·布什（Vannevar Bush）等人始料未及。顽固的格罗夫斯大概也认识到了西拉德并不好惹，曼哈顿工程缺了他还真不行，便不得不收敛自己咄咄逼人的锋芒。西拉德也见好就收，明白格罗夫斯也并非等闲之辈，他必须做到有理、有利、有节。他们之间永远不会也不可能建立互信。这除了双方的个性使然，更是由所持的立场不同所致。较量的核心实际上是控制权的问题，西拉德不相信能用命令的方式让科学家发挥作用。他认为只有在曼哈顿工程内部实行真正的学术民主，才能切实推动它的工作。和奥本海默与军方尽量配合，有时甚至委曲求全的协商方式不同，西拉德不惜以冲突的形式来反映科学家的心声。经过几个回合的较量，其间穿插了斗智斗勇、讨价还价，双方最后各退一步，妥协收场。作为补偿，西拉德接受了军方象征性支付的一万多美元。这本身就是一幅极有趣的画面。

还在战争期间，西拉德就意识到，如果用原子弹来结束战争，一定会引发与苏联的军备竞赛，如果不防患于未然的话，将是十分危险的事情。从二战结束一直到他逝世，在近 20 年的时间里，他不知疲倦地寻找办法减少核战争的威胁。他是"帕格沃什科学和世界事务会议"的主要发起者之一。1962 年，在生命行将结束时，西拉德组织了一个非营利组织"宜居世界委员会"（Council for a Livable World），目的是减少核武器的威胁，增加国土安全。该委员会通过参与和组织立法、游说、研讨会以及将支持这一信念的人选入国会等一系列活动，来影响武器控制。为了反对核战争、反对核武器试验、防止核武器对人类的危害，他不停地给世界各国领袖写信，呼吁世人关注核武器的危险。

西拉德兴趣广泛，在许多方面都表现出了独创性。除了热衷于专利外，他还开辟了许多新领域。早在 1929 年，他的教授资格论文《论一个热力学系统在智能生物干预下熵的减少》（Über die Entropieverminderung in Einem Thermodynamischen System bei Eingriffen Intelligenter Wesen）就引起了学界的关注，被认为是现代信息论的一份重要基础文献。他晚年从物理学转向了分子生物学，在该领域发挥了重要作用。他与雅克·L. 莫诺（Jacques L. Monod）①关系很好，后者对他赞赏不已：西拉德"骨子里就是一个生物学家"。试想一下，一个人到了"知天命"的 50 多岁时再转到一个完全陌生的领域，会是什么样子？除了对自己的天才极为自信外，还有什么呢？附带说一句，与那些多产的科学家相比，西拉德一生发表的论文数量极为有限。放在今天，他连正常的晋升都难，更别说在晚年时转入一个完全陌生的领域了。

这位"火星来客"是一个早熟的"阴影下的天才"（他的传记作者对他的形容）。他完全献身于理性，从未失去好奇心，无论在科学上、政治上，还是个人生活方面，都保有一颗赤子之心，对

---

① 法国生物学家，因遗传物质分子机制方面的研究获 1965 年诺贝尔生理学或医学奖。——编者注

事物具有敏锐的观察力。他有时热情似火、充满活力，有时又粗暴无礼、冷漠无情。成年后，他就生活在流动中，没有永久的居住地，时刻准备流动，参加完某个项目后，随时拿起行李箱走人。在常人看来，这类天才往往行为古怪，不守常规，并非与每个人都能友好相处。他们可能礼贤下士，但对与自己地位相当或更高的人，并不一定表示尊重。西拉德与费米两人关系就不好。

人们对西拉德有着截然相反的两极评价。与西拉德同样来自匈牙利的尤金·维格纳这样评价他："在我看来西拉德一生都非常古怪，并且基本上表现出同一类的古怪言行。他有很高的天分，这种天分受到了他自己过分庞杂的兴趣的阻碍。""他有突出的眼光、智慧、魄力和口才。""西拉德对他自己的天分过分关心……""我永远不知道是什么弱点使西拉德自视得那么高。""不论西拉德学会了多少东西，他依然喜好争吵……""西拉德有一些辉煌的一般性观念，但他从来不给出其细节。""西拉德从未给科学带来什么突破性的新想法。""他是一位二流的物理学家。"①

西拉德"喜好争吵"的个性也不为周培源②喜欢。周培源第一次出席帕格沃什会议后写道："在这次会议上最令与会科学家讨厌的无疑是西拉德。他是芝加哥大学的物理学教授，也是流亡到美国的匈牙利犹太人。他对去年匈牙利的叛乱分子深表同情，因而对苏联有很深的仇恨。由于他在核物理上有一定的成就（他也和流亡在美国的物理学家费米及他人1942年在芝加哥第一次造成核反应堆），

① 尤金·维格纳、安德鲁·桑顿：《乱世学人——维格纳自传》，关洪译，上海科技教育出版社，2001年，第100、202~206、256页。
② 中国物理学家、中国科学院院士、中国近代力学事业的奠基人之一，曾任北京大学校长、中国科学技术协会主席。——编者注

处处表现他的狂妄、自满与无知。每次大会他必说话，而话又说得很多，使人产生极大的反感……"①

相反，同样是出生于匈牙利，在纳粹兴起后定居英国，被公认为"20世纪最彻底、最有辨识力的经济史学家"的卡尔·P.波拉尼（Karl P. Polanyi）②，对西拉德的评价就非常高。"西拉德是一个罕见之才。他的本性只有在危难之时才显出有用来。对于他所献身的事业，他是一个理想主义者。但是在他的意识里，他是一个倾向于实验的唯物主义者，一个不可知论者。这样一来，他自己也不了解自己，其他人也不了解他。"

被大多数人所误解，鲜有人能懂他的动机、旨趣和态度，毫无私利的言行反倒引起不信任。在这种背景下，波拉尼的上述这番话，大可令九泉之下的西拉德有"人生得一知己足矣"的感慨。

纵观西拉德的一生，我们可以看出，这是一个思想深邃、天赋极高、行甚于言、对世界的未来持有悲悯情怀的人。在这个道德和政治与科学息息相关的世界里，他极力去寻找构建一个稳定世界的手段。在这一过程中，不管如何被人误解、遭人嫉恨，他都初衷不改，勇于践行。"人或加讪，心无疵兮。""亦余心之所善兮，虽九死其犹未悔。"从这位西方科学家身上，我仿佛看到了我国先贤的影子。

---

① 周培源：《出席国际罗素科学会议概述》，《科学文化评论》，2005年第6期，第104页。

② 波拉尼一门多杰。卡尔的弟弟是著名化学家和哲学家迈克尔·波拉尼（Michael Polanyi）。迈克尔的儿子约翰·查尔斯·波拉尼（John Charles Polanyi）1986年因在"化学动力学"方面的杰出研究获诺贝尔化学奖。卡尔的独生女卡里（Kari Polanyi-Levitt）则是一位著名的经济学家。

⊙

与西拉德的风风火火不同，另一主角玻尔要沉稳得多。熟悉物理学史的人都知道，在量子力学的发展过程中，没有几个后生没受到过玻尔的"点拨"。那批在 20 世纪初出生，后来在物理学舞台，特别是在曼哈顿工程中大显身手的年轻人，都与哥本哈根这位宽厚的长者结下过不解之缘。按理查德·费曼（Richard Feynman）[①]的说法，玻尔是曼哈顿工程的"精神领袖"。

玻尔是科学中"开放"（openness）精神的象征。他毕生都致力于反对任何形式的"封闭"（closeness）。维尔纳·海森伯（Werner Heisenberg）在 1941 年秋天对哥本哈根的访问给玻尔的心灵带来了致命的伤害。但是战后不久，他们之间就恢复了联系，他们之间的关系并不像人们想象的那样糟。两家人之间不但互访，假期时还一起到希腊游玩。1961 年，在庆祝海森伯 60 岁生日出版的专刊（Festschrift）上，玻尔还对海森伯在物理学上的贡献大加赞赏。[②]可以肯定的是，如果不是玻尔的宽宏大量，他与海森伯早就形同陌路了。

玻尔一生中经历过几次特别戏剧性的场面。从瑞典坐飞机到英国，差点丧命；海森伯 1941 年秋到哥本哈根拜访他，留下千古悬案；游说罗斯福和丘吉尔不成，反而徒增怀疑。罗兹不愧为情景剧高手，所有这些情节在书中都有精彩描述。其中玻尔与丘吉尔"灾

---

① 美国理论物理学家，因量子电动力学方面的工作获 1965 年诺贝尔物理学奖。——编者注

② 见 Klaus Gottstein 的文章：New insights? Heisenberg's visit to Niels Bohr in 1941 and the Bohr letters。全文见 http://arxiv.org/pdf/physics/0610270。

难性的正面交锋"可谓"战争中最像黑色喜剧的场面之一"。玻尔后来承认，他与丘吉尔使用的不是同一种语言。他感到既沮丧又愤怒。甚至在72岁时，一想起这次会面，玻尔就感到刺痛。玻尔倡导的"开放"精神虽然在政治领域碰了壁，但这并没有让他后退半步。战后，他给联合国写了一封公开信，呼吁国际的科学合作。玻尔很清楚，人们不可能在一个缺乏充分开放的世界中有效控制原子能。

玻尔向往的是迈克尔·波拉尼所主张的"科学共和国"：在精神上开放，在规模上国际化，在文化上超越国界。这似乎可以作为一个理想的世界秩序的榜样，即用科学作为解决民族国家冲突的一种武器。这是一个很有吸引力但问题成堆的想法。我们不要忘了，科学是在民族国家内部运作的。科学家的看法也各不相同，绝非清一色。在"科学共和国"中，有玻尔、西拉德，也有爱德华·特勒（Edward Teller）和他的"星球大战"计划拥护者。

科学家性格迥异，有的幽默，有的严厉，有的热情，有的冷漠，有的让人沮丧，有的让人快乐。除了西拉德、玻尔外，在这本书中罗兹还对多位大科学家着墨甚多：罗伯特·奥本海默、特勒、费米、欧内斯特·卢瑟福（Ernest Rutherford）、莉泽·迈特纳（Lise Meitner）、维格纳、劳伦斯、爱因斯坦、海森伯、奥托·哈恩、汉斯·贝特（Hans Bethe）、约翰·冯·诺伊曼（John von Neumann）、詹姆斯·查德威克（James Chadwick）[①]等等。作者还用相当的篇幅介绍了当时的科学政策制定者，如布什和詹姆斯·布赖恩特·科南特（James Bryant Conant），以及曼哈顿工程的军方负责人格罗夫

[①] 英国物理学家，因发现中子获1935年诺贝尔物理学奖。——编者注

斯将军等人。

个子不高的科南特是一个极为精明而有趣的人。年轻时,为了获得女友的青睐,他曾向她许下常人听起来荒唐可笑的三大宏愿:"先成为美国有机化学的领头人,再成为哈佛大学校长,之后成为政府内阁成员,也许是内政部长。"有趣的是,这些心愿科南特都逐一实现了。二战期间,他与好友布什一样,是一个信奉将先进技术应用于战争的忠贞的爱国者。在他当校长的 20 年间(1933—1953),他将哈佛改造成为一所研究型大学,这为人们津津乐道。后来他还曾任美国驻德意志联邦共和国的高级专员和大使。按现在的标准,科南特是一位典型的成功人士,事业有成,位高权重。但科南特或许有同时代人尤其是所谓 WASP(White Anglo-Saxon Protestant,祖先是盎格鲁-撒克逊人的白人新教徒)身上习而不察或习以为然的"反犹主义"倾向和白人至上的潜意识。在希特勒当政期间,他邀请纳粹高官访问哈佛,并让他们在校园里发表演讲。更有甚者,他对犹太学生入学加以限制,在雇用犹太学者方面更是层层设卡。按照世俗标准,科南特等人是非常正派的,行为中规中矩,对国家无限忠诚。但不可否认,他们身上也带有同时代人的一些通病。

还有一些人,尽管在"政治上正确",但由于动机可疑,涉嫌政治投机,不但不可爱,反而令人生厌。特勒就是其中的一个代表。

与玻尔千方百计地阻止战争不同,特勒充分利用一切机会为他的好战精神寻找注脚。出生于匈牙利一个富裕的犹太家庭,见证了1918 年"匈牙利革命"的特勒,对共产主义和纳粹政权充满同样的敌视。在某种程度上,他将两者等同起来,甚至认为共产主义比纳粹更可怕。希特勒上台后,他于 1935 年从德国移居美国。特勒无疑是一名伟大的科学家，尽管对于他是否配当美国"氢弹之父"存在不少争议[①]，但他绝非浪得虚名。早在曼哈顿工程进行的初期，他就倡导进行"超弹"研究。二战后，他是美国历届政府和军方的"座上客"，与政府和军方中的好战分子一起，虚张声势地夸大对方（主要是苏联）的核威胁，力主在核威慑方面占有绝对优势。他先是不顾绝大多数科学家的反对，力主研制氢弹，后来又极力主张"星球大战"计划等项目。当他还在世时，他就是美国最富争议的科学家。这是一个不争的事实。

晚年的特勒几近失明，身体欠佳，严重依赖他人。但比这更痛苦的是他解不开心结。他在奥本海默听证会上所做的不利证词让他在科学界抬不起头。不过，特勒比他的所有朋友和敌人都活得长，95岁时才离世，被认为是"坏人活千年"的例证。[②]物理学家I.I.拉比曾说过，"如果没有特勒，这个世界也许会更好些"。[③]

特勒是一个懂得权力也需要权力的人。尽管获得了政界、军界极右派的支持，被科学界抛弃的感觉还是让他非常痛苦。研究特

[①] 在谈到氢弹时，人们通常都会强调特勒的正面作用。确实，特勒早在1942年就提出了"超弹"的想法。是年夏天，奥本海默、贝特和其他人研究了这种可能性。但这一工作很快就被曼哈顿工程打断。战后，"超弹"的想法又一次被提出来，但没有人知道是否有可能制成"超弹"。许多人希望这种想法最好不要被实现。奥本海默明确拒绝这种具有无限力量的炸弹的概念，这成了一大"罪证"。而按特勒的同事、诺贝尔奖得主贝特的说法，恰恰不是奥本海默在政治上的反对，而是特勒在技术上犯的错误，阻碍了氢弹的发展。特勒犯的一系列错误极大地误导了实验结果。真正冲破氢弹制造技术难关的是波兰数学家乌拉姆。

[②] 有一人例外，就是贝特，活了99岁，比特勒还长寿，2005年才离世。

[③] 转引自 Stanley Blumberg and Gwinn Owens, *Energy and Conflict: The Life and Times of Edward Teller*, New York: G. P. Putnam's Sons, 1976, p.1.

勒的人常常对他自相矛盾的说法感到困惑。几乎在所有重大事件上，特勒当时所为（有档案为证）和后来所述都大相径庭。他其实是赞成向广岛投掷原子弹的，但后来又把自己打扮成一个和平主义者。他不止一次对奥本海默给出不利证词，但后来又混淆视听。由于他与刘易斯·施特劳斯（Lewis Strauss）[1]在"奥本海默事件"中的不光彩表现，两人成为众人唾弃的对象。一有机会，他们就会为自己辩解和为对方美言几句。由于名声太臭，常有激进的学生在特勒的住处游行。出于安全考虑，他在斯坦福大学的办公室不标名字，他的住处 24 小时有警察保卫。与此形成鲜明对照的是，美国政府和军方将他作为爱国者、反苏英雄、坚定的反共产主义者加以吹捧。[2]完全而又清楚地分析特勒的所作所为，需要不短的篇幅。特勒难解的个性从一个侧面反映了科学家与社会、政治之间关系的复杂程度。

对于分别向广岛和长崎投掷"小男孩"和"胖子"的飞行员，作者也做了相当精彩的心理描述。这本书的最后部分形象地描绘了投掷原子弹对日本人的心理影响以及在科学界所造成的分裂。

这本书一经出版就好评如潮，受到专业历史学家以及曾在洛斯阿拉莫斯工作过的科学家的推崇，被当成早期核武器史以及 20 世纪上半叶现代物理学史的权威著作。尽管后来有不少新的材料解密，

---

[1] 当时的美国原子能委员会主席。——编者注
[2] 参见 Barton J. Bernstein, *The Man Who Knew Power*, *Nature*, 430, 293—294（15 July 2004）。

可以用来弥补这本书的不足，但从大的框架来看，至今还没有一本类似的书能超越它。考虑到这本书从问世到现在已过去了23年，作者当时就具有这样宏大的历史眼光，就更加让人敬佩了。

这本书已陆续被译成了至少十种文字在世界上流传，包括德文、日文、朝鲜文、俄文、西班牙文、意大利文、波兰文、丹麦文、瑞典文和中文，其中俄文版是在苏联时期秘密出版的。在此中文版之前，曾有过两个中译本。[①] 也曾有一个法译本，但最终没有出版。法国出版商希望对内容做大量的删节，理由是法国读者比美国读者受教育程度高，无须通读书中详述的那么多历史细节。在作者看来，法国出版商的这一做法实在太傲慢无理，便理所当然地拒绝了。作者坚持恢复被删的内容，否则宁可不出版。谈判未果，法文版最终流产。[②]

这本书尽管篇幅长、跨度大、人物多、场景复杂，却引人入胜。罗兹清楚地表明了一些特定的天才的极端重要性。为了能理解整个故事，作者对物理学的基本概念进行了清晰的解释。遇到道德冲突时，他只是客观地加以描述，并不给出自己的意见，而是把判断留给读者，不像一些道德说教家那样板起面孔训人。作者凭借叙事天分，将如此恢宏的历史，不徐不疾，娓娓道来，令读者一旦拿起，很难放下。任何对科学的社会影响感兴趣的读者，都会很快认识到这本书的重要性。

最后谈一谈这本书的译名。先前的两个中译本，都是《原子弹出世记》。德译本的标题为 Die Atombombe oder die Geschichte des 8.

---

① 其一为李汇川等译，世界知识出版社，1990 年版。其二为周直、夏岩主译，天津人民出版社，1991 年版。

② 据罗兹 2010 年 4 月 27 日写给笔者的电子邮件。

Schöpfungstages，直译成汉语就是《原子弹或创世第八日的故事》。德译者认为原子弹是自上帝用七天创造世界万物之后，彻底改变人类命运的新的创造日的开始，故称为"创世第八日的故事"。确实，自从原子弹诞生之后，无论从哪方面来讲，人类的历史都开始了全新的一页。

方在庆

2010 年 6 月 1 日于北京

经过 30 多年的写作和思考，作者对人类执着于核武器的看法已经发生了很大的变化。他体会到了对"自然界的深奥与力量的敬畏，以及对我们人类与技术持续互动的复杂性和讽刺性的兴趣"。

不过，这本书仍然是了解"'曼哈顿工程'的标准前史和正史"，对想了解核武器悖论的人来说，它是一本必读的书。在事关人类命运的大是大非问题上，爱因斯坦的话或许会给我们警醒："我不知道第三次世界大战会用什么武器，但第四次人类一定使用的是石头和木棍。"

方在庆

2017 年 12 月 3 日于北京

《横空出世》(*The Making of the Atomic Bomb*) 出版已经 37 年了，这部永恒的杰作仍吸引和启迪着读者，其现实意义和引人入胜的程度一如既往。

从《横空出世》的第一页开始，读者就被带入了一个国家命运悬而未决、人类前途岌岌可危的世界。罗兹缜密的研究和引人入胜的叙事风格带领我们进行了一次穿越时空的旅行，将原子弹背后复杂的科学知识通俗化，让各行各业的读者都能读懂。无论你是训练有素的物理学家，还是没有任何科学背景的人，罗兹的解释都清晰、简洁，令人沉醉其中。他不仅阐释了科学概念，还深入探讨了这些突破背后的杰出人物的生活和个性，为塑造历史进程的个人描绘了一幅生动而亲切的画卷。读他的书就像看一部扣人心弦的惊悚电影，充满了戏剧化的冲突和令人难忘的人物。他捕捉到了那个时代的紧张气氛，从赶在纳粹德国之前制造原子弹的竞赛，到广岛核爆幸存者的悲惨经历。叙事以一种无法抗拒的势头展开，读者即使知道最终结果，仍会迫不及待地往下读。

此外，《横空出世》还深入探讨了原子时代的政治、社会和伦理层面。罗兹清醒地审视了科学家和决策者所面临的道德困境，以及他们应对由此带来的后果的努力。无论对科学家战时的责任，还是释放这种毁灭性力量的道德影响，他都提出了发人深省的问题。《横空出世》不仅仅是一本历史著作，更是对人类生存条件的深刻思考。它提醒我们一定要关注科学发现的巨大力量、道德责任以及人类塑造自身命运的持久能力。对于任何想要深入了解 20 世纪关键事件的人来说，它仍然是一本必读书。值得强烈推荐。

方在庆
2023 年 9 月 9 日于北京

中文版序

　　1938年12月下旬，德国的一个化学实验室成功实现了核裂变，这开辟了探索威力强大的新能源的道路。这个发现很快就被公之于众。当时，世界并没有处于战争状态[①]，况且科学的进步有赖于新的科学发现能自由地传播。1939年1月，核裂变的发现者，物理学家奥托·哈恩和弗里茨·施特拉斯曼将他们的实验结果发表在了德国科学期刊《自然科学》上。一个月后，又一份报告接踵而来。这份由奥地利理论物理学家莉泽·迈特纳和奥托·弗里施发表在英文科学期刊《自然》上的报告对新近发现的核反应做了物理学阐释。正是迈特纳和弗里施给这种新反应起名为"核裂变"，类比于被称作二分裂变的活细胞的分裂过程。

　　核裂变时，重金属元素（例如铀金属）的原子核因受到中子轰击而被扰动，摇晃并颤动成哑铃状，而后分裂成两个更小的部分。这两部分都带有正电荷，以巨大的能量排斥对方，同时各自重组成新元素的原子——氪和钡。这两种原子由铀原子核产生，原子序数之和等于铀的原子序数。（铀为92号元素，氪为36号元素，钡为56号元素，36+56=92。在哈恩和施特拉斯曼用中子轰击铀硝酸

[①]　当时，日本侵华战争已经全面爆发，亚洲已处于战争状态。——编者注

盐的实验中，正是钡的不期而至使他们意识到部分铀原子发生了分裂。）在裂变碎片的重组过程中，一小部分质量转化成了能量。迈特纳和弗里施利用爱因斯坦著名的方程 $E=mc^2$（能量等于质量乘以光速的平方）计算出了这一过程释放的能量的大小。他们发现，对于任何一个裂变的原子，释放的能量约等于处于轰击状态的中子能量的两亿倍之多。

在世界范围内，那些看过这些核反应报告的物理学家很快就明白了它所具有的革命性意义：有这么一个过程，只需借助低能量、室温下的少量中子，就能促使相当于上百万摄氏度的巨大能量释放出来。在黑板上和信封背面，各地的物理学家们迅速地计算出了它可能带来的结果：开发一种新能源，它驱动轮船以及发电的效率比煤炭燃烧高出 6 个数量级；再就是制造摧毁力不可想象的炸弹。此时距离"二战"在欧洲拉开序幕的标志性事件——1939 年 9 月 1 日德国入侵波兰——还有不到 9 个月的时间。这种新发现的核反应被第一次尝试投入应用将不可避免地是制造一种新的具有强大摧毁力的爆炸物——原子弹。

今天，我们很难想象当初核裂变的发现引起了多大的轰动，各大报纸均以醒目的标题向全世界报道了此事。在哈恩-施特拉斯曼和迈特纳-弗里施论文发表的一年中，足足有 100 项更深入的调查研究发表在各种科学期刊上。一个加快个体裂变的关键过程在 1939 年 4 月发表的一篇文章中被揭示，这一过程是由不断产生的继发性中子形成一个呈指数式增长的链式反应。在这一发现之后不到一年的时间内，一名握有希特勒企图征服世界第一手资料的犹太流亡物理学家与爱因斯坦一同起草了一封信，向当时的美国总统罗斯福发出警报。到 1941 年初，加利福尼亚大学的化学家们已经通过用中子轰击铀分离出了一种新的人造元素钚，并且很快测定出它的分裂能力是铀的 2 倍多：如果他们需要约 15 千克的铀-235（一种稀有的铀同位素）来产生最大限度的核爆炸，那么只需要大约 6 千克的钚就能达到同样的效果。同样是到 1941 年，美国政府才在本土开始接管铀的研究工作，他们认为纳粹德国已经着手制造原子弹，因而下定决心要抢在德国之前制造出原子弹，否则将有一场浩劫。

那些在美国参与制造第一批原子弹的科学家后来遭到了指责，他们被质问为什么同意制造原子弹。责难者想知道的是，这些原子科学家在原本可以达成协议，对外隐瞒存在制造核弹的可能性时，为何又选择参与制造这种大规模杀伤性武器。这种指责是德国中世纪浮士德传说的一个变种。在这一古老的传说中，浮士德就是一个为了换取知识和权力，不惜出卖自己的灵魂，与魔鬼订立契约的学者。

原子科学家们真的是在进行浮士德式的交易吗？这种推测源于对科学家工作方式的一种误解。科学是按照人类学家称之为"礼物交换"（gift exchange）的方式运作的：某位科学家将其实验结果公之于众，其他科学家通过研究这些成果找到线索，做进一步的研究，得到进一步的发现，并相应地将结果公布出来。只有这样，科学知识才会朝更加广阔的前沿和更尖的尖端迈进，每位科学家的发现都会促使这项集体工作向前发展。也正是因为每位思维敏捷的科学家能够在同一知识层面工作，科学上的突破才往往在差不多同一时段在世界各地不同的实验室内相继发生，有时只差几天或几小时。

1938 年，许多物理学家都在思考用中子轰击铀会发生什么。如果哈恩与施特拉斯曼没有意识到他们的铀实验中产生了钡，也会有其他人独立发现这一点。为了写这本书，我曾采访过几位 1938 年正在加利福尼亚大学工作的科学家，他们向我表达了与核裂变的发现失之交臂的极大失望之情。在他们看来，这个发现仅用实验室里现成的仪器和材料便能完成。其中一个人形容条件已经"成熟过头"。当哈恩和施特拉斯曼的实验结果传来时，他们立即冲进实验室，重复了这项实验并进行了必要的检测，然后才意识到核裂变一直都在眼前，只是自己过去没能理解这一异常现象。

第一份发现核裂变的报告公布后，1939年1月至2月间，世界上每一个技术先进的国家都对核裂变开展了不同程度的研究。它们之所以这样做，显然是因为这种新反应从一开始就很可能会被用来发展一种威力强大、没有任何防御措施可以抵挡的新型炸弹，除非大家以此武器互相要挟。在这一最初阶段，中国是罕见的没有采取行动的国家。中国当时已经卷入战争，正全力以赴与日本作战。法国在遭德国入侵并沦陷后也停止了核研究，战后才得以继续。苏联在1941年6月被德国突袭后也因疲于自保而没有开展核研究。1943年，在通过一些间谍情报获悉英美在进行一项高级计划后，苏联才投入了有限的人力物力。日本在实验室内对从浓缩铀到核弹的可能性进行了研究，但由于战争中物资匮乏而无力开始工业级别的生产。德国科学家则害怕给杀人成性的独裁者希特勒承诺太多却不能兑现，因而没有继续下去。不管怎样，这个德国元首对火箭的兴趣远胜于核弹。当时只有英美两国联手才有能力和机遇在战争时期研发核武器，即使这样，原子弹也只是在德国被打败、"二战"已接近尾声之际才研制成功，勉强来得及用来对付日本。

因此，无论是否被用于军事目的，核裂变的发现都不是科学家能够接受或拒绝的浮士德式的交易。核裂变的发现不是孤立的，是从科学知识的历史积淀中涌现出来的，况且，在科学发现中也不存在甄别道德好坏的过滤器。领导在新墨西哥州的洛斯阿拉莫斯制造第一批原子弹的美国理论物理学家奥本海默曾一针见血地指出："科学中深层的内容被发现并不是因为它们有用，而是因为它们能被发现。这是一个深刻而必然的真理。"

为检验核裂变发现的历史以及科学背景，这本书并不以这次发现作为开场，而是追溯到38年前。那时，电子和X射线的发现使世界范围内的科学家紧锣密鼓地开始了测定原子辐射的各种能量以及这些能量的组成的工作。这个新的学术领域被称为核物理。它在世界大战和全球动荡的局面下得到发展。数百万人在泥泞的战壕中丧生，不断的空袭已经使政府对城市被毁以及大量平民死亡变得麻木。战火蔓延到非军事区，死亡人数与日俱增。如果用图表来描述从18世纪到20世纪因战争死亡的人数，可以发现它大约是按指数增长的，在1940年至1945年间达到顶峰，约有7 500万人因战争而丧生。

核武器在1945年的出现突然扭转了死亡人数增加的局面。此后，每年在战争中死亡的人数不过一二百万。这样的数字固然触目惊心，却与每年因吸烟而死亡的人数相当。1945年后发生的某件事使这些国家发动大规模战争的意愿降低了。

各民族国家之间不再进行大规模屠杀，对此，最可靠的解释是大家不愿意冒险使自己的家园毁于核武器的报复式打击中。权力之所以起作用，往往在于它能提供一个稳定的权力基础，让一个地区或者一个国家掌握在权力精英能控制的范围内。核武器使这一权力基础处于极其危险的境地，权力精英也相应地控制了他们的野心。这就是为什么一个国家拥有了核武器之后往往并不像它的对手们通常预期的那样引发更多的战争，而是正好相反。中国在1964年10月准备试验第一批核武器的举动被美国政府认为是对美国安全的一次极大胆的挑衅，以至于当时的美国总统林登·约翰逊很认真地考虑是否用常规武器或者核武器来袭击罗布泊的试验场。理智终究占了上风。中国也成了一个常规核武器国，给其他有核国家树立了一个榜样：限制核武器的数量，以最低威慑的姿态出现，这比美国和苏联更具恐吓性的强大威慑姿态要好得多。

核武器的出现带给世界的恐惧被称为存在性威慑（existential deterrence）。它并没有终结战争，但限制了战争的规模。在长达65年的时间里，出乎意料地没有一颗核弹爆发于怒火之中。尽管如此，存在性威慑有一个致命的缺点：它要求敌方有资产，从而不敢冒被核武器报复的风险。这么说吧，需要有个可以作为核攻击目标的"家庭住址"。这表明在阻止侵略方面，威慑理论对于民族国家来说是成立的，但对于一个恐怖组织来说，它未必起作用。

一个恐怖组织拥有极少需要保护的资产。如果一个恐怖组织获得了核武器——或者通过窃取，或者（可能性不大）通过窃取来的高浓缩铀（由于技术原因，不可能窃取到钚）制造出一个或多个核武器——理论上他们可以毫无顾忌地使用这些武器。然而，一个即使仅有几千吨当量的核武器在世界上任何一个主要城市爆炸，都将是一个世界性的灾难，很可能会带来大范围的经济崩溃以及一场新的核军备竞赛。

伴随着美苏冷战的结束以及十年之后宗教激进组织的出现，来自恐怖分子的核攻击威胁已经成为有核国家相信自己会面临的主要挑战。尽管老牌的核大国不愿意考虑放弃他们的核武库，但对于恐怖分子的核威胁而言，除此之外别无他法。世界开始向消除核武器的方向发展，这一趋势的产生虽然有其他一些原因，但在任何一个国家首脑眼中，没有什么比恐怖分子的核弹威胁更为紧迫。

追踪并锁定世界上每一千克的高浓缩铀并不是一项轻而易举的

任务。难度稍小的是监控全世界的核燃料生产设施和核电站。核裁军本身就像悬崖勒马，危险至极，当各国核武库中核弹的数量降到几百甚至几十时尤为危险。最艰难的部分或许将是商讨常规武器的数量限制，因为一旦缺乏限制，在没有核武器的世界中，美国与其他国家的军事实力差距将比现在更为悬殊。尽管如此，仍然只有完全的核裁军才能使世界免受核武器之灾。正如美国前总统奥巴马2009 年 4 月在布拉格清楚地指出的那样：

> 数以千计的核武器的存在是冷战留给后人最危险的遗产。尽管美苏之间并没有爆发核战争，但那一代人都知道，他们的世界可以在顷刻间被毁灭。像布拉格这样一个有着悠久的历史，体现了人类如此多的美与天赋的城市，那时可能会不复存在。
>
> 今天，冷战已经过去，但数以千计的那些武器还在。历史处于一个奇特的转折点上，全球性核战争的威胁已经降低，但遭受一次核袭击的可能性却在增大。许多国家已经拥有这些武器，核试验仍在继续。核机密和核原料的黑市交易大量存在，制造核弹的技术被传播开来。恐怖分子已经下定决心要拥有核武器，无论是通过购买、制造还是盗取。为了遏制这些危险，我们正在努力构建一个全球范围内的核不扩散体制，但随着越来越多的人及国家破坏规则，我们可能会走向这个体制无法控制的危险和混乱的局面①。

---

① 此处的原文为 we could reach the point where the center cannot hold。据作者告知，这句话中 "the point where the center cannot hold" 援引自爱尔兰诗人威廉·巴特勒·叶芝的诗歌《第二次圣临》，借此来表明核武器的扩散会引发极大的危险及混乱的局面。——校者注

现在我们知道，这对不论身处何方的人都至关重要。一颗核弹如果在某个城市爆炸——也许是纽约或莫斯科，伊斯兰堡或孟买，东京或特拉维夫，巴黎或布拉格——会使数以十万计的居民丧生。而且不管发生在哪儿，它对我们的全球安全、我们的安保、我们的社会、我们的经济甚至人类的生存可能带来的后果都会是无法想象的。

一些人认为，无法阻止也无法核查这些武器的扩散。他们说，我们注定要生活在一个越来越多的国家、越来越多的人拥有这种终极毁灭工具的世界里。这种宿命论是我们致命的敌人，因为如果我们相信核武器的扩散是不可避免的，那么在某种程度上，我们就已经承认核武器的使用是不可避免的。

在过去的两个世纪里，人类已经在控制流行病方面取得了显著的进步。在 20 世纪的前 50 年中，战争造成的死亡（人为制造的死亡）人数在早逝的总人数中显得十分突出，其中的一个原因是，通过国民保健体系，疾病造成的死亡（生理性死亡）已经得到了越来越好的控制。从 1945 年开始，对核武器报复的恐惧也限制了人为制造的死亡人数，但为此付出的代价是局部甚至世界范围内人为制造死亡的风险大大增加了。罪魁祸首是所谓的一触即发式的威慑性核武库。21 世纪初，自杀式恐怖主义的抬头意味着此种核武库对特定地区某些一穷二白的组织是毫无威慑性的。

核武器的辩护者声称，核武器存在的唯一价值是用来威慑有同样武器装备的敌手。如果是这样的话，消除核武器在逻辑上就更没有反对的理由了。

所有这些挑战和转变的出现，是由于一些科学家在探索物质的基本结构时，碰巧用意想不到的方式释放了原子核中潜在的巨大能量。这一切是如何发生的以及它究竟带来了什么直接的后果，都是这本书要探讨的内容。希望读者能从中获益。

理查德·罗兹

（朱慧涓　译　方在庆　校）

25 周年纪念版序

　　七十多年前，曼哈顿工程在第二次世界大战紧迫的风暴中孕育而生。如今，它已逐渐淡出人们的视野，成为一个迷思。华盛顿州汉福德的大型生产反应堆和钚提取峡谷，田纳西州橡树岭半英里长的铀浓缩工厂，以及数十万建设和操作庞大机械设备并严守秘密的工人，都已经从人们的视野中消失，只留下了传说的核心：一个位于新墨西哥州高地，名为洛斯阿拉莫斯的秘密实验室，科研人员在那里设计并制造出了真正的原子弹；一个颇具魅力的实验室主任——美国物理学家罗伯特·奥本海默，战争结束后，他在国际舞台上声名鹊起，直至被他的对手打倒；一架 B-29 轰炸机——它被不合时宜地以飞行员母亲的名字命名为"伊诺拉·盖伊号"；一座被摧毁的城市——广岛，以及几乎被遗忘的可怜的长崎。

　　核武器本身也几乎成了一种神秘的存在，只有在故国试图获取它们时才会引起人们的关注。我们被告知，新的核大国将威胁世界和平，但旧的核大国是和平的保障。年轻的学者安妮·哈林顿·德·桑塔纳（Anne Harrington de Santana）发现，核武器已经拥有物神崇拜对象般的地位；就像货币在商品相关领域中的地位一样，我们熠熠生辉的核弹头已经成为国家实力的标志："正如金钱形式的财富决定了一个人的机遇和社会地位，核武器形式的权力决定了一个国家在国际秩序中的机遇和地位。"这就是为什么自 1945 年以来，大多数工业化国家都曾考虑过研发并拥有核武器，却没有一个国家敢于使用核武器。如果真的使用核弹，高墙就会轰然倒塌。

使用原子弹的危险性是我在 1978 年决定写第一枚原子弹研发史的原因之一。（另一个原因是大量曼哈顿工程的相关记录被解密，这使我可以用这些文件来支撑我希望讲述的故事。）不同于现在，核战争当时似乎一触即发。当我在 20 世纪 70 年代末和 80 年代初写作这部作品时，美国和苏联之间的核军备竞赛似乎正在加速。我和许多人都担心，事故、疏忽或者误解将导致灾难。

苏联当时已经入侵阿富汗。在时任美国总统吉米·卡特看来，苏联将剑指阿拉伯海和石油丰富的中东地区。这是卡特发誓美国绝不会容忍的，即使这意味着核战争。在 1962 年的古巴导弹危机中，约翰·F. 肯尼迪总统用发动核战争作为威胁迫使苏联撤走了导弹。之后，苏联人就决心要扩大他们的核武库以与美国抗衡。两国的核力量越接近均势，美国右翼就越叫嚣要发动战争。1980 年，美国候任总统罗纳德·里根开始将美国的国防预算翻一番。与此同时，他还创造了"邪恶帝国""现代世界的邪恶核心"之类的挑衅性表述来形容另一个核超级大国。苏联当时击落了一架偏离航向，进入其领空的韩国客机，导致机上所有人丧生。1983 年，北约举行了"优秀射手 83"军事演习，演习预演了核战争爆发，政府首脑也参与其中。这次演习差点把病重的尤里·安德罗波夫领导下的苏联领导层吓得发动先发制人的核打击。

尽管这些事件令人不安，我仍很难相信像人类这样一个聪明、适应性强的物种会主动自取毁灭。但现实是，人类已经主动制造出了这种自我毁灭的手段。我想知道，在一切开始之前，也就是第一批原子弹摧毁广岛和长崎并从根本上改变战争的本质之前，是否存在一种不同的道路，一种不同于美国和苏联所踏上的道路。为什么在只需要几枚核武器就能毁灭彼此的情况下，美苏两国还要拥有超过七万枚核武器？在核武器使两个超级大国的直接军事冲突变得具有自杀性质的情况下，为什么两国在冷战期间的主要关系仍然是军事对抗？另一方面，为什么除了对骂和威胁，自长崎以来就不再有一枚核武器在怒火中被引爆？在我看来，如果回溯到这一切的开始甚至这一切开始之前，回溯到那个释放原子核中潜在的巨大能量还只是一个有趣和富有挑战性的物理问题的时代，或许我能重新发现那些被遗弃的道路。如果这些道路能够重新得到关注，或许人类就不会被核毁灭的威胁所笼罩。

这些替代的道路确实存在。和很多前人一样，我发现它们就在眼前，但被视而不见。通过将它们置于这本书的中心位置，我希望它们能够重新得到关注。《横空出世》已经成为曼哈顿工程的标准前史和正史。它已被翻译成十多种语言在世界各地出版。我从美国和其他国家的很多政府人士那里获知，这本书被各国的军政要人广泛地阅读。通过这种方式，这本书对全面认识核武器的矛盾提供了助益。我此处指的矛盾并非核威慑的矛盾，后者是哈林顿·德·桑塔纳描述的物神崇拜式的妄想。我指的是伟大的丹麦物理学家尼尔斯·玻尔首次明确表述的矛盾：尽管核武器是各个国家的财产，各国声称它们有权持有和使用核武器以捍卫其主权，但核武器的无差别毁灭能力使它们对所有人都构成了共同的威胁，就像一种流行病一样，超越了国界、争端和意识形态。

这本书中纳入了很多曼哈顿工程之前的历史，包括从19世纪末放射性的发现到1938年底纳粹德国发现核裂变的这段核物理学史。部分原因是作为一名外行，我认为要想理解原子弹的革命性，我必须了解相关的物理学，而且我认为读者也希望如此。我在大学期间只上过一门物理课，但我在那里了解到，核物理几乎完全是一门实验科学。这意味着导致原子弹诞生的发现是在实验室中对一个个物体物理操作的结果：将辐射源放入这个金属盒，插入样本，使用这种仪器测量，得到这个结果，如此等等。在掌握了这些术语后，我就可以阅读该领域的经典论文，想象这些实验的操作过程，进而理解这些发现，至少理解它们被用于制造原子弹的原理。

后来，我意识到回顾核物理的历史还有另一个作用：它使人们不再天真地相信，当核裂变被发现时（在纳粹德国！），物理学家们本可以聚在一起达成一致，同意严守这一发现的秘密，从而使人类免于背负核武器的困扰。但这绝无可能。从截至1938年时的核物理学发展进程来看，核裂变的发现是不可避免的。世界各地的物理学家当时都在努力推进这一领域的发展，无意去探究由此衍生出的一种新型大规模杀伤性武器的内核。只有一个人在认真地看待这种可能性，他便是非凡的匈牙利物理学家利奥·西拉德。除非让物理学停止发展，否则你不可能阻止这种可能性。即使德国的科学家当时没有做出这一发现，英国、法国、美国、苏联、意大利或者丹麦的科学家也几乎肯定会在几天或几周内发现核裂变。他们都在研究同一个前沿领域，都在试图理解用中子轰击铀这一简单实验得出的奇怪结果。

电影导演和其他一些天真幼稚的人或许仍然觉得难以想象，但这里并没有浮士德式的交易。不存在什么高尚的科学家试图向政治家和将军们隐瞒的邪恶机器。相反，出现了对世界运作方式的一种新认识，这运作方式是一种比地球还要古老的能量反应，科学最终设计出了能够诱发这种反应的工具和方式。路易·巴斯德在他的学生准备记述他们的发现时曾建议他们："让这些发现看起来不可避免。"核裂变的发现的确不可避免。希望它被忽视或者被压制都是野蛮的行径。尼尔斯·玻尔曾经指出："知识是文明的基础。"你不可能两者只持其一，因为它们是彼此依赖的。你也不可能只有好的知识，因为科学方法不会过滤掉不好的知识。知识招致的后果并不总是符合人的意愿，并不总是让人感到舒服，并不总是受人欢迎。是地球绕着太阳转，不是太阳绕着地球转。罗伯特·奥本海默曾说："科学中深层的内容被发现并不是因为它们有用，而是因为它们能被发现。这是一个深刻而必然的真理。"

第一批原子弹是在新墨西哥州的高地上手工制造出来的，它们的降临震惊了整个前核世界。此后，苏联先是根据克劳斯·福克斯和泰德·霍尔[①]提供的情报，制造并试爆了一枚钚弹"胖子"的复制品，然后继续开发并扩展自己的大规模核武库，使其与美国的核武库相匹敌。当氢弹将核武器原本就巨大的毁灭力又增加了好几个数量级时，当英国、法国、中国、以色列和其他国家也拥有了核武器时，一个奇怪的新核世界成熟了。玻尔曾指出，科学的目标不在揭示普遍的真理。相反，他认为科学谦逊但不懈的目标是"逐渐消除偏见"。地球围绕太阳旋转的发现逐渐消除了地球是宇宙中心的偏见。微生物的发现逐渐消除了疾病是上帝的惩罚的偏见。进化的发现逐渐消除了智人是一种独特创造的偏见。

第二次世界大战结束前的那段日子是人类历史上一个类似的转折点。人类进入了一个全新的时代，第一次手握可以导致自我毁灭

---

① 指西奥多·霍尔，美国物理学家、苏联间谍。——编者注

的手段。人类发现了释放核能的方法，并将其用于制造大规模杀伤性武器，这逐渐消除了全面战争赖以为基础的偏见。这种站不住脚的偏见认为，世界上可以用于制造炸药的能量是有限的，一个国家可以比它的敌国积累更多这种能量，从而在军事上占得上风。在核武器变得如此廉价、便携和具有毁灭性之后，即使是苏联和美国这样好战的国家也宁愿牺牲一部分国家主权——放弃发动全面战争的能力——而不是在愤怒中被毁灭。小规模的战争仍将继续，直至国际社会充分认识到其破坏性毫无意义，进而制定出新的保护手段，构想出新的公民身份形式。但至少我们现在知道，世界大战是历史性的，并非必然，是规模有限的破坏性技术的表现。在人类自我屠杀的漫长历史中，这是一个不小的成就。

我的中年时代是在康涅狄格州一片4英亩①的土地上度过的。这片草地完全被一个野生动物保护区所包围。保护区中森林密布，有各种各样的动物出没：鹿、松鼠、浣熊、一窝土拨鼠、火鸡、雀鸟、乌鸦、一只库氏鹰，甚至还有两只土狼。除了那只鹰之外，这些动物都时刻保持着警觉，以免自己被捕获、撕碎和生吞。从这些动物的角度来看，我这4英亩伊甸园般的居所更像一个战区。在自然条件下，只有极少数动物的生命是终结于自然死亡的。

直到最近，人类世界并没有太大的不同。由于我们是食物链顶端的捕食者，因此在自然界中，我们历史上最可怕的敌人一直都是微生物。大自然的暴力以流行病的形式夺走了并仍在不断夺走许多人的生命，很少有人能寿终正寝。相比之下，人为的死亡——战争和随战争而至的困苦导致的死亡——在人类历史上一直以较低且相

① 1英亩 ≈ 4 047平方米。——编者注

对恒定的水平存在，死亡的人数在大自然导致的死亡人数面前小得可怜。

19世纪公共卫生科学的诞生，以及技术在19世纪和20世纪被应用于战争中，翻转了工业化世界中的这一模式。公共卫生领域的预防措施使大自然的暴力——流行病——降至了较低且受控的水平。与此同时，人为死亡的数量开始迅速且病态地增加，在20世纪的两次世界大战中达到恐怖的顶峰。在人类历史上最暴力的一个世纪中，人为死亡至少夺去了2亿人的生命，苏格兰作家吉尔·埃利奥特（Gil Elliot）生动地将这个群体描述为"亡者之国"。

第二次世界大战后，人为死亡的人数出现了骤减，急剧下降至两次世界大战之间年代的水平。自那以后，无论是在游击战武装冲突还是核战边缘的常规战争中，蓄意的暴力都持续存在，每年导致约150万人死亡。这无疑是一个可怕的数字，但在1945年之前，平均人为死亡人数比这还要多100万，而在1943年达到顶峰时，人为死亡人数则是1 500万。

人为死亡之所以在20世纪成为一种"流行病"，是因为越来越高效的杀伤技术使捍卫国家主权的极端行径变得病态。释放核能的手段的发现及其在核武器中的应用显然降低了这种"病原体"的毒力。从深刻甚至可量化的角度来看，在过去的70年间，这些在深层的核恐惧层面劝诫人类谨慎行事的武器扮演的是载体的角色，其中容纳的是它们能够招致的死亡，就像一个药瓶，里面装的是用作疫苗的减活病原体。在第二次世界大战期间，需要3吨盟军的炸弹才能杀死一名德国平民。按照这一标准，美国和苏联的战略军械库在冷战高峰时期储备的武器弹药能杀死大约30亿人，这一数字与世界卫生组织1984年用其他方法估算得出的美苏发生全面核战争可能导致的死亡人数非常接近。

以核武器的形式来展现死亡使其变得清晰可见，不容忽视。令人警醒的核武库时刻都在直白地提醒着我们，人类可能集体走向灭亡。在混乱的战场上，在空中，在广阔的大洋上，追求绝对的主权需要以大量的生命为代价。这种代价以前或许还可以否认或者忽视，但核武器，作为人造死亡的终极载体，在人类历史上首次如此明显地昭示了主权暴力的后果。由于核武器没有绝对有效的防御手段，核打击的后果也就变得确定无疑。一个新的核武战略家群体在努力探索这些武器的使用方法，但面对必然升级的核打击，每一种战略都将失败。1943 年，在尼尔斯·玻尔抵达洛斯阿拉莫斯，发现某些科学家的良知受到困扰时，他对他们说："每个巨大而又深刻的难题都有它自己的解决办法。"核武器中蕴含的最极端、最不加区别的人类暴力颇具讽刺意味地展现了人造死亡的荒谬性。1945 年以来的这些岁月是一次危险但不可避免的学习经历。我了解到，除了古巴导弹危机和差一点就引发核战争的"优秀射手 83"演习，还有很多次核局势近乎失控的情况。

我们还将面临这样的危险，愿我们在下一次，在下一次之后也能如此幸运。或许灾难会在其他地方爆发，数百万其他国家的人将会丧生。即使身处数万英里之外，我们其他人也很容易卷入其中。2008 年，一些最早用科学模型模拟 1983 年爆发核战争、核冬天降临的科学家开展了一项研究，调查了印度和巴基斯坦之间如果爆发区域性核战争将会导致什么结果。这些科学家假设交战双方总共只会使用 100 枚广岛规模的核武器，总当量仅 1.5 兆吨 TNT——威力甚至不如美俄军械库中的某些单个弹头。他们震惊地发现，这种核对射将不可避免地以充满可燃物质的城市为打击目标，产生的火焰风暴会将大量黑烟注入上层大气，这些黑烟会在全球范围内传播从而降低地球的温度，这种影响会持续很长的时间，影响的程度也会很大，将导致全球农业崩溃。学者阿兰·罗博克和欧文·布赖恩·图恩预测，将会有2 000万人因爆炸、火灾和辐射当即死亡，另外还会有10亿人在之后几个月因大规模饥饿而死亡——这一切皆是一场仅1.5兆吨的区域性核战争所致。

堪培拉消除核武器委员会在1996年发布的报告中阐释了一个基本原则，称之为"扩散公理"。简言之，扩散公理断言，只要有国家拥有核武器，那么其他国家就会寻求获取核武器。该委员会的成员之一，澳大利亚核裁军特使理查德·巴特勒告诉我："这一断言的根本原因是，对全世界的人来说，公正——大多数人基本上将其解读为公平——都是最被重视的理念之一。将这与扩散公理联系起来就可以明显发现，拥有核武器的国家多年来声称它们有充分的安全保障，因此拥有核武器是合理的，而其他国家拥有核武器则不安全，这样的尝试已经彻底失败。"

在2002年悉尼的一次演讲中，巴特勒进一步表示："我一生都在致力于推行和维护《不扩散核武器条约》……是否拥有核武器是一个核心、永久性的问题。"巴特勒在1997年至1999年间任联合国监督伊拉克销毁大规模杀伤性武器特别委员会的最后一任主席。他在悉尼说："在巴格达，我面临的最棘手的一个问题是，伊拉克人要求我解释为什么他们会因为拥有大规模杀伤性武器被围追堵截，而以色列却不会，事实上我们都知道，以色列拥有约200枚核武器。我承认，在听到美国、英国和法国声嘶力竭地反对持有大规模杀伤性武器时，我也会退缩，因为这些国家自己会以拥有这些武器为傲，坚称这些武器对国家安全至关重要，并将继续持有这些武器。"

巴特勒总结说："我从这一切中得出的原则是，明显的不公和双重标准，无论在某个时刻看似获得了什么强权的支持，都将导致一种深层次而且内在的不稳定局面。这是因为人类不会接受这种不公，这一原则就像物理学的基本法则一样确定无疑。"

在之后的另一个场合，巴特勒谈到了美国人尤其不愿意承认他们的双重标准。"我试图让美国人参与有关双重标准的讨论，"他说，"但完全没法成功，即使是受过高水平教育、乐于探讨问题的人也一样。有时我觉得自己是在用火星语言与他们交流，因为他们完全无法理解我在说什么。美国人完全意识不到，他们的大规模杀伤性武器与伊拉克的武器一样成问题。"或者说，和伊朗、朝鲜以及任何其他已经或将会成为核大国的国家的大规模杀伤性武器一样成问题。

当然，堪培拉委员会直接针对的是最初的五个核大国。1968年的《不扩散核武器条约》事实上已经承认了这五个国家的有核国家地位。2009年，美国总统巴拉克·奥巴马在布拉格给出了扩散公理的一个推论，这个推论相当令人不安。"有人认为，核武器的扩散无法阻止，无法遏制，"他说，"他们说，我们注定要生活在一个越来越多的国家、越来越多的人拥有这种终极毁灭工具的世界里。这种宿命论是我们致命的敌人，因为如果我们相信核武器的扩散是不可避免的，那么在某种程度上，我们就已经承认核武器的使用是不可避免的。"

如果我们陷入了这样的灾难，我们是否还会相信这些武器能为我们提供保护？我们是否还会像现在这样，将持有核武器看作一种对人类的犯罪？我们是否会后悔，未曾付出足够的努力，让它们从这个世界上消失？

我研究和写作核历史已经超过三十年了。在这段漫长的历程中，我最大的收获是产生了对自然界的深奥与力量的敬畏，以及对人类与技术不断互动的复杂性和讽刺性的兴趣。不管怎样，在过去的七十年间（几乎是我生命的长度），我们用我们笨拙的双手发掘出了一种取之不尽、用之不竭的新能量来源，我们将它握在手中，检视它，玩弄它，掂量它，利用它，并且没有被它炸飞。当我们最终抵达努力的彼岸时——当所有的核武器被拆除，其核原料被稀释并用作反应堆燃料时——我们会发现我们将面对与当下近乎相同的政治不安全因素。核弹没有解决这些问题，弃绝核弹同样解决不了这些问题。当然，世界会变得更加透明，至少信息技术正在朝着这个方向发展。两岸的不同在于，正如作家乔纳森·谢尔指出的那样，起威慑作用的将是重整核武装的威胁，而不是核战争的威胁。

在我看来，一个没有核武器的世界并不是乌托邦式的梦想。在这样的一个世界里，争端各方会为解决争端留出充分的时间——可以是几个月甚至几年——从而避免战争。在这样的一个世界里，如果谈判失败，如果小规模的常规战争无法解决问题，如果双方都重新用核武器武装自己，那么最坏的情况也只是重新站在我们现在站立的危崖之上。

与所有其他重大科学发现一样，发现如何释放核能永久性地改变了人类事务的结构。

这本书试图讲述的是这一切是如何发生的。

理查德·罗兹
2012 年 2 月于半月湾

第一篇

深刻而必然的真理

科学中深层的内容被发现并不是因为它们有用，而是因为它们能被发现。这是一个深刻而必然的真理。

罗伯特·奥本海默

看到一些随手写在一块黑板上或者一张纸上的东西竟能改变人类事务的进程，于我而言，这依然是一个永不枯竭的惊奇之源。

斯坦尼斯拉夫·乌拉姆（Stanislaw Ulam）

第 1 章

镜花水月

　　伦敦，一个灰暗的"大萧条"时期的早晨，在南安普敦大街穿过罗素广场的地方，位于百花里区（Bloomsbury）的大英博物馆的街对面，利奥·西拉德焦急地等待红灯变成绿灯。昨晚下过雨，地上水迹斑斑。1933 年 9 月 12 日，星期二，那个早晨寒冷、阴暗而又潮湿。刚过中午又下起了毛毛细雨。西拉德后来讲起那天的情形，从没提过那天早晨他想去哪儿。他可能没有任何目的地，他常常一边走一边思考，另一个目的地随时都可能冒出来。红灯转绿灯，西拉德跨出街沿。就在他横穿大街时，时间在他面前裂开了一道口子，他看到了一条通往未来的路，看到死神将走进这个世界，看到我们的所有悲哀、种种事物的幽灵将至。

　　西拉德，匈牙利理论物理学家，1898 年 2 月 11 日生于布达佩斯一个犹太家庭。1933 年他 35 岁，身高 5 英尺 6 英寸[①]，即使在那个年代个头也不算高。他还没成为日后法国生物学家雅克·莫诺遇到他时所描绘的那个圆脸大肚子的"矮胖男人"，"眼里闪耀着智慧的光芒"，"像一名毛利酋长对待自己的妻妾一样慷慨地与众人分享

---

①　1 英尺 ≈ 0.30 米，1 英寸 = 2.54 厘米。——编者注

他的思想"。此时的西拉德正处于朝气蓬勃的青年和逐渐发福的中年之间的某个阶段，有着浓密而卷曲的深色头发，富有生气的面容，丰润的双唇，扁平的面颊和深褐色的眼睛，一张脸生气勃勃的。在照片上，他仍然选择摆出一副深沉的模样，这是有原因的。他最大的雄心，甚至比他献身科学还要深刻，就是以某种方式拯救世界。

小说家 H.G. 威尔斯刚出版了小说《未来事物的面貌》(*The Shape of Things to Come*)，9 月 1 日的《泰晤士报》以长者般的热情对之加以评论，指涉不详地称赞道："威尔斯先生最新的'未来之梦'是其自身的辉煌证明。"这位远见卓识的英国科幻小说家是西拉德颇有影响力的熟人圈中的一员，这个关系网是西拉德靠着能说会道的聪明，再附上十足的厚脸皮建立起来的。

1928 年，西拉德读到了威尔斯的小说《阳谋》(*The Open Conspiracy*)，那时的他是柏林大学的一名无薪大学教师 (privatdozent)①，也是阿尔伯特·爱因斯坦的密友，以及从事实际发明的搭档。阳谋指的是一些有科学思想的企业家和金融家合谋建立一个世界共和国，从而拯救世界。西拉德很喜欢威尔斯小说里的这一用语，他在余生里一直在断断续续地使用这个词。更为重要的是，他在 1929 年前往伦敦拜访威尔斯，并购买了威尔斯著作在中欧的版权。考虑到西拉德的雄心，几乎可以肯定，他与威尔斯探讨的内容远远不止图书版权。但会谈没有立即促成更进一步的联系。在威尔斯诸多"狄更斯式"的小说里，西拉德没有与那个最吸引人的"孤儿"相遇。

西拉德的过去为他在南安普敦大街受到的启示做好了准备。他

---

① 日耳曼语国家中报酬直接来自学生学费的无薪大学讲师。——校者注

是土木工程师的儿子，他的母亲富有爱心，他自幼生活在一个富足的环境里。"我懂多种语言，因为我们请过几位女家庭教师，第一位教德语，第二位教法语。"在布达佩斯大学著名的"明他"高级文法中学（Gymnasium）[①]，对同班同学来说，他有几分像"吉祥物"。"在我年轻时，"他曾经告诉一位拜访者，"我有两大人生志趣，一个是物理学，另一个是政治。"他记得 16 岁时，正值第一次世界大战伊始。在如此早的时期，他就对各交战国的政治实力做了比较和分析，之后告诉他心怀敬畏的同学，各国的命运将走向何方：

> 那时我告诉他们，我当然不知道谁会赢得战争，但我确切地知道战争会怎样结束。它将以同盟国——奥匈帝国和德国——以及俄国的失败告终。我说我也不明白为什么会这样，因为它们是敌对的双方，但我说确实会发生这样的事情。回顾往事，我发现很难理解自己怎么能够做出这样的陈述，我那时只有 16 岁，而且除了匈牙利，对其他国家也没有任何直接的认知。

他的各种关键特征似乎在 16 岁时就已成形。他相信他的判断力在那时达到了顶峰，以后再也没有上升过，"甚至也许下降了"。

西拉德 16 岁那年，正是大战爆发的头一年，这场战争将粉碎一个时代的政治和法律协议。单凭那个预言与结果一致的巧合（也

---

① 又称文理中学，是欧洲许多国家中一种中等教育的学校类型，相当于英国的文法学校和美国的预科学校。在德语国家，只有获得文法中学的毕业证书才能进入大学深造。——校者注

是一剂催化剂），就能使一个年轻人以救世主自居。直到生命终结，他都使愚笨的人感到不舒服，使自负的人疯狂。

1916 年西拉德从明他高级文法中学毕业，获得厄岳奖（Eötvös Prize，一项匈牙利的数学国家奖），并考虑深造。他对物理学有兴趣，但"在匈牙利搞物理没有前途"。如果他研习物理学，充其量也只是成为一名高中教师。他考虑过学习化学，认为这可能会对以后从事物理学有用，但似乎也不可能赖此谋生。他最终决定学电机工程。经济上的原因可能无法说明一切。他在柏林时的一个学友直到 1922 年才注意到，尽管获得了厄岳奖，西拉德却"仍然觉得自己在数学运算方面的技能可能难比同侪"。除此之外，在日后那些在物理学领域成就斐然的匈牙利人中，他并不是唯一一个避开那个年代匈牙利大学死气沉沉的科学教学的人。

他开始在布达佩斯的约瑟夫国王理工学院学工程学，后被征入奥匈帝国陆军。因为受过高级文法中学的教育，他被直接送到军官学校接受骑兵训练。几乎可以肯定，一次请假幸运地救了他的命。他请假的理由是当时他的一个兄弟要做大手术，他要给双亲以精神上的安慰。但事实上是他生了病。他原以为自己得了肺炎，想在布达佩斯的父母身边，而不是在前线陆军医院治疗。他站着等待指挥官接受他的请求，其时他已经高烧近 39 度。这位上尉不太愿意，但西拉德以他特有的方式坚持要休假，最终得到了批准。他在朋友的帮助下上了火车，到达维也纳时体温已经降下来了，但咳得厉害，一到布达佩斯就住进了一家不错的医院。他的病被诊断为西班牙流感，成为奥匈阵营首批病例中的一例。战事渐冷。通过利用"家庭关系"，他被安排在几周后退伍。"不久后，我听说我所在的那个团"被送上了前线，"遭到了猛烈的攻击，我的所有战友都已然不在"。

1919 年夏天，在奥匈帝国战败后的动荡中，列宁的匈牙利追随者库恩·贝拉（Kun Bela）和他的共产主义及社会民主主义信徒在匈牙利建立了一个短命的苏维埃共和国，西拉德认为这是出国学习的时候了。他当时 21 岁。正当 8 月初办好护照时，库恩政权垮台了。他又在海军上将尼古拉斯·霍尔蒂（Nicholas Horthy）的右翼政权那里成功地弄到了另一本护照，在圣诞节前后离开了匈牙利。

尽管仍然不愿意投身工程学，但西拉德还是进了柏林高等技术学院[①]。然而，一些在匈牙利必然的选择在德国只是一种选择而已。在德国，柏林大学的物理学教员中有多位诺贝尔奖得主，包括爱因斯坦[②]、马克斯·普朗克（Max Planck）、马克斯·冯·劳厄等一流理论家。德国还有弗里茨·哈伯（Fritz Haber），他从空气中固定氮合成硝酸盐——可以用来制造火药——的方法[③]使德国免于在大战中早早战败。高贵优雅的柏林郊区达勒姆有几所由政府及企业资助的威廉皇帝研究所，那里有许多声望显赫的物理学家和化学家，哈伯只是其中一个。布达佩斯和柏林在科学机遇方面的这种差异使西拉德抽不出精力再去听工程学的课程了。"最后，像往常一样，潜意识占了上风，我无法再继续学工程学了。我的自负最终让步了，我离开高等技术学院，到柏林大学完成我的学业，这大约是在我 21 岁半的时候。"

那个时候，学物理的学生游学于欧洲，追寻大师，就像他们的先辈学者和手艺人自中世纪以来所做的那样。在德国，大学是国家

---

① 又译柏林高等工业学院，柏林工业大学的前身。——校者注
② 爱因斯坦 1919 年尚未获得诺贝尔奖，他获得的是 1921 年的诺贝尔物理学奖，1922 年颁奖。——译者注
③ 哈伯也因此获得了 1918 年的诺贝尔化学奖。——编者注

的公共机构，教授是拿薪的公务员，也可以选择性地开几门课从学生中直接收取酬金（与之相比，无薪大学教师是那些有教学资格、可以收取酬金但没有薪水的访问学者）。在当时，假如你想追随某个人研习某个领域，如果他身在慕尼黑，那么你就要去慕尼黑；如果他定居哥廷根，那么你就得去哥廷根。任何科学都起源于工艺传统，在20世纪的头三分之一的时间里，科学界仍然保留着一种非正式的师父-学徒的关系体系——在一定程度上保留至今——并以此为基础建立了更加晚近的欧洲研究生院体系。这种非正式的行业关系部分地解释了西拉德那一代科学家的情感，他们是具有国际视野和价值、几乎像行会一样的专业群体的成员。

在西拉德的思想发生转变时，西拉德的好友、同为匈牙利人的理论物理学家尤金·维格纳正在柏林高等技术学院攻读化学工程，看到他在柏林大学出尽了风头。"一旦清楚地认识到物理学是自己的真正兴趣，西拉德就立即以他特有的直率向爱因斯坦做了自我介绍。"爱因斯坦此时正与妻子分居，他喜欢独创而不愿墨守成规，只讲很少的几门课。但维格纳记得，西拉德说服爱因斯坦给他们讲授研究班的统计力学课程。马克斯·普朗克则是一个憔悴、谢顶、年长的科学领袖。通过研究均匀发热表面（如窑的内部）的辐射，他发现了一个普适的自然常数。他遵循着一个在科学带头人中流传的谨慎传统：只接受最有前途的学生加以个别指导。西拉德赢得了他的注意。马克斯·冯·劳厄——柏林大学理论物理研究所英俊的所长——是X射线晶体学的奠基人。应用这一学说，劳厄使晶体的原子晶格首次可见，从而在公众中引起了轰动。他接受西拉德参加他富有见地的相对论课程，并且最终指导了西拉德的博士论文。

在战后的德国，战败的绝望、玩世不恭和狂躁情绪如同热病产生的幻觉一样在柏林蔓延。柏林大学——位于市中心多萝西大街和勃兰登堡门以东的菩提树下大街之间——是观看这种稀奇古怪世相的极好位置。西拉德没有赶上1918年11月的那场革命，这场革命始于基尔的水手暴动，迅速蔓延到柏林，迫使德皇逃亡到荷兰。血腥的暴乱后，交火停止了，最后建立了一个危机四伏的魏玛共和国。西拉德1919年底到达柏林时，超过8个月的戒严令已经撤销。这个城市起初被饥寒笼罩，但很快就恢复了醉人的生活。

"地上积着雪，"一个英国人在回忆他对战后午夜的柏林的第一印象时说，"雪、霓虹灯和庞大的建筑群混为一体，疑非人间。你会感到你身处一个十分陌生的地方。"而一名柏林戏剧界的德国人对20世纪20年代的印象则是"空气总是清新的，仿佛撒了胡椒粉，就像纽约的深秋：你几乎不需要睡眠，似乎永远也不会疲倦。在任何其他地方，你都不可能以这么好的状态面对失败。在任何其他地方，你也不可能屡次被拳击倒而又无须退场"。德国贵族从视野里消失了，取而代之的是知识分子、电影明星和新闻记者。在这个皇宫已经空荡荡的城市里，最重大的年度社会事件是由柏林媒体俱乐部主办的新闻发布会（Press Ball），每年吸引的来宾超过6 000名。

路德维希·密斯·凡·德·罗（Ludwig Mies van der Rohe）[1]在战后的柏林设计了第一座玻璃幕墙的摩天大楼。耶胡迪·梅纽因（Yehudi Menuhin）[2]小小年纪就登场首演，爱因斯坦在听众席上为

---

[1] 德国著名建筑大师，包豪斯建筑学校最后一任校长。——编者注
[2] 犹太裔著名小提琴家。——编者注

他鼓掌喝彩。乔治·格罗茨（George Grosz）[1]从他多年来冷眼观察柏林宽阔林荫道的作品中挑选出版了著名画作集《看哪！这人》。在柏林，弗拉基米尔·纳博科夫（Vladimir Nabokov）注意到"一个年老、面色红润、双下肢高位截肢的女乞丐……像一尊被放在墙根下的半身像……在出售不太符合传统的鞋带"。费奥多·温贝格（Fyodor Vinberg），一位前沙皇政府官员，在这里出版劣质的报纸，兜售《锡安长老会纪要》。是他将这本书从俄国引介到了德国。这是一本伪马基雅弗利主义征服世界的欺世幻想之作，最新的德文版售出了超过 100 000 册，公开鼓吹对犹太人的暴力毁灭。希特勒直到最后才出现在柏林，因为他在 1924 年出狱后被禁止进入德国北部地区，但他把"侏儒妖"（rumpelstiltskin）[2]约瑟夫·戈培尔派去了柏林，充当自己的代表。在这座开放、充满活力、醉心于爵士乐的城市——戈培尔在日记中将其贬为"黑暗与神秘之谜"——戈培尔学会了使用暴力和欺骗性的宣传来解决问题。

1922 年夏天，德国的货币兑换率降到了 400 马克兑换 1 美元。1923 年更为可怕，1 月上旬是 7 000 马克兑换 1 美元，7 月是 16 万，8 月是 100 万。到 1923 年 11 月 23 日终于开始调整时，已经是 4.2 万亿兑换 1 美元。银行在登广告招聘能熟练应对多个零的簿记员，按重量支付现金提款。破产的中产阶级典当的珠宝已经快要堆到古董店的天花板了。剧院一个座位的票价只值一个鸡蛋的价钱。只有那些持硬通货的人——多半是外国人——在花几便士就可以乘坐列车头等车厢横跨德国时显得神气活现，但他们也赚来了饥饿的德国

---

[1] 德国表现主义画家、讽刺漫画家。——编者注
[2] 《格林童话》中的小矮人精灵。——编者注

人的敌视。"不，没人有负罪感，"一个来访的英国人幸灾乐祸地说，"人们觉得这非常正常，这是上帝的礼物。"

1923 年，后来移居美国的德国物理学家瓦尔特·埃尔绍泽（Walter Elsasser）处在他学生时代的一个间隔期。这时的他在柏林工作，他的父亲同意支付他的个人花销。他虽不是外国人，但得到了来自国外的资助，这使他能像模像样地生活：

> 为了使我不受到［通货膨胀的］影响，我父亲恳求他的好友、巴塞尔银行家考夫曼［Kaufmann］给我在一家大银行建了一个美元账户……我每周会花半天的时间离开学校，乘地铁到市中心以德国马克提取我的补贴，一次比一次多。回到我的租住房，我会立刻买足能用到下一周的食物一类的必需品，因为不出三天，所有物价都会明显上涨，涨幅约为百分之十五，这样我的补贴将变得短缺，使我无法在周末享受去波茨坦或者英格兰北部的湖泊区旅游的快乐……我那时太年轻，太无情，太不知人间疾苦，不能理解这种飞速的通货膨胀——实实在在的饥饿和困苦——对那些靠养老金或者其他固定收入生活的人，甚至工薪阶层，尤其是家里有许多孩子而薪水的增长又落后于通货膨胀的人而言意味着什么。

虽然没有人回想起曾看到过西拉德自己做菜——他宁可买熟食或者上小餐馆——但西拉德一定也过着这样的生活。他应该明白极度的通货膨胀意味着什么，明白它的一些原因。但尽管西拉德有着异常敏锐的观察力——"作为一名科学家，在与其他科学家为伍的漫长一生中，"维格纳曾写道，"我还没遇到过更有想象力和独创性，更具思维和见解独立性的人"——他的回忆和他的文章里对在柏林的这段日子里发生的事情都只字未提。处于战后社会、政治和知识崛起高潮中的德国首都赢得了西拉德肯定的评价:"那时的柏林处于物理学的全盛期。"这意味着物理学——在 20 世纪 20 年代异乎寻常地诞生了现代综合的物理学——对他来说是多么重要。

⊙

4 年学习通常是一个德国学生论文工作的前期准备阶段。之后,在得到一名教授的首肯后,学生会解决一个他自己构思的问题或者他的导师提供的一个问题。"为了能被接受",西拉德说,它"必须是一项真正原创性的工作"。如果论文赢得了导师的认可,这个学生就会在某个下午接受答辩,如果答辩通过了,他就将被授予博士学位。

西拉德已经把人生中的一年花在了当兵上,两年花在了工程学上。在研习物理学方面,他没有再浪费一点时间。1921 年夏天,他找劳厄要论文题目。劳厄显然决定挑战一下西拉德——这一挑战可能是友好的,也可能是试图使西拉德摆正自己的位置——给了他一个相对论方面的晦涩问题。"我无法在这一题目上取得任何进展。事实上,我甚至认为这是一个无法解决的问题,"西拉德在这个问题上努力了 6 个月,直至圣诞节,"我认为圣诞节是休闲时间,不是工作时间,因此我觉得想想那些脑子里自己冒出来的问题就行了。"

在那 3 个星期里,西拉德想的是怎样解决热力学方面一个难以理解的矛盾。热力学是关于热能和其他形式能量间联系的物理学分支。在预言热现象方面，有两种热力学理论都非常成功。一种是现象学理论，较为抽象和普适（因而更有用）。另一种是统计理论，基于的是原子模型，并且更对应于物理实在。统计理论将热平衡描述为原子的一种随机运动状态。例如，在 1905 年的一篇重要论文中，爱因斯坦论证了布朗运动——像悬浮在液体上的花粉那样的微小颗粒的随机运动——便是这样一种状态。而更有用的现象学理论则将热平衡当成静态处理，静态是没有变化的状态。这是一对矛盾。

西拉德会外出，长时间地散步——柏林有几分寒冷和阴沉，这种阴沉在阳光灿烂的日子里有所缓解——"如果我在散步途中有了点什么想法，回到家我就把它写下来。次日早晨醒来时，我会有新的想法。我会又出去散步，这个新想法会在我的头脑中成形，我会在晚上把它写下来。"西拉德认为，那是他生命中最富创造性的时期。"在 3 个星期里，我写成了一份有关一个问题的手稿，这个问题相当有原创性，但我不敢交给冯·劳厄，因为这不是他要求我做的。"

西拉德在一次讨论课后将手稿交给了爱因斯坦，强拦住他，说自己想和他谈一些自己正在做的事情。

"好吧，你都在做些什么？"西拉德回忆当时爱因斯坦这样说。

西拉德汇报了他"相当有原创性"的想法。

"这不可能，"爱因斯坦说，"这是一些无法做成的事情。"

"嗯，是啊，但我做成了。"

"你怎么做成的？"

西拉德开始解释。据西拉德说，"5 分钟或 10 分钟"后，爱因斯坦听懂了。在只学了一年大学物理的情况下，西拉德完成了一个严格的数学证明，得出的结论是热平衡的随机运动能够以它原始、经典的形式在现象学理论框架中取得一致，与特定的原子模型无关，"[爱因斯坦]非常赞同"。

西拉德大受鼓舞，将他的论文——《论唯象热力学向涨落现象的扩展》——交给了冯·劳厄。冯·劳厄带着古怪的神情接受了它并将论文带回家。"第二天一早，电话铃响了，是冯·劳厄。他说：'同意将你的手稿作为你的博士论文。'"

6个月后，西拉德写出了又一篇热力学论文——《论一个热力学系统在智能生物干预下熵的减少》。这篇论文最终被认为是现代信息论的一份重要基础文献。到这时，西拉德已经有了高级学位，现在的他已经是利奥·西拉德博士了。在这之后直至1925年，他一直在达勒姆威廉皇帝化学研究所做晶体中X射线效应的实验，这是冯·劳厄的领域。这一年，柏林大学接受了他有关熵的论文，作为大学授课资格论文，也就是他的就职论文。西拉德因此被任命为一名无薪大学教师，直至1933年离开柏林前往英国。

自那以后，西拉德的副业之一便是发明。1924年到1934年间，他一个人或者与他的搭档阿尔伯特·爱因斯坦一起，向德国专利局申请了29项专利。他们的合作申请大多涉及家用冷藏。"一天早晨，一条让人悲痛的报道……引起了爱因斯坦和西拉德的注意，"西拉德后来的一名美国学生写道，"据柏林的一家报纸报道，一个家庭——包括几个年幼的孩子——被发现在他们住的公寓里窒息而亡，原因是他们吸入了用作冰箱制冷剂的[化学]物质产生的有毒烟雾。烟雾是在夜间通过磨损的气泵阀门泄漏出来的。"因此，这两位物理学家设计了一种利用电磁性来抽运金属化制冷剂的方法。除了制冷剂本身外，这种方法不需要任何其他运动机件（因而也就不可能发生阀门密封渗漏）。德国通用电气公司（A. E. G.）在这之后与西拉德签约，雇用他作为该公司的一名带薪顾问，并实际制造了一台爱因斯坦-西拉德冰箱。但这种磁抽运泵甚至比当时最吵的传统压缩机的噪声还要大，因此从未离开过工程实验室被投入实际应用。

另一项十分类似的发明也取得了专利，要是能在专利的基础上进一步改进，西拉德会在这方面赢得国际声誉。独立于美国实验物理学家欧内斯特·O. 劳伦斯的工作，而且还至少早了 3 个月，西拉德就给出了通常被视为劳伦斯发明的回旋加速器的基本原理和总体设计。这是一个在环形磁场中加速核子的装置，一种核子泵。西拉德为他的装置申请专利是在 1929 年 1 月 5 日。劳伦斯首次产生回旋加速器的想法大约是在 1929 年 4 月 1 日，并在一年后制造了一个小小的工作模型。劳伦斯因此获得了 1939 年的诺贝尔物理学奖。

西拉德的独创性绝不止于此。在 16 岁作为国家命运的预言家到 31 岁与威尔斯谈判版权时的阳谋者之间的某个时刻，他构想出了自己的"阳谋"，记录下了从"德国 20 年代中期"起他的各种社会发明（social invention）[①]。这样看来，他 1929 年去拜访威尔斯，既是出于对这位英国人睿智的喜爱，也是出于对他远见的欣赏。关于西拉德，英国物理学家、小说家 C. P. 斯诺（C. P. Snow）的评价是，他"随时随地都有一种不寻常的气质，在大科学家中这或许并不那么少见。他相当自负，有着不容辩驳的自我中心主义。但他会把这种个性的力量外放出来，以此与人为善。在这种意义上，他与爱因斯坦有着一定程度的家族相似性[②]"。在斯诺的这段话中，与

---

① 社会发明是指能够解决社会问题和挑战的创造发明，可以有多种形式，如新的技术、新的法律和政策等。——编者注

② 家族相似性（family resemblance）的概念出自维特根斯坦，可以理解为两者具备某些相似的特征，有如家族成员间的关系一般。——编者注

人为善指的是一篇提议成立一个新组织的文献。这个组织名为"志同道合者联盟"（Der Bund），而 Der Bund 的意思是群体、同盟，或者更简单地说，就是团体。

"志同道合者联盟"，西拉德写道，应该是"一个有着密切联系的群体，把这些人联系起来的是一种贯穿始终的宗教和科学精神"：

> 如果我们拥有一种魔法，用它可以在成长的一代人年幼时就识别出那些"最好"的个体……那么我们就能训练他们独立思考。通过一种紧密社团式的教育，我们能够造就出一个精神领袖阶层，这个阶层的内部凝聚力足以使其不断地自我更新。

这个阶层的成员将不会获得额外的财富或个人荣耀。相反，他们将被要求承担一些特殊的责任，这些"负担"可以"展现他们的献身精神"。在西拉德看来，这样一个群体即使没有正式的组织结构或法律地位，也有很好的机会影响公共事务。但也有可能"作为政治体系中的一部分对公共事务产生更直接的影响，接近政府和议会的职能，或者取代政府和议会"。

"这个团体，"西拉德在另一时间写道，"不应该是某种类似政党的组织……而应该代表国家。"他认为在这些由三四十人组成的团体中，代议制民主将以某种方式自然而然地实现，形成"同盟"成熟的政治体制。"因为遴选［和教育］方法的原因……最高层做出的决策有很大的可能将会是公平且反映多数人意志的决策。"

西拉德一生都在追求他的"同盟"，版本多种多样。迟至 1961年，它还通过适当的伪装出现在他的通俗故事《海豚之音》中：在一个叫"维也纳学院"的地方，一群海豚通过它们的饲养员和译员

（这些人是美国和苏联的科学家）向世界传授它们超凡的智慧。故事的讲述者巧妙地暗示，这些饲养员可能才是这些智慧的真正来源，他们利用人类对超人类救世主的强烈迷恋来拯救世界。

一次乐观主义——或者说机会主义——的狂热爆发，使西拉德在 1930 年致力于召集起一群熟人（他们中有许多人是年轻的物理学家），着手组建"同盟"。在 20 世纪 20 年代中期，西拉德相信"议会民主体制在德国不会持续很久"，但他"认为它可能会存在一两代人的时间"。不到 5 年后，他有了不同的看法。"我得出结论，德国将在 1930 年出现某些问题……"那一年，德国中央银行行长亚尔马·沙赫特（Hjalmar Schacht）在巴黎会见了一个经济学家委员会。成立这个委员会是为了讨论并裁定德国支付战争赔款的能力具体有多大。沙赫特宣布，除非将"一战"后被割让的前殖民地归还给德国，否则德国一分钱也不会付。"这个惊人的声明引起了我的注意，我得出结论，如果沙赫特相信他在这件事上能侥幸成功，那么情况一定已经很糟了。我意识到了问题的严重性，于是写了一封信给我的银行，将我所有的钱一分不留地从德国转到了瑞士。"

一个组织严密得多的同盟也正在德国发展壮大，试图以另一种更为原始的方案拯救世界。这一狂妄自大的方案出自一本名为《我的奋斗》的自传，将带来漫长而血腥的劫难。而西拉德则将在未来的岁月里引领一场运动，召集起一个某种程度上的同盟。这个同盟不会出现在人们的视野中，不是在追求一个乌托邦，而是在从事更为紧迫、更为立竿见影的工作。这个"联系密切的群体"最终将对国际事务产生深远的影响，比纳粹主义的影响还要大。

◉

　　20 世纪 20 年代的某个时候，一个新的研究领域引起了西拉德的注意：核物理学。这个领域研究的是原子核。原子的大部分质量——以及大部分能量——都集中在原子核中。他熟悉德国化学家奥托·哈恩和奥地利物理学家莉泽·迈特纳在放射性领域长期以来的卓绝研究工作，他们在威廉皇帝化学研究所有一个高产的研究小组。毫无疑问，他也一如既往地察觉到空气中弥漫着一种紧张的气氛，这表明这个领域可能会有新的发现。

　　伟大的英国实验物理学家欧内斯特·卢瑟福通过大量实验证明，一些轻原子的原子核能被原子微粒轰击打碎。在他的实验中，卢瑟福用一个核轰击另一个核。但由于两个核都带有很强的正电，因此被轰击的核会排斥走绝大多数飞来的轰击核。因此，物理学家一直在寻找将粒子加速到极高速率的方法，使其能够通过核的电势垒。西拉德类似回旋加速器的设计就能被用于这一目的，这表明他早在 1928 年就在思考核物理的问题了。

　　直至 1932 年，西拉德都只是在思考。他有其他的工作，核物理也还没有引起他足够的兴趣。但在 1932 年，核物理学变得足以引起他的高度关注。物理学的一项发现为这个领域开启了新的可能，而西拉德在文学作品和乌托邦理想中的发现则启发了他拯救世界的新方式。

　　在 1932 年 2 月 27 日给英国《自然》杂志的一封信中，剑桥大学卡文迪许实验室（卢瑟福的实验室）的物理学家詹姆斯·查德威克宣布，可能存在中子。（4 个月后，在《英国皇家学会会刊》上发表的一篇更长的论文中，查德威克证实了中子的存在。但在查德威克首次谨慎宣布他的发现时，西拉德——与查德威克本人一样——并不怀疑这一结论。和许多科学发现一样，这个结论一旦被验证过，那么就明白无误了。只要西拉德愿意，他自己随时都可以在柏林再验证一遍。）中子——一种质量与带正电的质子非常相近的粒子——不带电荷，这意味着它能够通过环绕原子核的电势垒，进入原子核。在1932年以前，质子是科学界唯一确信存在的原子核的组分。如今，科学家可以用中子轰击开原子核，对其进行研究，这种方法甚至可以迫使原子核释放出它蕴含的巨大能量的一部分。

也是在这时，1932年，西拉德发现或者说获得了威尔斯作品中那个吸引人的"孤儿"，他以往从未注意到的《获得解放的世界》。尽管取了这样的书名，但它不是像《阳谋》那样的小册子。这是一本预言小说，出版于1914年第一次世界大战前。30年后，西拉德仍然能准确地讲述《获得解放的世界》中的细节。他说，威尔斯这样写道：

> ……为了工业目的大规模释放原子能、研发原子弹，发生了一场世界大战。这显然是一场两个同盟间的战争，一个由英国、法国，可能还有美国组成，另一个则由德国和奥地利这些位于欧洲中部的强国组成。他将这场战争设定在1956年，在这场战争中，全世界的大城市都被原子弹摧毁了。

从威尔斯这本具有远见的小说中，西拉德获得了很多个人的发现——那些预见到他的乌托邦计划或者与之产生共鸣的种种想法，那些可能在未来的岁月里引导他的种种反应。例如，威尔斯写道，他书中的科学家英雄"意识到他的发现可能产生严重的后果，这让他感到压抑，事实上，这让他感到惊恐。那个晚上，他产生了一个模糊的想法：时机尚不成熟，他不应该发表他的成果，某些贤明人士的秘密协会应该照看好他的著作，使其世代相传，直到它实际应用的时机在这个世界上变得更加成熟"。

然而，《获得解放的世界》对西拉德的影响并不像这本书的主题提示的那么大。"这本书给我留下了非常深刻的印象，但于我而言，它只是一本小说。它没有让我去想这些事情是否真的会发生。直到那时，我还没有开始在核物理方面工作。"

根据西拉德自己的回忆，一次非同寻常却又相当平静的对话改变了他的研究方向。西拉德是通过一位朋友的介绍结识威尔斯的，这位朋友在 1932 年回到了欧洲大陆：

> 我在柏林再次遇到了他，我们有一场令人难忘的交谈。奥托·曼德尔［Otto Mandl］说，他现在真的认为自己知道怎样才能把人类从一系列不断发生、可能毁灭全人类的战争中拯救出来。他说，男子汉有自己的英雄气质，男子汉不会满足于快乐的田园诗般的生活。他说他需要的是战斗，是直面危险。他得出结论，要拯救自己，人类必须实施一项旨在离开地球的计划。曼德尔认为，人类有能力汇聚起实现这一目标所需要的能量，也能够展现出实现这一目标所必需的英雄主义。我很清楚地记得自己当时的反应。我告诉他，这对我来说有些新奇，我真不知道自己是否同意他的见解。我唯一能说的是：如果我能得出结论，人类真的需要这么做，而我又想为拯救人类做一点贡献，那么我大概会涉足核物理学，因为只有通过核能的释放，

我们才能获得有效的手段，使人类不仅能离开地球，也能离开太阳系。

这一定就是西拉德的结论。那年，他搬进了威廉皇帝研究所的哈纳克楼——为来访的科学家提供的住所，由德国企业赞助，算是一种教工俱乐部——并且询问莉泽·迈特纳，是否可能与她一起从事核物理实验研究，以此拯救全人类。

一直以来，西拉德租房而住，随处安居，家当都在两只手提箱里。在哈纳克楼居住期间，他都随身带着这两只手提箱的钥匙，手提箱也已经整理停当。"一旦情况不妙，我唯一需要做的就是转一转钥匙，然后走人。"情况果然不妙，就连与迈特纳一起工作的决定也需要推迟。据西拉德回忆，像那时其他许多生活在德国的人一样，一位年长的匈牙利朋友——迈克尔·波拉尼，威廉皇帝研究所的一名化学家，拖家带口住在这里——也乐观地看待德国的政治局势。"他们都认为，文明的德国绝不会容忍任何真正野蛮的事情发生。"西拉德并不持这样的乐观态度，因为他注意到德国人自己已经由于愤世嫉俗变得麻木了——这是在大战中战败对道德产生的可怕影响之一。

1933年1月30日，阿道夫·希特勒被任命为德国总理。2月27日晚，一帮由希特勒的私人军队——柏林冲锋队——队长直接指挥的纳粹分子纵火焚烧了雄伟的国会大厦。这座大厦被彻底焚毁。希特勒以纵火罪诬陷共产党人，并威逼惊魂未定的国会授予他紧急处置的权力。西拉德发现，波拉尼在纵火案后仍对他的判断将信将疑："他看着我说：'你真的想说你认为赫尔曼·戈林的内政部与这事有关吗？'我说：'没错，这正是我要说的。'他只是用怀疑的目光看着我。"3月下旬，普鲁士和巴伐利亚的犹太法官和律师都被停职解雇。4月1日那个周末，尤利乌斯·施特赖歇尔（Julius Streicher）导演了一场对犹太商店的全国联合抵制，犹太人在大街上被殴打。"我在1933年4月1日的前一天从柏林乘火车到维也纳，"西拉德写道，"火车空空的。第二天，同一列火车拥挤不堪并在边境上被拦下来，人们只得走出来，每个人都得接受纳粹的盘查。这表明，如果你想在这个世界上成功，你不必比别人聪明多少，只需比别人早一天就行了。"

4月7日，《公务员职位恢复法》在全德国发布，德国各大学的大批犹太裔学者和科学家因此失业。西拉德在5月上旬到达英格兰，在这里热心奔走，帮助这些学者和科学家离开德国，并帮助他们在英国、美国、印度、中国以及迁移中途的落脚地找寻工作。如果说他还没能拯救全世界的话，那么他至少拯救了世界的一部分。

9月，西拉德飞到伦敦。那时，他住在罗素广场的帝国饭店，之前他已经从苏黎世银行将1 595英镑转账到伦敦。其中一大半的钱——854英镑——是他替他的兄弟贝洛（Béla）保管的，其余的足够他用上一年。西拉德的收入来自他的专利收益以及担任冰箱生产顾问和无薪大学教师的酬金。他忙于为别人寻找工作，却不必操心为自己找一份，毕竟他的开销很少。在一家不错的伦敦饭店，一星期的住房和一日三餐大约要5.5英镑。他在一生的大部分时间中都是单身汉，生活很简朴。

"我大约是在英国协会①[会议]时在伦敦安顿下来的，直到这时我才重新考虑[与奥托·曼德尔关于太空旅行的]谈话以及威尔

---

① 英国科学促进协会的简称。——译者注

斯的书。"西拉德加重了语气：至关紧要的是"直到这时"。他被各种事务和救援工作搞得焦头烂额，以至于无法创造性地思考核物理。他甚至考虑转到生物学，经历一次研究领域上的根本改变——战前和战争开始后，许多有才华的物理学家都转行到了生物学。要做出这样的改变在心理上绝非易事，西拉德1946年才真的这样做。但英国科学促进协会1933年9月的一次年会使他暂时放弃了这个念头。

9月1日，星期五，如果这一天西拉德闲躺在帝国饭店的大堂里阅读《泰晤士报》上刊出的《未来事物的面貌》的书评，那么他会注意到匿名书评人的观点：威尔斯"此前曾有过类似的尝试——那本有些随性的作品《获得解放的世界》会浮现到读者的脑海中——但从未在细节上写得如此丰富和有说服力，事实上，从没有如此有力地让人们认识到某些更迫在眉睫、更具灾难性的进展有可能带来恐怖的后果"。要是读到了这篇书评，西拉德也许会再次想到威尔斯早期著作中的原子弹，想到威尔斯和他自己的"阳谋"，想到纳粹德国和德国那些有才华的物理学家，想到毁灭的城市和战争。

不过毫无疑问，西拉德读到了9月12日的《泰晤士报》，报纸上有一连串引人注目的新闻标题：

英国协会

——

击碎原子

——

元素的转化

《泰晤士报》报道，欧内斯特·卢瑟福讲述了"在最近四分之一个世纪的时间里在原子嬗变方面的发现"的历史，包括：

中子，新奇的转化

所有这些使西拉德心神不宁。大不列颠的一流科学家在开会，而他没有出席。他现在安全了，他在银行有钱，但他的身份只是又一个在伦敦落魄的无名犹太难民，在宾馆大堂里慢慢喝着早茶，无业且默默无闻。

继续往下读，《泰晤士报》的第二个专栏是卢瑟福演讲的摘要，西拉德读到：

转化任何原子的希望

卢瑟福勋爵在演讲的结尾问道：未来二三十年的前景会怎样？

作为加速轰击粒子的方法，可能不再需要数兆伏这一数量级的高电压。用 30 000 伏或者 70 000 伏，转化就可以实现……他相信，我们最终将有能力转化所有的元素。

我们可以在这些过程中获得比质子提供的能量多得多的能量，但通常说来，我们不能指望用这种方法获得能量。这是一种拙劣而又低效的产生能量的方法，所有寻找这种原子转化能源的人都不过是在谈论着"镜花水月"[moonshine]。

西拉德知道"镜花水月"的意思是"愚蠢或空幻的言论"吗？在他扔下报纸，狂奔上街前，他会不会不得不先问问看门人这个词的意思？"据报道，卢瑟福勋爵说，谈论工业规模上的原子能释放就是在谈论'镜花水月'。专家们指出某些事情不可能实现的言论总是使我感到气恼。"

"当我在伦敦街头散步时，这件事使我陷入沉思。我记得在南安普敦大街的交叉路口等绿灯时……我在考虑卢瑟福勋爵会不会错了。"

"我想到，和α粒子相比，中子不会使它所通过的物质电离 [也就是与之发生电相互作用]。"

"因此，中子在轰击原子核并与之反应前不会停下来。"

西拉德并不是认识到中子可以穿越原子核正电势垒的第一人，其他物理学家也意识到了这一点。但他第一个设想出了一种机制，凭借这种机制，通过中子对原子核的轰击，多于中子自身所带的能量能被释放出来。

化学中存在类似的过程，波拉尼研究过它。数量相对较少的活性粒子——比如氧原子——在被加入一个化学性质不稳定的系统后，能在比反应通常需要的温度低得多的温度下引起化学反应，其效应如同一点点酵母足以发酵整块面团。这一过程被称为链式反应。在化学反应中，一个反应中心会产生数千个产物分子。有时一个中心会与反应物产生特别有利的接触，形成不是一个而是两个或者两个以上新的中心，每一个这样的中心又能次第传递下去，形成链式反应。

化学链式反应通常是自限的。否则的话，它们将以几何级数的方式发展下去：1，2，4，8，16，32，64，128，256，512，1 024，2 048，4 096，8 192，16 384，32 768，65 536，131 072，262 144，524 288，1 048 576，2 097 152，4 194 304，8 388 608，16 777 216，

33 554 432，67 108 868，134 217 736……

"正当红灯变成绿灯，我横穿大街时，"西拉德后来回忆说，"一个想法……突然在我头脑中出现。我们是否能够找到一种元素，当中子穿越它时，它吸收一个中子，放出两个中子。如果能积聚这样一种元素到充分大的质量，就能够维持一个核链式反应。"

"当时我不知道该如何寻找这样一种元素，或者需要做什么样的实验，但这一想法总萦绕在我的心头。在某些特定情况下，实现原子核链式反应、以工业规模释放原子能、制造原子弹，都应该是可能的。"

利奥·西拉德走上了人行道。在他身后，绿灯变成了红灯。

第2章

原子和空隙

原子能来自原子，但直到20世纪初，这个"怪物"在物理学上才拥有合法的身份。原子作为一个概念古已有之：万事万物表象下的一个永恒但不可见的基本物质层次，是它们让事物结合、涌现、分解和腐化。公元前5世纪的古希腊哲学家留基伯（Leucippus）——他的名字因在亚里士多德的著作中被提及而得以存世——提出了这一概念，与留基伯同一时代的德谟克利特（Democritus）——一个富有且名气更响的色雷斯人——则发展了这一概念。德谟克利特共有72本著作，都未能流传下来。古希腊医生盖仑（Galen）曾引用过其中一本书说："颜色、苦味、甜味都只是习惯，事实上只存在原子和空隙。"从17世纪开始，每当物理学理论的发展似乎需要它们时，物理学家们就会提出各式各样有关这个世界的原子模型，但原子是否真的存在一直是一个争论不休的问题。

渐渐地，争论的问题转变为什么样的原子才可能存在以及什么样的原子才是必要的。艾萨克·牛顿想象了一种类似微型台球的东西，以服务于他的机械宇宙观中物体的运动。他在1704年写道："在我看来，上帝最初是用实心、坚硬、不可穿透、拥有质量并且可移动的粒子来创造万物的，这些粒子的大小、形状以及其他属性，还有它们与空间的比例，使它们能够完美地达到上帝创造它们的目的。"1873 年，苏格兰物理学家詹姆斯·克拉克·麦克斯韦（James Clerk Maxwell）——卡文迪许实验室的奠基者——出版了一本名为《电磁通论》的开创性著作。通过引入电磁场的概念，这本著作修正了牛顿的粒子在空隙中碰撞的纯机械宇宙观。这种场弥漫在空隙中，电磁能量以光速在其中传播。麦克斯韦论证指出，光本身是电磁辐射的一种形式。尽管麦克斯韦做出了这样的修正，但他和牛顿一样，仍然笃信坚硬、机械的原子：

> 在岁月的长河中，尽管天空中发生过灾变，并且可能还会发生灾变，尽管古老的体系可能解体，新的体系会从它们的废墟中演化出来，但构造［太阳和行星］的［原子］——物质世界的基石——却从未解体，也未见磨损。无论是数量、尺寸还是重量，它们至今仍和被创造出来时完全一样，无比完美。

马克斯·普朗克则有不同的看法。和他的许多同事一样，他对原子是否存在持怀疑态度——物质的微粒理论是英国人的，而不是欧洲大陆人的发明，其淡淡的不列颠气味让恐外的德国人颇为反感。而且普朗克坚信，即使原子确实存在，它们也一定不是机械性的。"至关重要的是，"他在他的《科学自传》中承认，"外部世界是独立于人的东西，是绝对的东西，对这种绝对性所遵从的规律的探索是我一生中最崇高的科学追求。"普朗克相信，在所有的物理学定律中，热力学定律是适用于独立的"外部世界"——他对绝对性的一个要求——的最基本的定律。他很早就认识到，纯粹的机械意义下的原子违背了热力学第二定律。在这一点上，他的态度很明确。

热力学第二定律认为，热不会从较冷的物体传到较热的物体而不引起系统的某种变化，或者像普朗克 1879 年在慕尼黑大学完成的博士论文中概括的那样，"热传导过程无论如何都不能完全可逆"。热力学第二定律不仅排除了制造出永动机的可能性，还定义了由普朗克的前辈鲁道夫·克劳修斯（Rudolf Clausius）[①]命名为熵的物理量：由于无论做何种功，能量都会以热的形式耗散——不能再被收集回来变成有用、有组织的形式——宇宙一定会慢慢地变得无序。这种无序性不断增加的前景意味着，宇宙进程是单向且不可逆的。第二定律以物理形式表述了我们所称的时间。但机械物理——如今称为经典物理——的方程在理论上既允许宇宙朝前，又允许宇宙退后。"因此，"一位学术地位很高的德国化学家曾抱怨，"在一个纯粹的力学世界里，大树能够缩回到幼芽和种子，蝴蝶能变回到毛毛虫，老人能变回到儿童。力学学说无法解释这些事情为什么不可能发生……因此，自然现象这种实实在在的不可逆性表明，存在无法用力学方程描述的现象。至此，对科学唯物主义的判决就尘埃落定了。"而在好几年前，普朗克就以其特有的简洁写道："第二定律始终成立……与原子有限这一假设不相容。"

一个主要的问题是，原子当时并不能被实验直接触及。在化学上，原子是一个有用的概念，被用来解释为什么某些物质——元素——能结合形成其他物质，但自身却无法用化学方法分解。原子似乎是气体能够充满整个容器并均匀挤压所有器壁的原因。它们也被用来解释这样一个令人惊奇的发现：在实验室中用火焰加热或者

[①] 德国物理学家，热力学的奠基人之一。——编者注

用电弧蒸发任何一种元素，都会使发出的光具有某种颜色，这种光在通过一个三棱镜或衍射光栅后会展开成彩虹一样的光谱，光谱总是被特定的亮线分成几段。但迟至1894年，当第三代索尔兹伯里侯爵罗伯特·塞西尔（Robert Cecil）——牛津大学的名誉校长和英国前首相——在英国协会做他的会长演讲，谈到科学的未竟事业时，原子究竟是真实存在的还是仅仅是一种方便的哲学抽象概念，以及它们隐藏着怎样的结构，仍然是一个悬而未决的问题：

> 每种元素的原子是什么；它是不是一种运动、一个物体、一个旋涡、一个具有惯性的点；是否能对它进行无限的分割，如果不能，这种限制是如何实现的；长长的元素列表是否有一个尽头；是否每种元素都有共同的起源。所有这些问题仍然像过去一样，被深重的黑暗所笼罩。

物理学的研究方式与其他所有科学的研究方式一样，都是在各种可能性中进行筛选。利奥·西拉德的朋友，化学家迈克尔·波拉尼晚年在曼彻斯特大学和牛津大学时曾审视过许多科学工作。他发现了一个传统的组织，与大多数科学家以外的人的想象大相径庭。这个团体由独立的人组成，团体成员间自由协作。波拉尼称其为一个"科学共和国"，"一个自由社会高度简化的范例"。并不是所有科学哲学家——波拉尼当时也已经是一名科学哲学家——都认同。就连波拉尼自己有时也将科学称为一种"正统"[①]。但他的科学共和国模式和一些成功的科学模型一样，也很有效：它能解释事物间尚不完

---

① 此处的英文为 orthodoxy，这个单词有较强的宗教、信仰意味。——编者注

全清楚的一些关系。

波拉尼直截了当地提出问题。怎样选择科学家？他们需要做出怎样的承诺？谁引导他们的研究——选择研究课题、核准实验、评估结果的价值？最后，谁决定什么在科学上是"真"的？带着这些问题，波拉尼回过头从外部考察科学。

在仅用3个世纪就重塑了整个人类世界的伟大结构背后，存在着一种对自然主义人生观的基本信念。在其他时间和其他地点，占支配地位的是基于魔法和神话的人生观。当孩子们学着说话、学着阅读以及上学的时候，他们便学到了自然主义观点。"政府每年在科学培养和传播方面花费千百万的资金，"波拉尼曾这样写道，当时他对那些拒绝理解他观点的人感到不耐烦，"而不会为推进占星术和巫术提供一分一毫的经费。换句话说，我们的文明深深地建立在对事物本质的某一种信念上，这种信念与早期埃及文明或者阿兹特克文明的信念是不同的。"

许多年轻人学习的不过是科学"正统"。他们习得了"公认的学说，僵死的学问"。有些人在大学里才开始学习一些最基础的方法。他们在日常的研究中练习用实验去进行证明，他们发现科学是"不确定的而且本质上永远是暂时的"，这才开始赋予科学以生命。

这还不足以成为一名科学家。波拉尼认为，成为一名科学家需要"一种充分的原创性"。这种原创性来自将一位杰出大师的原创观点和实践与个人紧密结合起来。科学实践本身不是科学，而是一门技艺，就像绘画实践或法律和医学实践一样，由师傅传授给徒弟。你无法单纯从书上或课堂上学会法律，你也无法这样学会医学，你更无法这样学会科学。因为在科学中没有什么是一成不变、万试万灵的，没有哪一个实验是终极性的证明，一切都是简化的和近似的。

美国理论物理学家理查德·费曼有一次在加州理工学院对挤满报告厅的大学生以同样的坦率讲述了他的科学观。"我们说'理解'某些事物，这是什么意思？"费曼直率地问道。他用一种风趣的语言讲出了人类的局限性，其中蕴含着对这个问题的回答：

> 组成"这个世界"的运动物体间有着复杂的关系，我们可以将其想象成天神们的一个大棋局，而我们是观棋的人。我们不知道棋的规则是什么，我们被允许做的唯一的事就是观棋。当然，看的时间长了，我们最终可能会发现一些规则。棋的规则就是我们所说的基础物理学。但即使我们知道了所有的规则……我们能用这些规则解释的事物也是非常有限的，因为几乎所有情况都相当复杂，以至于我们无法运用这些规则来理解每一步的逻辑，更别说指出下一步将会发生什么了。因此，我们只能将自己局限在棋的规则较为基础的问题上。如果我们理解了这些规则，我们就认为我们"理解"了这个世界。

学会理解证明、学会判断、学会何时凭直觉行动、学会何时把计算推倒重来、学会评判哪些实验结果不可靠，这些技能让你进入天神棋局的观众席，而学会这些首先需要你坐到师傅的脚下。

波拉尼发现，科学上充分原创性的另一必要条件是信仰。即使科学成为西方的"正统"，个人仍然可以彻底或部分地自由接受它或拒绝它。占星术和圣灵感孕的信徒很多，而"除非一个人相信科学学说和方法在根本上是合理的，并且认为其终极前提可以被无可置疑地接受，否则他不可能成为一名科学家"。

要成为一名科学家，必须深刻地信奉科学体系和科学的世界观。

"任何对科学这个概念的描述，如果没有把科学明确地描述为我们信仰的某种东西，那么在本质上都是不完善的虚饰之词。这等于是在宣称，科学在本质上不同于并且高于人类的所有非科学论述，但这种观念是不对的。"信仰科学就是科学家加入这个团体时要发的誓言。

这就是科学家如何被选中，并被接纳入这一团体的。他们组成了一个受过教育的科学信徒的"共和国"，通过一个师承关系的链条，学会仔细判断他们所在的领域那难以捉摸的前沿。

那么，由谁来指导这些工作？这一问题实际上是两个问题：谁来确定哪些问题需要研究、哪些实验需要完成？谁来评价这些结果的价值？

波拉尼给出了一个类比。他说，想象一下一群工人，他们需要解决一个很大、很复杂的拼图难题。他们要怎样把自己组织起来才能最有效地完成这项工作？

每个工人都可以从一堆拼图碎片中拿起几块，试着将它们拼合在一起。如果拼图是像给豌豆剥壳一样的工作——弃去不要的，留下要的——那么这将会是一个有效的方法。但它不是。拼图的各个碎片不是孤立的，它们能够拼合成一个整体，但任何一个工人恰好拿到可以互相拼合的碎片的机会很小。哪怕制作了足够多的碎片复制品，使每个工人都能获得一整套碎片，单独个人的完成度也不可能比得上找出有效合作方式的集体的完成度。

波拉尼认为，做这件事最好的方法是允许每个工人明了其他工人都在干什么。"让他们清楚其他人的进展，这样，只要一块碎片被一个［工人］拼接好，其他所有工人就立即考虑下一个可能的步骤。"使用这种方法，即使每个工人完全是在根据自己的主观意愿拼图，他的行动也仍然在推动整个群体的进展。这个群体既独立又协作，这是拼合拼图的最有效的方法。

波拉尼认为，科学沿着一系列他所谓的"成长点"进入未知领域，每个点都是做出最丰饶发现的地方。科学家们通过科学出版物和学术人脉——学术交流是完全公开的，这是一种绝对并且至关重要的言论自由——来发现这些成长点并在这些领域开展研究，他们的特殊才能可以为他们付出的努力和思考带来情感和智力上的最大回报。

于是，科学家当中由谁来评价科学结果的价值就变得明了了：群体中的每一个成员，就像在贵格会教派的月会上一样。"科学意见的权威性在本质上是相互的，它建立在科学家之间，而不是科学家之上。"有一些带头科学家在他们自己领域的成长点上极为多产，但科学没有终极领袖。一切遵从多数人达成的共识。

并不是每个科学家都有能力评价每一项科学成就。交流网络也解决了这一问题。设想科学家 M 宣布了一项新的成果，他比世界上任何人都了解他高度专业化的课题，那么有人有能力来评价他吗？有。仅次于 M 的科学家 L 和 N，他们的课题与 M 的课题交叠，因此他们理解他的工作，足以评价它的质量和可靠性，并且懂得它哪些地方符合科学。仅次于 L 和 N 的是其他科学家 K、O、J 和 P，他们很了解 L 和 N，足以判断后两者关于 M 的评价是否可信。还有另外的科学家 A 和 Z，他们的课题就与 M 的几乎完全无关了。

"这个交流网络是科学见解的基础，"波拉尼强调，"这些见解并非由单个人脑持有，而是分散成数千个不同的片段，由许多人持有，每个人依靠相互影响的链，间接认可其他人的见解。通过一个个相互交叠的群体形成的序列，这个链将每个人与其他所有人联系起来。"波拉尼这是在暗示,科学是像一个由许多智能个体联系到一起的巨脑一样运行的。科学的力量不仅会累积,而且似乎不可阻挡,这便是其源泉。但波拉尼和费曼都谨慎地强调,这种力量是有代价的,那就是自愿受限。通过严格限制自身的权限,科学使一个由不同背景和不同价值观的男男女女组成的政治性网络得以自持,这是一项非常困难的任务。在一项更为困难的任务上——发现天神棋局的规则——科学也取得了成功。"物理学,"正如尤金·维格纳提醒他的一群同事时所说,"甚至并不试图给出有关我们周围事件的完整信息——它给出的是有关这些事件之间关联性的信息。"

当科学家们对他们同行的成果做出评价时,他们所参考的标准是什么,这仍然是一个问题。好的科学、原创性的工作往往超越了已得到公认的见解,往往代表了对正统的异议。那么,正统能公正地评价它吗?

波拉尼猜想,是科学上师徒传承的体制使科学评估免于僵化。学徒可以从师傅那里习得高的评价标准,同时也学会信赖自己的评价:他知道异议的可能性和必要性。书本和讲课可以传授准则,师傅则以自己的原创性工作——某种意义上原创性就是反叛——为例,传授一种有控制的反叛。

学徒会习得三大科学评价判据。第一条判据是合理性。这可以排除掉狂想和欺诈,但这也可能会(有时也的确如此)扼杀不被正统认可但完全有效的原创性观点,科学不得不冒这样的风险。第二条判据是科学价值。这是一个由同等重要的三部分构成的复合体,包括准确性、该观点在所属的整个体系中——无论这一观点属于何种科学分支——的重要性,以及其内在价值。第三条判据是原创性。专利审查员根据一项发明在通晓相关技艺的专家眼中的新奇程度来评价这项发明的原创性。科学家们也以类似的方式来评价新理论和新发现。被评价的观点的合理性和科学价值，通过用正统的标准考察其品质来衡量，而原创性则以其异于传统的品质来衡量。

在波拉尼的开放的科学共和国模式里，每个科学家都根据共同商定和相互支持的标准来评价同行的工作，这解释了原子在19世纪的物理学中如此居无定所的原因。原子具有合理性，它有相当的科学价值，特别是重要的系统性价值。然而，还没有人做出过任何有关它的令人惊奇的发现。至少还没有一项发现的惊奇性得到1895年全世界仅约1 000名男男女女——他们自称为物理学家——组成的网络，以及与之相关的更大的化学家网络的一致认可。

原子时代即将到来。19世纪，化学领域出现了基础科学的重大新奇发现。20世纪前半叶，这样的发现将在物理学领域出现。

◉

1895年，当年轻的欧内斯特·卢瑟福在引擎的轰鸣声中离开澳新地区，带着扬名立万的想法来到卡文迪许实验室学习物理学时，留在他身后的新西兰还是一个蛮荒的边疆。19世纪40年代，英国一些不信奉国教的工匠和农夫以及一小部分好冒险的乡绅登上了这个崎岖不平、火山频发的群岛并定居下来。他们挤走了5个世纪前最先发现这片土地的波利尼西亚毛利人。在几十年的血腥冲突后，毛利人于1871年放弃了顽强抵抗。正是在这一年，卢瑟福降生了。

他在新建的学校上学；赶着母牛回家挤奶；骑马到灌木林中射杀原始罗汉松长满浆果的枝头上的野鸽；在布赖特沃特他父亲的亚麻作坊里帮忙，野亚麻从原产的沼泽地砍回来经过浸泡、打散和梳理，做成亚麻线和亚麻绳。他有两个弟弟溺亡，全家人在农场附近的太平洋沿岸找了好几个月。

这是一个艰难而又健康的童年。卢瑟福总能赢得奖学金，先是到南岛纳尔逊附近普通的纳尔逊学院上学，然后进入了新西兰大学。22岁时，他以数学和物理科学双科第一的成绩获得了新西兰大学的文学硕士学位。他强健、热情、聪明，这些是他从偏远的新西兰走向英国科学领导者阶层所需的素质。另一种更微妙的品质——兼具乡村男孩的敏锐和源自边疆地区的深厚纯朴——对他在物理学发现方面举世无双的人生记录至关重要。正如他的学生詹姆斯·查德威克所说，卢瑟福最大的优点是"他惊人的天赋"。尽管有时会有一种掩饰得很好的病态的不安——生于殖民地产生的难以磨灭的伤痕——但他能抵御每一次成功带来的冲击，保持这一品质。

在新西兰大学，卢瑟福的天赋第一次得到展露，1893年，他继续留在这所大学攻读理学学士学位。1887年，海因里希·赫兹（Heinrich Hertz）发现了"电波"（我们现在称这种现象为无线电波）。和世界各地的年轻人一样，这一发现给卢瑟福留下了奇妙的印象。为了研究这种波，他在一个阴湿寒冷的地下更衣室里安装了一个赫兹振荡器——一些间隔的充电金属球，能在金属极板之间产生来回跳跃的火花。他在寻找首次独立研究工作的课题。

卢瑟福把课题聚焦在当时的科学家——包括赫兹本人——公认的高频交变电流的一个特性上：当电火花在金属极板间快速来回振

荡时，赫兹振荡器产生的电流不会使铁块磁化。卢瑟福认为情况并非如此，并富有才华地证明自己是正确的。这项工作使他获得了剑桥大学的"1851年伦敦博览会奖学金"①。收到电报时，卢瑟福正在家中的菜园里刨土豆。他母亲在菜园边大喊着告诉他这一消息。他大笑着扔下手中的铁锹，既为自己，也为母亲欢呼道："这是我掘的最后一个土豆！"（36年后，当他被封为纳尔逊的卢瑟福男爵时，轮到他给母亲发电报了："如今成为卢瑟福勋爵②，更多荣誉属于您而不是我。"）

卢瑟福的论文《通过高频放电来磁化铁块》是一项巧妙的观察，也是大胆的质疑。带着更深刻的创见，卢瑟福注意到，当用高频电流磁化小铁针时，有一个微妙的逆效应：当高频电流流过时，已经磁饱和的小针被部分地消磁了。卢瑟福惊人的天赋开始发挥作用，他很快意识到他能利用无线电波：用合适的天线接收无线电波并传送到线圈，感生一个高频电流传到一捆磁化的小针里。之后，这些小针会被部分地消磁。如果他放一个指南针在这些小针旁边，指南针就会摇摆以显示这种变化。

在卢瑟福于1895年9月靠借款来到剑桥大学，在卡文迪许实验室——实验室主任是著名物理学家 J. J. 汤姆孙（J. J. Thomson）——开始工作时，他已经将自己的观察结果精心转化成了一台能远距离探

---

① "1851年伦敦博览会奖学金"是由英国皇家"1851年伦敦博览会"委员会颁发的年度奖学金，每年授予8名来自英国和英联邦国家的"极优秀的年轻科学家或工程师"，让他们到英国本土的大学深造。这个奖学金是用1851年伦敦博览会的部分盈余款建立的，迄今还在发挥作用。——校者注
② 勋爵是一种对有爵位的贵族的泛称，侯爵、伯爵、子爵、男爵在普通场合均可称为勋爵。——编者注

测无线电波的装置。这个装置事实上是第一台粗糙的无线电接收机。当时，古列尔莫·马可尼（Guglielmo Marconi）仍然在意大利他父亲的房子里努力完善一台接收机的设计。短短几个月内，这个年轻的新西兰人就创造了无线电传播探测距离的世界纪录。

卢瑟福的实验使那些从汤姆孙那里了解到情况的英国著名科学家欢欣鼓舞，他们很快就接纳了卢瑟福。有一次晚餐时，他们甚至安排卢瑟福到国王学院院士进餐的高桌用餐，坐在紧挨着教务长的荣誉席位上。这使他感觉自己"就像一头披着狮皮的驴"，也让卡文迪许实验室的一些势利小人妒忌得脸色铁青。1896 年 6月 18 日，在全世界最重要的科学组织伦敦皇家学会的会议上，汤姆孙大度地安排神经紧张但兴致盎然的卢瑟福宣读他的第三篇科学论文《电波的磁探测器和它的某些应用》。马可尼直到 9 月才赶上了他。

卢瑟福当时很穷。他与玛丽·牛顿（Mary Newton）订了婚，玛丽是卢瑟福在新西兰大学上学时的女房东的女儿，但两人推迟了婚期，打算等到卢瑟福的经济条件有所改善后再结婚。卢瑟福试图通过工作来改善自己的经济条件，他在仲冬研究的中期写信给未婚妻："我如此热衷［无线电波探测］课题的原因在于它的实用价值……如果下周的实验结果与我的预期一致，那么我在未来就有机会快速赚钱。"

这里有一种难以理解的行为，这种行为带着他走上了通向"镜花水月"的道路。在后来的日子里，人们会发现卢瑟福在科研预算方面是一个固执的人，他不愿接受企业或者私人的捐赠，甚至不愿申请，而相信"细线和封蜡"就能凑合着过日子。他对科学研究的商业化非常反感，比如，当他的学生彼得·卡皮察（Peter

Kapitza）① 接受一个企业提供的顾问职务时，他告诫卡皮察："你不能同时侍奉上帝和财神。"虽然"卢瑟福比任何科学家犯的错都少"——认识卢瑟福的 C. P. 斯诺语——这种难以理解的行为还是导致卢瑟福"一贯正确"的直觉出现了"一个不寻常的例外"。这个例外便是卢瑟福拒绝承认从原子中获得有用能量的可能性。1933年，正是这一点激怒了西拉德。卢瑟福的另一名学生马克·奥利芬特（Mark Oliphant）推测："我相信他是担心会有异端侵入他心爱的原子核，为了商业开发的目的，这些人想把原子核炸成碎片。"但卢瑟福自己在 1896 年 1 月就热衷于无线电的商业开发，这一巨大的终身转变缘何而来呢？

　　这方面的记录虽然含糊不清，但也能有所提示。英国科学传统历来有一种绅士做派。它通常鄙弃研究的专利化，以及其他任何阻碍科学成果公开传播的法律和商业束缚。事实上，这种对科学自由的捍卫可以让一个人对"庸俗商业主义"深恶痛绝。欧内斯特·马斯登（Ernest Marsden）——一名受过卢瑟福训练的物理学家以及富有洞察力的传记作家——曾听说"在卢瑟福刚到剑桥的那段日子里，有人说他不是一个有教养的人"。引发这种谣传的因素之一或许是这些人对卢瑟福急于从无线电获利的行为的蔑视。

　　似乎是汤姆孙进行了干预。一项全新的重要工作突然出现。1895 年 11 月 8 日，卢瑟福到达剑桥大学一个月后，德国物理学家威廉·伦琴（Wilhelm Röntgen）发现了从阴极射线管的荧光玻璃壁辐射出的 X 射线。伦琴在 12 月报道了他的发现，这震惊了世界。

---

① 苏联物理学家，因低温物理学方面的研究获 1978 年诺贝尔物理学奖。——编者注

这一陌生的辐射是一个新的科学成长点，汤姆孙立即着手研究它。与此同时，他也在继续做他的阴极射线实验，这项实验在1897年取得了重大发现。汤姆孙发现了他所谓的"负电性微粒"——电子，这是第一种被发现的原子粒子。汤姆孙一定是需要帮助，可能也认识到这种辐射会给卢瑟福这样一个实验技能精湛的年轻人提供一个原创性研究的特别机遇。

据马斯登说，为了解决好这一问题，"在诱导卢瑟福转向新的课题之前"，汤姆孙写信给英国科学界的元老，72岁的开尔文勋爵，征求他在无线电商业化可能性方面的意见。毕竟，开尔文——抛开是不是庸俗商业主义不谈——开发了越洋电报电缆。"这位伟人的回答是，一家公司如果投入10万英镑来推广［无线电］，那么这种投入是合理的，但不能更多了。"

到4月24日，卢瑟福看到了希望。他写信给玛丽·牛顿："我希望以某种方法做到收支平衡，但我感觉第一年有点悬……我目前的科学工作进展缓慢。这一学期，我和一位教授一起继续研究伦琴射线。我对老课题有一点搞够了，乐于见到这一变化。我希望和这位教授一起工作一段时间能给我带来一些益处。我已经完成了一项研究，表明我能够独立工作。"卢瑟福的口气温和了，也不再那么言之凿凿，就好像是汤姆孙附体到他的身上，以长辈般的口吻在与他的未婚妻对话。他还没有在皇家学会宣读过自己的发现，在那里，他几乎不可能对他的课题"搞够了"。但事情已然发生了转变。此后，卢瑟福的勃勃雄心将是走向科学的荣耀，而不是商业的成功。

汤姆孙可能将心情热切的青年卢瑟福安顿在了麦克斯韦创立的卡文迪许实验室（一幢哥特式建筑）镶板的暗黑房间里。在这座实验室所在的剑桥大学，牛顿写下了他伟大的著作《自然哲学的数学原理》。汤姆孙可能温和地对卢瑟福说，他不能同时侍奉上帝和财神。这位卡文迪许实验室的著名主任给有着神一般地位的开尔文勋爵写过信，讲起过这个急躁的新西兰人的商业野心，这或许让卢瑟福悔恨交加，从而摆脱了暴发户般的荒诞情感。他决不会再犯相同的错误，即使这意味着他的实验室会被剥夺研究资金，即使这意味着要赶走他最好的学生（后来也的确如此），甚至即使这意味着来自他珍爱的原子的能量不过是"镜花水月"。但如果说卢瑟福为了神圣的科学放弃了商业财富，那么作为回报，他赢得了原子。他发现了原子的各个组成部分，并为它们命名。他用"细线和封蜡"使原子变成了实在的东西。

◉

封蜡是血红色的，它是英格兰银行对科学最显著的贡献。英国的实验工作者使用英格兰银行的封蜡来密封玻璃管。和汤姆孙在阴极射线方面的工作一样，卢瑟福在原子方面最早的工作也以19世纪对真空玻璃管中产生的迷人效应的研究为基础。两块金属极板被封入玻璃管的两端，然后与一个电池组或感应线圈相连。给金属极板充电，密封管内的空腔就会发出辉光。辉光从负电极板（阴极）发出，在正电极板（阳极）消失。如果你将阳极制成一个圆筒，并将这一圆筒密封在管的中央，它就能投射出一束辉光——阴极射线，辉光会通过圆筒并到达管子中与阴极相对的另一端。如果这个射线束的能量足够大，大到足以投射到玻璃管壁上，就会使玻璃管壁发出荧光。适当改进这种阴极射线管，把它的全玻璃端做成平的并涂上磷以增强荧光性，它就成了今天的电视显像管。

1897 年春天，汤姆孙的研究证明，阴极射线管中的辉光物质束不是由光波组成的，不是（他冷冰冰地写道）"德国物理学家们几乎一致认为的"光束。准确地说，阴极射线是从带负电的阴极激发出来的带负电的粒子束，被吸引到带正电的阳极。这些粒子能被电场所偏转，其径迹能被磁场弯曲成曲线。它们比氢原子轻很多。如果将气体引入管中，"无论放电穿越的是何种气体"，产生的粒子都别无二致。由于它们比已知最轻的物质还要轻，并且不管产生它们的物质是什么，产生的粒子总是相同，因此可以推断，这些粒子一定是物质的基本组成部分。如果它们是一个部分，就一定存在一个整体。这样，真实的、物理的电子就提示了真实的、物理的原子的存在：物质的粒子理论首次令人信服地被物理实验证实了。科学家们在卡文迪许的年度晚宴上为汤姆孙的成功而高歌：

> 微粒赢得了今天，
> 它自由离去，
> 成了阴极射线。

有了电子的概念，又通过其他实验发现电子从原子中除去后留卜的是质量大得多的带正电的物质，汤姆孙在随后的 10 年间提出并发展了原子的"葡萄干布丁"模型。汤姆孙的原子就像葡萄干点缀在布丁上一样，是"许多带负电的微粒镶嵌在一个带均匀正电的球体中"，是一个复合体：微粒状的电子和弥漫的剩余物质。在这一模型的框架下，电子在原子中稳定的排布能够在数学上得到证明，而数学上稳定的排布能够解释元素周期表中列出的化学元素之间的相似性和规律性。电子是元素间化学亲和力形成的原因，化学最终与电有关，这些观念也变得清晰起来。

1894年，汤姆孙与发现X射线擦肩而过。他没有传说中的牛津大学物理学家弗雷德里克·史密斯（Frederick Smith）那样倒霉：史密斯发现，放在阴极射线管附近的照相底片容易变得模糊不清，却只是告诉助手将底片移到别的地方。汤姆孙注意到，放在"距离放电管几英尺"处的玻璃管受到阴极射线轰击时，会像放电管管壁本身一样发出荧光。但他太过于专心研究射线本身了，没有去探求其原因。伦琴通过用黑纸覆盖住他的阴极射线管来隔开这种影响。当附近的一个荧光物质屏幕仍然发出辉光时，伦琴认识到，不论导致屏幕产生辉光的是什么，它都能够穿透纸张和空气。如果他将手掌放在被覆盖的管子和屏幕之间，他的手掌就会略微减弱屏幕上的辉光，但他能在屏幕上看到自己的骨头的暗影。

除了汤姆孙和卢瑟福外，伦琴的发现还激起了其他科学研究者的兴趣。法国人亨利·贝可勒尔（Henri Becquerel）是一个物理学世家的第三代，像他的父亲和祖父在他之前那样，他在巴黎自然历史博物馆里担任物理学教授。与他们的另一个共同点是，他也是一个磷光和荧光方面的专家——他专门研究铀的荧光。在1896年1月20日法国科学院的周会上，贝可勒尔听了伦琴研究的报告。他了解到，X射线来自发荧光的玻璃。这立即启发了他，应该测试各种发荧光的材料，看看它们是否都能发射X射线。他工作了10天，但没有取得成功。1月30日，贝可勒尔读到了一篇X射线方面的论文，论文给了他鼓舞，他决定继续他的研究，并决定测试一种铀盐——硫酸双氧铀钾。

他的第一个实验成功了——他发现铀盐能放出辐射——却误导了他。他用黑纸将照相底片封装起来，在黑纸上撒上一层铀盐，"并在阳光下曝晒数小时"。在冲洗出照相底片后，"我在负片上看到了磷光物质黑色的轮廓"。贝可勒尔错误地认为这一效应是阳光激发的，就像阴极射线让玻璃管释放出伦琴的 X 射线那样。

贝可勒尔接下来的偶然发现众人皆知。当他于 2 月 26 日试着重复他的实验，并于 2 月 27 日再次重复时，巴黎的天空很阴沉。他将包好的照相底片放在黑暗的抽屉里，放好铀盐。3 月 1 日，他决定继续做实验并冲洗出了底片，"原以为会发现影像非常淡弱，但正相反，轮廓显得非常鲜明，我立刻意识到这种作用可能能在黑暗中进行"。[①]这表明这种高能量、具有穿透性的辐射不是由射线或光线激发的。与玛丽·居里（Marie Curie）和皮埃尔·居里（Pierre Curie）夫妇以这一发现为基础，通过辛劳的工作寻找纯粹的放射性元素一样，卢瑟福也有了他的研究课题。

◉

1898 年（卢瑟福在这一年首次将注意力转向了贝可勒尔发现的现象，这一现象被居里夫人命名为放射性）与 1911 年（他在这一年做出了他一生中最重大的发现）间，这位年轻的新西兰物理学家系统地仔细分析了原子。

他研究铀和钍发出的辐射，并给其中的两种辐射起了名："目前，至少存在两种性质迥异的辐射。一种容易被吸收，为方便起见，我将它称为 α［阿尔法］辐射。另一种穿透性较强，我将它称为 β

---

① 因为发现这种天然的放射性，贝可勒尔与居里夫妇一起获得了 1903 年的诺贝尔物理学奖。——编者注

[贝塔]辐射。"［法国人 P. V. 维拉尔（P. V. Villard）后来发现了第三种辐射，这是一种像 X 射线那样的高能辐射，被命名为γ（伽马）辐射，与卢瑟福的体例保持一致。］研究是在卡文迪许实验室完成的，但直到 1899 年他 27 岁迁至蒙特利尔，成为麦吉尔大学的物理学教授时才发表。一个加拿大烟草商捐赠了一笔钱，在那里建了一个物理实验室，并提供了多个教授职位，包括卢瑟福的教授职位。"麦吉尔大学的名声很好，"卢瑟福写信告诉母亲，"500 英镑［的工资待遇］不算太差，这个物理实验室也是世界上同类实验室中最好的，我没法抱怨。"

1900 年，卢瑟福报道了放射性元素钍会释放放射性气体的发现。不久后，居里夫妇发现镭（他们在 1898 年从铀矿中提纯发现的元素）也会释放放射性气体。卢瑟福需要一个好的化学家来帮助他确定钍"射气"（emanation）究竟是钍还是其他某种东西。他幸运地物色到了麦吉尔大学一个年轻的牛津人——弗雷德里克·索迪（Frederick Soddy），他的天赋足以使他最终获得诺贝尔奖[①]。"［1900 年］初冬，"索迪后来回忆说，"卢瑟福这位年轻的物理学教授在实验室里叫住我，把他的发现告诉了我。他刚刚携新娘从新西兰回来……但在离开加拿大回新西兰之前，他已经做出了他称为钍射气的发现……我当然兴致勃发，并提出应该测试这种［物质］的特性。"

事实证明，这种气体没有任何化学特性。索迪说，这"传递了一个非同小可而又不可避免的结论：元素钍正在缓慢、自发地嬗变

---

① 索迪因在放射性物质的化学性质、同位素的产生和本质等领域的研究获得了 1921 年的诺贝尔化学奖。——编者注

成［化学惰性的］氩气！"这意味着索迪和卢瑟福观察到了放射性元素的自发衰变，这是 20 世纪物理学最重大的发现之一。他们开始追踪铀、镭和钍通过辐射出自己的一部分——以 α 粒子和 β 粒子的形式——改变其元素本质的方式。他们发现，每种不同的放射性物质都有一个特征性的"半衰期"——辐射减弱到先前所测强度一半所用的时间。半衰期标志着一种元素一半的原子嬗变成了其他元素的原子，或者嬗变成了同种元素的另一种物理形式——"同位素"，这个术语是索迪后来提出的——的原子。半衰期成为探测嬗变物质现存量的一种手段，这些嬗变物质——"衰变产物"——数量太少，无法用化学方法探测到。铀的半衰期被证实为 45 亿年，镭的为 1 620 年，钍的一种衰变产物的半衰期为 22 分钟，另一种衰变产物的半衰期为 27 天。有些衰变产物出现并嬗变为其他物质的时间只有几分之一秒——一眨眼的工夫。这是物理学领域无比重要的发现，开启了一个又一个激动人心的新领域。并且"在两年多的时间里"，索迪后来回忆说，"生涯，科学生涯，变得如此令人兴奋，这在一个人的一生中是相当罕见的，或许在一个学术机构的历史上也相当罕见"。

沿着这条路线，卢瑟福探究了放射性元素在其嬗变过程中的辐射。他的研究发现，β 射线是由"各方面都类似于阴极射线的"高能电子组成的。他先是猜测，之后在英国有力地证明了 α 粒子是在放射性物质衰变时喷射出来的带正电荷的氦原子核。此前的研究发现，铀矿和钍矿的晶体空隙中存在被圈禁的氦气。现在，他知道原因了。

1903 年，卢瑟福和索迪一起写了一篇重要论文《放射性变化》，首次通报了放射性衰变释放的能量值的计算结果：

因此可以说，镭在衰变期间的总辐射能量不会小于 10^8〔也就是 100 000 000〕卡／克，可能介于 10^9 和 10^{10} 卡／克之间……氢和氧结合产生水释放大约 4×10^3〔也就是 4 000〕卡／克的能量。与给定重量的任何其他已知化学变化相比，这种放射性反应释放的能量都更多。因此，放射性变化的能量一定至少是任何分子变化能量的 2 万倍，甚至可能是上百万倍。

这是正式的科学陈述。在非正式场合，卢瑟福倾向于异想天开的末世论。1903 年，一个剑桥同事正在写一篇有关放射性的文章，他考虑引用卢瑟福"一种开玩笑的说法"："可以想象，要是能发现一种奇特的炸药，它能在物质中惊起原子衰变的巨浪，那么这个古老的世界真的可能会灰飞烟灭。"卢瑟福喜欢打趣道："实验室里的某个傻瓜会在无意间炸掉这个宇宙。"即使原子能永无用处，它仍然可能是危险的。

索迪在那一年返回了英国，更为认真地审视了这个问题。1904年，在给皇家工程兵部队做有关镭的演讲报告时，他颇有预见性地推测，原子能可能被付诸应用：

所有重物质可能都拥有一种潜在的，并且和原子结构密切相关的能量，就像镭拥有的能量那样。如果能控制和利用这种能量，它就将成为决定世界命运的一个重大因素！大自然通过一根杠杆来审慎地控制原子释放的能量，不愿将这根杠杆与人分享。谁控制了这根杠杆，谁就将拥有一种能随心所欲地毁灭地球的武器。

但索迪认为这种可能性不大，他写道："我们存在于世界上这一事实表明〔这种巨大能量的释放〕从未发生过，从未发生过就是永不会发生的最好保证。我们大可信任大自然，它会保守好它的秘密。"

H. G. 威尔斯在读到索迪 1909 年出版的书《镭的阐释》中类似的陈述时则认为，大自然不可信赖。他在《获得解放的世界》中写道："我的想法源自索迪。"威尔斯把他的这本小说形容为"一个美妙而古老的浪漫科学故事"。威尔斯很看重这个想法，因此中断了一系列社会性小说的写作，开始创作《获得解放的世界》。因此，是卢瑟福和索迪有关放射性变化的讨论催生了这部科幻小说，而这部小说最终使西拉德开始思考链式反应和原子弹。

1903 年夏天，卢瑟福夫妇在巴黎拜访了居里夫妇。居里夫人碰巧在他们到达的当天取得了她的科学博士学位。双方共同的朋友组织了一个庆祝会。"在一个非常活跃的晚会后，"卢瑟福回忆说，"大约 11 点，我们回到花园里，居里教授拿出一支镀了一些硫化锌的试管，管里装了许多溶解状态的镭。黑暗中亮光闪闪，这是难忘的一天的辉煌谢幕。"在铀沿元素周期表一路向下连续衰变到铅[①]的过程中，镭释放出的高能粒子使硫化锌涂层发出白色的荧光，让人能在巴黎的夜色下看到这些粒子的效应。这种光线明亮到能够让卢瑟福看清居里的手"由于暴露在镭的射线中而变得异常红肿，无比疼痛"。被辐射灼伤肿胀着的手是另一个教训：物质的能量足以产生怎样的后果。

1905 年，一个来自法兰克福的 26 岁德国化学家奥托·哈恩来到蒙特利尔，与卢瑟福一起工作。哈恩发现了一种新的"元

---

① 铅是原子量最大的非放射性元素。——编者注

素"——放射性钍（radiothorium）。科学界后来发现，放射性钍事实上是钍的 12 种同位素之一。哈恩和卢瑟福一起研究钍的放射性。他们的研究表明，钍释放出的 α 粒子与镭以及另一种放射性元素锕释放出的 α 粒子有相同的质量。因此，这些 α 粒子可能是完全相同的。顺着这个思路继续研究，卢瑟福在 1908 年证明，α 粒子毫无疑问是带电的氦原子（氦原子核）。哈恩于 1906 年返回德国，开始了自己卓绝的科研生涯，此后发现了许多种同位素和元素。20 世纪 20 年代，西拉德曾在柏林威廉皇帝化学研究所见到哈恩，后者当时正与物理学家莉泽·迈特纳一起工作。

　　卢瑟福在麦吉尔的研究工作解决了放射性元素复杂的嬗变问题，他因此于 1908 年获得了诺贝尔奖——但不是物理学奖，而是化学奖。卢瑟福想得这个奖。当他的妻子在 1904 年底回新西兰探望她的家人时，卢瑟福给她写信说："如果我坚持下去，可能会有机会。"他在 1905 年初又写道："其他人都在追赶我的研究，要想在今后几年内有机会获得诺贝尔奖，我的工作必须进展不断。"获得化学奖——而不是物理学奖——至少让他感到高兴。"这件事说到底像是对他开了一个大大的玩笑，"他的女婿说，"他自己也完全意识到了这一点，他从此被永久性地打上了化学家——而不是真正的物理学家——的标签。"

　　据诺贝尔奖颁奖仪式上的一名目击者说，卢瑟福看起来相当年轻——他当时 37 岁——在晚间发表了获奖演说。他宣读了一项他新近证实——在一个月前刚以简单的形式发表——的成果：α 粒子实际上是氦。这个验证性的实验有着卢瑟福的实验一贯的优雅。卢瑟福有一个吹玻璃工，为他吹制了一种壁非常薄的玻璃管。他将这支玻璃管抽空并充入氡气，后者是一种丰富的 α 粒子源。玻璃管是不漏气的，但壁很薄，这使 α 粒子可以逃逸出玻璃管。卢瑟福用另一支玻璃管将这支氡管包住，抽空两支管子之间的空气，并将其密封起来。"几天后，"卢瑟福得意扬扬地告诉斯德哥尔摩的听众，"在外面的玻璃管上看到了一条明亮的氦的谱线。"时至今日，卢瑟福的实验仍然以其简洁令人惊叹。"在这方面，卢瑟福是一名艺术家，"一名他从前的学生说，"他的所有实验都别具一格。"

1907 年春，卢瑟福带着全家——包括他 6 岁的女儿，也是他唯一的孩子——离开蒙特利尔回到了英国。他接受了曼彻斯特大学的一个物理学教授职位。在这座城市，约翰·道尔顿（John Dalton）几乎恰好在一个世纪前复苏了原子理论。卢瑟福买了房子，立刻投入工作。他的前任留下了一名助手，这个名叫汉斯·盖革（Hans Geiger）的德国物理学家有着丰富的经验，卢瑟福让他担任自己的助手。很多年后，盖革亲切地回忆起那段在曼彻斯特的日子，回忆起仪器旁的卢瑟福：

> 我看到物理学大楼顶层房顶下他那安静的研究室。他的镭就存放在那里，那些著名的放射性气体的研究也是在那里开展的。我还看到一个昏暗的地下室，正是在这个地下室里，他组装出了研究 α 射线的精巧设备。卢瑟福喜欢这个房间。沿着楼梯往下走两级，你就会听到从黑暗中传来他的声音，提醒你齐头高的地方装着横跨房间的暖气管，提醒你还需要跨过两根水管。最后，在昏暗的灯光下，你将看到独自坐在设备旁的这位伟人。

卢瑟福的家里要热闹得多，曼彻斯特大学的另一个学生很喜欢回忆在他家的那些经历：“星期六和星期日在墙壁洁白的餐厅里用晚餐，然后在一楼的书房里嬉闹到深夜。星期日在客厅里喝下午茶，之后常常开着摩托车在柴郡的马路上兜风。”家里没有酒，因为玛丽·卢瑟福不赞成喝酒。她不情愿地允许她丈夫抽烟，因为他烟瘾很重，无论是烟斗还是香烟都抽。

此时，刚步入中年的卢瑟福已经名声大噪。一个风趣并且爱说俚语的学生将他称为“部落首领”。他会绕着实验室一边走一边跑调地唱《信徒精兵歌》①。在这个世界上，他已经有了自己的一席之地，并且前程远大。他脸色红润，蓝色的眼睛一闪一闪的，肚腩也开始出现。缺乏自信的个性被很好地隐藏了起来：他与人握手的时间很短，柔若无骨。“他给人的印象是，”他的另一名学生回忆说，“他羞于肢体接触。”他仍然会因为居高临下而感到尴尬，会满脸通红、无比窘迫地转过身去。在他的学生们看来，他像是一块更沉静、更温和的纯金。“他是一个男子汉，”一名学生给予了他很高的评价，“从不耍弄卑鄙的花招。”

哈伊姆·魏茨曼（Chaim Weizmann）——俄国犹太裔生物化学家，后来被选举为以色列第一任总统——当时正在曼彻斯特大学从事发酵制品方面的研究。他成了卢瑟福的好朋友。“年轻、精力充沛并且滔滔不绝，”魏茨曼后来回忆说，“他看起来一点都不像一名科学家。他乐此不疲地谈论太阳底下的每一件事，即使他常常对正在谈论的话题一无所知。下楼去餐厅吃午餐时，我常常会听到他响亮、友好的话音在走廊里回荡。”魏茨曼认为卢瑟福根本不懂政治，但他认为这可以理解，因为卢瑟福把所有时间都花

---

① 19世纪的英国基督教赞美诗。——编者注

在了重要的科研工作上。"他是一个和蔼的人，但他不喜欢与蠢货相处。"

1907年9月，在曼彻斯特大学的第一个学期，卢瑟福整理出了一个表格，表格中罗列了可能的研究课题。这个表格的第七项是"α射线的散射"。通过几年的研究，卢瑟福确定了α粒子的特性，并最终意识到了α粒子作为原子探针的重大价值：与高能但几乎没有质量的β粒子（电子）相比，α粒子有很大的质量，因此能与物质发生强烈的相互作用。测量这种相互作用就能揭示原子的结构。在一次宴会上，卢瑟福告诉听众："我从小接受的教育是，原子是一个坚硬的家伙，根据不同味道，呈红色或者灰色。"到1907年时，他已经清楚地认识到原子根本不是一个坚硬的家伙，而是空荡荡的。通过用阴极射线轰击元素，德国物理学家菲利普·勒纳（Philipp Lenard）在1903年为这一见解提供了很多实验证明。[①]勒纳对他的发现做了一个生动、戏剧性的比喻。他说，1立方米的固体铂占据的空间就像地球外的星空一样空。

但如果说原子中有空的空间——空虚中的空隙[②]——的话，那么里面也有其他东西。1906年，在麦吉尔大学，卢瑟福研究了α粒子的磁偏转。他将α粒子投射向一个窄缝，使之成为细的粒子束并通过一个磁场。他每一次都用一片云母遮住窄缝的一半，这片云母大约只有千分之三厘米厚，薄到足以允许α粒子通过。他在相纸上记录下这些实验结果，发现被云母遮盖的那部分粒子束的边缘是

---

① 勒纳因为这方面的研究获得了1905年的诺贝尔物理学奖。——编者注
② 此处的英文原文为void within void，第二个void指的是绝大部分都空无一物的宇宙空间。——编者注

模糊的。这种模糊意味着，当 α 粒子通过时，许多粒子都被云母的原子所偏转——散射——偏转角度可以高达 2 度。由于一个强磁场也不过将未遮住的 α 粒子散射略大一点的角度，因此一定发生了某种异乎寻常的事件。对于像 α 粒子这样质量相当大、以如此高的速率运动的粒子，2 度角是一个巨大的偏转。据卢瑟福计算，散射一个 α 粒子到如此程度要求云母有一个大约每厘米 100 兆伏特的电场。"这种结果清楚地表明这样一个事实，"卢瑟福写道，"物质的原子一定是非常强的电力所在之处。"在他列出的研究课题表中，他记下的正是这个散射问题。

要研究清楚这个问题，他不仅需要计算 α 粒子的数目，还要看到单个的 α 粒子。在曼彻斯特大学，他接受了完善研究这一问题所必需的设备的挑战。他和盖革一起研制了一种电气装置，这种装置能咔嗒咔嗒地记录下每一个到达计数腔的 α 粒子。盖革后来将这一发明精心改良成了现代放射性研究中的盖革计数器。

科学界已经有了一种用硫化锌使单个 α 粒子可见的方法。硫化锌就是皮埃尔·居里在 1903 年拿到巴黎的夜花园，装有镭溶液的玻璃管上镀的化合物。用 α 粒子轰击一块镀上硫化锌的小玻璃板，在每个粒子撞击的点上会瞬时地发出荧光，这被称为"闪烁"，这个词来自希腊语"火花"。在显微镜下，硫化锌上微弱的闪烁能被一个个地辨别和计数。这个方法非常单调乏味。它要求在黑暗的房子里至少坐上 30 分钟等眼睛适应，然后轮流每人每次仅计数一分钟——交接班靠一个定时器发出的铃声——因为眼睛紧盯一个狭小、昏暗的屏幕的持续时间不可能更长。甚至通过显微镜，闪烁都只游移在可分辨的边缘。一个期望实验产生一定数量闪烁的计数员有时会无意识地看到假想的闪烁。因此，问题的关键是计数是否准确。卢瑟福和盖革将观察到的计数与电气方法得到的相应计数进行了比较，他们发现观察的方法更可靠，因此放弃了电气方法。毕竟电气方法只能计数，不能观察，而且卢瑟福最感兴趣的是定位 α 粒子在空间中的位置。

在当时曼彻斯特大学 18 岁的大学生欧内斯特·马斯登的帮助下，盖革继续从事 α 散射的研究。他们用一根发射管射出 α 粒子，观察这些粒子通过铝、银、金和铂之类的金属箔的结果。结果通常与预期一致：在撞上葡萄干布丁般的原子后，α 粒子可以非常好地聚集在其周围 2 度偏转角的范围内。但实验中也出现了离群的粒子，这带来了麻烦。盖革和马斯登认为，这可能是发射管管壁中的分子散射了一部分 α 粒子导致的。他们试图用一系列逐渐缩小的金属垫圈来限定发射管，使其端部越来越小，以此去掉离群的粒子。结果证明这无济于事。

卢瑟福踱步进来，三个人仔细讨论了这个问题。它的某些方面唤醒了卢瑟福的直觉，让他觉得其中暗含着值得期待的结果。几乎像是未卜先知，他转向马斯登说："看看你是否能观察到 α 粒子被金属表面直接反射回来的效应。"马斯登知道预期的结果是否定的——α 粒子将穿过薄薄的金属箔，它们不会被反弹回来。但要是错过了肯定的结果，这将会是一个不可原谅的过失。他非常细心地准备了一个强 α 粒子源。他将铅笔粗细的 α 粒子束以 45 度角射向一张金箔，并将闪烁屏和 α 粒子源置于箔的同一侧。这样，反弹回来的粒子就能撞击到屏幕，显示出闪烁。在发射管和屏幕之间，他插入了一块厚铅板，从而排除了 α 粒子直接射向屏幕产生的干扰。

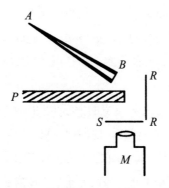

马斯登的实验装置。A-B，α粒子源。R-R，金箔。P，铅板。S，硫化锌闪烁屏。M，显微镜。

马斯登立刻就发现了卢瑟福让他寻找的东西，这让他大为惊讶。"我清晰地记得把这一结果报告给卢瑟福时的情况，"他写道，"……在通往他私人房间的台阶上，我遇到了他，并兴奋地告诉了他结果。"

几星期后，在卢瑟福的指导下，盖革和马斯登系统地描述了实验结果并将其发表。他们得出结论说："实验显示一些α粒子能够在一层 6×10^{-5}［也就是 0.000 06］厘米厚的金箔中被偏转 90 度甚至 90 度以上，考虑到α粒子的高速率和大质量，这是很令人惊讶的。在磁场中要产生相似的效应需要 10^9 绝对单位的高强度磁场。"与此同时，卢瑟福开始思考这一散射意味着什么。

在其他工作之余，卢瑟福思考了一年多。他原本对这一实验预示的东西立即产生了一个直觉，但这种直觉后来消失了。甚至在他宣布他的惊人结论后，他也不愿意宣扬它。其中一个原因或许是这一发现与汤姆孙和开尔文勋爵早先提出的原子模型相抵触。关于他对马斯登的发现给出的解释，物理学上也存在一些反对意见，这也是需要解决的问题。

卢瑟福真的被马斯登的实验结果震惊到了。"在我的一生中，这是我经历的最令人难以置信的事件，"他后来说，"这太令人难以置信了，就像你将一枚 15 英寸的炮弹射向一张薄薄的纸，它却被反弹回来并击中你一样。经过思考，我意识到这个向后的散射来自一次单一的碰撞。在做过相应的计算后，我认识到，除非在你选用的系统中，原子的绝大部分质量都集中在一个非常小的核上，否则就不可能获得任何这样一个数量级的结果。"

"碰撞"这个词具有误导性。卢瑟福构想的——通过计算，以及在一张张大幅的优质纸上绘出的原子图解——事实上是 α 粒子偏向或者偏离一个大质量的致密中心体的轨迹，就像彗星在引力的作用下与太阳共舞的舞步一样。他让人制作了一个模型，一块重的电磁铁被一根 30 英尺长的绳子悬挂起来成为一个摆，面向放在桌子上的另一块电磁铁。当两块电磁铁相同的极性相对时，它们会相互排斥，摆会根据它逼近的速率和角度偏转产生一个抛物线轨迹，就像 α 粒子的偏转一样。卢瑟福总是需要将他的研究结果具象化。

在进一步的实验证实他的理论（原子的确有一个小而重的核）后，卢瑟福终于准备好面对公众了。他选择了曼彻斯特一个历史悠久的组织——曼彻斯特文学与哲学协会——作为他的讲坛。1911年3月7日，詹姆斯·查德威克作为一名学生参加了这一历史性事件，他回忆说："大部分是普通民众……他们对文学和哲学思想有兴趣，其中主要是商人。"

第一个报告人是一名曼彻斯特的水果进口商，他报告并展示了一条在一批牙买加香蕉中发现的罕见的蛇。然后轮到卢瑟福。他的演讲只留下了一份摘要，但查德威克记得听时的感受：它"对我们这样的年轻人来说是一个很有震撼力的演讲……我们意识到事实明显如此，就是这样"。

卢瑟福发现了他的原子的核，然而他尚未安置好原子的电子。在曼彻斯特的那场演讲上，他谈到"一个集中在一个点上的中心电荷，被总电量与之相等但电性相反的电荷所环绕，这些电荷均匀地分布为一个球体"。这对于计算来说是很理想的，但它忽视了一个重大的物理事实："相反的电荷"来自电子，因此电子需要以某种方式被安置在核的周围。

还有另一个谜团。日本理论物理学家长冈半太郎在 1903 年提出过一个原子的"土星"模型：电子形成的扁平环像土星环一样绕着一个"带正电的粒子"旋转。为了表述他的模型，长冈借用了麦克斯韦发表于 1859 年的第一篇成功的论文《论土星环运动的稳定性》中的数学。所有卢瑟福的传记作家都认同的一点是，在 1911 年 3 月 11 日之前，卢瑟福并不知道长冈的论文。在曼彻斯特的那场演讲后，卢瑟福从一个物理学家朋友寄给他的明信片上了解到了长冈的研究："坎贝尔告诉我，长冈曾经试图推导出他的原子有一个大的带正电的中心，以此来解释一些光学效应。"之后，他查阅了发表在《哲学杂志》(*Philosophical Magazine*) 上的这篇题为《α粒子和β粒子被物质散射以及原子结构》的论文，并在论文的最后一页加上了对它的讨论。卢瑟福于 4 月将这段讨论投到了同一家杂志。他在那篇文章中将长冈的原子描述为"可能由一个吸引质量的中心以及围绕其旋转的电子环组成"。

不过长冈似乎在不久前拜访过卢瑟福，因为这位日本物理学家在 1911 年 2 月 22 日从东京写信给卢瑟福，感谢他"在曼彻斯特对我的盛情款待"。①但两位物理学家在会面时似乎没有讨论过原子模型，不然的话，长冈应该会在他给卢瑟福的信中继续讨论这一问题，作为一个很诚实的人，卢瑟福也应该会在他的论文中表示感谢。

卢瑟福没有注意到长冈的原子土星模型的一个原因是，这一模型在长冈提出后受到了批评，很快就被抛弃了，因为它存在一个严重的缺陷——同样的理论缺陷也能毁灭卢瑟福此时提出的原子理论。土星环是稳定的，因为环中的微小碎片之间的作用力——万有引力——是吸引力。而长冈电子环的电子（带负电荷）之间的作用力是排斥力。按数学推算，只要两个或两个以上的电子等距离地分布在一个轨道上绕核旋转，它们就将漂移成振荡模式——这是一种不稳定状态——并会很快将原子撕碎。

长冈的土星模型遇到的问题，理论上说在卢瑟福通过实验提出的原子模型中也会遇到。如果原子是按经典物理学的力学定律——牛顿定律，它们支配着行星系统中的关系——运转的，那么卢瑟福模型就说不通。但卢瑟福模型不仅仅是一个理论建构，还是物理实验实实在在的结果，而且确实有效：这个结果有着亘古不变的稳定性，α粒子会像炮弹一样反弹回来。

必须有人来解决经典物理学和卢瑟福用实验方法验证的原子之间的这种矛盾。这个人必须与卢瑟福拥有不同的品质：不是一个实验者，而是一名理论家，并且是深深根植于现实的理论家。这个人至少要有与卢瑟福差不多的胆识，以及不相上下的自信。他必须愿意穿过力学的镜子，跨进一个陌生的、非力学的世界。在那里，原

---

① 长冈曾间接指出，这次拜访是在 1910 年 7 月前的某一天——在马斯登 1909 年的发现之后，而在卢瑟福 1910 年圣诞节期间告诉盖革他想出了一种解释之前。

子尺度上发生的一切不能用行星或者单摆这样的事物来作为模型。

好像已经应召启程一般，这样一个人突然在曼彻斯特出现了。1912年3月18日，卢瑟福给一位美国朋友写信，宣布了这个人的到来："玻尔，一个丹麦人，离开剑桥大学到了这里，想在放射性工作方面获得一些经验。""玻尔"指的是尼尔斯·亨里克·戴维·玻尔（Niels Henrick David Bohr），一名丹麦理论物理学家。他当时27岁。

第 3 章

两重性

"一个身体瘦弱的小伙子走了进来，"卢瑟福在麦吉尔大学的同事、传记作者 A. S. 伊夫（A. S. Eve）回忆起在曼彻斯特的日子时说，"卢瑟福立即将他领进了书房。卢瑟福夫人向我们介绍说，来访者是一个年轻的丹麦人，她的丈夫对他的工作有相当高的评价。毫无疑问，这个人就是尼尔斯·玻尔！"这段记忆有些奇怪。玻尔是一名优秀的运动员。他所在的大学足球队取得的战绩赢得了丹麦人的喝彩。他滑雪、骑自行车、驾帆船。他劈柴，他的乒乓球无人能敌，他习惯于上楼时一步迈两级台阶。据 C. P. 斯诺说，他的体貌也让人难忘：家族遗传的高个，有着"一颗前额隆起的大脑袋"，一个长而厚重的下巴，还有一双大手。青年时代的玻尔和后来相比显得稍瘦，乱蓬蓬的头发随意地梳向后面。对于伊夫这样比卢瑟福还要年长 12 岁[①]的人来说，这看上去或许显得有些孩子气。不过，玻尔绝不是"身体瘦弱"。

除了玻尔的身体样貌，触发伊夫与事实不太相符的记忆的可能

[①] 作者此处似有误，伊夫生于 1862 年，卢瑟福生于 1871 年，两人只相差 9 岁。——编者注

还有他略带迟疑的表现。"他举止谨慎，完全看不出他拥有发达的肌肉和运动员的体魄，"斯诺证实道，"他说话的声音很轻柔，比耳语高不了多少。"玻尔一生都是这样轻言细语——但不知疲倦——地说话，听他讲话的人要努力细听才能听清。斯诺认为他"非常健谈，但是像亨利·詹姆斯[①]晚年一样，说话很难切中要害"，但他在公共场合发表演讲时却与私下讲话时有着巨大的不同，在谈到首创性探索的课题时也与谈到已成定论的知识时截然不同。玻尔的一名学生，奥斯卡·克莱因（Oskar Klein）——他后来也是玻尔的同事——曾经说，在公开场合，"他会花最大的心思去找出一个问题的最准确表述"。爱因斯坦曾经称赞玻尔"像永远在黑暗中探索的人一样发表他的观点，从不像一个［相信自己是］拥有了终极真理的人"。莉泽·迈特纳的物理学家外甥奥托·弗里施（Otto Frisch）则指出，在做过认真的探索后，随着对知识的掌握，"他的信念会增强"，"他的演讲会变得生气勃勃，充满生动的想象"。而在私下，在密友中，克莱因说"他会表现得非常有想象力，既会猛烈批评，也会热情赞扬"。

玻尔的仪态也像他的演说一样具有双重性。爱因斯坦第一次遇到玻尔是在 1920 年春的柏林，他后来写信给玻尔："在我一生中，并不常常有人能像你那样仅仅因为风度就使我如此欣赏。"爱因斯坦还告诉他们共同的朋友、住在莱顿的奥地利物理学家保罗·埃伦费斯特（Paul Ehrenfest），"我像你一样非常喜欢他"。尽管爱因斯坦对玻尔满怀热忱，他还是对他的这位丹麦新朋友做了一番审视。爱因斯坦刚遇到玻尔时，玻尔 35 岁，他的判断与伊夫

---

① 美国著名小说家、文学评论家。——编者注

对 28 岁时的玻尔的判断很相似："他像一个极其敏感的孩子，总带着几分恍惚闯荡这个世界。"在第一次见到玻尔时——直至玻尔开始讲话——理论物理学家亚伯拉罕·派斯（Abraham Pais）认为这张长而厚重的面孔极为"阴郁"，但又对自己的第一印象感到困惑，因为其他人都说"玻尔充满活力，满脸露出灿烂温和的笑容"。

玻尔对 20 世纪物理学的贡献仅次于爱因斯坦，位列第二。他还是一名远见无与伦比的科学政治家。他的个人身份感——通过努力获得的自我意识和情感价值——对他的工作至关重要，这种影响在科学家中常常能看见，但对玻尔的影响更大。在年轻时，他一度经历过痛苦的身份感分裂。

◉

玻尔的父亲克里斯蒂安·玻尔（Christian Bohr）是哥本哈根大学的一名生理学教授。在他浓密的胡须下，伸出的是玻尔家特有的下巴。他有一张圆脸，前额没有尼尔斯的那么高。他可能当过运动员，而且一定是一名狂热的体育迷。他给 AB 哥本哈根足球俱乐部（Akademisk Boldklub）加油并帮助这家俱乐部募资。他的儿子们后来代表这家俱乐部参加了顶级足球赛［尼尔斯的弟弟哈拉尔（Harald）参加了 1908 年的奥运会］。在政治立场上，他是一名改革论者，致力于妇女解放。他对宗教持怀疑态度，但名义上信奉国教，是名副其实的中产阶级知识分子。

克里斯蒂安在 22 岁时发表了他的第一篇科学论文，获得了一个医药学学位，随后在莱比锡师从著名生理学家卡尔·路德维希

（Carl Ludwig），获得了生理学博士学位。他的研究课题是生物体的呼吸活动。19世纪80年代早期，他把细致的物理学和化学实验引入这一领域中，这在当时仍然相当新颖。据他的一个朋友说，在实验室以外，他是歌德的一名"热情崇拜者"，歌德的很多哲学论点都激起了他的兴趣。

在当时，最大的争论之一是活力论与机械论之争。这一争论的背后是一个古已有之、延续至今的争论。争论的一方——包括宗教人士——认为世界有目的，另一方则认为世界是随机或周而复始地自动运转的。那位在1895年嘲笑"科学唯物主义"的"纯粹的力学世界"会让蝴蝶变回到毛毛虫的德国化学家争论的就是同一个问题，一个像亚里士多德那样古老的问题。

在玻尔父亲的专业领域，这个问题以这样一种形式出现：生物体和它们的子系统——它们的眼睛、它们的肺——是按照事先的目的，还是按照不带偏见、一视同仁的化学和演化规律组装起来的？在当时，生物学领域的极端机械论者是德国人恩斯特·海因里希·海克尔（Ernst Heinrich Haeckel）[①]，他坚持认为，有机物和无机物完全是一回事。海克尔认为，生命是自发产生的，心理学完全是生理学的一个分支，灵魂不是不朽的，意志也并非自由。尽管克里斯蒂安·玻尔致力于科学研究，但他反对海克尔的观点，这或许是因为他是歌德的崇拜者。因此，他肩负着把他的实践与他的观点调和起来的艰难任务。

部分是出于这一原因，部分是因为喜欢与朋友们在一起，克里斯蒂安·玻尔开始在丹麦皇家科学与文学院星期五的例会后待

---

① 德国生物学家、博物学家，将达尔文的演化理论引介到了德国。——编者注

在咖啡馆，与哲学家哈拉尔·霍夫丁（Harald Høffding）讨论问题，两人都是该院的院士。趣味相投的物理学家C. 克里斯滕森（C. Christensen）——童年时是一名牧羊童——不久后也加入了进来。三个人后来不再在咖啡馆高谈阔论，讨论会改为定期轮流在三个人的家中举行。语言学家威廉·汤姆森（Vilhelm Thomsen）也加入了进来，形成了一个强大的四人组：一名物理学家，一名生物学家，一名语言学家，一名哲学家。他们的讨论伴随了尼尔斯和哈拉尔·玻尔的整个童年。

作为一名热忱的女性解放主义者，克里斯蒂安在女子文法中学授课。他有一个名叫埃伦·阿德勒（Ellen Adler）的学生，是一名犹太银行家的女儿。她的家庭文化涵养丰富，经济丰裕，在丹麦社会中很有声望。她的父亲曾多次被选进丹麦议会的上院和下院。在成功向她求婚后，两人于1881年结婚。她儿子们的一个朋友后来说，埃伦有着"可爱的个性"和伟大的无私。结婚后，她潜心于犹太教，没有像她最初计划的那样上大学。

克里斯蒂安和埃伦·玻尔在阿德勒一家的联排别墅中开始了他们的婚姻生活，房子的街对面就是丹麦议会的所在地克里斯蒂安堡宫，两者隔着一条古老宽阔的鹅卵石街道。1885年10月7日，尼尔斯·玻尔就降生在这样一个有利的环境中。尼尔斯是克里斯蒂安夫妇的第二个孩子，也是第一个儿子。1886年，克里斯蒂安接受了哥本哈根大学的一个职位，玻尔全家就移居到了外科学院旁的一座房子里，生理学实验室就坐落在外科学院里。尼尔斯和比他小19个月的哈拉尔就是在这里长大的。

早在尼尔斯·玻尔能记事起，他就喜欢想象一些重大的相互关系。他的父亲喜欢通过悖论来表达自己的思想，尼尔斯的这些想象可能就源自父亲的这种思维习惯。与此同时，这个男孩非常注重字面意义，这是一个常常被低估的特质，却成为他作为一名物理学家的关键品质。在大约3岁时，父亲领着他一起散步，向他指出一棵树的和谐结构——树干、树枝、树杈和树梢——用树的各个部分组合出树的概念。但这个喜欢从字面意义去理解事物的孩子看到的是这个生物体的整体，因此不赞成父亲的话。他说如果不是一个整体，那么它就不是一棵树。玻尔一生——直到1962年他78岁去世前的最后几天——都在讲这个故事。"我从幼年起就能够说一些有关哲学问题的话"，他当时自豪地总结说，并且因为这种能力，"我被认为有一点与众不同的禀赋"。

哈拉尔聪明、机智、精力充沛。最初，他似乎是两兄弟中更聪明的那一个。"但在很早的时候，"尼尔斯·玻尔后来的合作者和传记作家斯特凡·罗森塔尔（Stefan Rozental）说，"克里斯蒂安·玻尔就持相反的看法，他已经意识到尼尔斯的卓越能力、特殊天赋以及宽广的想象力。"克里斯蒂安断言，尼尔斯是"这个家庭中特殊的一员"。好在两兄弟亲密无间，否则父亲这样的对比是很残酷的。

上五年级时，尼尔斯被要求画一座房子。他创作了一件非常成熟的作品，就连篱笆的木桩都预先考虑到了。他喜爱木工和金属加工，从小就是一个家庭巧匠。"甚至还是一个孩子时，[他]就被认为是家里的思想家，"一个比他年轻的同事说，"而且他的父亲会仔细地听取他对一些基本问题的看法。"几乎可以肯定，玻尔在学习书写时遇到过困难，在写作时同样如此。他母亲成了他忠实的秘书：他向她口述作业，她将作业记录下来。

尼尔斯和哈拉尔小时候亲密得就像一对双胞胎。"最重要的一点是，"罗森塔尔写道，"两兄弟的关系亲密无间。"两兄弟的一个朋友记得，他们"一起"说话和思考。"在我整个青年时代，"玻尔后来回忆说，"我弟弟都扮演了一个非常重要的角色……我的很多经历都和他有关。他在各方面都比我聪明。"哈拉尔晚年却对所有问起的人说——言辞真诚，似乎确实是这样想的——自己只是一个普通人，而他的哥哥是纯金。

语言是笨拙的，文字是苍白的。孩子认识世界的第一张地图是事物的外表，而不是语言。这张地图没有主体和客体之分，与其描述的世界一样广阔，直至觉醒的意识将两者分开。玻尔喜欢展示一根棍棒如何被用作一个"探头"——比如盲人的导盲棍——成为胳膊的延伸。他说，人的感觉似乎移到了棍棒的末端。和儿时那个树的故事一样，玻尔也常常提到这一观察——这一观察深深地打动了他的那些物理学家弟子——因为对他来说，它承载着特别的情感意义。

玻尔似乎是一个与外界有着紧密联系的孩子，这种天赋在他会说话之前就已经表现出来。他的父亲对目的性和整体性——无论是对自然的统一性，还是对宗教的巨大慰藉作用（但不墨守陈旧的形式）——有着歌德般的渴求，因此对这一点体会尤深。但父亲对这个孩子过高的期望给了他很大的压力。

宗教观念上的冲突也很早就开始出现。据奥斯卡·克莱因说，尼尔斯"笃信他从学校宗教课上学到的一切"，"长期以来，父母的不虔诚都使这个敏感的孩子感到不快乐"。在剑桥时，27 岁的玻尔给未婚妻写过一封圣诞信件，他在信中谈到了曾经为父亲背叛神明而感到不快："我看到一个小男孩走在大雪覆盖的街道上，前往教堂。这是他父亲去教堂做祈祷的仅有的一天。为什么会这样？因为这样一来，这个小男孩就不会感到与其他小男孩有什么不同。父亲从来没有和他谈论过信仰或者怀疑，但小男孩的信仰是全心全意的。"

写作困难是个更加不祥的征兆。为了补救这个问题，家里让他的母亲做他的秘书。但他不是一个人先构思好，然后找来作为秘书的母亲，而是一边费力地构思一边口述，让母亲记录。另一个问题是他说话低得像耳语，这让 C. P. 斯诺联想到亨利·詹姆斯晚年时的情形。成年后，玻尔甚至连一封私人信件的草稿也要写了又写。他不断调整自己的科学论文文稿，不断修改校样的事情堪称尽人皆知。有一次，他不断请求奥地利物理学家沃尔夫冈·泡利（Wolfgang Pauli）[1]前往苏黎世，为自己的一篇论文提供重要的批判性建议。泡利很了解玻尔，他谨慎地回复说："只要最后的校样寄出了，我就来。"这些事情玻尔最先依赖的是他的母亲和弟弟哈拉尔，然后是他的妻子，再后来则是他人生中相遇的一名又一名年轻的物理学家。他们珍惜与玻尔一起工作的机会，但这种经历也会很烦人。玻尔不仅要求他们参与，而且要求他们在智力和情感上有所投入：他想说服他的合作者，让他们相信自己是正确的。在他成功做到这一点之前，他自己都会怀疑自己的结论，或者，至少会怀疑

---

[1] 量子物理学先驱，泡利不相容原理的提出者，1945 年诺贝尔物理学奖得主。——编者注

这些结论的语言表述。

在写作方面的困难背后，还有一个更普遍的困难。它表现为一种焦虑，离开母亲和弟弟非同寻常的支持，这种焦虑将是灾难性的。有一段时间，还真是这样。

最初的表现或许是对宗教的怀疑。根据克莱因的说法，这可能发生在玻尔还是"一名年轻人"的时候。正如他曾经信仰宗教一样，此时的玻尔"非同寻常地坚决"怀疑宗教。1903 年秋，18 岁的玻尔被哥本哈根大学录取。他的怀疑此时已经无处不在，使他醉心于可怕的无限之境。

玻尔爱读一本名为《一个丹麦学生的奇遇》（*En Dansk Students Eventyr*）的小说，小说的作者是波尔·马丁·默勒（Poul Martin Møller）。默勒在 1824 年就把这部作品推荐给了哥本哈根大学的学生会，但小说在作者去世后才出版。这本书短小、诙谐，愉悦人的身心。在 1960 年的重要演说"人类知识的统一体"中，玻尔将默勒的这本书描述为"一本未完成的小说，［丹麦人］无论老幼都喜爱阅读"。玻尔还说，这本书"非常生动而且极具启示性地描述了我们［人］各种存在方式间的相互影响"。第一次世界大战后，丹麦政府帮助玻尔在哥本哈根建了一个研究所。世界上许多最有前途的年轻物理学家都如朝圣般来到这个研究所学习。玻尔的合作者莱昂·罗森菲尔德（Léon Rosenfeld）[1]写道："每个来到研究所并与玻尔有密切接触的人，一旦丹麦语过关，就会知晓这本小书：它是他授课的一部分。"

这本小书究竟有什么神奇的地方？它是第一部当代背景的丹麦小说，讲的是学生生活，尤其是一对堂兄弟长时间的对话。两人

---

[1]　比利时物理学家，在量子电动力学等领域曾有相当超前的研究。——编者注

一个是"学院派"——一名学位候选人，另一个则是"庸俗之徒"。玻尔说，"庸俗之徒"是一种大家熟悉的类型，"在实际事务中非常冷静能干"，而"学院派"则非常古怪，"沉溺于那些不利于他社交活动的不着边际的哲学冥想"。玻尔引用了一段"学院派"的"哲学冥想"：

> [我开始]思考自己对我身处的境遇的看法。我甚至会想到我在思考它，并将自己分成一个由无限个"我"组成的递进序列。这些"我"彼此品评。我不知道哪个"我"才是真正的我。事实上，当我停在某一个"我"面前时，已经有另一个"我"在那里了。我被搞糊涂了，感到晕头转向，就像低头俯视着一个无底的深渊。

"玻尔不断回过头来审视'我'这个词的不同意义，"罗伯特·奥本海默后来回忆说，"行动的'我'，沉思的'我'，研究'我'自身的'我'。"

默勒的小说中困扰"学院派"的其他问题可能在现实生活中也困扰着年轻的尼尔斯·玻尔，例如他的症状记录中描述过这种无助感：

> 当然，我以前也见过思想被记录到纸上。但自从我清楚地认识到这一活动中暗含的矛盾后，我就感到自己完全无法构造出哪怕一个句子……我为解释一个人为什么能思考、为什么能说话或者为什么能书写这样一些无法解释的难题而折磨着自己。我的朋友，你知道，移动必须有一个方向。如果没有一条

可以沿着移动的线，大脑是没法思考它的。但在沿着这条线移动之前，大脑一定已经考虑过它了。因此，不管是什么想法，一个人在思考它之前就已经思考过它了。这意味着每一个想法——看似一瞬间的事——都是永恒的存在。这样的想法都快让我发疯了。

困扰他的还有对自我分裂及其不断增加的多重性的抱怨。在之后的岁月里，玻尔喜欢引用以下这段话：

> 因此，在很多场合，人将自己分成两个个体，其中一个试图愚弄另一个。而且还有第三个人，他事实上与其他两个人相同，并且对这种混淆充满惊奇。简而言之，思考变得戏剧性了，它与它自己一起平静地表演最复杂的情节给它自己看，而观众一次又一次地成为演员。

"玻尔会论及'学院派'无法准确描述自己有多少精神自我的那些情景，"罗森菲尔德后来写道，"或者关于无法构建一种思想［的论点］，并通过这些奇幻的自相矛盾领着与他谈话的人……深入地探讨经验交流的明确性问题，从而极大地强调这一点的重要性。"罗森菲尔德崇拜玻尔，他未能看到——或者选择不说出来——对玻尔来说，"学院派"的思想斗争并不仅仅是一些"奇幻的自相矛盾"。

推理——描述"学院派"以及年轻的玻尔上述行为的术语——是一种对抗焦虑的防御机制。焦虑让人不断产生惶恐、强迫症般的想法。疑虑会不断倍增，导致人行动无力，脱离现实。这一机制是无限反复的，一旦一个人意识到这一点，他就会怀疑一切，甚至怀疑自己的怀疑本身。从哲学的角度来看，这一现象可能很有趣，但实际上推理是一种拖延之举。如果一项工作一直不完结，那么就无法评价其质量。麻烦在于，这种拖延会推迟面对现实的时刻，并且让人感到内疚，增加人的精神负担。焦虑会加剧，这一无限反复的机制还会加快焦虑加剧的速度。自我会感觉自己好像要崩溃了。不断增加的"我"更加剧了这种即将崩溃的感觉。此时，狂躁的可怖会表现得淋漓尽致。玻尔的谈话和写作中反复出现的意象便是"学院派"的那个"无底的深渊"。玻尔喜欢用我们被"悬在语言中"来意指这一深渊，并且最爱引用席勒的两行诗：

> 唯有全面，方能清晰，
> 真理往往藏在深渊中。

但玻尔无法在默勒的小说中找到坚实的立足点。他需要的不仅仅是一本小说——尽管这本小说有很大的相关性——他还需要我们所有人心智健全所需要的东西：他需要爱和工作。

"中学毕业考试后，我对哲学产生了强烈的兴趣，"玻尔在后来接受访谈时说，"我和霍夫丁开始了尤为亲密的联系。"霍夫丁是玻尔父亲的老友，星期五晚间讨论小组的发起人之一。玻尔还是小孩的时候就与他相识。霍夫丁出生于 1843 年，比玻尔父亲年长12 岁，是一个知识渊博、敏感而和善的人。他是索伦·克尔恺郭尔（ Søren Kierkegaard ）[①] 和威廉·詹姆斯 [②] 著作的优秀阐释者，他本人

---

① 丹麦著名哲学家。——编者注
② 美国哲学家、心理学家，著名作家亨利·詹姆斯的哥哥。——编者注

也是一名受人尊敬的哲学家：一名黑格尔哲学的反对者，一名对知觉不连续性问题感兴趣的实用主义者。玻尔成了霍夫丁的一个学生。几乎可以肯定，他曾私下找霍夫丁寻求过帮助。玻尔做出了一个很好的选择。霍夫丁年轻时在自身危机方面经历过挣扎，他后来提到，这一危机一度使他几近"绝望"。

1855 年 11 月，克尔恺郭尔因肺部感染在寒战中病亡。当时的霍夫丁 12 岁，已经不算小了。他听说了在城外举行的克尔恺郭尔葬礼上的情况，原本寂静的墓园变得拥挤不堪，近乎骚乱现场。这名古怪、笨拙、口才极佳、使用多个笔名的诗人也在他的脑海中产生了一个鲜活的形象。以这种熟悉为起点，霍夫丁后来转而去读克尔恺郭尔的作品，在绝望中寻找安慰。他特别在《人生道路诸阶段》（*Stages on Life's Way*）中找到了慰藉，这是一部黑色幽默的作品，描绘了一种精神阶段的辩证法，每个阶段都是独立、不连贯的，只能通过一种非理性的信仰之跃来连接。他怀着感恩之心积极地推介这位多产但作品晦涩的丹麦人。1892 年，霍夫丁出版了他的第二本主要著作，这本书帮助树立了克尔恺郭尔作为一名重要哲学家的地位，而不是丹麦评论家们最初看待他的那样，只把他视作一名屡发狂言、风格独特的文学家。

克尔恺郭尔对玻尔的影响很大，尤其是当霍夫丁向他做了阐释之后。克尔恺郭尔考察了波尔·马丁·默勒考察过的那些精神状态。在大学里，默勒给克尔恺郭尔讲授过道德哲学，并且似乎成了后者的精神导师。默勒去世后，克尔恺郭尔将自己的著作《畏惧的概念》（*The Concept of Dread*）题献给他，并在一篇草拟的献词中称他为"我年轻时狂热追随的偶像，我人生之初的知己，使我觉醒的强大号手，我已故的朋友"。从默勒到克尔恺郭尔，到霍夫丁，再到玻尔，堪称一脉相承。

众所周知，克尔恺郭尔一生中不断产生过很多种身份认同感和怀疑。在他的著作中，意识两重性是一个中心议题，正如在他之前的默勒的著作中一样。意识两重性甚至让人感觉是丹麦人中长期存在的一种危险。丹麦语中表示绝望的单词是"fortvivlelse"，其核心"tvi"的意思是"二"，象征着"双重意识"。单词"tvivl"的意思是"怀疑"，"tvivlesyg"是"怀疑论"，"tvetydighed"则是"模棱两可"。这种自省本身实际上是清教主义的一句口头禅，与基督教中的"良心"（conscience）①非常类似。

但克尔恺郭尔不同于默勒，默勒调侃了"学院派"的"怀疑"（tvivl），而克尔恺郭尔则竭力寻找穿越镜中迷宫的路径。霍夫丁在他的《现代哲学史》（History of Modern Philosophy）中——玻尔在大学时就读过这本书——总结了他所理解的克尔恺郭尔发现的路径。霍夫丁发现，"他的关键思想是人生的不同概念存在尖锐的对立，我们必须从中做出选择。因此，他的关键词是'非此即彼'，而且这一选择是每一个个体必须自己做出的，因而他的第二个关键词是'个体'"。他接着又写道："连续性只存在于可能性的世界里，在现实世界中，决定总是通过打破连续性产生的。"在困扰玻尔的意义上，连续性指的是不断加剧的疑惑的思维流以及折磨他的那一个个"我"。这种对连续性的破坏——决定性上的、功能上的——是他希望找到的终结点。

玻尔首先转而求助于数学。在一个大学讲座上，他了解到了黎

---

① 也有"是非之心"的意思，此处提到的这些词中都有"二""双重"的意涵。——编者注

曼几何。这是一种由德国数学家格奥尔格·黎曼（Georg Riemann）发展起来用于表述复变函数的非欧几何。黎曼的研究给出了在一组一致的几何平面族——后来被称为黎曼曲面——上表述和联系这样的多值函数（一个自变量对应的函数值是一个数、它的平方根、它的对数等等）的方法。玻尔在他最后一次接受访谈时说："那时我真的想写一点有关哲学的东西，讨论与多值函数存在相似性的哲学问题。我觉得对于心理学中的很多问题（所谓的大哲学问题，比如关于自由意志的问题），我们都可以通过把问题简化来更好地理解它们，而这可以通过将它们与多值函数类比来实现。"此时，玻尔认为这一问题可能是一种语言问题："我"这个词有不同的意义，存在歧义和多义性问题。把每个不同意义的"我"分置于不同的平面上，你就能保持你所谈内容的思路，同一性的混淆就将以一种形象的方式自行得到解决。

这个方案对玻尔来说太过概略化了。数学可能太像推理，使他陷入了孤独和焦虑中。他曾想过写一本关于他的这种数学类比的书，但最终从事的却是具体得多的工作。需要注意的是，数学类比开始把怀疑这一问题置于语言框架中，将其视作语言歧义的一种特别形式，并试图通过将不同的意义分置于离散、互不相连的平面上来澄清歧义。

1905年2月，19岁的玻尔开始了一项具体的工作，试图解决实验物理学方面的一个问题。每年，丹麦皇家科学与文学院都会公布一些研究课题，截止期限为两年，科学院届时会为胜出的论文颁发金牌和银牌。1905年的物理学问题是，当液体从一个小孔流出时，通过测量由这些液体产生的波（一根花园软管的辫状喷流展现出了这种波）来确定一定量液体的表面张力。这一方法是由英国的诺贝尔奖获得者约翰·威廉·斯特拉特（John William Strutt）——瑞利（Rayleigh）勋爵①——提出的，但还没有人证实过它。玻尔和另一名竞争者接受了这一挑战。

玻尔开始在生理学实验室进行他的研究，在那里，他曾经观看并协助他的父亲工作过很多年，学到了实验技巧。为了使液体的喷射保持稳定，他决定使用拉制的玻璃管。由于这种测量法需要大量的液体，因此他选择了水来进行实验。玻璃管的侧面必须被略微压平以产生一个卵形截面，这会使水流喷射成一种特定的形状，进而产生辫状的波。所有将管子加热、软化和拉制的工作都是玻尔自己完成的，他觉得这些事让人着迷。罗森菲尔德后来说，玻尔"很喜欢这个操作，以至于完全忘记了这件事的初衷，他花了好多时间让一根接一根的玻璃管通过火焰"。

每一个确定表面张力值的实验都要费好几个小时。实验只能在晚上做，因为水的喷射极易受到振动的干扰，只有晚上实验室才没有人。研究进展迟缓，但玻尔仍懒懒散散。科学院给的时间是两年。快到这个期限时，克里斯蒂安意识到，儿子这样拖延将无法在截止期之前完成论文。"实验没完没了，"玻尔几年后和罗森菲尔德在乡间骑自行车时告诉他说，"我总注意到一些我认为必须首先理解的新细节。最后，我父亲让我离开实验室，把我遣送到了这里，我不得不补写好论文。"

"这里"是指哥本哈根以北的内鲁姆伽德（Naerumgaard），玻尔外祖父阿德勒的乡下庄园。在这里，远离实验室的诱惑，由尼尔

---

① 瑞利因"研究了一些重要气体的密度，以及在这些研究中发现了氩"获1904年的诺贝尔物理学奖。——编者注

斯写好，哈拉尔誊清，一篇114页的论文诞生了。尼尔斯赶在截止期的当天将论文提交到科学院，但即使到了这时，论文还是不完整的。三天后，他又将不小心遗漏的11页附录补交了上去。

这篇论文是玻尔的第一篇科学论文，虽然只确定了水的表面张力，但也出色地扩展了瑞利的理论。这篇论文赢得了科学院的金牌。对于像玻尔这样的年轻人来说，这是一项显著的成就，也促使玻尔走上了物理学的道路。与数学化的哲学不同，物理学是稳固地根植于真实世界的。

1909年，伦敦的皇家学会接受了这篇表面张力论文的修正稿，发表在其《哲学会报》（*Philosophical Transactions*）上。在这篇论文发表时，玻尔还只是个正在攻读硕士学位的学生。学会秘书[①]在致函中使用了他推测的玻尔的学术头衔，玻尔不得不向他解释说自己"不是教授"。

退居乡间曾帮助过玻尔一次，之后可能还帮过他一次。然而，在阿德勒一家将内鲁姆伽德捐赠出来做一所学校后，这里就不能再为玻尔所用了。1909年3月到5月期间，为了准备他的硕士学位考试，玻尔去了位于菲英岛（Funen）上的维森比约（Vissenbjerg）。菲英岛在哥本哈根的西兰岛（Zealand）之西，紧邻西兰岛。玻尔在那里住在克里斯蒂安·玻尔实验室助理的父母所在教区的牧师住宅中。在菲英岛逗留期间，玻尔读了《人生道路诸阶段》。读完的那一天，他满怀热情地将这本书寄给了哈拉尔。"这是我唯一能寄给你的东西，"他在给弟弟的信中写道，"不过我认为很难找到比它

---

① 皇家学会的学会秘书是一种高级管理职位，按学科划分为物理科学学会秘书和生命科学学会秘书。——编者注

更好的东西……这是我有生以来读过的最好的书。"6月底，玻尔回到了哥本哈根，再一次在最后期限前完成并——在母亲替他誊清后——提交了他的硕士论文。

哈拉尔已经在4月率先获得了理学硕士学位，并前往德国哥廷根的乔治亚-奥古斯塔大学（Georgia-Augusta University）^①攻读哲学博士^②学位，那里是欧洲的数学中心。1910年6月，哈拉尔获得了哥廷根大学的博士学位。尼尔斯半开玩笑地在信中告诉弟弟，他的"妒忌很快就要涨过屋顶了"。但事实上，他对自己在博士论文上的进展挺满意的，尽管他花费"4个月的时间考虑了一个与一些愚蠢的电子相关的愚蠢问题，并且只写了大约14篇见解不一的原始草稿"。克里斯滕森曾经向玻尔提过一个金属电子论的问题，作为玻尔硕士论文的课题。玻尔对这一课题很感兴趣，所以在博士论文工作中继续从事这一课题的研究。他此时专攻理论研究，据他解释，尝试同时做实验研究是"不切实际的"。

1910年秋，玻尔回到了维森比约的牧师住宅。他的工作进展缓慢。此时，"学院派"论述的那些问题可能又浮现在了玻尔的脑海中，因为他又转向了克尔恺郭尔。"当我在菲英岛的牧师住宅撰写学位论文时，我对克尔恺郭尔产生了深刻的印象，我夜以继日地读他的著作，"玻尔在1933年告诉他的朋友和以前的学生J. 鲁德·尼尔森（J. Rud Nielsen），"他很坦诚，并且喜欢把问题思考到极致，这是他的伟大之处。他的语言也很美妙，往往有一种崇高感。

---

① 就是大众熟知的哥廷根大学。——编者注
② 此处的哲学并不是通常意义的哲学，物理学、生物学等学科的博士在西方也称为哲学博士。——编者注

当然，克尔恺郭尔的有一些思想是我无法接受的，我将这归因于他所生活的年代。但我钦佩他的激情和毅力，钦佩他对问题最大限度的分析，钦佩他通过这些品质将不幸和痛苦转变为美好的东西。"

1911年1月底，玻尔完成了题为《金属电子论研究》的博士论文。2月3日，他的父亲突然去世，时年56岁。玻尔把这篇论文"以最深的感激之情献给我的父亲"。他深爱着他的父亲。如果说玻尔一直背负着父亲的期望，那么他现在从这种重负中解脱出来了。

5月13日，按照惯例，玻尔在哥本哈根公开做了论文答辩。哥本哈根《日报》对答辩做了报道，还配了一幅答辩者的漫画肖像。漫画中的玻尔打着小白领结、身穿燕尾服站在大讲台前。《日报》的报道说："玻尔博士，一个苍白而又谦恭的年轻人……答辩没有进行太长时间，时间之短创下了纪录。"小会堂里挤满了人。克里斯滕森是两名主考官之一，他简单明了地说，在丹麦，很难有人足够精通这一课题，能够评价答辩者的工作。

为了让自己的儿子出国深造，克里斯蒂安在去世前设法从嘉士伯基金会争取到了一笔奖学金。尼尔斯整个夏天都在与一个朋友的妹妹玛格丽特·诺兰（Margrethe Nørlund）航海和徒步旅行。诺兰是一个年轻漂亮的女学生，玻尔与她相识于1910年。就在玻尔启程前不久，两人订婚了。之后，玻尔于9月下旬离开丹麦，前往剑桥。他被安排在卡文迪许实验室汤姆孙的门下攻读。

> 1911年9月29日
> 埃尔蒂斯利大街10号
> 剑桥大学纽纳姆学院

嗨，哈拉尔！

我在这里一切都很顺利。我刚和汤姆孙聊过，就我所能向他阐述了我关于辐射、磁性等问题的想法。要是你知道与这样一个人交谈对我来说意味着什么就好了。他对我非常好，我们谈了很多东西。我相信，他认为我讲的东西有些意思。他现在就会去读［我的论文］，并且还邀请我星期天和他一起在三一学院共进晚餐。之后，他会和我谈谈我的论文。你可以想象一下我有多高兴……我现在有我自己的小公寓，就在镇子的边上，各方面都不错。我有两个房间，吃饭都是单独在我自己的房间里。这里太美妙了。此刻，我正坐在房间里给你写信，小壁炉里跳动着火苗，发出呼呼的声响。

玻尔对剑桥很满意。他父亲的亲英倾向为他喜爱英国的生活习惯做好了准备。这所大学保持着牛顿、克拉克·麦克斯韦以及伟大的卡文迪许实验室——从这个实验室涌现出了数量惊人的物理学发现——的传统。玻尔发现他的英语水平还需要提高，因此找了一本权威的英语字典，一边查每一个吃不准的单词，一边阅读《大卫·科波菲尔》。他发现实验室很拥挤，而且物资供应不足。另一方面，在被三一学院录取为研究生后，就必须穿戴方帽长袍走来走去——否则就"可能被高额罚款"——这让人感到好笑。同样好笑的是看到三一学院在高桌①上的人"吃得那么多，吃得那么好，简

① 这里的高桌指的是高桌晚宴（high table dinner），是牛津、剑桥大学的传统之一。其形式是由侍者服务的三道菜西餐正餐，辅以佐餐饮品及餐后咖啡。它有三大特点：一、每次都宴请各界名流进行演讲；二、遵循严格的程式规则；三、对参与者有严格的着装要求。——校者注

直难以相信、难以理解他们怎么受得了"，"用餐前还要花一个小时走过河沿岸的许多美丽草坪，草坪由点缀着红浆果的绿篱围住，中间有矗立的柳树随风摇摆——想象一下在白云飞渡、大风骤起的秋季旷远天空下所有的这一切"。在剑桥，玻尔加入了一个足球俱乐部，拜访了一名生理学家（这个人是他父亲原来的学生），参加物理学讲座，做汤姆孙指定他做的实验，在宴会上任由身旁的英国淑女们（"在逗你说话方面绝对是天才"）尽她们的职责①。

但汤姆孙从没有抽出时间阅读他的论文。事实上，两人的第一次会面并不算理想。除了解释自己的想法外，这个丹麦来的新生还指出了他在汤姆孙的电子论著作中发现的一些错误。玻尔不久后写信给玛格丽特说："我很想知道他对我不同意他的想法会是什么态度。"在稍后的信件中，玻尔又写道："我渴望听到汤姆孙的回复。他是一位伟人。我希望他不会对我愚蠢的话感到生气。"

汤姆孙可能生气了，也可能没有。他此时对电子已经没有太大的兴趣了，并且已经将注意力转向了带正电的射线。他指派玻尔做的实验就与这类射线有关，但玻尔觉得这个领域明显没有前途。无论在什么情况下，汤姆孙都没有耐心去讨论理论问题。"要熟识一个英国人需要半年的时间，"玻尔在晚年接受采访时说，"……在英格兰，他们会彬彬有礼，如此等等，这是他们的传统，但他们又不愿留心任何人……我星期天去三一学院用餐……我坐在那儿，好多个星期天都没人和我说话。不过后来他们明白了，我和他们一样，没有更强烈的和他们说话的愿望。后来，我们成了朋友，你看，后来的情况就完全不同了。"这种领悟是普遍的，汤姆孙的冷漠或许

---

① 指在社交活动中引导对话、活络气氛等。——编者注

就是第一个具体的例子。

之后，卢瑟福出现在了剑桥。

玻尔后来回忆说，卢瑟福"从曼彻斯特来到剑桥，在卡文迪许的年度宴会上发表讲话"，"尽管我和［他］当时没有私下的接触，但他的人格魅力和能力给了我极深刻的印象，他无论在哪里工作，都能取得惊人的成就"，12 月的"这个宴会在非常幽默的气氛中举行，他的一些同事回忆起了与他相关的许多奇闻逸事"。卢瑟福热情地谈到了物理学家 C. T. R. 威尔逊（C. T. R. Wilson）最近的工作，威尔逊是云室的发明者（云室可以通过悬浮在过饱和雾气中的小水滴组成的线条来展现带电粒子的轨迹），①也是卢瑟福在剑桥学生年代的朋友。玻尔说，威尔逊"不久前"拍下了他的云室中被原子核相互作用散射的 α 粒子，"就在几个月前，正是这个现象引导［卢瑟福］做出了关于原子核的划时代发现"。

玻尔有一种感觉，他不久就将与原子核和它——从理论上看——不稳定的电子打交道。但在这个年度晚宴上，给他留下最深刻印象的是卢瑟福的热情和不拘礼节。很多年后，当玻尔回忆起人生的这一阶段时，他会从卢瑟福的诸多品质中挑选出这样一点大加称赞："当某个年轻人有了想法时，无论这想法多么不起眼，他都有耐心听下去。"这可能是在和汤姆孙——无论他有怎样的其他优点——进行鲜明的对比。

宴会后不久，玻尔前往曼彻斯特拜见"我最近故世的父亲生前的一名同事，他也是卢瑟福的密友"。玻尔很想见到卢瑟福，这位密友使他们走到了一起。卢瑟福仔细地观察着这个年轻的丹麦人，

---

① 威尔逊因为发明云室获得了 1927 年的诺贝尔物理学奖。——编者注

尽管他对理论家有偏见，但卢瑟福还是喜欢他面前的这个人。后来有人问到了这一点，卢瑟福用咆哮来掩饰自己的好感，吼道："玻尔不一样！他是一个足球运动员！"在另一个方面，玻尔也很不同。在卢瑟福的众多学生中，玻尔无疑是最有才华的那一个，而卢瑟福一生中至少培养了11名诺贝尔奖获得者，这是一个至今也没有被超越的纪录。

玻尔一直都没有在剑桥和曼彻斯特大学之间做出抉择，直到1912年1月哈拉尔特地为这事到剑桥看望他时，两人才一起把事情办妥。随后，玻尔热切地写信给卢瑟福，希望卢瑟福像两人在12月份讨论过的那样，同意自己去曼彻斯特学习。卢瑟福当时劝玻尔不要这么快离开剑桥，他告诉玻尔，曼彻斯特大学总在那里，它又不会跑掉。因此玻尔提出春季学期——这个学期始于3月下旬——到曼彻斯特大学去。卢瑟福高兴地同意了。玻尔觉得待在剑桥是在浪费时间，他希望有实质性的工作。

在曼彻斯特大学，玻尔用最初的6个星期时间学习了"放射性研究实验方法导论"，指导老师包括盖革和马斯登。他也在继续从事他在电子论方面的独立研究。他和一个年轻的匈牙利贵族乔治·德海韦西（George de Hevesy）结成了终身的友谊。德海韦西是一名放射化学家，长着一张敏感的长脸，高耸的鼻子在脸上很显眼。德海韦西的父亲是一名法院评议员，他的母亲是一位女男爵。小时候，德海韦西曾在紧挨着他祖父庄园的奥匈帝国皇帝弗朗茨·约瑟夫（Franz Josef）的私人猎场猎杀鹌鹑。现在，他正在从事一项卢瑟福有一天交给他的挑战性工作，从母物质中分离出放射性衰变产物。基于这项研究，在以后的几十年间，德海韦西发展了在医学和生物学研究中应用放射性示踪剂的科学，[①]这是卢瑟福的工作不经意间衍生出的诸多有用科学分支之一。

玻尔从德海韦西那里了解到了放射化学。他开始看到这个领域与自己的电子论工作的关系。他之后突然爆发的直觉相当惊人。在几周的时间里，玻尔意识到放射性发源于原子核，而化学性质则主要取决于电子的数量和分布。他意识到——这个想法很离奇，但后来证明是正确的——因为电子决定了化学性质，而原子核的总正电荷数又决定了电子的个数，那么，一种元素在元素周期表中的位置就是原子核的电荷数（或者说"原子序数"）：氢具有核电荷数 1，列第 1 位，然后是氦，有核电荷数 2，依此类推，直到 92 号位上的铀。

德海韦西告诉玻尔，已知的放射性元素的数量已经远远超过了元素周期表中现有的格子数，玻尔据此凭直觉推断出了更多的联系。弗雷德里克·索迪曾指出，放射性元素通常并不是新元素，只是天然元素的不同物理形态（后来他给它们取了一个现代名称——同位素）。玻尔意识到，放射性元素一定与和它化学性质相同的天然元素具有相同的原子序数。这使他能初步构想出后来所谓的放射性位移律（radioactive displacement law）：当一种元素发生放射性衰变时，如果它发射出一个 α 粒子（一个氦核，原子序数为 2），那么它在元素周期表上将向左移动两个位置。如果它发射的是 β 射线（一个高能电子，给原子核中留下了一个额外的正电荷），那么它将向右移动一个位置。

换作其他人，要做出所有这些初步的判断，需要在理论和实验

---

① 德海韦西因此获得了 1943 年的诺贝尔化学奖。——编者注

元素周期表

元素周期表。镧系（"稀土族"）从镧（57号）从镧系（57号）；锕系从锕（89号）开始；锕系从锕（89号）开始——例如在表右边最右边的是惰性气体：氦、氖、氩、氪、氙、氡。上类似。其他各族元素在周期表上纵向排列——例如在表最右边排列的是惰性气体：氦、氖、氩、氪、氙、氡。

元素周期表。镧系（"稀土族"）从镧（57号）开始；锕系从锕（89号）开始，包括钍（90号）和铀（92号），化学性质上类似。其他各族元素在周期表上纵向排列——例如在表最右边排列的是惰性气体：氦、氖、氩、氪、氙、氡。

方面开展好几年扎实的工作。玻尔很快将这些结果告诉了卢瑟福。令玻尔吃惊的是，这位原子核的发现者对他自己的发现相当小心谨慎。"卢瑟福……认为，迄今获得的有关含核原子的证据不足以肯定地得出这些结果，"玻尔后来回忆说，"而我对他说，我肯定这就是他的原子的最终证明。"如果说卢瑟福此时还不确信，那么他至少还是产生了深刻的印象。当德海韦西有一天问到一个有关放射性的问题时，卢瑟福兴奋地回答说："去问玻尔！"

之后，当玻尔于 6 月中旬再次来见卢瑟福时，卢瑟福已经对意外发现做好了思想准备。会面后的 6 月 19 日，玻尔在给哈拉尔的信中告诉哈拉尔他意识到了什么：

> 我也许做出了一点有关原子结构的发现。你一定不要告诉任何人任何有关的情况，否则我就不能这么快写信告诉你了。如果我是正确的，那么这一发现指向的或许就不是一种可能性……而是一点现实……你知道，我的发现也有可能不正确，因为它还没有完全被解决（但我认为我是正确的）。我觉得卢瑟福也不认为这完全是妄想。他是那种事情没有彻底完成就不会确信的人。相信你能想象我是多么渴望尽快完成我的工作。

此前，从理论上看，电子围绕卢瑟福的原子核的运动是不稳定的。现在，玻尔第一个瞥见了这种运动能保持稳定的原因。卢瑟福让他回房间完成这项研究。时间所剩不多，玻尔计划 8 月 1 日在哥本哈根和玛格丽特·诺兰完婚。他在 7 月 17 日写信给哈拉尔说："进展很顺利，我相信我发现了一点东西，但完成它花费的时间实在要比我当初愚蠢地相信的时间要长。我希望在离开之前能写好一篇不长的论文给卢瑟福看，因此我现在很忙，非常忙，但曼彻斯特难以想象的高温对我的努力完全无益。非常期盼和你谈谈！"接下来的那个星期三，也就是 7 月 22 日，玻尔去见了卢瑟福，得到了进一步的鼓励，在回家的路上计划着和哈拉尔见面。

玻尔结婚了。玛格丽特强健、聪慧而又漂亮，这段宁静的婚姻陪伴两人走完了人生。玻尔在哥本哈根大学教了整整一个秋季学期的课。他努力建立的新原子模型继续耗费着他的精力。11 月 4 日，他写信给卢瑟福，希望"能在数周内完成论文"。几个星期过去了，什么也没有完成。他决定放弃大学的教学工作，和玛格丽特一起回乡下去。老办法发挥了作用，他写出了"一篇关于所有这些东西的很长的论文"。之后，他产生了一个新的重要想法，因此将原来的长论文拆分成了三个部分并重写。论文使用了《论原子和分子的结构》（On the Constitution of Atoms and Molecules）这样一个骄傲而又大胆的标题，第一部分于 1913 年 3 月 6 日邮寄给了卢瑟福，第二部分和第三部分也在年底前完成并发表。这篇论文将会改变 20 世纪物理学的进程，玻尔也因为这方面的工作于 1922 年获得了诺贝尔物理学奖。

⊙

早在玻尔写博士论文时，他就断定，他所考察的某些现象无法用牛顿物理学的力学定律来解释。"必须假定存在某些力，其性质完全不同于通常力学中的那些力。"他当时写道。玻尔知道去哪里寻找这些不同的力：他注意到了马克斯·普朗克和阿尔伯特·爱因斯坦的工作。

普朗克是德国理论物理学家，利奥·西拉德将于 1921 年在柏林大学遇到他。他生于 1858 年，1889 年以来一直在柏林教书。1900 年，普朗克提出了一个革命性的想法，用以解释机械物理学中的一个久攻不下的问题——所谓的"紫外灾难"。按照经典理论，在一个像窑炉的热空腔内部，应该存在无限多种的光（能量、辐射）。这是因为经典理论相信过程的连续性，预言在热空腔壁上振动以产生光的粒子的振动频率的范围是无限的。

显然，实际情况并非这样。是什么阻止了空腔内的能量无限流入到远紫外区？[①]普朗克 1897 年开始试图解决这个问题，开展了 3 年的艰苦工作。1900 年 10 月 19 日，普朗克在柏林物理学会的一次会议临近结束时宣布了自己的研究结果，成功随之而来。朋友们在那个晚上将实验得出的值与普朗克的新公式得出的值做了比较。第二天早晨，他们告诉普朗克，实验得出的值与新理论得出的值精确一致。"后来的测量也是这样，"即将走完自己漫长人生的普朗克在 1947 年不无自豪地写道，"一遍又一遍地验证我的辐射公式，所用的测量方法越精确，就发现我的公式越准确。"

普朗克通过提出振动粒子只能以一些特定的能量辐射解决了这一辐射问题。这种被允许的能量由一个新的数值决定。"一个普适常数，"他说，"我称它为 h，因为它具有作用量的量纲（能量 × 时间），我给它取了一个名字，基本作用量子。"［量子（quantum）是拉丁词 quantus（意思是"多大"）的中性形式。］只有那些受限定并且有限的能量才能出现，它们都是 $h\nu$ 的整数倍：$h\nu$ 是频率 ν

---

① 作者此处的背景介绍不够全。"紫外灾难"是指根据经典物理学理论计算出的辐射强度会随辐射频率的上升趋于无穷大，也就是此处说的能量无限流入到远紫外区，这与现实情况不符。——编者注

乘以普朗克的 h。普朗克算出的 h 是一个非常小的数,接近于现在的值 6.63×10^{-27} 尔格·秒。这个普适常数 h 不久后就得到了它现在的名称:普朗克常数。

普朗克是一个极端的保守派,没有对继续探索他的辐射公式的极端结果做任何尝试。但有人做了:爱因斯坦。在 1905 年的一篇论文中,爱因斯坦将普朗克的受限且不连续的能级的想法与光电效应问题联系了起来,这篇论文最终使他获得了诺贝尔奖。光在照射某种金属时,会撞击电子使其自由逸出。这一效应今天被应用于宇宙飞船上的太阳能电池板。然而,从金属中被撞击后自由逸出的电子的能量并非像常理推断的那样取决于光的亮度,而是取决于光的颜色,换句话说,是取决于光的频率。

爱因斯坦在这个古怪的现象中看到了一个量子化条件。他提出了一种被视为异端的可能性:多年来被严谨的科学实验证实以波的形式传播的光,实际上是以一个个小的波包——粒子(他称之为"能量子")——的形式传播的。爱因斯坦写道,这些光子(它们今天的称呼)拥有其对应的能量 $h\nu$,当光子撞击到金属表面时,就会将这些能量转移给电子。因此,一束较亮的光能够使金属释放出更多的电子,但并不能释放出更高能量的电子。释放出的电子的能量取决于 $h\nu$,因而取决于光的频率。至此,爱因斯坦将普朗克的量子思想从一种方便计算的工具推进转变成了一种可能的物理实在。

由于这些理解上的进步,玻尔得以试着解决卢瑟福原子模型的力学不稳定问题。就在"准备向卢瑟福提交那篇小论文"的 7月,玻尔有了他的核心思想:既然经典力学预言卢瑟福的那些原子——有一个小而重的中心核,被沿轨道运动的电子环绕——是不稳定的,而事实上原子却是最稳定的系统之一,那么经典力学就不适合描述这样的系统，必须让位给量子方法。普朗克引进量子原理挽救了热力学定律，爱因斯坦将量子思想推广到了光。现在，玻尔提出将量子原理引入原子本身。

回到丹麦后，玻尔整个秋天和初冬都在继续思考他的观点的结果。卢瑟福的原子遇到的困难是，它的天然设计中没有任何一点能保证它是稳定的。如果它是一个具有多个电子的原子，它就会飞散。即使是只有一个电子——因而在力学上是稳定的——的氢原子，经典理论预言，当绕原子核在轨道上运行的电子改变方向时，电子将辐射出光，因而系统会损失能量，电子最终会沿螺旋线坠落到核上。从牛顿力学的角度看，卢瑟福的原子——像一个缩微的太阳系——应该是要么无比巨大，要么无限微小的，而这是不可能的。

玻尔因此提出，在原子内一定存在他所谓的"定态"：电子能够占据的轨道，没有不稳定性，没有光辐射，电子不会沿着螺旋线坠向原子核。他根据这一模型做了计算，发现结果与各种实验值很吻合。至此，他至少有了一个似乎合理的模型，用它能解释一些化学现象。但这个模型具有明显的随意性，与汤姆孙的葡萄干布丁模型等其他有用的模型相比，玻尔这个模型对原子结构的描述谈不上更现实。

就在此时，帮助来了，来自一个意想不到的领域。伦敦国王学院的数学教授 J. W. 尼科尔森（J. W. Nicholson）——玻尔以前见过他，认为他是一个蠢货——发表了一系列的论文，提出了一个量子化的原子土星模型，用以解释日冕的异常光谱。尼科尔森的这些论文发表在一份天文学杂志上，发表时间是 6 月。玻尔直到 12 月才看到这些论文，他很快就发现了尼科尔森模型的不足之处。在此之前，玻尔就对来自其他研究者的紧迫挑战深有体会。他也注意到了尼科尔森对光谱线的探索。

当把眼光放在化学上，与德海韦西来回通信探讨时，玻尔并没有考虑过从光谱学中寻找支持他原子模型的证据。"光谱是一个非常困难的问题，"他在最后一次接受采访时说，"……人们认为这太美妙了，但在这方面取得进展是不可能的。这正像你即便有了蝴蝶的翅膀，当然它有很规则的色彩，诸如此类，但没有人认为有谁能从蝴蝶翅膀的色彩中解读出生物学的基本原理。"

受到尼科尔森的启发，玻尔现在转向了这只光谱蝴蝶的翅膀。

光谱学在 1912 年已经是一个有相当发展的学科。18 世纪的苏格兰物理学家托马斯·梅尔维尔（Thomas Melvill）首先探索了这一领域，并取得了丰富的发现。他将酒精和化学盐混合，点燃混合物，研究通过棱镜的光线。梅尔维尔发现，不同的化学物质会产生具有特征性的颜色图案。这表明可以用光谱来进行化学分析，从而鉴别未知物质。发明于 1859 年的棱镜光谱仪推进了科学的发展。在光谱仪中，棱镜前有一个狭缝，用来将光斑限制成同样宽度的窄线。这些光能够直接投射到一根刻度尺（后来是感光胶卷）上，从而测出它们的间隔并算出它们的波长。这种特征化的线形图样被称为线状光谱。每种元素都有自己独特的线状光谱。氦元素最早是在 1868 年因为太阳色球层光谱中的一系列反常谱线被发现的，23 年后，科学家才在地球上发现混合在铀矿石中的氦。线状光谱找到了它们的用途。

然而，没人知道是什么产生了这些谱线。喜欢玩弄波长数字的数学家和光谱学家最多只能在一组组谱线中找到美且和谐的规律。19 世纪的瑞士数学物理学家约翰·巴尔末（Johann Balmer）于 1885 年确定了其中最基本的一个和谐关系——一个计算氢谱线波长的公式。这些谱线，总称为巴尔末系，看上去像这样：

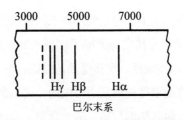

巴尔末系

巴尔末导出的公式能在千分之一的精度内预测每一条谱线在光谱带中的位置，不需要懂太多数学就能欣赏这个公式的简洁性。这个公式只有一个变量：

$$\lambda = 3645.6 \left(\frac{n^2}{n^2-4} \right)$$

希腊字母 λ，读作"拉姆达"，表示谱线的波长，对应于不同的谱线。n 取值为 3、4、5 等等。运用他的公式，巴尔末预言了尚未研究的那部分氢光谱的谱线波长。研究者之后在他指出的位置找到了这些谱线。

瑞典光谱学家约翰内斯·里德伯（Johannes Rydberg）超越了巴尔末，于 1890 年发表了一个对大量不同线状光谱成立的普遍公式。巴尔末公式因而成为更为普遍的里德伯方程的一个特殊情况。里德伯方程中有一个被称为里德伯常数的数字。这个常数——通过实验得出，并且是所有普适常数中已知的最精确的常数之一——现在的精确值是 $109\ 677$ 厘米$^{-1}$。

玻尔在大学物理课上应该学习过这些公式和数值，尤其因为克里斯滕森敬慕里德伯，并且彻底研究过他的著作。但光谱学与玻尔的领域相隔太远，他大概已经忘记了这些内容。他找到了他的老友和同学汉斯·汉森（Hans Hansen）。汉森是一名物理学家和光谱学研究者，刚从哥廷根回来。两人一起审视了线状光谱的规则。玻尔查到了一些数值。他后来说："一看到巴尔末公式，一切对我来说就立刻明朗了。"

立刻明朗了的是他的轨道电子和光谱线的关系。玻尔提出，一个束缚在原子核附近的电子通常占据一个稳定的、基本的轨道，这被称为基态。如果给原子提供能量——比如对其加热——电子做出的响应是跃迁到一个较高的轨道上。这是一个离原子核较远，能量更高的定态。提供更多的能量，电子就会接着跃迁到更高的轨道上。停止提供能量——放下原子不管——电子就会跃迁回它们的基态，就像这样：

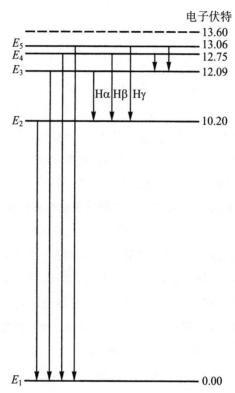

通过每次跃迁，每个电子放射一个特征能量的光子。这些跃迁以及由此而来的光子能量由普朗克常数限定。用较高的能量定态值 W_1 减去较低的能量定态值 W_2，就可以精确地得到光的能量 $h\nu$。这便是普朗克空腔辐射的物理学机制。

通过这一优雅的简化——$W_1-W_2=h\nu$——玻尔推导出了巴尔末系，原来巴尔末系的谱线正好对应于氢原子的电子在轨道间向下跃迁到它的基态轨道时放射出的光子的能量。

之后，使用这个简单公式：

$$R = \frac{2\pi^2 me^4}{h^3}$$

（这里，m 是电子的质量，e 是电子的电荷，h 是普朗克常数——都是基本常数，不是玻尔构造出来的。）玻尔令人震惊地导出了里德伯常数，计算出的值与实验测量值相差在 7% 以内！"世界上没有什么比实验和理论在数值上一致更能打动一名物理学家了，"一个美国物理学家评论说，"而且就我所知，我不认为还有过哪个数值的一致性比这一个更能打动人。"

《论原子和分子的结构》对物理学来说有着深远的学术重要性。除了提出了一个有用的原子模型外，它还表明发生在原子尺度的事件是量子化的：正如物质通过原子和粒子以一种基本的颗粒状态存在一样，过程也是如此。过程是不连续的，过程的"颗粒性"——例如原子中电子的运动——是普朗克常数决定的。因此，旧的机械物理学是不精确的，它在大尺度事件中可以提供不错的近似值，却无法用来解释原子的微妙性质。

玻尔乐于推动新、旧物理学之间的这种对抗，他认为这有助于物理学结出硕果。原创性的工作总是具有反叛意义，因此他的论文不仅是对物理世界的一个检验，也是一篇政治文献。在某种意义上，它提出在物理学中开始一场改革运动：限制一些断言并消除认识论的谬误。机械物理学已然变得专制。它超出自身的能力，宣称自己具有普适性，它宣称宇宙及宇宙中的所有事物都严格地由机械论的因果关系支配。这是一种极端冷酷的海克尔主义。它束缚住了尼尔斯·玻尔，正如生物学的海克尔学说束缚过克里斯蒂安·玻尔，正如哲学中和中产阶级基督教中类似的权威束缚过索伦·克尔恺郭尔。

例如，当卢瑟福阅读玻尔的论文的第一部分时，他立即发现了一个问题。"你的假说在我看来存在一个严重的困难，"他于3月20日写信给玻尔，"我想你无疑也完全意识到了这一点，那就是当一个电子从一个定态跃迁到其他定态时，它怎么决定它将以何种频率振动？我认为你不得不假定电子预先知道它将停在哪里。"1917年，爱因斯坦指出，卢瑟福这个问题的物理学答案是统计性的——任何频率都可能出现，恰好出现的那个是概率最大的那一个。但玻尔在稍后的一个学术报告中以更为哲学化甚至是拟人化的方式回答了这一问题："每个原子状态的变化应该被视为一个无法进行更详细描述的单一过程，在此过程中，原子从一个所谓的定态跃迁到另一个定态……在这里，我们距离因果关系性的描述已经很远了。处于定态的原子往往甚至可以说能在各种可能的跃迁之间自由选择。"这里的"关键词"，正如霍夫丁可能会说的，是单一和自由选择。玻尔的意思是，单个原子中状态的变化是不可预测的。这两个关键词给物理局限性涂上了个人情绪的色彩。

事实上，1913年的这篇论文在情感上对玻尔来说也非常重要。它是科学如何运作以及科学发现能够赋予发现者个人成就感的非凡实例。情感上的专注使玻尔敏锐地注意到先前未被注意的自然法则。他早期对心理问题的关注与他对原子过程的阐释之间有惊人的相似性，如果不是这篇论文有极为准确的预见能力，它的那些假设看起来会显得无比武断。

例如，意志是不是自由的是玻尔严肃对待的一个问题。认识到原子内部有一种选择的自由对他小心构建的信念结构是一个胜利。被玻尔称为定态的分离、独特的电子轨道会让人联想到克尔恺郭尔《人生道路诸阶段》中的各个阶段。它们也会让人想起玻尔借用分离、独特的黎曼曲面重新定义自由意志问题的尝试。此外，正如克尔恺郭尔的诸阶段是不连续的，只能通过信仰之跃来跨越，玻尔的电子也在不连续的轨道间跳跃。玻尔强调——这是他论文中的两个"主要假定"之一——电子在轨道间的行踪是无法计算，甚至无法想象的。跃迁前和跃迁后之间是完全不连续的。在这个意义上，电子的每一个定态都是完备和唯一的，在这种完整性中具有稳定性。相比之下，经典力学预言的连续过程——玻尔显然将它与"学院派"的无穷推理联系了起来——要么将原子撕裂，要么使其因辐射而坍塌。

玻尔能够从青年时代的情感危机中走出来，部分原因或许是他童年时代就表现出的严谨思维。他的一个著名特点是坚持将物理学根植于事实，拒绝超越物理证据的论证。玻尔从来都不是一个体系建造者。"玻尔特别避免使用'原理'这个词，"罗森菲尔德后来说，"他宁愿用'观点'或者更严谨的'论述'，也就是推理的过程。同样，他也很少提到'自然的定律'，而宁愿用'现象的规律'。"玻尔并非在通过选择措辞来展示虚假的谦卑，他是在提醒自己和他的同侪，物理学不是一个掌握权威的宏大哲学体系，而只是一种——用他喜欢的话说——"向自然提问"的方式。他同样为自己试探性的、漫无边际的谈话习惯表达过歉意："我尽量不把话说得比我思考的更明确。"

"他指出，"罗森菲尔德补充说，"我们在科学中使用的理想化概念最终必然来自日常经验，而这些经验本身是无法进一步分析的。因此，每当任何两个这样的理想化概念被证明是不相容的，那么这就只能意味着它们的有效性受到了某种相互限制。"通过走出克尔恺郭尔所谓的"想象的乐园"并返回现实世界，玻尔找到了怀疑不断增加的解决办法。在现实世界中，物体是持久存在的，因此它们的原子通常不会不稳定。在现实世界中，因果关系有时似乎限制了我们的自由，但在其他时候，我们知道我们可以选择。在现实世界中，对存在的怀疑是没有意义的，怀疑本身就证明了怀疑者的存在。困难的很大一部分是语言，语言是一个不可靠的媒介。玻尔认识到，我们不可避免地悬于其中。他反复告诉他的同事，"认为物理学的任务是发现自然界是怎样的，这是错误的"——这是经典物理学为自己划定的领地——"物理学关注的是我们对自然界能说些什么"。

在这之后，玻尔将详尽地发展出关于相互限制的思想，为更深层次的理解提供指导。这一思想为他的政治学理念和物理学提供了深厚的哲学基础。1913 年，他首次展示了它解决问题的能力。"很清楚的一点是，"他在晚年回忆说，"在我们面临的情况下，除非做根本性的变革，否则我们完全不可能以任何其他方式取得进展，而这正是卢瑟福的原子的关键之处。这也是［我］当时如此认真对待它的原因。"

第 4 章

长长的墓穴挖好了

奥托·哈恩无比珍视德皇来访的这一天。最初的两个威廉皇帝研究所——化学所和物理化学所——于 1912 年 10 月 23 日正式成立。此时的玻尔正在哥本哈根一步步逼近他的量子化原子模型。而在柏林西南方的达勒姆郊区,这是一个雨天。德皇威廉二世——英国维多利亚女王的孙辈中最年长者——身披防雨斗篷来保护他的制服,他的厚大衣的深色领口翻过来盖在斗篷浅色的披肩上。官员们迈着合适的步伐跟在德皇后面,他的学者朋友阿道夫·冯·哈纳克(Adolf von Harnack)和著名化学家埃米尔·费歇尔(Emil Fischer)[①]在官员中走在最前面,只穿戴着深色的外衣和礼帽,那些跟在队伍后面的人拿着收拢的伞。男学生们将帽子拿在手上,像阅兵场上的士兵一样列队站在明亮的街道两旁。他们满脸稚气地保持着立正的站姿,由于敬畏之心而一脸茫然,接受这个留着上翘黑胡须,自认以神授的权力统治着他们的肥胖中年人的检阅。这些学生都是十三四岁年纪,不久后就将成为士兵。

[①] 德国化学家,因在糖类和嘌呤的合成领域的研究获 1902 年的诺贝尔化学奖。——编者注

文化部的官员们敦请皇帝陛下支持德国的科学事业。威廉二世因此捐出了一座皇家农场用于建立一个研究中心。之后，企业和政府为一个科学基金会——威廉皇帝学会——提供了丰厚的捐赠，以筹建这个研究机构。到 1914 年时，将建成七座研究所。

1911 年初，这个学会正式成立，哈纳克——一名化学家的儿子，神学家——成为它的第一任会长，皇家建筑师恩斯特·冯·伊内（Ernst von Ihne）也立即开始了设计和建筑工作。德皇此次来达勒姆是为了出席最先完工的两座建筑的落成典礼。化学研究所一定特别让他满意。它坐落在蒂耶尔大街和法拉第大街交会处的一片宽阔草坪上。研究所是三层的石材建筑，镶有金银丝的六窗设计，有着陡峭的精石板屋顶。在入口高处的屋顶线上，四根多立克式①的柱子支撑着这座建筑的古典门额。一座侧楼从主楼伸出，与街道平行。在主楼和侧楼之间，一座四层高的圆塔拔地而起，就像连接两者的铰链。伊内为这个塔设计了一个圆顶，显然，这是有意要迎合德皇的偏好。威廉二世缺乏幽默感，这个圆顶无疑起到了讨好他的作用。圆顶的样子就像一个巨型的德式头盔，就是德皇和他的士兵们戴的那种有些夸张滑稽的钉盔。

1906 年，哈恩离开蒙特利尔卢瑟福的实验室来到柏林，在柏林大学与费歇尔一道工作。费歇尔是一名有机化学家，不太了解放射性，但他知道这一领域正在变得重要起来，也知道哈恩是一名一流的研究者。费歇尔在自己实验室的地下室木工车间为哈恩腾出了一间房，并且为哈恩找了一份无薪大学教师的工作。这使教师队伍中那些没有科学远见的化学家颇有怨言，认为柏林大学的招募标准

---

① 古希腊和古罗马建筑中常见的三种柱式之一。——编者注

大大降低了。在他们看来，一个自称用金箔静电计发现新元素的化学家，即使不是骗子，也至少会让人感到尴尬。

哈恩发现，这所大学的物理学家要比化学家更为平易近人，因此他经常参加物理学讨论会。1907 年秋季学期之初的一次学术讨论会上，他遇到了一个名叫莉泽·迈特纳的奥地利女科学家。迈特纳当时 29 岁，比哈恩大一岁，刚从维也纳来到这里。她在维也纳大学获得了哲学博士学位，已经发表了两篇 α 辐射和 β 辐射领域的论文。马克斯·普朗克的理论物理学讲座吸引她来到柏林进行博士后研究。

哈恩是体操、滑雪和登山爱好者，长着一张漂亮的娃娃脸，喜欢喝啤酒和抽雪茄，有着莱茵兰人说话的慢条斯理以及一种热情、自嘲的幽默感。他欣赏有魅力的女性，竭尽所能结交她们，并在幸福的婚姻生活中与她们中的很多人保持着友谊。迈特纳皮肤黝黑，身材娇小，并且很漂亮，还表现出一种近乎病态的羞怯。哈恩与她成了朋友。在发现自己有空闲时间后，迈特纳决定做实验。迈特纳需要一名合作者，哈恩也需要一名合作者。一名物理学家和一名放射化学家，他们将组成一个多产的小组。

迈特纳和哈恩需要一个实验室。费歇尔同意迈特纳使用这个木工车间，条件是她绝不能出现在楼上的实验室，因为在那里做实验的全是男学生。两年来，迈特纳严格遵守着这一条件。后来，随着学校思想的解放，费歇尔也让了步，允许女性参加他的课程，迈特纳也就能走出地下室，进入实验室了。维也纳也在一点点变得开明。迈特纳的律师父亲——迈特纳一家是完全被同化的奥地利犹太人，接受过洗礼——坚持要求她在攻读物理学之前先获得一个法语教师资格，以便她能自己养活自己。只有在获得教师资格后，她才能为大学学习做准备。获得教师资格证后，迈特纳用两年的时间修完了高级文法中学八年的课程。她是有史以来在维也纳获得哲学博士学位的第二位女性。迈特纳的父亲直到1912年仍然在资助她在柏林的研究工作。此时，普朗克成了她的一名热心资助者，为她安排了一个助教职位。爱因斯坦后来将迈特纳称为"德国的居里夫人"，显然把她和德国绑在了一起，忘记了她的奥地利出身。

哈恩后来说："我们之间在实验室之外绝对不存在任何密切关系。迈特纳有一种严谨的、淑女般的教养，非常保守，甚至羞怯。"他们从来没有一起进过餐，从来没有一起散过步，仅仅在学术讨论会和木工车间里见面。"但我们仍然是关系密切的朋友。"迈特纳用口哨为哈恩吹勃拉姆斯和舒曼的乐曲，用以打发定时读取放射性数据——为了确定半衰期——的漫长时间。当卢瑟福1908年从诺贝尔奖颁奖仪式返回路过柏林时，两个男人沉浸在长时间的交谈中，迈特纳则无私地陪伴卢瑟福夫人外出逛街购物。

1912年，这对关系密切的朋友搬进了新的研究所，并着手为德皇准备一个展览。在前往蒙特利尔之前，哈恩在伦敦第一次涉足放射化学领域。他发现了被他当作新元素的放射性钍，它的放射性是它那不起眼的同名物的100 000倍。在麦吉尔大学，哈恩发现了两者间的一个中间物质，将其命名为"新钍Ⅰ"，这种物质后来被确认为镭的一种同位素。新钍Ⅰ化合物在黑暗中也能发出幽暗的光，但与放射性钍化合物发出的光的亮度不同。哈恩觉得这种差别或许可以取悦德皇。他把一块未加遮挡的新钍Ⅰ的样品放在一个小盒子的天鹅绒软垫上，其放射强度与300毫克镭的放射强度相当。哈恩将这个强效的样品献给德皇，请德皇把它与"在黑暗中产生出非常美妙的光辉，在屏幕上投下晃动的影子的放射性钍辐射样品"比较一下。没人提醒皇帝陛下辐射带来的危险，因为当时还没有建立放射性辐照的安全标准。"如果今天我做同样的事，"哈恩在50年后说，"我就会坐牢。"

新钍I没有造成明显的伤害。德皇经过侧楼，朝西北方向法拉第大街半个街区处的第二个研究所走去。哈恩和迈特纳所在的化学研究所由两位资深化学家管理，其全称是物理化学和电化学研究所。这个研究所是特地为它的第一任所长建立的。这位来自布雷斯劳的德国犹太裔化学家不太好相处，但很有创造才能，他的名字叫弗里茨·哈伯。这个研究所算得上是一种酬谢。一个德国企业基金会出资建造了它并提供了赠款，因为哈伯在1909年发明了一种用空气中的氮制造氨的实用方法。制造的氨可以作为人造肥料，取代德国和全世界的主要天然肥料——从智利极为干燥的北方沙漠开采的硝酸钠。这些天然肥料不仅价格昂贵，供给也很不可靠。在战略上，哈伯的方法对于在战时生产用于制造炸药的硝酸盐来说更是有着无法估量的价值。德国不产天然的硝酸盐。

德皇威廉在致辞中详细提到了瓦斯（积聚在矿井中的甲烷和其他气体的混合物）的危险。他敦促他的化学家们寻找一些早期的检测手段。他说这是一种使命，"值得精英们流汗"。精英哈伯——子弹形的脑袋剃得光光的，戴着一副圆形角质框架眼镜，蓄着牙刷般的胡须，穿着得体、吃喝讲究，但忍受着婚姻不谐的痛苦——于是开始发明一种瓦斯警报器，当危险气体出现时，警报器就会发出不同的声调。利用一间没有被放射性污染过并且精良而又现代的实验室，哈恩和迈特纳则开始从事放射化学以及核物理这一新领域的研究。德皇从达勒姆回到了他在柏林的皇宫，陶醉于自己的名字与又一个机构——德国不断增强的实力的体现——联系在了一起。

1913 年夏天，玻尔携年轻的妻子乘船来到了英国。他为他划时代的论文的第二、三部分而来，他已经把这两部分提前邮寄给了卢瑟福，希望在发表之前先讨论一下它们。在曼彻斯特，他又遇到了他的朋友德海韦西以及其他一些研究人员。他见到了一个叫亨利·格温·杰弗里斯·莫塞莱（Henry Gwyn Jeffreys Moseley）的人，这也许是两人第一次见面。莫塞莱被大家称为哈里（Harry），在伊顿公学上高中，在牛津读大学，从 1910 年起，他以实验演示员的身份给卢瑟福当助手，并给大学生开课。此时的莫塞莱 26 岁，已经为做出伟大的成就做好准备，需要的只是玻尔的来访作为催化剂，助他一飞冲天。

　　莫塞莱是一个孤僻的人。"他少言寡语，"A. S. 拉塞尔（A. S. Russell）[①] 说，"我既不可能喜欢他，也不可能不喜欢他。"但莫塞莱有一个不招人喜欢的习惯：只允许对事物做无可挑剔的严谨陈述。当他在实验室停下手上的工作，花一段时间喝茶时，甚至卢瑟福也要让他三分。卢瑟福的其他"男孩"称卢瑟福为"爸爸"。莫塞莱尊敬这位好嚷嚷的诺贝尔奖得主，但从未用任何类似的亲密称谓称呼过他，他甚至认为卢瑟福是来自殖民地的乡巴佬。

　　哈里来自一个著名的科学世家。他的曾祖父开了一家精神病院——完全是出于救治的热情——但没有获得行医执照。他的祖父是国王学院的牧师以及自然哲学和天文学教授。作为一名生物学家，

----

① 作者此处未对拉塞尔的身份做说明，应为亚历山大·斯图尔特·拉塞尔（Alexander Stuart Russell），卢瑟福实验室当时的一名博士后。——编者注

他的父亲参加了英国皇家海军"挑战者号"的三年远航，之后写出了一套开创性的海洋研究著作，厚达 50 卷。亨利·莫塞莱——哈里与父亲同名——还因为他的单卷本科普读物《一个博物学家在"挑战者号"上的札记》赢得了查尔斯·达尔文的友好称赞。而哈里自己则将与达尔文在曼彻斯特大学当物理学家的孙子查尔斯·G. 达尔文（Charles G. Darwin）共事。

虽然莫塞莱拘谨得甚至有些呆板，但在实验上他却不知疲倦。他会全力以赴工作 15 个小时，夜以继日，直到精疲力竭，然后在黎明前吃些简单的奶酪，睡几个小时，到中午时吃一些水果沙拉作为餐点。他身材匀称，衣着整洁，性格保守。莫塞莱深爱着他的姐姐和寡居的母亲，会定期给她们写信嘘寒问暖。花粉热使他放弃了牛津大学的优等生考试。他很不喜欢在曼彻斯特大学教大学生的工作，这些学生中有很多外国人——"印度人、缅甸人、日本人、埃及人和其他一些讨厌的人"——这些人"又脏又臭"，他避之唯恐不及。不过在 1912 年秋天，哈里最终找到了他的重大课题。

"一些德国人最近让 X 射线通过晶体并拍摄了照片，获得了美妙的结果。"莫塞莱在 10 月 10 日给母亲的信中写道。指导慕尼黑大学这些德国研究者的是马克斯·冯·劳厄。冯·劳厄发现，晶体有序、重复的原子结构导致产生了 X 射线的单色干涉图样，就像白光被极薄的肥皂泡的内外表面反射，产生彩色的干涉图样一样。由于 X 射线晶体学领域的发现，冯·劳厄后来获得了诺贝尔奖。莫塞莱和 C. G. 达尔文决心着手探究这个新领域。他们找来了所需的设备，干了整整一个冬天。到 1913 年 5 月时，他们已经在用晶体作为分光镜开展研究，并且即将以可靠的结果完成第一个项目。X 射线是一种波长极短的高能射线。原子晶格会展开它们的光谱，就像三棱镜展开可见光那样。"我们发现，"莫塞莱在 5 月 18 日写给母亲的信中说，"一个带铂靶的 X 射线球形管会给出五个波长的锐利线光谱……明天，我们将会研究其他元素的光谱。这里有一个全新的光谱学分支，肯定能告诉我们许多有关原子性质的信息。"

接着，玻尔来了。他们讨论了玻尔此前形成的见解——元素在元素周期表中的顺序应该根据原子序数来排列，而不应该像化学家认为的那样根据原子量。（例如，铀的原子序数是 92，铀最常见的同位素的原子量是 238，一个较稀有的同位素的原子量是 235，但两者拥有相同的原子序数。）哈里可以通过在 X 射线光谱的波长中寻找有规则的移位来证明玻尔的观点。如果确实如此，原子序数将在元素周期表上为一种元素所有已发现的物理变种——这些物理变种不久后将被称为同位素——确定一个位置。原子序数强调的是，原子核的电荷数决定了原子的电子数，从而决定了元素的化学性质。这将有力地证实卢瑟福的原子有核模型。X 射线的谱线结果将进一步证明玻尔的量子化电子轨道。这一研究将由莫塞莱独自进行，C. G. 达尔文此时已经抽身去研究他感兴趣的其他课题了。

玻尔和耐心的玛格丽特继续前往剑桥度假并润色他的论文。卢瑟福和玛丽在 7 月底去了田园诗般的蒂罗尔山区旅游。莫塞莱则留在"闷热难耐"的曼彻斯特吹制玻璃。"甚至现在，临近午夜，"他在卢瑟福启程两天后写信给母亲说，"我也得脱掉外套和马甲，敞开门窗工作，想通通风。一旦仪器能够正常工作，我会在开始测量前来探望您。"8 月 13 日，莫塞莱仍然在曼彻斯特。他给自己已婚的姐姐玛格莉（Margery）写了一封信，解释自己都在做什么：

我想用这种方法得出尽可能多的元素的 X 射线谱线的波

长，因为我相信它们将证明比普通光谱能证明的更重要、更基本的东西。得出这些波长的办法是反射来自被研究元素靶的 X 射线［由阴极射线轰击这样一个靶产生］……接下来，我只需要测量射线的反射角就能得出波长。我需要达到至少千分之一的精度。

9月，玻尔夫妇已经回哥本哈根了，卢瑟福夫妇也从蒂罗尔回来了，又到了英国协会年会的时间，这年的年会在伯明翰召开。玻尔不打算参加，尤其是因为在剑桥滞留了太长的时间，但卢瑟福认为他应该去：玻尔量子化原子的理论以及其对光谱惊人的预见性将会成为大会的一个话题。玻尔妥协了，匆忙启程。伯明翰的旅馆已经被预订满了，他头一晚是睡在一个台球桌上的。随后，德海韦西通过人脉为玻尔在一所女子学院找到了一个铺位。"这非常非常实惠，也非常非常美妙，"玻尔后来回忆说，又赶紧补充说，"女生们都不在。"

英国协会会长奥利弗·洛奇（Oliver Lodge）爵士在开幕词中提到了玻尔的工作。卢瑟福在会上也极力赞扬这些工作。剑桥大学数学物理学家詹姆斯·金斯（James Jeans）措辞巧妙地承认，"目前唯一能为这些假设提供合理性论证的就是它的巨大成功"。卡文迪许实验室的物理学家弗朗西斯·W. 阿斯顿（Francis W. Aston）宣称，通过让大量样品在陶土管中数千次反复扩散的烦琐工作，他成功分离出了两种不同重量的氖。德海韦西指出："这是一个明确的证据，表明不同原子量的元素可以有相同的化学性质。"玛丽·居里也从法国赶来了，A. S. 伊夫对她的描述是"羞怯、腼腆、镇静、高贵"。她用赞扬卢瑟福来挡开英国报界的纠缠。"伟大的进展，"

她预言,"可能要从他的工作中产生。"她还说"在目前在世的人中",卢瑟福是"那个可能会给人类带来某些难以估量的恩惠的人"。

哈拉尔·玻尔在那个秋天告诉他的哥哥,哥廷根的那些年轻人"不敢相信[你的论文]是客观正确的,他们认为这些假设太'大胆',太'怪异'了"。与许多欧洲物理学家持续的怀疑态度相反,玻尔从德海韦西那里听说,他在维也纳的一次会议上遇到了爱因斯坦,爱因斯坦对玻尔的理论产生了深刻的印象。德海韦西给卢瑟福讲了一个类似的事情:

> 与爱因斯坦谈了各种各样的话题,之后我们谈到了玻尔的理论。他告诉我他曾经有过类似的想法,但没有勇气发表它们。爱因斯坦说:"如果玻尔的理论是正确的,那么它将极其重要。"当我告诉他[有关谱线的最新发现,并且玻尔的理论准确地预言了它们应该出现在何处]时,爱因斯坦的大眼睛张得更大了,他告诉我:"那么这个理论就是最伟大的发现之一。"
> 爱因斯坦这样说,我感到非常高兴。

玻尔也是。

莫塞莱继续苦干。最初,他在拍摄 X 射线光谱的清晰照片方面遇到了困难,但在掌握了诀窍后,结果变得相当出色。当他沿着元素周期表一格一格地测量时,那些重要的光谱线也完全在有规律地移动。他把不同胶片上的相同谱线一级一级地相叠,最后叠出了一段阶梯。莫塞莱在 11 月 16 日写信告诉玻尔:"在最近两周,我得到了一些你会感兴趣的结果……截至目前,我已经研究了从钙到锌这些元素的 K[线光谱]系……结果极为简单,而且很大程度上是你预期的……K=N-1，非常准确，N 是原子序数。"他在 20 得到钙，在 21 得到钪，在 22 得到钛，在 23 得到钒，在 24 得到铬，等等，一直到在 30 得到锌。他得出结论，他的结果"为你使用的普遍原理提供了有力的支持，我为此感到高兴，因为你的理论正在物理学上产生辉煌的效应"。比起马斯登和盖革的 α 粒子散射实验，莫塞莱干净利落的工作为玻尔-卢瑟福原子模型提供了更为可靠和更易接受的实验证明。"因为你看，"玻尔在最后一次接受采访时说，"实际上，卢瑟福的工作并没有被认真对待。今天的我们可能完全不能理解，但这些工作确实没有被认真对待……重大的变化来自莫塞莱。"

⊙

奥托·哈恩再一次被邀请去演示他的放射性制剂。1914 年早春，在离莱茵兰的科隆不远的勒沃库森，拜耳印染厂邀请他去参加一个大演讲厅的落成庆典。德国的化学工业领先于世界，而拜耳是德国最大的化工公司，有上万名员工。拜耳生产大约两千种不同的染料，成吨成吨的无机化学材料，以及种类广泛的药物。公司的总裁卡尔·杜伊斯贝格（Carl Duisberg）是一名化学家，更喜欢美国式管理。他邀请了莱茵兰州的州长参加庆典，之后又邀请哈恩为庆典增光添彩。

哈恩给高官显贵们做了有关放射性的讲演。讲演开始前，他用一支装有高浓度新钍 I 的小玻璃管在一块密封的照相底板上写下了杜伊斯贝格的名字。在他讲演期间，技术员将底板冲洗了出来。讲演结束时，哈恩将放射线照相签名投射在一块屏幕上，赢得大家热烈鼓掌。

占地 900 英亩的化学联合体的庆典在晚上达到了高潮。"晚上有一个宴会,"哈恩后来带着怀旧之情回忆说,"一切都高雅别致。每张小桌上都放着一盆美丽的兰花,是从荷兰空运过来的。"由迅捷的双翼飞机运来的兰花或许足以象征 1914 年的德国的繁荣和强盛,但这位总裁还想展示一下德国技术的优越性,于是采用了一种奇特的方法。"在许多桌子上,"哈恩回忆的这段往事带着无人能识的未来感,"葡萄酒是用装在热水瓶里的液态气体冰镇的。"

⊙

战争爆发时,玻尔兄弟正在奥地利的阿尔卑斯山区徒步旅行,每天可以走 22 英里[①]。尼尔斯在途中写信给玛格丽特说:"山上的雾气从所有峰顶突然压将下来时,最初就像很小的云朵,最后会笼罩整个山谷,奇异和美妙得简直无法描述。"两兄弟原本打算 8 月 6 日回家,战争像山雾一样压了下来,他们赶在边境关闭之前匆忙穿越了德国。10 月,玻尔将和他的妻子一起从中立的丹麦乘船前往曼彻斯特,在曼彻斯特大学从事两年的教学。"男孩"们上战场了,卢瑟福需要人帮助。

8 月上旬,莫塞莱与母亲在澳大利亚。他出席了英国协会的 1914 年年会,并在会议之余寻找鸭嘴兽和风景如画的银矿。澳大利亚人的爱国心——此时的澳大利亚已经开始战争动员——触发了莫塞莱忠于国王和国家的伊顿公学精神。他一订到船票就返回了英

---

① 1 英里 ≈ 1.61 千米。——编者注

国。到 10 月底时，莫塞莱已经说服了一名不情愿的征兵官，安排他先于等候名单中的人成为英国皇家工程兵部队的一名中尉。

◉

哈伊姆·魏茨曼——一名身材高大、体格强健的俄国犹太裔生物化学家——是卢瑟福在曼彻斯特大学的好友。当许多犹太人、包括许多有影响力的英国犹太人认为犹太复国主义即使不是固执、疯狂甚至祸害，也至少是天真的幻想时，魏茨曼已经是一名充满激情的犹太复国主义者。不过尽管魏茨曼是一名犹太复国主义者，他也非常赞赏英国式的民主。战争爆发后，魏茨曼立即就与国际犹太复国主义者组织断绝了联系，因为这一组织打算保持中立。它的欧洲领袖憎恨沙皇俄国，而俄国是英国的盟国。魏茨曼也恨沙皇俄国，但与这些人不同的是，他不认为在文化和技术上占优势的德国会赢得战争。他相信西方民主国家将取得战争的胜利，而且犹太人的命运是与这些国家联系在一起的。

战争爆发时，魏茨曼与他的妻子和年轻的儿子正在前往瑞士度假的途中。他们特地折回巴黎。在巴黎，他拜访了巴勒斯坦最早的犹太农业移民的资助者，年迈的埃德蒙·德·罗斯柴尔德（Edmond de Rothschild）男爵。让魏茨曼感到惊讶的是，罗斯柴尔德对战争的结局以及战争可能给犹太民族带来的境遇持乐观态度。尽管魏茨曼在犹太复国主义运动中没有正式地位，但罗斯柴尔德仍鼓励他去找英国领导人谈话。

这与魏茨曼自己的意向一致。他对英国的影响力所抱的希望根深蒂固。魏茨曼是一名木材商的孩子，在 15 个孩子中排行第三。

他的父亲将木材扎成木筏，将它们顺维斯瓦河漂流到但泽加工出口。儿时的魏茨曼和家人生活在俄国贫困的西部地区，住在专门圈出来供犹太人居住的所谓"定居区"内。年仅11岁时，哈伊姆写的一封信就预先勾画出了他未来在战争中的工作。他的传记作者以赛亚·伯林（Isaiah Berlin）[①]后来写道："这个11岁的男孩说，世界各国的君主和民族显然都想毁灭犹太民族。犹太人不能让自己被毁灭。只有英国可以帮助他们返回他们在巴勒斯坦的古老领地，实现民族复兴。"

　　年轻的魏茨曼的信念驱使他不屈不挠地向往西方。18岁时，他乘父亲的一个木筏漂流到西普鲁士，设法来到柏林高等技术学院学习。1899年，魏茨曼取得了瑞士弗里堡大学（University of Fribourg）的哲学博士学位。之后，他将一份专利卖给了拜耳公司，这显著改善了他的经济状况。他于1904年搬到了英国，他认为这是"一个慎重而又不得已的举动……我怕是会沦为一个梦想家〔Luftmensch，字面上的意思是"空谈家"〕，就是那些有想法，但又缺乏纪律，总是很沮丧的'永远的学生'"。化学研究将把他从这种命运中解救出来。在小威廉·亨利·珀金（William Henry Perkin, Jr.）的资助下，魏茨曼在曼彻斯特大学安顿了下来。珀金是化学系系主任，他的父亲通过分离苯胺紫建立了英国煤焦油染色工业。苯胺紫是一种紫色染料，在此之后的"紫红色十年"就是以此得名的。

　　1914年8月下旬，魏茨曼从法国回到了曼彻斯特，发现桌子上有一封来自英国陆军部的通知，"邀请每一名掌握任何有军事价值的发现的科学家做汇报"。魏茨曼持有一项这样的发现，毫不犹

---

① 英国著名哲学家、社会和政治理论家、观念史学家。——编者注

豫地将其"无偿"提供给了陆军部。陆军部没有答复。魏茨曼继续他的研究。与此同时，他开始与他和罗斯柴尔德商量过的英国领导人接触。战争结束前，他将精心策划大约两千次会面。

魏茨曼发现的是一种芽孢杆菌和一个过程。这种名叫魏茨曼丙酮丁醇梭菌（*Clostridium acetobutylicum Weizmann*）的细菌被非正式地称为B-Y（"魏茨曼芽孢杆菌"），是一种能分解淀粉的厌氧菌。他是在玉米穗上发现这种细菌的，当时他正试图研发出一种制造合成橡胶的方法。魏茨曼认为他能够用异戊醇制造出合成橡胶，异戊醇是酒精发酵的次要副产品。他于是开始寻找一种能比已知菌株更高效地将淀粉转化成异戊醇的芽孢杆菌（芽孢杆菌生活在泥土中和植物上，有数百万个种和亚种）。"在这一研究过程中，我发现了一种细菌，这种细菌能够产生数量可观、气味很像异戊醇的液体。但当我将其蒸馏出来后，我发现它原来是很纯净的丙酮和丁醇的混合物。珀金教授劝我把这些液体倒了，但我反驳说，没有什么纯净的化学物品是没有用或者应该扔掉的。"

魏茨曼意外发现的这种细菌就是B-Y。和熟玉米糊混合在一起，这种细菌能将玉米糊发酵成一种包含三种溶剂的水溶液，三种溶剂分别是一体积的乙醇、三体积的丙酮和六体积的丁醇。三种溶剂能直接通过蒸馏分离。之后，魏茨曼尝试开发一种用丁醇制造合成橡胶的工艺并取得了成功。然而就在此时——战争爆发几年前——天然橡胶的价格下跌了，对合成橡胶的需求也降低了。

在致力于建立一个犹太人的家园的过程中，魏茨曼在曼彻斯特结识了一个忠诚而又有影响力的朋友。C. P. 斯科特（C. P. Scott）身材高大，比魏茨曼年长，是《曼彻斯特卫报》一名自由主义的编辑。斯科特有广泛的人脉，是戴维·劳合·乔治（David Lloyd

George）最亲密的政治顾问。1915 年 1 月的一个星期五早晨，魏茨曼与这个精力旺盛的小个子威尔士人劳合·乔治共进了早餐。劳合·乔治当时是英国财政大臣，并在战争中期成为英国首相。他从小就熟读《圣经》，敬佩犹太人返回巴勒斯坦的想法，尤其是当魏茨曼眉飞色舞地将多岩、多山、狭小的巴勒斯坦与多岩、多山、狭小的威尔士进行比较时。魏茨曼还惊讶地发现，除了劳合·乔治外，阿瑟·贝尔福（Arthur Balfour）、扬·克里斯蒂安·斯马茨（Jan Christiaan Smuts）这样的人也对犹太复国主义感兴趣。贝尔福曾任英国首相，后来还会担任劳合·乔治内阁的外交大臣。斯马茨是一名威望甚高的布尔人[①]，在 1917 年加入了英国战时内阁，而在此之前从事的是幕后工作。在这个希望初现的时期，魏茨曼写信告诉妻子："真正的救世主时代正在来临。"

魏茨曼培养 B-Y 主要是为了制造丁醇。有一天，他碰巧将他的发酵研究告诉了诺贝尔炸药公司苏格兰分公司的首席研究化学家。这个人被打动了。"你知道吗，"他对魏茨曼说，"你可能掌握了一把钥匙，能通往一个非常重要的未来。"一场重大的工业爆炸事故使诺贝尔公司无法致力于这一工艺流程的开发，但这家公司将魏茨曼的发现告知了英国政府。

"事情就这样发生了，"魏茨曼写道，"〔1915 年〕3 月的一天，我去巴黎访问后返回，发现一份英国海军部的召见信在等着我。"在第一海军大臣温斯顿·丘吉尔——41 岁，与魏茨曼同龄——的领导下，海军部此时正面临着严重的丙酮短缺。这种腐蚀性溶剂是制造线状无烟火药所需的一种重要成分。线状无烟火药被用作重炮

---

① 南非白人移民的后裔。——编者注

（包括舰炮）炮弹的推进剂，因其经常被压成线状而得名，能使英国舰炮的重磅炮弹飞越数海里射向舰艇或海岸。这种火药是一种混合物，含64%的硝化纤维和30.2%的硝化甘油，用5%的凡士林使其稳定，并用0.8%的丙酮使其软化为胶状。没有丙酮，就无法制造线状无烟火药。没有线状无烟火药，就需要对枪炮做大规模的改装，使其适应较热的推进剂，而这将迅速腐蚀枪管和炮管。

魏茨曼同意看看自己能做点什么。很快，他就被带到第一海军大臣面前。魏茨曼后来这样回忆与"敏锐、迷人、英俊、充满活力"的丘吉尔的会面经历：

> 他的第一句话差不多就是："嗯，魏茨曼博士，我们需要3万吨丙酮，你能制造出来吗？"我被这种气派十足的要求吓坏了，差点转身就走。我回答："迄今为止，我能通过发酵过程一次生产几百立方厘米的丙酮。我在实验室做我的工作。我不是一个技术人员，我只是一个研究型化学家。但如果我能以某种方式生产出1吨丙酮，那么我就能让它成倍增产，想要多少倍都可以。"……丘吉尔先生和海军部希望全权委托我来指导丙酮的生产，我答应了。随后两年的时间里，我都在全力以赴地执行这项任务。

这便是魏茨曼"丙酮经历"的第一部分。第二部分始于6月初。由于在加利波利半岛的达达尼尔战役中惨败，英国战时内阁在5月进行了重组。首相赫伯特·阿斯奎思（Herbert Asquith）命令丘吉尔辞去海军大臣之职，由阿瑟·贝尔福接任。劳合·乔治则由财政大臣调任为军需大臣。劳合·乔治因此立即在更大的背景下——陆海军军需——接手了丙酮短缺的问题。《曼彻斯特卫报》的斯科特提醒劳合·乔治关注魏茨曼的工作，两人最终在 6 月 7 日见了面。魏茨曼将自己以前告诉过丘吉尔的话又说了一遍，劳合·乔治对此留下了深刻的印象，他给了魏茨曼更大的自主权，扩大他发酵生产的规模。

在伦敦堡区（Bow）的尼科尔森杜松子酒厂，魏茨曼花了 6 个月的时间将生产规模提高到了半吨。他用的方法被证明非常高效。他用 100 吨粮食发酵出了 37 吨溶剂，其中有大约 11 吨丙酮。在政府接管英格兰、苏格兰和爱尔兰地区的 6 个酿酒厂用于生产丙酮的同时，魏茨曼开始培训工业化学家。来自美国的玉米出现短缺——与二战时一样，德国潜艇在第一次世界大战中也遏制了英国的海运——威胁到了丙酮的生产。"英国有很多七叶树，"乔治在他的《战争回忆录》中写道，"发动起了全国的人来采集七叶树的果实，用它们的淀粉替代玉米。"最后，丙酮生产转移到了加拿大和美国，也重新使用玉米。

"在魏茨曼博士的天才解决掉我们的困难后，"劳合·乔治继续写道，"我对他说：'你为这个国家做出了伟大的贡献，我应该建议首相请国王陛下授予你一些荣誉。'魏茨曼回答说：'我本人一无所求。''但你对英国做出了重要的贡献，难道就没有什么我们可以表达谢意的方式吗？'我问。魏茨曼回答说：'有，我希望你们为我的人民做些事情。'……这就是支持在巴勒斯坦为犹太人建立家园的著名宣言的雏形和起源。"

这个"著名宣言"后来被称为《贝尔福宣言》，是英国政府以贝尔福致罗斯柴尔德的信函的形式，对"同意在巴勒斯坦建立一个犹太人的家园"以及"竭力促成这一目标的实现"所做的承诺。这一文献并非只是为了报偿魏茨曼的生物化学贡献，实际情况要复杂得多。其他发言人和政治家也发挥了作用，魏茨曼的两千次会面同样如此。战争结束很多年后，斯马茨认识到了这种关系，他说魏茨曼"作为一名科学家的卓越战时工作使他在盟国高层中声名远扬，因此在恳求建立一个犹太人的家园时，他的话很有分量"。

尽管有以上这些必要的理由，但相比历史学家的轻慢，劳合·乔治故事的版本仍然值得更多的重视。在一封由外交大臣署名的118个单词的信件中，英国政府承诺在未来某个时候促成在巴勒斯坦建立一个犹太人的家园。这封信中写道，"需要明确的一点是，不能损害巴勒斯坦已有的非犹太群体的公民权和宗教权"。这样的一封信，对于使英国陆海军的火炮免于过早报废的贡献来说，很难说是一种不合适的回报。哈伊姆·魏茨曼的经历是战时科学威力的一个早期和有教育意义的实例。政府和科学界都注意到了这一点。

⊙

1915年4月22日，第二次伊普尔战役打响，德军在战斗开始前进行了猛烈的炮击。伊普尔是（或者说曾经是，因为它现在已经几乎不复存在了）比利时东南部的一个普通集镇，位于比法边境线以北大约8英里处，距离法国的敦刻尔克港不足30英里。伊普尔的四周是遍布弹坑、湿漉漉的低地。一些不起眼的低矮小丘成了这片区域的制高点，最高的一座在军事地图上被标注为60号高地。这座被交战双方激烈争夺的高地海拔只有180英尺。协约国的战壕以及沿东北方向与之平行的德国战壕蜿蜒横贯这片土地。自上一年11月以来，双方就一直这样对峙着。

在此之前，战争的形势是德军进攻，英军防御，两支军队在向海岸线赛跑。德军希望赢得竞赛，以便从侧翼包抄协约国的军队。此时的德军还没有完全做好战争动员，甚至投入了代用军（Ersatz Corps）。这些军的士兵都是尚未训练好的高中生和大学生，战事造成了135 000名德军人员伤亡，德国民众因此将其称为"对孩子的谋杀"。英军守住了狭窄的侧翼，但付出了50 000条生命的代价。这场德国人最初认为会像外科手术般短暂的战争——快速穿过比利时，法军投降，回家过圣诞节——如今却变成了一场堑壕战，在伊普尔的突出部是这样，在整条战线——从英吉利海峡到阿尔卑斯山脉——上的其他地方也无不如此。

　　4月22日的炮击——德军协同突破尝试的开始——迫使扼守伊普尔战线的加拿大和法国非洲兵团退入了他们的战壕。日落时分，炮击停止了。德军从最前线的战壕撤至了与之垂直的通信战壕（communication trench），只留下了新训练的轻工兵——战地工程技术人员。一枚德军信号弹升上天空，轻工兵打开气阀。一股黄绿色的烟云从喷嘴嗞嗞地喷出来，随风飘过无人区。烟云覆盖大地，汇入弹坑，飘过腐烂的尸体，穿过宽阔的带刺铁丝网，然后飘过沙袋垒起的协约国军护墙，沿着战壕壁和射击踏垛①沉入并充满战壕，扩散入掩体和深处的防空洞。吸入这些气体的人痛苦尖叫，呼吸困难。这是氯气，具有腐蚀性并让人窒息。它闻起来有氯气味，也能像氯气一样燃烧。

　　大量法国非洲兵团和加拿大兵团的士兵狼狈败退。其他一些人则完全惊呆了，不知道究竟发生了什么。他们跟跟跄跄地走出战壕，

---

① 战壕壁上供士兵站立和射击的平台。——编者注

进入无人区。士兵们抓挠着自己的喉咙，用衬衫下摆或者领巾堵住自己的嘴，赤手刨地并将脸埋入土中。他们痛苦地挣扎着，有上万人严重受伤，另有 5 000 人死亡。一个又一个师的部队放弃了阵地。

德军实现了完美的奇袭。在《1899 年关于窒息性毒气的海牙宣言》（*The Hague Declaration of 1899 Concerning Asphyxiating Gases*）中，缔约国一致同意"禁止使用旨在扩散窒息性气体或其他毒气的弹药"。但似乎没有人认为催泪瓦斯也受这一宣言约束，尽管在足够高的浓度下，催泪瓦斯比氯气有更强的毒性。早在 1914 年 8 月，法军就将催泪瓦斯用于枪榴弹中。1915 年 1 月底，德军在波立茅（Bolimow）对俄军使用了催泪瓦斯炮弹。同年 3 月，在纽波特（Nieuport）的战役中，德军用催泪瓦斯炮弹攻击了英军，这是这种武器第一次被用于西线。但伊普尔的氯气攻击是大战中第一次重大且有预谋的毒气攻击战。

与后来其他具有新奇效应的武器一样，氯气使人恐惧和不知所措。士兵们扔下武器就逃。面对致伤原因不清的伤员，战地救护站的医护人员立即被压垮了。伤者中的化学工作者很快认识到这是氯气，并知道要中和它很容易。一周内，伦敦的妇女制作了 300 000 块浸泡过硫代硫酸钠的棉布垫——这是最早的防毒面具。

德军统帅部虽然允许在伊普尔使用毒气，但明显对其战术价值持怀疑态度。德军统帅部并没有在战线后方集结预备队，以追击溃逃的敌军。协约国的军队很快封住了阵地的缺口。除了极大的痛苦外，这次毒气攻击没有取得任何成果。

奥托·哈恩此时是步兵预备队的一名中尉，在另一个战区协助安装毒气筒，5 730 个毒气筒共装有 168 吨氯气。安装人员先用铲子在战壕前壁上挖出一个个坑——坑的高度与射击踏垛相当——然后将毒气筒放入坑中，再用厚厚的沙袋盖上，使它们不被炮火击中。要释放毒气，还需要将铅管与毒气筒的阀门连接起来，管子跨过护墙，一直延伸至无人区。接下来要做的就是等待信号弹的信号，在预定的时间打开阀门。在不加压的情况下，液氯的沸点是零下28.5华氏度①，在被释放时会疾速汽化而出。但哈恩的轻工兵部队最初安装氯气筒的地方风向不对。当统帅部决定将这些毒气筒移至伊普尔4英里长的战线时——那里的风向更有利——哈恩已经被派遣到香槟地区②去调研毒气攻击的条件了。

1月，哈恩受令去德占的布鲁塞尔见弗里茨·哈伯。哈伯刚被从预备队军士长提拔为上尉。在贵族化的德国陆军，军衔上这样大跨度的提拔是没有先例的。哈伯告诉哈恩，他需要这个军衔以完成他的新工作。"哈伯告诉我，他的工作是建立一支专门从事毒气战的部队。"哈恩似乎被震惊到了。哈伯给出了理由，这些理由在战争期间被一再听到：

> 他对我解释说，整个西线的战事都陷入了僵局，只有依靠新武器才能获得进展。正在考虑的武器之一就是毒气……当我反对说，这是违背《海牙公约》的战争方式时，他说法国已经使用毒气了——尽管没有产生太大的效果——他们使用了充有毒气的步枪子弹。此外，如果这能使战争早一点结束，那么这就是一种可以拯救无数生命的方法。

---

① 约零下34.6摄氏度。——编者注
② 法国东北部地区，著名的香槟产区。——编者注

哈恩开始跟随哈伯从事毒气战。物理学家詹姆斯·弗兰克（James Franck）也在做这件事，他是哈伯的研究所物理部的领导者。与哈伯和哈恩一样，弗兰克后来获得了诺贝尔奖。[①] I. G. 法本公司（I. G. Farben）——拜耳公司精力充沛的卡尔·杜伊斯贝格在战时联合 8 家化学公司组成的一个卡特尔联合企业——雇用的许多企业化学家也在做这件事。在勒沃库森，那家新建了一个演讲厅的工厂开发出了数百种毒性物质，它们中有许多是染料制造的前体和中间产品。这些物质被提供给威廉皇帝物理化学和电化学研究所开展研究。柏林征用了一些仓库用于储存毒气，还征用了一所学校，哈恩在那里开展毒气防御教育。

哈恩也指导毒气进攻。1915 年 6 月中旬，在东线的加利西亚[②]，"风向有利，我们向［俄国］敌军战线释放了剧毒气体，一种氯气和光气的混合物……一枪未放……进攻就全面胜利了"。

德国拥有众多的化工厂，这些工厂在战前供应着全世界的需求，因此德国在毒气战的化学品生产方面远远领先于协约国。战争初期，英国甚至被迫通过中立国购买德国染料（不是为了制造毒气，是为了印染）。当德国人识破这一花招时，他们提出——带着文献无法

---

① 弗兰克因"发现支配电子轰击原子的效应的规律"与德国物理学家古斯塔夫·赫兹（Gustav Hertz）一起获 1925 年的诺贝尔物理学奖，这一发现为普朗克的能量公式、光电效应、玻尔的原子模型提供了实验支持。——编者注

② 中欧一个历史悠久的地区，位于今波兰东南部和乌克兰西部，1087 年后成为一个独立的公国，在 12 世纪被俄国占领，后来被波兰-立陶宛王国征服，第一次俄普奥三国瓜分波兰后划归奥地利。加利西亚在"一战"前一直属于奥匈帝国，"一战"后归还给波兰，第二次世界大战后加利西亚东部被割给了苏联。利沃夫（Lviv）、泰尔诺皮尔（Ternopil）、伊万诺-弗兰科夫斯克（Ivano-Frankivsk）为其三大城市，其中以利沃夫在文化上影响最大。奥匈帝国时期，许多讲意地绪语的犹太人居住于此。——校者注

记录下的嘲讽和生硬的条顿式幽默——用染料换取短缺的橡胶和棉花。法国和英国立即采取了行动，自己制造各类化学品。战争结束时，双方至少生产和使用了 200 000 吨战争用的化学药剂，其中一半来自德国，另一半来自几个协约国。

不再遵守《海牙公约》可以说在军备上开启了一批新的生态学小生境。毒气的类型和投送方法开始像达尔文雀[①]一样多样化。德国在氯气后引进了光气，并将它与氯气混合进行云状毒气攻击——就像哈恩的毒气一样——因为它的蒸发速率缓慢。1916 年初，法国使用光气炮弹进行了报复。光气随后成了"一战"中惯常使用的武器，以毒气筒、毒气炮弹、毒气炸弹以及从类似迫击炮的"投射器"射出的毒气罐的形式用于作战。光气闻起来像新割下的干草，是当时毒性最强的毒气，毒性是氯气的 10 倍，在每升空气含半毫克的浓度下，10 分钟内就足以致人死亡。在更高的浓度下，哪怕只吸入一两口，人在大约几小时内就会死亡。光气——化学名是碳酰氯——遇水会水解为盐酸，这种毒气之所以会对人造成伤害，正是因为吸入后会与人的肺泡组织中的水饱和空气发生作用。"一战"中超过 80% 的毒气致死都是光气造成的。

随后出现的是三氯硝基甲烷，英国人称它为呕吐性毒气，德国人称它为氯化苦。这是一种用苦味酸和漂白粉制成的恶性化合物。1916 年 8 月，德国工程师用它攻击了俄军士兵。这种毒气的一大特点是它的化学惰性。它不与若干种放在防毒面具滤毒罐中用于中和它的化学药品反应，只有滤毒罐中普通的活性炭层能通过吸附将

---

① 达尔文在南美加拉帕戈斯群岛和科科斯岛观察到的一些雀鸟，这些鸟启发了达尔文，让他领悟了演化理论的关键。——编者注

它从空气中除去。因此，高浓度的氯化苦能使活性炭饱和从而通过活性炭层。它能产生与催泪瓦斯类似的效果，但还会引发恶心、呕吐以及腹泻。吸入氯化苦后，人会揭开防毒面具呕吐，如果将氯化苦和光气混合——这是一种惯常的策略——那么人就暴露在了可能致命的毒气环境中。氯化苦的另一个优点是它的制造简单且廉价。

　　"一战"中最恐怖的毒气是二氯二乙硫醚。因其辣根或者芥末般的气味，这种毒气以芥子气的俗称闻名于世。因为这种毒气，一度不愿"放下身段"的美国也开始发展自己的化学战能力。芥子气于1917年7月17日深夜被首次使用，德军用装有这种毒气的炮弹炮轰了伊普尔的英国军队。进攻非常突然，造成了数千人伤亡。到1917年夏季时，针对毒气进攻的防御措施——有效的防毒面具和高效的防毒训练——原本已经成形。德军此时引入了芥子气来打破僵局，就像之前引入氯气一样。标有黄色十字的炮弹像雨点一样落在伊普尔的英军的头上。最初，士兵们只是打喷嚏，因此许多人摘下了防毒面具。随后，他们开始呕吐，他们的皮肤开始变红并起水疱，他们的眼皮开始发炎，红肿得无法睁开。这些士兵们不得不瞎摸着走向战地救护站。此后的3周里，伤亡人数超过了14 000人。

　　芥子气在高浓度下闻起来像芥末，在低浓度下则很难被人注意到，但仍然有剧毒。一旦释放，这种毒气能在战场上持续存留数天甚至数周。一副单独的防毒面具不足以防护芥子气，它能溶解橡胶和皮革，浸透多层衣物。如果一名士兵的长筒靴靴底沾染了芥子气，他就可能将足够多的芥子气带入战壕，使整个战壕里的战友暂时失明。芥子气的气味也能用其他气体来掩盖。德军有时选择用甲基溴苄来掩盖芥子气的气味，由于甲基溴苄是一种具有丁香气味的催泪瓦斯，因此在战时的春天，可能会发生这样的一幕：当在微风中闻到盛开的丁香花的香味时，人们会恐怖地逃窜。

在第一次世界大战期间，由激进而又不受约束的实验室开发出的毒气和毒药还远不止这些。曾经有过喷嚏性毒气、砷粉和十几种催泪瓦斯以及它们的各种组合。法国将氰化物用于炮弹中，但实际情况是，除了发泄仇恨毫无用处，因为氰化物蒸气比空气轻，所以立即就升空飞散了。到 1918 年，一轮典型的炮击——无论是哪一方——使用的毒气炮弹的数量已经与高爆炸药炮弹的数量几乎一样多。在这场战争中，德国一如既往地冷酷到了惨无人道的地步，将责任归咎于法国，并追求一系列越发绝望的突破。而德国的化学家们则像投机商人一样，想象着自己以数万条生灵的菲薄祭献，来拯救更多的生命。英国对此报以道义上的愤怒，但为了在战场上形成均势，不得不采取同样的手段。

这超过了哈伯夫人的忍受限度。克拉拉·伊默瓦（Clara Immerwahr）是哈伯童年时代的恋人。她是第一位从布雷斯劳大学获得化学博士学位的女性。在与哈伯结婚并生下一个儿子后，克拉拉就成了一个要抚育孩子而被忽视的家庭主妇，逐渐退出了科学并陷入抑郁。她丈夫的毒气战工作更触发了令人绝望的忧郁。"她开始认为毒气不仅是对科学的曲解，而且是野蛮的象征，"哈伯的一名传记作家后来解释说，"它使那些早已被人忘却的酷刑重新成为现实，它使这门曾经为生活开辟崭新前景的学科［指化学］变得腐朽和堕落。"她先是请求和试图说服丈夫，最后是强硬地要求他放弃有关毒气的工作。哈伯把此前对哈恩说过的话又对她说了一遍，还补充说，他是一名爱国者，在和平年代是属于世界的科学家，但在战争年代，他属于他的国家。之后，哈伯夺门而去，前往东线指导毒气进攻了。那天晚上，克拉拉·伊默瓦·哈伯博士自杀了。

协约国在加利波利的战役于 1915 年 4 月 25 日打响。加利波利半岛北高南低，地形崎岖，向西俯视爱琴海，东面是狭窄的达达尼尔海峡——古人和拜伦勋爵称其为赫勒斯滂海峡（Hellespont）——与土耳其人的亚洲领土隔海相望。攻下这个半岛，控制达达尼尔海峡，依次夺取以北的马尔马拉海、将欧洲和亚洲分开的狭窄的博斯普鲁斯海峡以及君士坦丁堡，就能控制多瑙河流入的黑海。这是协约国对同盟国发起的一项大规模侧翼军事行动，也是英国战时内阁在丘吉尔的推动下，为达达尼尔海峡战役立下的雄心壮志。达达尼尔海峡是土耳其人的领地，在德国的支持下，土耳其人用机枪和榴弹炮抵抗协约国军队的进攻。

一个澳大利亚师、一个新西兰师、一个法国殖民地师和两个英国师在加利波利登陆并建立了狭窄的滩头阵地。土耳其人从陡峭的悬崖高处以每分钟倾泻上万发子弹的火力攻击登陆部队。刚开始时，在枪弹的作用下，滩头阵地所在海湾的海水像急流般泛起白沫。之后，水面泛起了浓稠和鲜红的血。地形条件、决策错误，以及一名熟练的德国指挥官指挥下的 6 个土耳其师阻止了任何有效的推进。5 月上旬，当一支英军的廓尔喀部队和一个法国师赶来补充协约国军队的人员损耗时，双方都已经在石地上凿出了战壕。

僵局持续到了夏天。协约国军队本次战役的指挥官是伊恩·汉密尔顿（Ian Hamilton）爵士。他出生于科孚岛，精通文学，布尔战争锤炼了他的右臂[①]。汉密尔顿为这次战役制定了良好的军事目

---

① 此处的原文为 a Boer-stiffened right arm。汉密尔顿在第一次布尔战争中被炮弹击中，导致左臂永久受伤，作者此处似乎同时也在指涉这一事实。——编者注

标，面对此时的形势，他提出了增援请求。英国战时内阁此时已经改组，将丘吉尔排除在了内阁之外。内阁勉强同意了汉密尔顿的请求，用船又运去了5个师。

哈里·莫塞莱是这些士兵中的一员，他是第13步兵师第38旅的一名信号官。这个师是基钦纳（Kitchener）勋爵的"新陆军"（New Army）[①]中的一支，士兵是富有献身精神但缺乏经验的平民义务兵。6月20日，在直布罗陀，莫塞莱发电报告诉他的母亲"我们的目的地已经不再有疑问"。6月27日，他在亚历山大港立下遗嘱，将他的所有资产2 200英镑赠予英国皇家学会，要求将其严格地"用于促进病理学、物理学、生理学、化学或其他科学分支的实验研究，但不包括纯数学、天文学或任何旨在描述、分类或系统化的科学分支"。

亚历山大港"酷热难耐，到处都是苍蝇、本地军人和澳大利亚人"。一周后，他们起航前往加利波利半岛最南端的赫勒斯角，这是一个在战壕线后方相对安全的海湾。在这里，他们可以炮击敌军，就像土耳其人位于亚洲的炮台射出的炮弹能飞越达达尼尔海峡，轰击他们一样。在这种情况下，如果士兵们在海湾里洗澡，高处的瞭望台就会响起警笛，宣告一轮炮击的到来。在爬满蜈蚣的沙滩上，哈里给士兵们分发利眠宁，治疗严重的阿米巴痢疾，海滩上的每个人都感染了这种病。穿着丝绸睡衣的哈里还会分发他母亲寄来的美味的缇树牌黑莓酱。"在这里的生活中，一样真正有趣的东西是苍

---

① 基钦纳是英国"一战"早期的陆军大臣，他预见到这将是一场漫长的战争，因此展开了大规模的征兵活动，这些新兵组成的军队被称为"新陆军"。——编者注

蝇，"他写信告诉母亲，"没有蚊子，但白天是苍蝇，晚上是苍蝇，水里是苍蝇，食物上也是苍蝇。"

7月底，这几个师渡海登上利姆诺斯岛，为增员性的登陆进攻做准备。这次行动的目的是将半岛拦腰截断，占领高地，攻击土耳其人防线的侧翼，逼近赫勒斯角。在一个月黑之夜，汉密尔顿将两万人隐藏在半岛中部后来称为"澳新军团海滩"之地的拥挤战壕里，而土耳其方无人觉察。其余大约1.7万名新陆军士兵则于1915年8月6日夜间在澳新军团海滩以北的苏弗拉湾登陆，未遇到抵抗。

当土耳其人获悉有人入侵时，他们调动了几个新的师，急行军南下。38旅——已经连续行军和作战了很多个日夜，产生了相当大的人员损耗——的目标是一个海拔850英尺，名叫乔鲁克拜尔（Chanuk Bair）的高地。这个高地位于离澳新军团海滩1.5英里的内陆。在乔鲁克拜尔西边，有一个海拔高度更低的高地，高地上有一小块被称为"农场"(the Farm)的耕地。在旅长 A. H. 鲍德温（A. H. Baldwin）准将的指挥下，莫塞莱所在的部队在一个只有1码①宽、600英尺深的囚笼般的峡谷中挣扎着上行。他们发现道路被一队装满弹药下山的骡子堵住了。部队费了九牛二虎之力才穿过骡群，既沮丧又愤怒的鲍德温准将带领部队向北面的"农场"继续进发。38旅机枪手后来说，大家"在如漆的黑暗中经过魅影似的乡村"，"跌跌撞撞地爬上又陡又滑的斜坡"。最终，他们抵达了"农场"。

之后，鲍德温的部队负责控制协约国军队战线的最左翼。这条战线上共有5 000名英国、澳大利亚和新西兰士兵，位于乔鲁克拜尔高地——仍然在土耳其人的控制下——下方的斜坡上，战壕是士

---

① 1码≈0.9米。——编者注

兵冒着生命危险挖出来的。

超过 3 万名土耳其援军在夜间抵达，拥挤在乔鲁克拜尔高地的战壕里。8 月 10 日拂晓，在耀眼的阳光掩护下，土耳其人发起了进攻。英国诗人约翰·梅斯菲尔德（John Masefield）当时就在现场，目睹并记录下了这一切："大批敌军向我们扑来，他们肩并肩地挤在一起，在有些地方是 8 路纵队，在另一些地方是 3 路或 4 路纵队。"在左翼，"土耳其人以一种压倒一切的气势冲进了我们的人当中，英军士兵前仆后继，用匕首、石头和牙齿与之展开了肉搏，在'农场'这片被毁的玉米地里展开了一场野兽般的厮杀"。在这场战斗中，哈里·莫塞莱阵亡了。

听到莫塞莱阵亡的消息后，美国物理学家罗伯特·A. 密立根（Robert A. Millikan）在一篇公开的悼词中写道，仅莫塞莱阵亡这一件事就使这场战争成为"有史以来最丑恶、最无法挽回的罪行之一"。

在英格兰东南部的白垩海岸边，多佛尔以南 6 英里的地方，有一个名叫福克斯通的小镇。福克斯通是一个历史悠久的度假胜地和港口，挤在一个小山谷里，山谷陡峭地向海峡敞开。北面的山丘掩蔽着这座小镇，西面的白垩峭壁的顶上是一条宽阔的市政大道，布满了草坪和花床。这个协约国士兵大批登船前往法国的港口成了一个避难所，它有一个三分之一英里长的深水码头，码头上有 8 艘汽船的泊位。威廉·哈维（William Harvey），17 世纪的内科医生，血液循环的发现者，是这个小镇最著名的孩子。

1917 年 5 月 25 日，福克斯通一个阳光明媚、温暖的星期五下午，家庭主妇们结伴外出，为度圣灵降临节周末做采购。几英里外的绍恩克利弗军营，加拿大军队的士兵聚集在阅兵场上。无论是在小镇上还是军营里，都充满了喧闹和热情。这天是发工资的日子。

没有任何预兆，商店和街道突然炸开了。一队在菜场外等待购物的家庭主妇倒下了。一个酒商回到他的商店门前，发现他唯一的顾客已经身首异处。轰炸击倒了两座老建筑之间狭窄通道上的行人。车把手之间是被炸死的马匹。震得粉碎的玻璃像是突然给街道铺了一层冰凌。一个温室花房的窗户被震垮了。一个网球场被炸出了一个大坑。毁坏的商店冒出了烈焰。

直到第一轮轰炸后，福克斯通的人们才注意到引擎在空中轰鸣的声音。他们很难明白这是什么声音，尖叫着"齐柏林！齐柏林！"，因为直到那时，他们知道的唯一空袭手段就是齐柏林飞艇。"我看到了两架飞机，"一个牧师回忆说，他从喧杂的人群中跑了出来，"不是齐柏林飞艇，它们从圆圆的太阳——此时几乎就在头顶——的强光中突然出现。然后是四五架，排成一条线或者其他队形，就像闪耀着银光的昆虫，盘旋在蓝色的天空中……总共大约有20 架，我们被这样美丽的一幕迷住了。"人们之所以着迷，是因为侵入英国天空的任何种类的飞行器都是新奇的，而且这些飞机雪亮而又庞大。结果就没那么迷人了：95 人死亡，195 人受伤。绍恩克利弗军营的阅兵场被毁，但没有人员伤亡。

福克斯通是第一次世界大战中一个小版本的格尔尼卡①。轰炸福克斯通的是德军的哥达轰炸机——一种大型双翼机——这也是德

---

① 二战中被德军轰炸造成大量平民伤亡的西班牙城市，毕加索的名画《格尔尼卡》描绘的就是被轰炸后的格尔尼卡。——译者注

军对英国发起的第一次空袭，催生了战略轰炸的概念。德国侵英空军中队的目标原本是伦敦，但遇到了内陆从格雷夫森飘来的浓密云墙，21架飞机因此掉头向南，搜索别的目标。福克斯通和它附近的军营正好符合这一需要。

大战早期，当德军长驱直入比利时的时候，一艘齐柏林飞艇轰炸了安特卫普，丘吉尔派海军的轰炸机轰炸了杜塞尔多夫的齐柏林飞艇的艇库。在加利波利战役中，德国的哥达轰炸机轰炸了萨洛尼卡[①]，一个英国空军中队则轰炸了达达尼尔海峡的要塞城镇迈多斯。但1917年的福克斯通轰炸开启了有效且持续的战略平民轰炸策略。这符合普鲁士军事战略家卡尔·冯·克劳塞维茨（Karl von Clausewitz）的全面战争学说，就像潜艇战一样，它能直接将畏惧和恐怖传递给敌方，削弱对方的抵抗意志。还有另一种反复被抛出的合理化理由，一名被俘的齐柏林飞艇指挥官告诉英国当局："你们不要认为我们是为了炸死妇女和儿童，我们有更高的军事目标。在德国陆军和海军中没有一个军官参加战争是为了杀害妇女和儿童，这种事情只是战争中发生的偶然事件。"

因为德皇考虑到皇室亲族和历史建筑，伦敦最初并未被列入轰炸目标的名单中。在海军参谋机构的压力下，他逐步退让了，先是允许海军的飞艇轰炸码头，然后勉强同意向西扩大轰炸范围，涵盖了伦敦城。但面对燃烧子弹（incendiary bullet），齐柏林伯爵的氢气飞艇毫无抵抗能力。当英国的飞行员开始用燃烧子弹向它们开火时，轰炸的载具就改成了轰炸机。

参与轰炸的轰炸机数量不是固定的，在战争后期，这个数量

---

① 希腊城市。——编者注

不仅取决于气候的变化，还取决于质量不佳的引擎部件和劣质燃料——英国封锁导致的结果——带来的变数。在轰炸福克斯通 19 天后，6 月 13 日，一支德国空军中队在黎明前飞到伦敦，扔下 1 万磅[①]炸弹，造成了"一战"期间最惨重的平民伤亡，共有 432 人受伤，162 人死亡，包括 16 名儿童。在一家幼儿园的地下室里，这些孩子的身体被炸得残缺不全。伦敦几乎不设防，而且军方最初认为毫无改变这种无防备状态的必要。陆军大臣德比伯爵告诉上议院，这种轰炸没有军事意义，因为没有一个士兵死亡。

哥达轰炸机就这样不断地空袭英国。它们从比利时的基地起飞，飞越英吉利海峡，抵达英国上空。7 月共有 3 次空袭，8 月 2 次，整个秋季、冬季和春季平均每月 2 次，总共 27 次。空袭最初是在白天，后来因为英国改善了防务，夜间轰炸越来越多。德国轰炸机共投下了 25 万磅的炸弹，造成 835 人死亡，另有 1 972 人受伤。

劳合·乔治此时已经是英国首相，他要求有才气、可信赖的斯马茨研究一套防空方案，包括一个本国防空系统。一系列早期的预警机制被设计了出来：超大的双耳留声机喇叭与听诊器相连，由听觉敏锐的人负责监听；在海边的峭壁上挖掘了聚焦声音的空腔，能收集海上 20 英里之外哥达轰炸机引擎发出的"嗡嗡"声；阻塞气球悬吊起的钢丝绳围栏环绕在伦敦的上空；巨大的白色箭头架设在地面的枢轴上，引导"骆驼"战斗机和"小狗"战斗机——两种飞机由索普威思（Sopwith）公司生产，都没有安装无线电设备——的飞行员攻击入侵的德国轰炸机。环绕伦敦的整个防空系统

---

① 1 磅 ≈ 0.45 千克。——编者注

虽然原始但仍然有效，只需做技术上的改进就能应对下一次世界大战。

与此同时，德国人在探索轰炸的策略。他们用副油箱来增加哥达轰炸机的最大航程。当白天的轰炸变得太危险时，他们学会了用星光导航，开展夜间轰炸。他们生产出了一种庞然大物，并把这种新的四引擎轰炸机命名为"巨人"。这是一种翼展达138英尺的双翼机，有效航程接近300英里，在20多年后美国的B-29"超级堡垒"轰炸机出现前，没有飞机能与它匹敌。1918年2月16日，一架"巨人"轰炸机在伦敦投下了"一战"中最大的一枚炸弹。这枚2 000磅重、13英尺长的炸弹在切尔西皇家医院的地坪上爆炸。在逐渐领悟了战略轰炸的特点后，德国人从高爆炸弹转向了燃烧弹，因为他们敏锐地意识到，火焰可以蔓延，可以汇聚，因此燃烧弹比任何炸药造成的破坏都更大。1918年，德国研发出了重达10磅，几乎由纯镁构成的燃烧弹，取名"电子"。这种燃烧弹的燃烧温度在2 000至3 000摄氏度之间，而且不能用水降温灭火。在战争的最后几个月，因为对和平谈判寄予希望，德国才放弃了在伦敦进行大规模燃烧弹轰炸的尝试。

德国人试图通过轰炸来摧毁"英国民众的士气"、涣散他们的"斗志"，从而建立"一个和平基础"。他们成功地使英国人陷入了恐慌，自始至终都在为战略轰炸担忧。"这一天可能不远了，"斯马茨在给劳合·乔治的报告中写道，"当大规模地毁坏敌方的领土、摧毁工业和人口中心的空中行动可能变成战争的主要方式时，对战争来说，陆军和海军旧的作战方式就可能变得次要，处于从属地位。"

美国军队对毒气战的反应很迟缓，因为它认为防毒面具就足以为美国士兵提供充分的保护。民政部具有在矿井中处理毒气的经验，因此在化学战研究中处于领导地位。当德国于 1917 年 7 月开始使用芥子气时，美国陆军很快就改变了自己的观念。有关毒气研发的研究协议交到了康奈尔大学、约翰斯·霍普金斯大学、哈佛大学、麻省理工学院、普林斯顿大学、耶鲁大学和其他一些大学。1917 年 11 月，在马里兰州的埃奇伍德的一块沼泽密布的荒地上，美国军需部建起了一座庞大的毒气兵工厂，一名英国观察员对它的评价是，这座兵工厂"对美国的毒气战极其重要"。

　　这座投资 3 550 万美元的工厂不到一年的时间就建成了，是一个有 15 英里公路、36 英里铁路、供水系统、发电厂以及 550 座毒气制造建筑的联合体，制造的毒气和毒药包括氯气、光气、氯化苦、氯化硫和芥子气。兵工厂有 1 万名军事和非军事职员。到战争结束时，这个兵工厂每月能装填 110 万枚 75 毫米毒气炮弹以及数百万其他尺寸和类型的炮弹、手榴弹、迫击炮弹和炸药发射筒的弹药。"假如战争持续的时间更长，"这位英国观察员评论说，"毫无疑问，这个生产中心将会是美国对世界大战最重要的一个贡献。"

　　但无论如何，在致人死伤方面，毒气的效率都远远不如大炮和机枪。具体来说，在战场上大约 2 100 万的人员伤亡中，可能只有 5%——约 100 万人——是毒气造成的。毒气夺去了至少 3 万名士兵的生命，但在"一战"中，阵亡士兵的总人数至少有900万。毒气对人们来说很陌生，而且是化学品，因此在实际效果上比人们熟悉的机械武器更能引发特殊的恐惧。

机枪迫使敌方的部队躲进战壕，但即使躲在护墙后面，炮弹也能越过护墙肆意逞虐。总参谋部经过计算得出的结果是，如果发动攻势，他们将在6个月的时间里损失50万人，如果开展"常规"的堑壕战，将在6个月的时间里损失30万人。在战争期间，仅英国就发射了超过1.7亿枚炮弹，超过500万吨。这些炮弹最初的设计是不装填弹片，在发生撞击时爆炸。它们造成了"一战"截至此时最恐怖的一幕：血肉横飞，肢体被炸断。人脸被撕裂，阴茎被炸断，胳膊、腿和头颅的残片满天乱飞，肉浆混入泥土，用这样的泥土装沙袋成了可憎的惩罚。交战各方的人士都在大声疾呼，反对这种极其残忍的战争方式。

机枪的毁伤性没有这么残忍，但有效得多，是"一战"中基础性的屠杀工具。一名军事理论家意味深长地将其评价为"浓缩了步兵的精华"。对那些固执地认为——这种固执可以说是在犯罪——勇气、气魄和白刃必将获胜的军官来说，机枪是最有说服力的反击。"我往前冲，"一名英国士兵在描述向敌军阵地冲锋时这样写道，"……整个地面就像一个被毁的巨大蜂巢，我所在的这一批部队被机枪扫平了；第二批部队填了上来，也被扫平了；接着是第三批，也像前两批一样被扫平了，士兵的尸体就堆叠在前两批的上面；没过多久，第四批的尸体又叠了上来。"这名士兵描述的是1916年7月1日的索姆河战役。在这场战役的头一个小时，很可能是头几分钟，就至少有21 000名士兵阵亡，第一天的阵亡人数就达到了60 000人。

发明机枪的是美国人：海勒姆·史蒂文斯·马克沁（Hiram Stevens Maxim），一个来自缅因州的北方人；艾萨克·刘易斯（Isaac Lewis）上校，一名西点军校毕业生，美国陆军海岸炮兵学校项目负责人；约翰·勃朗宁（John Browning），一名枪支设计和销售商；以及他们的前辈理查德·约旦·加特林（Richard Jordan Gatling）。加特林准确地把机枪定位为自动化武器。"它与其他轻武器的关系，"加特林解释说，"正如麦考密克收割机之于镰刀，或者缝纫机之于普通缝衣针。"战争史学家约翰·基根（John Keegan）写道：

> 关于机枪，最重要的一点是，它是一种机器，一种相当先进的机器，在某些方面与高精密车床类似，在另一些方面与自动印刷机类似。像车床一样，它需要调试，以便在希望和预设的范围内工作。马克沁机枪就是如此……需要调整枪管相对于它固定的开火平台的角度，调节它的横向螺丝的松紧。余下的工作就像自动印刷机了，在通过一个简单的扳机触发后，就能持续不断地运行，不需要人过多干预，并且能为自己的运行提供动力。只需要稳定的原料供应和很少的日常保养，就能在整个工作时段有效地运行。

机枪、大炮和毒气使战争机械化了。它们都是战争的硬件，是工具。但它们只是表层的屠杀机制。根本的机制是组织方法，用今天的话说，是一个软件包。"基础的层面，"作家吉尔·埃利奥特评论说，"是兵役法，这使广大的人员能为军队所用。保证履行这一法律的政府机构，以及将大量人员征召组建为一个又一个营，一个又一个师的军事组织，都是建立在官僚政治基础上的。物资——尤其是枪炮和弹药——的生产由政府机构负责。而兵力和资源往前线的调动以及战壕防御系统，则是军队要考虑的内容。"这些系统相互关联但又自成一体，每个系统都可以被身处其中或者与之有工作联系的人合理化。因此，埃利奥特说："兵役法应当被遵守，组织有序是有益的，才智应该用在设计具备高技术能力的枪械上，让士兵隐藏在战壕里躲过密集的火力是明智的。"

这种复杂组织的目的是什么？冠冕堂皇地说，是为了拯救文明，为了保护弱小民主国家的权利，为了证明条顿文化的优越，为了打败肮脏野蛮的德国人，为了战胜傲慢的英国人，等等。但深陷战火之中的人们逐渐洞悉了一个更为黑暗的真相。"战争已经完全变得机械化，毫无人道，"西格弗里德·萨松（Siegfried Sassoon）[1]通过一名虚构的步兵军官的视角写道，"这些当初志愿入伍的人如今成了牺牲品。"前线的士兵也发现他们被骗了，沦为了牺牲品。随着战争的延续，人们在逐步觉醒。在俄国，突然爆发了革命。在德国，士兵开始逃跑和投降。在法军中，它引发了哗变。在英军中，士兵开始装病。

无论其表面上的目的是什么，作为第一次世界大战的高效软件，这种复杂的组织架构的最终结果都是制造尸体。这样的操作在本质上是工业化的，交战国的将军们将其幻想成一种"消耗战略"。英国人努力杀德国人，德国人努力杀英国人和法国人，等等。今天的人们对这种"战略"并不陌生，甚至已经习以为常。但在 1914 年以前的欧洲，它非同寻常。尽管有美国内战作为先例，但还是没有哪一国的政府预计到它会继续演进下去。一旦战壕建成，长长的墓

---

[1] 英国小说家、诗人，以反战作品知名，"一战"期间在军中服役。——编者注

穴就挖好了（约翰·梅斯菲尔德苦涩的讽刺语），接着，战争陷入僵局，制造死亡压倒了一切理性的反应。埃利奥特得出结论："这个战争机器根植于法律、组织、生产、调动、科学以及技术创新，其结果是在超过 1 500 天的日子里，每天制造 6 000 具尸体。这是永恒的现实，不为幻想所动，无论是在哪个国家，无论是在哪个民族。"

埃利奥特强调，没有任何人类机构和制度能强大到足以抵御这个死亡机器。一种新的机械装置——坦克，终结了僵局。一种旧的机制——封锁禁运，断绝了德国的粮食和物资供应。日益增多的步兵哗变威胁着官僚政治的安全。又或者，这个死亡机器运转得太好了——就像攻击法国人的情况那样——导致原材料开始短缺。美国人卷起衣袖来到了欧洲，在他们的身后，是一个没有战壕的大陆，那里的树上没有人的内脏。这场腐臭扑鼻的战争结束了。

但死亡机器只是对一个巨大的原材料来源——战线后方的平民——初试锋芒。当时还没有发展出可以高效解决他们的设备，只有大炮和笨拙的双翼轰炸机。当时也尚未形成将老人、妇女和儿童视作——与身穿军服、手握武器的年轻人一样——战斗人员的必要理念。这就能解释为什么尽管第一次世界大战如此肮脏和野蛮，但在现代人的眼中，它仍然显得那么"纯真"。

第 5 章

"火星来客"

　　欧洲大陆的第一条地铁不是在巴黎，也不是在柏林，而是在布达佩斯。这条地铁全长两英里，于 1896 年完工，将繁华的匈牙利首都与它的西北郊区连接了起来。同一年，弗朗茨·约瑟夫一世——匈牙利国王，也是二元君主国①奥匈帝国的皇帝——的大皇宫也在翻新改建，这一建筑被扩大到了拥有 860 个房间。在宽阔的多瑙河对岸，耸立着庄严宏伟的国会大厦。它占地广阔，以英亩计，是一座 6 层楼高的砖石建筑，拥有维多利亚时代的复折式屋顶。屋顶上有新哥特式的小尖塔，将一个由飞扶壁支撑，文艺复兴风格的细长穹顶团团围住。布达山丘上的这座宁静皇宫与东岸平地上热闹的佩斯的国会大厦恰好相对。匈牙利物理学家西奥多·冯·卡门（Theodore von Kármán）回忆那时的情景说，"四轮马车"载着"穿着丝袍的贵妇们和她们那些身穿红制服、头戴毡帽的轻骑兵随从，通过布达布满战争疮痍的古老山坡"。他还补充说，但"这些景象

---

① 二元君主国是一种政治体制，意指两个分开的王国由同一个君主来统治，对外采用一致的外交政策，相同的关税同盟，共同拥有同一支军队，但是在对内的其他事务上，则采取分别自治。奥匈帝国是最典型的二元君主国，提到二元君主国往往指代的就是奥匈帝国。——编者注

掩盖了深层的社会潮流"。

从布达的山坡上，你能够越过佩斯远远看到匈牙利大平原，弓形的喀尔巴阡山脉向东围住方圆 250 英里的土地，形成了喀尔巴阡盆地。[①]一千多年前，马札尔人跨过喀尔巴阡山脉，发现了匈牙利。佩斯是以维也纳的模式不断扩展的，在一条条环形的林荫大道内，各种办事机构忙于银行和中介业务，以及粮食、水果、酒类、牛肉、皮革、木材和工业产品的赚钱交易。这些业务都是最近才建立起来的，仅仅 50 年前，这个国家超过 96% 的民众都还居住在一个个人口不足 2 万的聚居区。布达佩斯由布达、老布达和佩斯组成，在这 50 年中，其人口增长速度比欧洲大陆的任何其他城市都要快，从第十七位跃居至了第八位，达到近 100 万人。咖啡馆让一条条林荫大道充满了生气，一名匈牙利记者记下了他当时的想法，说这些咖啡馆是"违法交易、通奸行为、黑话、流言蜚语和诗歌的源头"，是"知识分子和抗拒压迫的人们的集会场所"。在公园里和广场上，耸立着一座座骑兵铜像。站在集欧洲精美之大成的一座座大厦前，第一次来到这座多瑙河畔名城的农夫们目瞪口呆。

经济起飞——一个农业资源丰富的国家新近引入了资本主义和工业化的组织机制——是匈牙利走向繁荣的原因。这些机制的运作者是犹太人，这既是因为他们卓越的雄心和活力，也是因为社会大环境让他们成了这些活动唯一的从业者。在 1910 年的匈牙利，犹太人只占总人口数的大约 5%。马札尔的贵族们顽固不化，头脑中

[①] 作者此处描述得不够清楚，匈牙利大平原是喀尔巴阡盆地的一部分，这个盆地还包括小匈牙利平原。——编者注

只有乡村思维和军国主义，这使匈牙利的文盲率直到1918年还高达33%。除了水果，马札尔的贵族对本土贸易也毫无兴趣。结果到1904年时，犹太人已经拥有匈牙利37.5%的耕地。到1910年，尽管犹太人只占农业劳动者的0.1%，产业工人的7.3%，但他们已经占匈牙利律师的50.6%，贸易商的53%，医生的59.9%，金融家的80%。在匈牙利，唯一与犹太资产阶级角逐政治权力的中产阶级是一大批穷困的匈牙利士绅官僚。犹太人的商贸精英们被夹在了两股势力中间，一边主要是犹太社会主义者和激进分子，另一边是顽固的官僚，两边都对其持敌视态度。为了生存，他们不得不与旧贵族和君主结盟。这个保守主义联盟的一个体现是，被封为贵族的犹太人的人数在20世纪初显著增加。

1863年，乔治·德海韦西富足的外祖父 S. V. 舒斯堡（S. V. Schossberger）成为中世纪以来最早未改信宗教的受封犹太贵族。1895年，德海韦西全家受封为贵族。马克斯·诺伊曼，卓越的数学家约翰·冯·诺伊曼的银行家父亲，是在1913年升为贵族的。冯·卡门的父亲是个例外。莫尔·卡门（Mór Kármán）是著名的明他中学的创立者。他是一名富商，更是一名教育家。在19世纪的最后几十年中，他按德国模式将散乱的匈牙利学校体系改组，实现了匈牙利学校体系的重大改进。这一举措还将教育控制权从宗教机构的手中夺了过来，并将其交给了国家。这些贡献为他在宫廷中赢得了一席之地，担负起了为一名少年大公——奥匈帝国皇亲的堂弟——制订教育计划的职责。冯·卡门后来写道：

> 1907年8月的一天，弗朗茨·约瑟夫皇帝召家父进宫，告诉家父他想对家父的杰出工作给予奖励。他提出要授予家父

"阁下"①的头衔。

家父微微鞠躬说："陛下，我荣幸之至。但我宁愿要一些能够留给我的孩子们的东西。"

皇帝点头应允，并且下诏赐予家父一个世袭的贵族头衔。为了接受这个贵族封号，家父需要有一块领地。幸运的是，家父在布达佩斯附近有一个小葡萄园，因此皇帝赐予他"冯·西罗斯基斯拉克"（von Szolloskislak，意为小葡萄）的封号。我将这一封号简称为"冯"，因为甚至对我这个匈牙利人来说，这个完整的头衔也是很难念清楚的。

1900 年以前的数百年间，有 126 个犹太人家庭被封为贵族。而在 1900 年到第一次世界大战爆发的短短 15 年间，这个缺乏安全感的保守主义联盟"交易"了多达 220 个贵族头衔。这 346 户贵族家庭总共涉及数千人。至此，他们之间形成了政治上的联系，却渐渐失去了独立活动的能力。

在繁荣但脆弱的匈牙利犹太中产阶级中，走出了至少 7 位 20 世纪最杰出的科学家，按出生顺序，他们分别是西奥多·冯·卡门、乔治·德海韦西、迈克尔·波拉尼、利奥·西拉德、尤金·维格纳、冯·诺伊曼和爱德华·特勒。这 7 个人都在年轻时离开了匈牙利，都多才多艺，都对科学和技术做出了重大贡献，其中德海韦西和维格纳两人最终获得了诺贝尔奖。

在这片穷乡僻壤，为什么会涌现出如此多的天才？这个谜一样的问题令科学界无比好奇。在回忆起这个"旅居海外、群星闪耀的

---

① 此处的英文原文为"Excellency"，这是授予个人的荣誉，不会世袭。——编者注

群体"时，奥托·弗里施想到了他的理论物理学家朋友弗里兹·豪特曼斯（Fritz Houtermans）提出的一个流行看法："这些人真的是'火星来客'。豪特曼斯说，他们讲话时总会带地方口音，很容易暴露身份，因此他们装作匈牙利人。一方面，众所周知，匈牙利人讲任何其他语言都带地方口音。另一方面，[这些]杰出的人生活在异国他乡，不在匈牙利。"说这话是为了逗趣和奉承那些匈牙利同行，因为他们喜欢使他们的过去蒙上一层浪漫化的神秘色彩。但事实更为残酷：许多匈牙利人选择背井离乡是因为缺乏科学机遇，以及日益加剧直至最终演变为暴力的反犹主义。他们把在匈牙利学到的教训带到了世界各地。

他们都有天赋之才，表现各异，令人印象深刻。冯·卡门6岁时以快速心算6位数乘法使他父母聚会上的客人大为惊讶。冯·诺伊曼6岁时就能和他父亲用古典希腊语开玩笑，并且有照相般的记忆力：他能整章整章地背诵他读过的书。爱德华·特勒，和在他之前的爱因斯坦一样，很晚才学会说话（也可能是很晚才选择开始说话）。特勒的祖父提醒他的父母说，他可能智力迟钝，但当特勒最终在3岁开始说话时，他能直接说出完整的句子。

冯·诺伊曼对他自己和他的匈牙利同胞的民族起源也充满好奇。他的朋友和传记作家、波兰数学家斯坦尼斯拉夫·乌拉姆曾回忆起他们关于喀尔巴阡山脉两侧偏僻山乡的讨论，这片区域涵盖了匈牙利、捷克斯洛伐克和波兰的部分地区，到处都是贫困的东正教村庄。乌拉姆说："约翰尼 [①] 曾说，'一战'前后从匈牙利移民出来的所有著名犹太科学家、演员和作家，都直接或间接地来自那些喀

————————

① 约翰·冯·诺伊曼的昵称。——译者注

尔巴阡地区的小社群，当物质条件有所改善时，他们就会迁居到布达佩斯。"对于如此擅长迁移和改变的群体来说，进取是一种纯哲学的信念。特勒后来写道："我小时候特别爱读科幻小说，我读儒勒·凡尔纳的小说，他的文字将我带入了一个令人兴奋的世界。人类的进步似乎是无止境的。科学的成就奇妙无比，它们必将造福人类。"

　　早在读到 H. G. 威尔斯的小说之前，利奥·西拉德就发现了另一名对人类的过去和未来充满远见，因而值得钦佩的研究者。西拉德成年后认为，他对"真理的痴迷"和他"'拯救世界'的爱好"最早可以追溯到他母亲给他讲的那些故事。但除此之外，西拉德说："我生命中最重要的影响来自我 10 岁时读的一本书。这是一本匈牙利经典著作，在学校里教授，书名叫《人的悲剧》[*The Tragedy of Man*]。"

　　《人的悲剧》是一首戏剧性长诗，主人公是亚当、夏娃和路西法（Lucifer）[1]。这本书是由一个名叫伊姆雷·毛达奇（Imre Madach）的年轻匈牙利贵族——一名理想主义者，但已经觉醒——在 1848年匈牙利革命失败后的数年间写成的。一名现代评论家将其评价为"19 世纪最危险的悲观诗作"。在这部作品中，路西法引领亚当穿行在历史中——就像圣诞节精灵引导吝啬鬼埃比尼泽（Ebenezer）一样[2]——使亚当成为法老、米太亚德（Miltiades）[3]、十字军骑士坦克

---

[1]　路西法是一个宗教和传说人物，后被广泛用于指代魔鬼和罪恶。——编者注
[2]　这个故事源自狄更斯的小说《圣诞颂歌》，在圣诞精灵的引导下，原本吝啬、冷漠的埃比尼泽变得宽厚、仁慈。——编者注
[3]　古希腊人，领导希腊人赢得马拉松战役。——编者注

雷德（Tancred）、开普勒①等一系列真实历史人物。它的悲观主义源自它令人印象深刻的策略。不同于《浮士德》和《培尔·金特》②，在《人的悲剧》中，路西法不是用虚构的经历，而是用真实的历史事件一步一步地向亚当证明人的信仰是没有意义的。法老释放了他的奴隶，奴隶们却因为法老没有给他们一个主宰之神对他口出恶言；米太亚德从马拉松归来，却遭到被他的敌人收买的一群凶恶市民的袭击；开普勒用出售天宫图换来的珠宝装扮他不贞的妻子。亚当明智地得出结论，人永远不可能实现其终极理想，但无论如何仍应该向这些理想努力。迟至1945年，西拉德仍然认同这一观点。"在［毛达奇的］书中，"他在1945年说，"魔鬼向亚当展示了人类的历史，以太阳渐渐沦亡［告终］。只剩下了少数因纽特人，他们主要担心的是因纽特人太多，而海豹太少了［亚当重新回到开始之前的最后一幕］。这本书的思想是，在你做出你的预言后，就只剩下很少的希望余地了。这种思想很悲观。"

西拉德对进步有所保留的信念和他的自由主义政治价值观最终使他不同于他的匈牙利同侪。西拉德相信，是19世纪和20世纪之交布达佩斯的特殊环境塑就了这个群体。正如一名历史学家在阐释西拉德的思想时说的那样："人人都认为这是一个经济上有保障的社会，因此智识上的成就被赋予了很高的价值。"当冯·卡门在和平的19世纪90年代来到西拉德和特勒后来就读的明他中学时，他对这里深深地感到满意。"我的父亲［他创办了这所学校］，"冯·卡门写道，"是一名全面教育——教授一切，拉丁文、数学、历史等

---

① 16至17世纪德国天文学家。——编者注
② 挪威剧作家易卜生的代表作之一。——编者注

等——的虔诚信徒，他认为任何知识都与日常生活存在联系。"为了学习拉丁文，学生们在城市里漫游，抄录下雕像上和博物馆中的铭文；为了学习数学，他们查询出匈牙利小麦的产量数据，制作图表。"我们从不死记书上的法则，而是自己摸索，探究出它们来。"对科学家来讲，还有比这更好的基本训练吗？

尤金·维格纳，小个子，穿着整洁。他的父亲经营着一个制革厂，而他自己将成为 20 世纪一流的理论物理学家。维格纳于 1913 年进入了一所路德教会学校①，冯·诺伊曼第二年紧随其后。"我们有两年的物理学课程，是在最后两年，"维格纳后来回忆说，"物理课很有趣。我们的老师都很优秀，数学老师尤为出色。他给约翰尼·冯·诺伊曼开小灶，因为他认识到这个人将会成为一名伟大的数学家。"

冯·诺伊曼和维格纳成了好朋友。他们一起散步，一起讨论数学。维格纳的数学天赋出众，但与银行家超凡的儿子相比，维格纳仍觉得自己不够一流。冯·诺伊曼才华横溢，一生中给他的同行们留下了深刻的印象。特勒记得有人不是用三段论，而是"两段论"来描述冯·诺伊曼的才华：（a）约翰尼能证明一切，（b）约翰尼证明的一切都是正确的。1933 年，29 岁的冯·诺伊曼成为普林斯顿大学新建的高等研究院最年轻的成员。一个广泛流传的说法是：这名匈牙利数学家其实是半神半人的存在，但他对人类做了彻底、详尽的研究，能够完全模仿他们。这个故事提示，虽然诺伊曼学会了

---

① 作者此处的原文是"the Lutheran Gimnásium"，未做任何说明，很容易使读者产生混淆（尤其是在定冠词"the"的影响下，中文已适当调整译法，尽量避免混淆）。这所学校并非冯·卡门、西拉德就读的明他中学，而是另一所名为"Fasori Gimnázium"的文法学校，"Fasori"的意思是"绿树成荫的"。——编者注

以一副温和的面孔待人，但在这副面具后面，有某种操纵式的冷漠。甚至维格纳也认为他的友谊缺乏亲切感。不过对维格纳来说，他仍然是唯一地道的全才。

这些在教会学校度过的早期岁月的回忆与特勒后来经历的动荡形成了强烈的反差。[①]个人遭遇当然不完全相同。在明他中学的第一年，特勒觉得数学课很无聊，还很快通过改进一个证明方法羞辱了他的数学老师，而这名老师正是明他中学的校长。面对特勒在课堂上的这些表现，校长的态度很不友好。"那么，你是一个天才咯，特勒？嗯，但我不喜欢天才。"但无论特勒个人遇到了怎样的困难，当他还只是一个 11 岁的小男生时，他就已经直接面对革命和反革命、动乱和暴力流血以及个人恐惧了。对他之前的那些"火星人"来说通常只是隐隐约约的东西，在他眼前变得明明白白了。"我认为这是我父亲第一次给我留下深刻的印象，"特勒告诉他的传记作家，"他说，反犹主义即将到来。对我来说，反犹主义是一个新奇的概念，而我父亲如此当真，这让我印象颇深。"

冯·卡门于 1906 年前往哥廷根大学求学，在此之前他在布达佩斯大学攻读机械工程；德海韦西 1903 年在布达佩斯大学就读，于 1904 年进入柏林高等技术学院，之后又在弗里茨·哈伯以及卢瑟福的指导下工作；西拉德则是先在布达佩斯理工学院上学，之后曾参军入伍，但"一战"结束后的动荡形势使他下定决心离开。相比之下，维格纳、冯·诺伊曼，特别是特勒，在青少年时期经历了匈牙利社会的崩溃——特勒此时刚进入敏感的青春期——产生了切身的体验。

---

① 特勒曾先后在这所教会学校和明他中学就读。——编者注

"革命像飓风一样到来，"1918 年 10 月匈牙利革命的一位目击者回忆说，"没人对此有所准备，也没人能应对它，它以自身不可抗拒的力量爆发了。"然而事实上是有前兆的：1918 年 1 月，布达佩斯以及匈牙利其他工业中心爆发了 50 万工人的大罢工，6 月又爆发了同样规模的另一次大罢工。那年秋天，大批士兵、学生和工人聚集在布达佩斯。这第一次的短暂革命始于反军事和民族主义的主张。当时，以米哈伊·卡罗利（Mihály Károli）伯爵为首建立了匈牙利国会（"没有伯爵，我们甚至都无法发动一场革命。"聚集在布达佩斯的人们开玩笑说）。10 月下旬，公众期待的真正的民主改革似乎要到来了：国会发布了一个号召匈牙利独立、结束战争、新闻自由、无记名投票甚至女性参政的宣言。

11 月，奥匈帝国这个二元君主国崩溃了。在一篇毫无感情、干巴巴的悼文中，奥地利小说家罗伯特·穆齐尔（Robert Musil）像所有人那样解释这一崩溃：它就这么发生了。匈牙利在 10 月 31 日迎来了一个新政府，狂欢的人群挥舞着象征革命的菊花挤满了布达佩斯的大街，向着乘坐卡车行进而过的士兵和工人队伍欢呼。

但胜利并非易事，革命甚至没有扩散出布达佩斯。除了让这个国家解体，新政府没有更好的办法。1918 年 11 月 16 日，匈牙利共和国成立，紧接着又于 11 月 20 日成立了匈牙利共产党，其成员是从苏俄军营返回的士兵，他们在那里作为战俘接受了激进教育。1919 年 3 月 21 日，在成立 4 个月后，匈牙利共和国不流血地变成了匈牙利苏维埃共和国，其领导人库恩·贝拉是一名曾经的战俘，也是列宁的信徒和一名记者。库恩·贝拉是一名犹太人，出生于特兰西瓦尼亚（Transylvania）的喀尔巴阡山区。阿瑟·库斯勒

（Arthur Koestler）[①]当时是布达佩斯一名 14 岁的男孩，第一次听到《马赛曲》和《国际歌》高扬激昂的旋律，而《国际歌》在这个公社存在的一百多天里，以其热烈、优美的旋律淹没了多瑙河畔这座热爱音乐的城市"。

它只存在了一百多天：133 天。这是困惑、希望、恐惧、滑稽般的愚笨和不乏暴力的日子。战争结束前，冯·卡门从奥匈帝国空军的航空学工作岗位回到了布达佩斯，他在奥匈空军里参加了直升机的一种早期样机的研发。德海韦西也回来了。在共和国短暂的日子里，冯·卡门协助开展了大学的改组和现代化。在库恩政权期间，他甚至担任了高校联合部副部长的职务。冯·卡门后来回忆说，这个政权天真多于暴力："据我能回忆得起的，在布尔什维克掌权的一百多天中，布达佩斯没有恐怖活动，尽管我确实听说过某些暴行。"由于缺少合格的物理学家，布达佩斯大学于 1918 年冬聘用德海韦西担任实验物理学讲师。次年 3 月，副部长冯·卡门给德海韦西安排了一个新设立的物理化学教授职位，但德海韦西对公社的工作条件不满意，于 5 月离任前往丹麦访问玻尔。两位老朋友约定，玻尔在哥本哈根的新研究所一建立起来，德海韦西就加盟进来工作。

阿瑟·库斯勒记得当时食品短缺，在你试图用政府的配给卡和几乎毫无价值的纸币购买时尤其如此。但由于某种原因，同样的纸币能够买到公社提供的丰富的香草冰激凌，因此他家用它当早餐、午餐和晚餐。提及这一怪事时，库斯勒特别指出："因为公社在用

---

① 匈牙利裔记者、作家，代表作《正午的黑暗》在 20 世纪的文学作品中有很大的国际影响力。——编者注

典型的无忧无虑、一知半解甚至超现实主义的方法运作。"库斯勒认为，它"总的说来是相当可爱的，至少与数年以后降临到欧洲的疯狂和野蛮相比是如此"。

匈牙利苏维埃共和国对冯·诺伊曼和特勒的影响要大得多。他们不是年轻的库斯勒那样的仰慕者，也不是德海韦西和冯·卡门那样的知识精英成员。他们是生意人的孩子——特勒的父亲马克斯·特勒是一名业务兴旺的律师。冯·诺伊曼的父亲马克斯·冯·诺伊曼携全家逃到了维也纳。"我们离开了匈牙利，"冯·诺伊曼许多年后证实说，"共产党人掌权后不久……我们基本上是在第一个机会出现时就离开了，这大约是在共产党人掌权三四十天后。共产党人被镇压两个月后，我们回来了。"在维也纳，老诺伊曼加入了一个匈牙利金融家团体，与保守的贵族合作来颠覆公社。

特勒一家缺乏救急的资产，但顽强地在布达佩斯坚持了下来，生活在恐惧中。他们违反规定冒险到乡下向农民换取食品。特勒听说有路灯杆上悬挂着尸体，但与冯·卡门说的"暴行"一样，他并没有亲眼见过。面对这个人口过多的城市，公社对所有住房实行了社会主义公有化。库斯勒一家和特勒一家一样，被带着征用资产阶级超额住房和家具通知单的士兵敲开了家门。库斯勒一家住在一个寄宿公寓中的两个破旧房间里，被允许保留他们已有的财产。与此同时，库斯勒发现劳动人民有趣且不同。特勒家来了两名士兵，他们睡在老特勒两间办公室里的长沙发上，这两间办公室与特勒家的公寓相连。两名士兵很有礼貌，他们有时会分享他们的食物，他们往橡胶树上撒尿。但因为他们会寻找特勒一家藏匿起来的钱（这些钱被安全地隐藏在老特勒的法律书的封套里），又或者只是因为特勒一家普遍觉得不安全，他们在特勒家显得很可怕。

然而，使特勒的父母最害怕的最终并不是匈牙利共产主义。公社的领导人以及公社的许多官员都是犹太人，这是必然的，因为直到那时，匈牙利发展起来的唯一知识阶层就是犹太人。马克斯·特勒提醒他的儿子，反犹主义即将开始。特勒的母亲更为强烈地表达了她的恐惧。"我为我的人民的所作所为感到不寒而栗，"她在公社的全盛时期告诉她儿子的家庭女教师，"当这一切结束时，将会有可怕的报复。"

　　1919年夏，公社政权日趋不稳。为了安全起见，11岁的爱德华和他的姐姐埃米（Emmi）被送到了他们在罗马尼亚的外祖父母家。姐弟俩于秋天回到了匈牙利。此时，海军上将尼古拉斯·霍尔蒂已经骑着白马，跟随一支新的匈牙利军队进入布达佩斯，建立起了欧洲第一个法西斯暴力政权。早先的动荡来得快去得快，其间处死了大约500人。霍尔蒂政权的白色恐怖则完全是在另一个数量级上：至少5 000人死亡，许多人是被虐待致死；大量秘密刑讯室；一场有选择性但毫不留情的反犹主义运动使数万犹太人流亡海外。当时一名观察家——一名对两种极端都不偏袒的社会主义者——写道，他"不会为无产阶级专政的野蛮和残暴辩解，尽管它的极端分子采用侮辱和威胁行为比采用实际行动更多一些，但它的严酷性无可否认。不过它和白色恐怖之间的巨大差异是毫无疑问的"。新政权的一个朋友——马克斯·冯·诺伊曼带着全家回来了。

　　1920年，霍尔蒂政权引进了一项名额限制法来限制大学入学资格，它要求"入学新生的相对数量尽可能与各种族或各国家的相对人口相对应"。这项法律将大幅度地限制犹太人的入学比率，使其降低至仅5%，是有意识的反犹法律。尽管冯·诺伊曼已经被布达佩斯大学录取，可以留下来学习，但他还是在1921年17岁时选择了离开匈牙利前往柏林大学。在柏林大学，他将在弗里茨·哈伯的影响下首先学习化学工程，并于 1925 年在苏黎世理工学院获得这一学位。一年后，冯·诺伊曼以最优等成绩获布达佩斯大学数学博士学位。1927 年，他成为柏林大学一名无薪大学教师。1929 年 25 岁时，他应邀到普林斯顿大学做学术报告。1931 年，他在普林斯顿大学任数学教授，并于 1933 年接受了普林斯顿高等研究院[①]的一个终身职位。

冯·诺伊曼自己没有在匈牙利经历过暴力，只经历过动乱和他父母传达的种种焦虑，不过他仍然觉得自己伤痕累累。他与斯坦尼斯拉夫·乌拉姆的讨论从确定喀尔巴阡山村是有才华的匈牙利侨民的发源地开始，带上了更加不祥的气息。乌拉姆写道："发现并解释这个地区有如此多优秀人才出现的条件，这个工作要留给科学史家去做……约翰尼常说，这是某些他无法确切说清楚的文化因素的巧合，一个是中欧这个地区整个社会承受的外来压力，一个是个人方面的极度不安全感，这些促使人必须不同凡响，否则就会面临灭绝。"

在最糟糕的霍尔蒂年代，特勒还太小，无法离开匈牙利。正如《时代》杂志后来对特勒的解读，此时的他正处于青春期，他父亲"反复告诫他的儿子两条严格教训：（1）他长大后一定要移居到某个对他更有利的国家，（2）作为不受欢迎的少数族裔的一员，他必须胜过一般人，只有这样才能和其他人位于同一条起跑线上"。特勒补充了他自己的一条教训。"我热爱科学，"他曾经告诉一名采访

[①] 需要注意，普林斯顿高等研究院并非普林斯顿大学的一部分，只是两者都位于美国新泽西州的普林斯顿市。——编者注

者，"它也提供了逃离这个注定会失败的社会的可能性。"关于科学在自己情感生活中的地位，冯·卡门在他的自传中也插入了一段类似的惊人陈述。当匈牙利苏维埃共和国垮台时，他先是躲避到一个富有的朋友家，然后设法回到了德国。"我真高兴离开了匈牙利，"他在描述自己当时的心态时写道，"我感到我已经受够了政治家和政府剧变……突然，我被只有科学才是永恒的这样一种情感包围住了。"

科学可以成为一个远离世界的庇护所，这是投身于它的男男女女的一个共识。据亚伯拉罕·派斯说，爱因斯坦"曾经说他将自己的躯体和灵魂卖给了科学，是为了从'我'和'我们'逃到'它'"。然而，当这个我们无比熟悉的世界（我们在这个世界出生、成长、交流）面临压倒性的威胁时，科学作为一种逃离的手段——作为一种出路、一种能迁徙的文明、一种国际友谊、一种唯一遵循的必然性——必然会成为一种更绝望、更彻底的依赖。哈伊姆·魏茨曼用了一句话来概括这种信念，在描述俄罗斯定居区（the Russian Pale）①的严酷环境时，他写道："对我们来说，知识的获取不仅仅是常规的教育过程，更像是将武器存入军械库，以便在一个充满敌意的世界中立足。"他痛苦地回忆说，"人生的每一个阶段都是一道分水岭"。

1926年，17岁的特勒离开匈牙利，到卡尔斯鲁厄理工学院求学。在此之前，特勒的经历远不及在俄罗斯定居区的魏茨曼严酷。但外部环境无法真正衡量内部伤害，而且对于心怀深深的愤怒以及终身

---

① 俄国西部的一个地区，允许且仅允许犹太人居住，西接普鲁士和奥匈帝国。——编者注

的严重不安全感的一代人来说，没有比一个父亲无力保护他的孩子更恐怖的事情了。

◉

1922 年 4 月，玻尔写信给在慕尼黑的德国理论物理学家阿诺尔德·索末菲（Arnold Sommerfeld）："在过去几年中，我在科学上常常感到非常孤独，我觉得我全力以赴系统地发展量子理论原理的努力没有得到太多人的理解。"在整个"一战"期间，玻尔都在努力追随他引入物理学的"根本变革"，不论它把自己引向何方。但结果令玻尔大为沮丧。虽然玻尔在"一战"前得出的结果激动人心，但很多欧洲的老科学家仍然认为，玻尔那些不一致的假说是为了解决眼前的问题临时想出来的，认为量子化的原子观念是自相矛盾的。战争本身延误了进步。

但玻尔没有放弃，而是在黑暗中摸索着前进。"将玻尔从迷宫中解救出来的，"意大利物理学家埃米利奥·塞格雷在后来写道，"是一种罕见而神秘的直觉。"他用他所谓的对应原理来巧妙地引导自己。关于对应原理，罗伯特·奥本海默曾解释说："玻尔没有忘记，物理学就是物理学，牛顿描述了它很大的一部分，麦克斯韦描述了它很大的一部分。"因此玻尔推测，他的量子规则"在涉及的作用量大于量子的情况下，将必然近似于牛顿和麦克斯韦的经典规则"。这种可信赖的旧理论与人们不熟悉的新理论之间的对应关系为玻尔提供了一个外层的限度，一堵沿着它摸索道路的墙。

在哥本哈根大学和一些丹麦私人企业的支持下，玻尔建起了他的理论物理研究所。研究所于 1921 年 1 月 18 日正式启用，比原计划晚了超过一年。在研究所的建造过程中，玻尔与建筑师在建筑计划上发生了激烈的争论，就像是在捍卫他的科学论文一样。哥本哈根市在法埃勒德公园的边缘区域为研究所划出了一块地，公园很宽阔，有足球场，人们在这里一年一度狂欢庆祝丹麦立宪纪念日。建筑本身很低调，灰色的墙，红瓦屋顶，不比许多私人住房大。从里看是四层楼，从外看好像只有三层，因为最低的一层楼有一部分建在地面以下。顶楼一直延伸到尖尖的屋顶以下的空间，最初被用作玻尔一家的住宅。后来，当玻尔的第五个儿子降生时，他在隔壁建了一座房子，顶层的住房就开始被用于安置来访的学生和科学同行。研究所包括一个演讲厅、一个图书馆、几间实验室、几间办公室和一张乒乓球桌。乒乓球桌很受大家欢迎，玻尔常在这里打乒乓球。"他的反应非常敏捷准确，"奥托·弗里施说，"而且他有极大的毅力和耐力。在某种程度上，这些品质也表现在他的科学工作中。"

1922 年，玻尔获得了诺贝尔奖，成为丹麦的民族英雄。同样是在这一年，玻尔取得了他的第二项重大理论突破：对作为元素周期表基础的原子结构的解释。这一理论将化学和物理学紧密地联系到了一起，现在是每一本基础化学教材中的必备内容。玻尔提出，原子由一系列围绕原子核的电子轨道壳层组成——想象一组嵌套的球面——每个壳层能容纳一定数目的电子，不能更多。化学性质相似的元素之所以相似，是因为它们最外面的壳层有同样数目的电子，可以参加化合作用。比如，钡是一种碱土金属，在元素周期表中是第 56 号元素，原子量为 137.34，电子壳层依次按 2、8、18、18、8 和 2 个电子填充。镭，另一种碱土金属，是第 88 号元素，原子量为 226，电子壳层依次按 2、8、18、32、18、8 和 2 个电子填充。由于钡和镭最外面的壳层的价电子数相同——都是两个——所以尽管这两种元素的原子量和原子序数大不相同，但它们却拥有相似的化学性质。"［玻尔的量子假说］基础不够稳固，而且存在矛盾，"爱因斯坦后来说，"却仍然使像玻尔这样具有独特直觉和洞察力的人发现了光谱线和原子电子壳层的重要法则以及它们对化学的意义，这一切在我看来就像一个奇迹……这是思维领域中最高的和谐形式。"

为了验证这个奇迹，玻尔在 1922 年秋预言，如果科学界发现了第 72 号元素，这种元素将不是化学家们所预期的稀土元素——就像第 57 号到第 71 号元素那样——而是像锆一样的 4 价金属。乔治·德海韦西此时已经迁入玻尔研究所，他和一个新来的年轻荷兰人迪尔克·科斯特（Dirk Coster）一起，着手用 X 射线光谱在锆矿石中寻找这种新元素。当玻尔在 12 月上旬携玛格丽特离开研究所去领取他的诺贝尔奖时，德海韦西和科斯特还没有完成他们的实验。就在玻尔做获奖演讲的前一天晚上，他们给斯德哥尔摩的玻尔及时打来了电话：他们明确鉴定出了第 72 号元素，它的化学性质和锆几乎完全一样。借用哈夫尼亚（Hafnia）——哥本哈根的罗马古名——这个名字，他们将这种新元素命名为铪。在第二天演讲的结尾，玻尔骄傲地宣布了这一发现。

尽管玻尔有了这一成功，量子理论仍然需要一个比玻尔的直觉更为牢固的基础。慕尼黑的索末菲是这项工作的一名早期贡献者。战后最耀眼的一群年轻人找到了物理学的成长点，纷纷加盟协助。回顾那段时间，玻尔认为那是"来自许多国家的整整一代理论物理学家独一无二的合作"，是一种"难以忘怀的经历"。他不再寂寞。

1922 年初夏，索末菲领着他最有前途的学生，一个时年 20 岁，名叫维尔纳·海森伯的巴伐利亚人前往哥廷根，听来访的玻尔的演讲。"我永远也忘不了第一个演讲,"海森伯 50 年后写道,记忆仍然清晰如故,"演讲厅里挤得满满的,这位伟大的丹麦物理学家……站在讲台上,他的头微倾,他的嘴唇挂着友好但有些困窘的微笑。夏日的阳光从敞开的窗户倾泻进来。玻尔的声音相当轻柔,略微带丹麦口音……他的每一句话都经过仔细斟酌,揭示了一连串基本思想、一连串哲学思考,意涵丰富又不过于直白。我发现他的方法非常令人兴奋。"

不过海森伯对玻尔的一个陈述提出了针锋相对的异议。玻尔早就学会了对不怕争论的聪明学生特别关注。"讨论结束时,他向我走过来,邀我那天下午与他一起登海恩山,"海森伯回忆说,"我真正的科学生涯直到那天下午才开始。"这是海森伯对那个人生转折点的回忆。玻尔最后提出,让海森伯设法到哥本哈根来,以便他们能一起工作。"突然间,未来看起来充满了希望。"在第二天的晚宴上,玻尔惊讶地遭到两个身穿哥廷根警服的年轻人的质询,其中一个拍着他的肩膀说:"你因诱拐儿童被捕了!"这是两个学生的恶作剧,他们保护的这个"小孩"是海森伯,他脸上长着雀斑,一头红发坚硬如刷,带着孩子气。

海森伯有着运动员的体魄,精力旺盛,还有一颗热切的心。"他容光焕发,"一个密友回忆说,"在那些日子里,他看上去甚至比他作为'德国青年运动'①一员的身份还要生气勃勃……到男生宿舍后,他甚至常常穿着开胸衬衫和运动短裤。"在"德国青年运动"中,徒步旅行的年轻德国人生起篝火,唱着民歌,谈论着骑士故事、

----

① 德国青年运动始于 1896 年,是一个教育和文化运动,由许多专注于户外活动的年轻人团体组成。——编者注

圣杯和报效祖国的话题。许多人都是理想主义者，但独裁主义和反犹主义已经在他们中开放出了有毒的花朵。当海森伯最终于1924年复活节到达哥本哈根时，玻尔带着他去西兰岛北部远足，并向他询问所有这些事情。"但丹麦的报纸不时会报道德国不祥的反犹主义趋势，这显然是由蛊惑人心的政客策划的，"海森伯后来回忆起玻尔这样问道，"你自己遇到过这种情况吗？"海森伯回答说，那些事都是某些饱受战争之苦的退伍军官干的，"不过我们并没太认真对待这些团体"。

现在，作为玻尔所说的"独一无二的合作"的一部分，他们开始精神饱满地从事量子理论的工作。海森伯似乎从一开始就不喜欢将不可测量的事件形象化的做法。比如，大学期间，当他在柏拉图的《蒂迈欧篇》中读到原子具有几何形状时，海森伯颇为惊愕："我悲哀地发现，一个拥有柏拉图这样敏锐判断力的哲学家会屈服于这种空想。"海森伯认为，玻尔的电子轨道同样是空想，他在哥廷根的同事马克斯·玻恩（Max Born）和沃尔夫冈·泡利也有同感。没有人能看到原子内部。能了解到和可测量的是从原子内部发出的光，其频率和振幅与光谱线有关。海森伯决定全然拒绝模型，只从数字中寻找规律。

他回到哥廷根，在玻恩的领导下担任一名无薪大学教师。1925年5月下旬，海森伯发作了严重的花粉热，他向玻恩请了两个星期的假，去了赫里戈兰岛。赫里戈兰岛位于德国北海海岸线外28英里处，是一个多风暴的狭长岛屿，这里的空气中极少有花粉。海森伯在岛上散步，在寒冷的海水中长距离游泳。"在这些尝试开始时，总会遇到一些数学方面的阻碍，几天时间足以解决掉这些问题，导出我的问题的简单表述。"又过了几天，海森伯瞥见了他需要的体系。它需要一种奇特的代数，在这种他构想出的代数中，因子按一个方向相乘得出的结果往往与相同的因子按相反的方向相乘得出的结果不同。他担心自己的体系可能会违背能量守恒的基本物理学原理，因此一直工作到凌晨 3 点，校验他的数据，生怕有什么差错。仔细校验后，海森伯确定，他的结果有"数学一致性和相容性"。与许多深刻的物理学发现一样，这一经历让他兴奋不已，同时又让他在心理上感到烦扰：

> 最初，我深深地感到惊恐。我有一种感觉，透过原子现象的表面，我正在考察一个奇特美妙的内部。大自然把这个数学结构的宝藏慷慨地展现在了我的面前，我应该去探索它的奥秘，这样的想法让我感到晕眩。我激动得无法入睡，新的一天破晓时，我来到了岛的南端，这里有一块伸向海中、我早就渴望登上的岩石。现在，我没费多大力气就登顶了，在上面等待日出。

回到哥廷根，玻恩认识到海森伯的奇特数学是矩阵代数，这是一种表示和操作排成矩阵（格点）形式的数组的数学系统。矩阵发明于 19 世纪 50 年代，由玻恩的老师大卫·希尔伯特（David Hilbert）于 1904 年做了进一步的推广。通过 3 个月深入细致的工作，玻恩、海森伯和他们的同事帕斯夸尔·约尔旦（Pascual Jordan）发展出了海森伯称为"一个相容的、能够囊括原子物理学所有方面的数学框架"。他们将这一新体系称为量子力学，其计算结果与实验结果精准吻合。泡利以英雄般的努力将它应用于氢原子，从彼此不冲突的基础出发，导出了与玻尔 1913 年从不一致的假设导出的相同的结果——巴尔末公式和里德伯常数。这令玻尔欣喜若狂。在哥本哈根，在哥廷根，在慕尼黑，在剑桥，对这一理论的发展在继续。

⊙

　　在西北方向上，喀尔巴阡山脉弯曲成弓形，开始勾勒出捷克斯洛伐克的北部边境。然而远在完成这项任务之前，它就向南弯向奥地利的阿尔卑斯山脉。不过有一个隆起的多山地区——苏台德山脉继续横穿捷克斯洛伐克。在距布拉格 60 英里的地方，苏台德山脉折向西南方，形成捷克斯洛伐克与德国之间的一片低洼区域。在德语中，这个区域被称为厄尔士山脉（Erzgebirge），意思是矿石山。自中世纪起，人们就在厄尔士山脉开采铁矿石。1516 年，在约阿希姆斯塔尔（Joachimsthal）——具体来说，是在圣约阿希姆溪谷（St. Joachim's dale）——发现了一个富银矿脉。这片区域位于冯·施利克（von Schlick）伯爵的领地内，他立即占有了这座银矿。1519 年，首次用这座银矿的银铸造了银币。这些银币被称为"约阿希姆斯塔勒"，简称"塔勒"（thaler）。在英语中，这个词在 1600 年之前就演变成了"达拉"（dollar）[①]。因此，"美元"这个单词源自约阿希姆斯塔尔的银子。

　　约阿希姆斯塔尔的银矿历史悠久，矿井众多，用烟熏的木材支撑着。这里还出产其他一些不寻常的矿石，包括一种黑色、黏稠、沉重、结节状的矿物，学名为沥青铀矿。1789 年，一个名叫马丁·海因里希·克拉普罗特（Martin Heinrich Klaproth）的德国药剂师成功地从约阿希姆斯塔尔的沥青铀矿样品中提取出了一种浅灰

[①] "美元"的英文。——编者注

色的金属材料。克拉普罗特也是一名自学成才的化学家，在柏林大学于 1810 年成立时，他就成为这所大学最早的化学教授。他试图为这种金属找到一个合适的名称。8 年前，德国出生的英国天文学家威廉·赫歇尔（William Herschel）爵士发现了一颗新行星，他用希腊神话中最早的主神乌拉诺斯（Uranus）的名字将这颗行星命名为天王星。乌拉诺斯是大地女神盖娅（Gaea）的儿子和丈夫，是提坦（Titan）们和独眼巨人赛克罗普斯（Cyclops）们的父亲。[①] 在盖娅的帮助下，乌拉诺斯的儿子克洛诺斯（Cronus）将他阉割，伤口流出的血滴到地上，诞生出三个复仇女神。为了向赫歇尔的发现表达敬意，克拉普罗特将他的新金属命名为铀（Uranium）。它被发现时是重铀酸钠和重铀酸铵的形式，可以用作釉的上好着色剂。0.006% 的比例能得到黄色，更高的百分率能依次得到橘红色、棕色、绿色和黑色。从开始的那一天起，用于陶瓷业的铀矿开采在约阿希姆斯塔尔就不紧不慢地稳步进行，一直延续至今。正是从约阿希姆斯塔尔的沥青铀矿残余物中，玛丽·居里和皮埃尔·居里通过实验分离出了他们命名为镭和钋的新元素的首批样品。厄尔士山脉矿石的放射性也将其魅力辐射到了该地区的一些温泉，包括卡尔斯巴德温泉和玛丽恩巴德温泉。这些温泉现在可以宣称，它们的水不仅是天然的热水，而且散发出有益于健康的放射性。

　　1921 年夏天，一个 17 岁的美国学生来到约阿希姆斯塔尔做业余的探矿旅行。他家境优渥，刚从纽约伦理文化学校（the Ethical Culture School of New York）毕业。第一次世界大战前，罗伯特·奥本海默还是一个小孩。有一次他去看望住在德国哈瑙的祖父，祖父

---

① 提坦和赛克罗普斯均不止一人，下文的克洛诺斯是提坦之一。——编者注

送给了他一些矿石。以这批为数不多的藏品为起点，奥本海默开始收集矿石。他认为自己对科学的兴趣最早就是源自那时。"无疑，首先是收藏家的乐趣，"他在晚年告诉一位采访者，"但这也开启了一点科学家式的兴趣，我对岩石和矿藏是如何形成的这类历史问题没有兴趣，但真的对晶体，对它们的结构、双折射、通过偏振光能够看到什么，以及所有这些典型属性着迷。"他的祖父是"一个不成功的商人，出生在一个茅舍里，真的，在一个落后到近乎中世纪的德国小山村里，但怀着对学问的爱好"。奥本海默的父亲于1898年17岁时离开哈瑙来到美国，凭努力挣得了一个属于自己的进口纺织品商号。美国成衣业当时正在取代手工裁缝业，商号主要进口男式服装面料，一时间生意昌盛兴隆。因此奥本海默一家——尤利乌斯；他美丽而又纤弱的妻子埃拉，来自巴尔的摩，曾受过艺术训练；罗伯特，出生于1904年4月22日；弗兰克，比罗伯特小8岁的弟弟和搭档——有能力去欧洲避暑，并且经常如此。

尤利乌斯和埃拉是未受洗的犹太人，一对有尊严又有些谨慎的夫妇。他们住在第88大街附近的河滨大道上一座能俯瞰哈得孙河的宽敞公寓内，并且在长岛的海滨地区有一座避暑别墅。他们身着裁剪讲究、做工老练的衣服，保护自己和孩子们免受实际和想象的伤害。埃拉的右手天生残疾，总戴着手套掩饰。大家都很忌讳谈及此事，即使是两个孩子也不会在他们的朋友面前提及此事。埃拉很有爱心但又很讲究礼节：她在场时，只有她丈夫可能会大声说话。按罗伯特·奥本海默一个朋友的说法，尤利乌斯·奥本海默是一个优秀的演说者和社会问题辩论者，按另一个朋友的说法，则"极为亲切、渴望取悦他人"，在本质上是善良的人。他是哥伦比亚大学教育家费利克斯·阿德勒（Felix Adler）的伦理文化协会的成员，罗伯特的学校就是这个协会的延伸产物。这个协会宣称，"人必须对他的生命和命运的方向负责"。是人，而不是上帝。罗伯特·奥本海默记得那时的自己像"一个圆滑并且令人反感的好小孩"。关于他的童年，他说："我对世界充满悲惨和痛苦这一事实没有思想准备。它没有让我以正常、健康的方式成长为一个浑蛋。"奥本海默身体虚弱，经常生病。或许是出于这个原因，又或者是因为他有一个弟弟出生不久就早夭，他的母亲不让奥本海默在大街上跑来跑去。他待在家里，收集矿石，10 岁时开始写诗，但仍然玩积木。

奥本海默也已经开始钻研科学。一台专业显微镜是他童年的玩具。他从小学三年级就开始做实验，四年级开始做科学笔记，五年级开始学习物理学。不过在很多年的时间里，他都对化学更感兴趣。美国自然历史博物馆晶体馆馆长认他作为弟子。12 岁时，奥本海默在纽约矿物学俱乐部做了一个讲座，令俱乐部的成员既惊讶又欣喜，因为从他寄给俱乐部的学术信件的质量看，大家都以为他是一名成年会员。

奥本海默 14 岁时，为了让他走出家门，也许是为了让他结交朋友，父母将他送去野营。他沿着科尼格营地的小径寻找岩石，和他结识的唯一一个朋友讨论乔治·艾略特（George Eliot）^①的作品，深受艾略特因果关系支配人间事务的信念的鼓舞。他羞怯、笨拙、令人难以忍受地讲究和居高临下，但在受到羞辱和攻击时不会还手。他写信告诉父母，他乐于参加野营，因为他正在从中学到生活的现实。奥本海默的家人急匆匆地赶了过来。原来，当野营指导员

---

① 英国女性小说家，代表作《米德尔马契》《弗洛斯河上的磨坊》，乔治·艾略特是她的笔名。——编者注

约束营员讲下流笑话的行为时，其他男孩——那些称罗伯特为"美人儿"的孩子——查出是他告发的，于是将他拖到营地的冰窖，剥光了他的衣服，打了他——用奥本海默一个朋友的说法，"折磨他"——将他的生殖器和臀部涂成绿色，并将他赤身裸体地锁在冰窖里一整夜。他尽责地坚持到野营结束而不退缩。"仍然是一个小男孩，"另一个童年时的朋友，一个他暗恋过的女孩在回忆起 15 岁的奥本海默时说，"……非常虚弱，常常脸红，非常羞怯，学业非常棒。很快，所有人都承认，他和其他人都不同，非常出众。与学习有关的任何事他都做得很好……不过他在体格上——你也不能说是笨拙——发育得还相当不成熟。这种不成熟与他的表现好坏无关，而是在他干活的方式上，他走路的方式上，以及他的坐姿上。他有些古怪的孩子气。"

1921 年 2 月，他从伦理文化学校毕业，并作为毕业生代表致告别辞。4 月，他做了阑尾炎手术。康复后，他随全家到欧洲旅行，并借此机会去了约阿希姆斯塔尔。他在途中"得了严重、几乎是致命的战壕痢疾"。他原本计划在 9 月入读哈佛大学，但"实际上，当时我卧病在床，一直在欧洲"。痢疾后接踵而至的严重结肠炎又将奥本海默放倒了好几个月。他在纽约家中的公寓里度过了冬季。

为了帮助罗伯特彻底康复并增强他的体质，他的父亲请了伦理文化学校一名受人喜爱的英语教师，领着他去西部度夏。这名教师是哈佛毕业生，热情、乐于助人，名叫赫伯特·史密斯（Herbert Smith）。奥本海默当时 18 岁，仍然一脸稚气，但那双蓝灰色的眼睛使他显得沉稳。他身高 6 英尺，身材颀长。在他的一生中，奥本海默的体重从未超出过 125 磅，在生病或压力过大时，曾消瘦到 115 磅。史密斯带着他去了圣菲东北方向桑格雷-德克里斯托山中一个叫洛斯皮诺的度假牧场，奥本海默在那里狼吞虎咽地吃饭、劈木头、学习骑马和露天宿营。

夏日的一个亮点是背包旅行，从一个叫弗里霍莱斯的村庄出发（村庄是普埃布洛印第安人在卡尼德洛斯弗里霍莱斯峡谷陡峭的崖壁上凿出来的，峡谷中是格兰德河，河对面是桑格雷-德克里斯托山），然后登上峡谷和帕哈里托高原的平顶，到达海拔超过10 000英尺的格兰德山谷（Valle Grande）。格兰德山谷位于宽阔的杰梅兹破火山口①中，后者的直径达12英里。火山口边缘以下3 500英尺有一个绿草盆地，盆地被山形的熔岩堆分割成了几个高山谷地。杰梅兹破火山口已经有100万年的历史，是世界上最大的破火山口之一，甚至在月球上也能看到。在卡尼德洛斯弗里霍莱斯以北4英里的地方，有一个平行的峡谷，名为洛斯阿拉莫斯。这个名字源自西班牙语，意思是白杨，这种植物覆盖着峡谷中的洼地。1922年夏，年轻的奥本海默第一次来到了这里。

就像拓荒时代那些来自美国东部，游走在法律边缘的人一样，奥本海默与荒野的接触将他从过度文明的限制中解脱了出来。这次遭遇是决定性的，是一次对信念的疗愈。通过一个活力四射的夏天的洗礼，他从一个体弱多病并且可能对自己的健康过分担心的男孩转变成了一个体魄上充满自信的年轻男子。带着晒黑的皮肤，以及至少是合格的体形，他来到了哈佛大学。

在哈佛大学，奥本海默把自己想象成一个进入罗马的哥特人。"他像打劫一样地学习。"一个同班同学回忆说。他惯常会修6门功

---

① 位于火山顶部，直径较大的圆形或卵形火山口，通常与大型火山的喷发相关，由于火山中心部位崩塌或凹陷形成。——编者注

课的学分——要求是修 5 门——外加 4 门旁听课程。这些都不是容易的课程。他主修的是化学，但一个典型的学年内他可以修 4 个学期的化学、2 个学期的法国文学、2 个学期的数学、1 个学期的哲学和 3 个学期的物理学，这些还只是有学分的课程。他还自学，学习各种语言，偶尔在周末驾驶他父亲给他的 27 英尺长的单桅帆船出海，或者和朋友一起通宵长途徒步旅行。灵感降临时，他会写短篇小说或写诗，但羞于参加课外活动或课外团体。他也没有与女孩约会，因为他仍未完全成熟，只敢远远地对年长的妇女表示尊敬。奥本海默后来评价说："尽管我很喜欢工作，但我铺得太开，只能勉强过关。"他的"勉强过关"指的是除了零星几门课程的成绩为 B 等外，其他课程的成绩全都是 A 等。只用了三年时间，奥本海默就以最优等的成绩从哈佛毕业了。

所有这种勤奋中都带有某种狂热，只是被传统的哈佛式的沉闷掩饰住了。然而，此时的奥本海默还没有发现自我——对美国人来说，这是不是比对西拉德或者特勒那样的欧洲人更困难？后者的早年岁月与之后的人生是一体的，没有重大的转变——他在整个哈佛期间都未能发现自我。奥本海默曾说，哈佛是"我一生中度过的最激动人心的时期，我真正拥有了一个学习的机会，我爱它，我充满了活力"。但在学业上的兴奋后面，也有痛苦。

他始终是一个非常注重私密的人，甚至会费尽心思保护自己的隐私。但在晚年，他曾向一群知心朋友袒露过自己。几乎可以肯定，这种自我剖析可追溯到他的大学时代。"直到现在，"他在 1963 年告诉这些朋友，"特别是在我几乎无限长的青春期里，我的每一次行动，每一次成功完成某件事或者每一次没能完成某件事，无论是一篇物理学论文还是一次演讲，或者我读一本书的方式，与一个朋友交谈的方式，又或者是我恋爱的方式，都会在我心中激起一种非常强烈的厌恶感和失落感。"他在哈佛大学的朋友们很少能看到这一面——毕竟，一所美国大学就是一个"安全屋"——但他在给赫伯特·史密斯的信中暗示了这一点：

> 你慷慨地问起我做的事情。除了上周令人厌烦的记录展示的那些活动外，我努力工作，写无数的论文、注解、诗歌、故事和废话。我去数学图书馆读书，去哲学图书馆，将一部分时间用于读伯特兰·罗素先生的书，一部分时间用于注视一个非常美丽可爱的姑娘，她正在写一篇有关斯宾诺莎的论文，这真是一种迷人的讽刺，你觉得呢？我在三个不同的实验室制造臭气，听阿拉尔讲拉辛的八卦，给一些迷惘者端茶倒水并以博学的口吻与他们交谈，外出度周末放松身心，读希腊神话，讲失礼的话，在桌子里寻找我写的信，并且希望我死掉。瞧，就这些。

这个夸张的死亡愿望部分是奥本海默有意为之，希望指导老师关注自己，部分是因为纯粹的痛苦。考虑到其可能的分量，承受这样的痛苦需要不小的努力和勇气。

奥本海默大学时最亲密的两个朋友，弗朗西斯·弗格森和保罗·霍根，都认为他有过分夸张的倾向，使许多事情看起来大大超出了其真实程度。这种倾向最终会毁掉奥本海默的一生，因此应该认真审视。此时的奥本海默已经不再是胆小的男孩，但仍然是一个心神不宁的年轻人。他在拣选信息、知识、年代、体系、语言和复杂而适宜的技能时，就像在试穿衣服一样。他的夸张表明，他知道你知道它们有多不"合身"，不"合身"到了尴尬的程度（夸张也是一种自黑，提供了这种尴尬）。也许这就是夸张的社会功能。越博学就越糟糕。越博学就越自暴自弃，"一种非常强烈的厌恶感和失落感"。没有什么是他自己的，没有什么是独创的，他把那些通过学习获得的知识视作偷来的，他把自己视作一个小偷：一个劫掠罗马的哥特人。他爱"劫掠得到的东西"但又蔑视"劫掠者"。在区分收藏家和创造者上，他与哈里·莫塞莱的遗嘱表现得一样清醒。但与此同时，知识或许是他当时唯一具备掌控力的东西，他不能放弃。

他也尝试写诗和短篇小说。他大学时的信件不像是出自一名科学家，更像是出自一个文人。在之后的人生中，奥本海默一直保持着他的文学技艺，这些技艺将很好地服务于他，但他最初获取这些技艺是因为他认为它们能打开认识自我的大门。同时，他也希望写作能以某种方式陶冶他的性情。他读新近出版的《荒原》①，认同它的悲观厌世，开始寻求印度哲学中严肃的心灵安慰。他和新近到哈佛任教的艾尔弗雷德·诺思·怀特海（Alfred North Whitehead）②本人一起，把怀特海和伯特兰·罗素的三卷《数学原理》彻底推导了一遍——除了奥本海默，只有一个学生敢参加这个研讨班——奥本海默终身都为这项成就感到骄傲。最关键的一点是，他开始认识到化学中隐藏的物理学基础，就像在复杂的地质和历史条件下形成的岩石中隐藏的晶体一样："我发现我在化学中感兴趣的东西非常接

①　英国著名诗人 T. S. 艾略特代表作。——编者注
②　英国数学家、逻辑学家，与曾经的学生伯特兰·罗素合著有《数学原理》，后者被认为是 20 世纪最重要的数理逻辑著作。——编者注

近物理学。显然，如果你正在学习物理化学，并且开始接触热力学和统计力学的思想，那么你就会想把它们弄清楚……这是一个非常奇特的图景，我从没学过物理学基础课程。"

奥本海默当时在珀西·布里奇曼（Percy Bridgman）的实验室学习。许多年后，布里奇曼获得了诺贝尔奖。[①] 在谈到布里奇曼时，奥本海默曾说："他是一个让人想当他学徒的人。"在布里奇曼的实验室，奥本海默学到了许多物理学知识，但不够系统。他以化学专业毕业，并傻气十足地认为卢瑟福会欢迎他去剑桥大学（后者已经于 1919 年从曼彻斯特大学迁至剑桥，从年老的 J. J. 汤姆孙那里接过卡文迪许实验室主任之职）。"但卢瑟福并没有打算接纳我，"奥本海默后来告诉一位历史学家，"他对布里奇曼的评价不高，而且我的学历很奇特，[②] 不会给人留下深刻的印象，更别说像卢瑟福这样的人了……我甚至不知道我为什么要离开哈佛，但我总觉得［剑桥］更接近中心。"尽管布里奇曼的推荐信意思明确，但这封信并没有帮助卢瑟福更好地了解奥本海默。布里奇曼在推荐信中说，奥本海默有"很强的融会贯通能力"，"他在处理许多问题时表现出了很高的原创性和极强的数学能力"，但"他的弱点在实验方面，他的思维类型是数学分析胜于物理实在，他对实验室里的操作并不得心应手"。布里奇曼还真诚地写道，他认为奥本海默"有一点儿投机"，但"如果他确有所成，我相信他将会取得极其不同寻常的成功"。在与保罗·霍根以及一些 1921 年夏天结识的老朋友度过又一

[①] 布里奇曼因高压物理学领域的研究和发明获得了 1946 年的诺贝尔物理学奖。——编者注
[②] 奥本海默此处的意思可能是他是以化学专业毕业的。——编者注

个新墨西哥疗愈之夏后，奥本海默启程前往剑桥，试图加入他心目中的"中心"。

J. J. 汤姆孙此时还在卡文迪许实验室，他留下了奥本海默。"我的日子过得很糟糕，"奥本海默 11 月 1 日写信给在牛津大学的弗朗西斯·弗格森说，"实验室的工作非常烦人，我太笨手笨脚了，完全没有正在学习一点东西的感觉……那些讲座也毫无价值。"不过他也认为，"按照这里的学术水准，哈佛的很多人都不达标"。奥本海默在卡文迪许实验室一个大地下室（大家将它称为"车库"）的一角工作，汤姆孙在另一角。他费力地为一个实验制备很薄的铍箔，这个实验他好像从来没有做完。詹姆斯·查德威克此时也已经从曼彻斯特来到剑桥，现在是卢瑟福的助理研究主任，他后来使用了这些铍箔。"实验室里的事情真的显得有些装腔作势，"奥本海默后来回忆说，"但它使我进入了实验室，听到和发现了许多大家感兴趣的东西。"

战后对量子理论的研究此时刚刚开始。这让奥本海默非常兴奋。他想加入这一研究的行列，但担心自己可能太晚了。他之前的学习一直都很顺利，但在剑桥，他碰壁了。

他碰的这堵壁是智识上的，也是情感上的，甚至更多是情感上的。"就像受到冷落后不想再玩的小男孩的忧郁。"奥本海默在 3 年后突破了这一困境，这样描述说。英国人对待他的态度就像当年对待玻尔一样冷漠，但他缺乏玻尔那种通过艰苦努力而获得的自信心。赫伯特·史密斯感觉到了灾难的临近。"罗伯特最近怎么样？"他写信给弗格森，"寒冷的英国真的像你发现的那样，社会和天气都像地狱一般吗？或者，他喜欢英国的异国情调吗？顺便说一句，我有一个想法，你应该以尽量巧妙的方式帮助他了解英国，而不是一味贪多。你比他先到两年，又有更强的社会适应能力，这可能会使他陷入绝望。我不担心他卡你的脖子①……我只是担心他会认为自己的人生不值得继续。"奥本海默在12月写信给史密斯，说他并没有忙于"为自己谋求一份事业……事实上，我一直在做更困难的事情——为事业塑造自我"。事情比他信中写的更糟。事实上，正如奥本海默后来说的那样，他"已经处在崩溃的边缘，这种影响是长期而缓慢的"。圣诞节，他在巴黎见到了弗格森，告诉了弗格森他对实验室工作感到绝望，以及他在爱情上遭受的挫折。之后，与史密斯预见的相反，奥本海默卡住了弗格森的脖子并试图掐死他。弗格森轻松地摆脱了。回到剑桥后，奥本海默试图写一封信解释。他写道，他要给弗格森寄一首"喧杂"的诗。"我没有触及优秀这个可怕的事实——这或许正是其中的有趣之处，就像我在巴黎时做的事情一样——但如你所知，这一点和我没法将两根铜导线焊在一起的事实共同作用，快把我逼疯了。"

　　幸好优秀这个可怕的事实没继续困扰他。在接近某个心理危机极点时，他也会努力鞭策自己竭尽全力，深信他的心智一定会使他渡过难关。他"一直在做大量的工作"，一个朋友说，"思考、阅读、讨论，但显然带着巨大的心理忧虑和警觉"。那一年，一个至关重要的变化是他首次见到了坡尔。"当卢瑟福把我介绍给坡尔时，他问我正在做什么。我告诉了他。他问：'进展怎么样？'我回答说：'我遇到了困难。'他又问：'是数学上的困难还是物理学上的困难？'我说：'我不知道。'他说：'这可太糟了。'"但玻尔的某

---

① 此处的原文是 flying at your throat，意思是两个人发生激烈的争执和冲突。——编者注

些特点——至少，他长辈般的和善，C. P. 斯诺称之为他朴素又诚挚的善意，他那平和的"可爱"——使奥本海默放松下来并下定决心："在那一刻，我把铍和薄膜抛到了脑后，决定试着改行成为一名理论物理学家。"

这场危机究竟是被这一决定触发的，还是被这一决定缓解了，记录中的描述并不太清楚。奥本海默去看了剑桥的一名精神病医师。有人写信将他的问题告知了他的父母，他们像很多年前急匆匆地赶往科尼格营地一样赶了过来。他们催促儿子去看一个新的精神病医师。他在伦敦的哈利街找到了一个。看过几次后，这名医师给出的诊断是早发性痴呆（dementia praecox），这是精神分裂症的旧称，其特点为多发于青少年时期、思维过程有缺陷、行为古怪、倾向于生活在内心世界中、无法维持正常的人际关系以及极差的预后。鉴于这种病在症状学上的模糊不清，再加上奥本海默惊人的智力水平以及深深的痛苦，这名精神病医生的错误就不难理解了。一天，弗格森在哈利街遇到了奥本海默，问他最近怎么样。"他说……那个家伙太蠢了，完全不清楚他的问题，还说他比［那个医生］更了解自己的麻烦，他这么说或许没错。"

转变在到哈利街求医之前就开始了。那个春天，他和两个美国朋友一起去了科西嘉岛，在那里待了10天。在科西嘉，究竟什么挽救了奥本海默仍然是一个谜，但这个谜对他来说非常重要，以至于他曾向他感情细腻的传记作者尼埃尔·法尔·戴维斯（Nuel Pharr Davis）专门强调过这一点，为了吊人胃口还故意说得扑朔迷离。从科西嘉返回后不久，奥本海默写信给弟弟弗兰克，说科西嘉"是一个美妙的地方，从葡萄酒到冰川，从龙虾到双桅帆船，各种各样美好的东西应有尽有"。他在晚年对戴维斯强调说，美国政府多年来积累了数百页有关他的资料，以至于有人说他的一生都被记录在了里面，但事实上，这些记录中几乎没有任何真正重要的信息。为了证实他的观点，他说，他会提到科西嘉。"那位［剑桥的］精神病医生是我在科西嘉经历的事情的前奏。你问起我是否会把整个事情告诉你，或者你是不是应该把它彻底挖出来。但只有很少人知道这件事，他们是不会告诉你的，你挖掘不到。你需要知道的事情是，这不是一场单纯的爱情，全然不是爱情，而是爱。"奥本海默还说，它是"我人生中最美妙的一件事，是我人生中美妙而永恒的一部分"。

不管是爱情还是爱，奥本海默那年在剑桥找到了他的使命，这无疑起到了疗愈作用。科学从情绪灾难中把他拯救了出来，正如科学从社会灾难中拯救出了特勒。1926 年秋，魏玛共和国行将终结的年月，奥本海默迁到了哥廷根。在这个德国中部下萨克森地区的中世纪古镇，有一座由英王乔治二世创立的大学。马克斯·玻恩领导的哥廷根大学物理系最近搬进了本生街上由洛克菲勒基金会资助建成的学院大楼里。在这里，尤金·维格纳以访问学者的身份与玻恩一起工作，维尔纳·海森伯和沃尔夫冈·泡利也在这里，还有待得不那么开心的意大利物理学家恩里科·费米，他们后来都获得了诺贝尔奖。詹姆斯·弗兰克——已经于 1925 年获诺贝尔奖——从威廉皇帝研究所哈伯的研究院来到了这里，现在指导实验课。在这里，数学家理查德·柯朗（Richard Courant）、赫尔曼·外尔（Hermann Weyl）和约翰·冯·诺伊曼开展合作研究。爱德华·特勒后来也会来到这里，担任助教。

这是一座舒适惬意的小城，至少对来访的美国人是如此。他们能喝到始于 15 世纪的施瓦兹贝恩黑熊啤酒厂生产的新鲜啤酒，或者坐在容克厅（Junkernschänke）曾经的顾客奥托·冯·俾斯麦[1]的蚀刻画像下，享用香脆可口的维也纳炸肉排。容克厅已经有400年的历史，位于赤脚街和犹太街的转角处，是一座雕花半木结构的三层楼房，镶嵌有彩色的玻璃。奥本海默很可能在这里用过餐：他一定会喜欢这里的氛围。当一名学生在哥廷根大学获得博士学位时，他的同学会要求他亲吻美丽的"牧鹅少女"。这尊真人大小的少女铜像被安置在青铜制作的花木丛中，装饰着古老的市政厅门前广场上的喷泉。为了吻到"牧鹅少女"的嘴唇，需要蹚过或跨过喷泉池，这是这个传统仪式的关键点，奥本海默必定也接受了这种专业荣誉的洗礼。

市民们仍然在承受战争和通货膨胀带来的灾难。奥本海默和其他几个美国大学生寄宿在一名哥廷根医师带围墙的宅第里，这名医师失去了所有财产，被迫通过接纳寄宿学生来增加收入。"尽管［大学中的］社会非常富裕，对我也很热情并且有所帮助，"奥本海默后来说，"但它是处于德国人非常痛苦的情绪中的……痛苦、郁闷，我要说，还有不满和愤怒，以及其他一些要素，所有这些东西一起，后来引发了巨大的灾难。我对此深有感触。"在哥廷根，奥本海默首先衡量了德国遭到破坏的程度。特勒后来从他对战败及其后果的体验出发，给出了自己的归纳和总结："战争不仅会创造惊人的痛苦，还会铸就延续几代人的深刻仇恨。"

在来哥廷根之前，奥本海默的两篇论文《关于振动-旋转带的量子理论》和《关于二体问题的量子理论》就已经被《剑桥哲学会会刊》（*Proceedings of the Cambridge Philosophical Society*）接受

---

① 俾斯麦曾在哥廷根大学学习法律。——编者注

发表（这也为他来到哥廷根铺平了道路）。在踏上自己的命运之途后，奥本海默的论文数量开始成倍增加。他的工作不再是学徒式的，而是实实在在的科学成就。他的独特贡献——得益于他开阔的思维——是将量子理论拓展到了其狭窄的初始范围之外。他的学位论文《关于连续光谱的量子理论》发表在了声望很高的德国《物理学杂志》（*Zeitschrift für Physik*）上，玻恩给予了这篇论文很高的评价，说它"非常优秀"。奥本海默还与玻恩合作，共同阐释了分子的量子理论，这是一项重要而不朽的贡献。算上他的学位论文，奥本海默在 1926 至 1929 年间共发表了 16 篇论文，这些论文为他赢得了作为一名理论物理学家的国际声誉。

奥本海默回到了美国，此时的他已经是一个自信得多的男子汉。哈佛大学为他提供了一份工作，在帕萨迪纳新建的朝气蓬勃的加州理工学院同样如此。奥本海默对加州大学伯克利分校尤其感兴趣，因为按他后来的说法，它当时还是"一个荒漠"：这所大学当时还没有开设理论物理课。他决定同时接受加州大学伯克利分校和加州理工学院两个职位，打算秋冬两季在湾区的园区授课，春季在帕萨迪纳授课。但在这之前，他以美国国家研究委员会研究员的身份回到了欧洲，先是与在莱顿的保罗·埃伦费斯特，然后是当时在苏黎世的泡利一起，加强他的数学功底。泡利的思维甚至比奥本海默更具解析性、更为严谨，物理学上的鉴赏力更为精到。离开埃伦费斯特前，奥本海默曾打算去哥本哈根与玻尔一起工作，但埃伦费斯特认为这不是一个好主意。用奥本海默的话说，埃伦费斯特认为玻尔"大而无当"，不适合作为下一站。"我看到了［埃伦费斯特］写给泡利的一封信，很明显，他是要把我送到泡利那里接受锤炼。"

在离开美国去莱顿前，奥本海默和弗兰克去了一次桑格雷-德克里斯托山。兄弟俩在一片高山草甸上发现了一间小屋和一块他们喜爱的土地，用奥本海默简洁的语言描述，"房子和约 6 英亩地，还有小溪"。小屋是用手劈的木头搭建、填塞而成的，甚至连个厕所都没有。奥本海默身在欧洲时，他的父亲就签下了一份长期的租约，并为奥本海默留出了 300 美元，供奥本海默——按奥本海默的说法——"恢复"之用。对于这位著名的年轻理论物理学家来说，在山上度过一个夏天也是一种恢复。

◉

1927 年夏末，贝尼托·墨索里尼的法西斯政府在科莫——位于意大利北部湖区峡湾状的科莫湖的西南端——召开了一个世界物理学大会。大会是为了纪念亚历山德罗·伏打（Alessandro Volta）逝世 100 周年。伏打是出生于科莫的意大利物理学家，发明了电池，电势的标准单位"伏特"就是以他的名字命名的。除爱因斯坦外，所有著名物理学家都去了科莫。爱因斯坦没去，因为他拒绝为法西斯涂脂抹粉。众多著名物理学家出席科莫会议，是因为量子理论遇到了困境。按照会议日程，玻尔将发表捍卫量子理论的演讲。

有争议的是一个以更富挑战性的新形式出现的老问题。爱因斯坦 1905 年关于光电效应的论文指出，光有时表现得好像不是由波而是由粒子组成的。与此相反，1926 年初，一个口才好、有见识的维也纳理论物理学家埃尔温·薛定谔（Erwin Schrödinger）发表了一种物质的波动理论，指出在原子尺度上，物质的表现就好像它们是由波组成的一样。薛定谔的理论不仅优雅、易懂，而且自身不存在矛盾。它的方程得出了玻尔原子的量子化能级，不过其形式是振动的"物质波"的谐波，而不是跃迁的电子。薛定谔不久后证明，他的"波动力学"与量子力学在数学上是等价的。"换句话说，"海森伯说，"……两者是同一结构的不同数学表述。"这让量子力学家们高兴不已，一方面，这一理论巩固了他们的观点，另一方面，薛定谔理论的数学表述方式更直接，简化了计算。

但薛定谔是旧的经典物理学的同情者，认为他的波动力学有更为深远的意义。他声称，波动力学展示了原子内部的真实情况，原子内部存在的不是粒子而是物质驻波，因此原子被恢复为受经典力学——以连续过程以及绝对的决定论为标志——支配。在玻尔的原子模型中，电子以量子跃迁的方式在不同的定态间飞跃，发射出光子。在薛定谔的理论中，取而代之的是物质复合波，通过被称为相长干涉（constructive interference）的过程（波峰叠加在一起）产生光。"这个假说，"海森伯冷冰冰地说，"美妙得近乎难以置信。"海森伯的这番话并非没有道理：薛定谔的理论与普朗克 1900 年提出的量子化辐射公式——此时已经得到了充分的实验证明——存在矛盾。但许多从来就没有喜欢过量子力学的传统物理学家赞同薛定谔的工作，用海森伯的话说，他们"有一种被解放了的感觉"。那年夏天晚些时候，因为想详尽讨论这一问题，海森伯出现在了薛定谔正在讲学的一个慕尼黑研讨会上，提出了他的异议。他后来回忆说："威廉·维恩〔Wilhelm Wien，一名诺贝尔奖得主〕——慕尼黑大学实验物理学主任——尖锐地回答说，科学界真的不应该再纠结于量子跃迁和原子的神秘性了，还说我提到的那些困难不久后肯定就会被薛定谔解决。"

之后，玻尔邀请薛定谔访问哥本哈根。辩论从火车站开始，从早到晚持续进行，海森伯说：

尽管玻尔无比体贴、热心助人，但在这样一个事关认识论问题，他认为非常重要的讨论上，玻尔对求真毫不退让，不留情面到了可怕的程度。在争论了数小时后，他仍然不放弃，[直到最终]薛定谔承认[他的]解释不充分，甚至不能解释普朗克定律。薛定谔一方为解决这一难题的每一次尝试都在无比艰苦的讨论中被逐一驳倒了。

薛定谔感冒了，卧床不起。但很不幸，他住在玻尔家。"当玻尔夫人照料他，给他端茶送水时，玻尔一直坐在床沿[和他]谈话：'不过，显然你必须承认……'"薛定谔几近绝望。"如果一个人非得继续使用这该死的量子跃迁，"薛定谔像炸了一样说，"那么我真为我试图研究原子理论感到后悔。"玻尔——总是乐见那些能够加深理解的争论——用称赞来安抚他疲惫不堪的客人："但我们其他人对你的贡献无比感激，因为你为原子物理学带来了一项决定性的进步。"薛定谔沮丧地离开丹麦回家了，没有被说服。

玻尔和海森伯随后开始试图调和原子理论的这种二元性。玻尔希望想出某种方法，允许物质和光既以粒子存在，也以波存在。海森伯则一贯主张彻底放弃各种模型，坚持用数学来表述。据海森伯说，到 1927 年 2 月下旬时，他俩都已"非常疲惫，精神相当紧张"，于是玻尔去挪威滑雪了，而年轻的巴伐利亚人则试图用量子力学方程来计算云室中电子的轨迹这一貌似简单的问题，但最终认识到完全没有希望。面对这种困境，海森伯做了反思："我开始怀疑，我们会不会一开始就提出了一个错误的问题。"

在玻尔研究所屋檐下海森伯的房间里，有一天，海森伯工作到了午夜。他想起爱因斯坦有一次与他交谈时讲过一个关于科学工作中理论价值的悖论。爱因斯坦说："是理论决定了我们能观察到什么。"想起这个观点使海森伯无法安宁，他下楼出了门——已经是下半夜了——走过研究所后面的大山毛榉树，来到法埃勒德公园的露天足球场。当时是 3 月上旬，天气仍然很冷，但海森伯是一个精力充沛，善于在室外一边散步一边思考的人。"这次星光下的散步使我产生了一个明显的想法，那就是应当假定，大自然只会允许那些能够被量子力学［的数学］体系框架描述的实验情境发生。"这个直白的陈述听起来极其武断，在未来，对它的检验将来自它数学体系的一致性，以及——最终极的检验——对实验结果的预测能力。但它立即就引导海森伯得出了一个惊人的结论：在原子这个极小的尺度上，对任何事件的认知的精准性必然存在一个固有的极限。如果你确定了一个粒子的位置——比如，像卢瑟福所做的那样，通过让它轰击到一块硫化锌板上——那么你就改变了它的速率，因而失去了这方面的信息。如果你测量它的速率——或许可以通过用它散射 γ 射线来实现——那么在你的高能 γ 光子的轰击下，这个粒子的轨迹就会发生改变，你就无法精确地确定它的位置。一种测量必然会使其他测量产生不确定性。

　　海森伯回到他的房间，开始在数学上将他的想法公式化：位置和动量的测量值的不确定量的乘积不能小于普朗克常数。因此，h 再次出现在了物理学的核心，被用来定义宇宙最基本、无法进一步"解析"的"粒度"（granularity）。海森伯那个晚上考虑的问题后来被称为不确定性原理，它意味着物理学中严格决定论的终结，因为如果原子事件原本就是模糊不清的，如果根本就不可能获得一个个粒子在时间和空间上的完备信息，那么对它们未来行为的预测就只可能是统计性的。18 世纪的法国数学家、天文学家拉普拉斯侯爵曾有一个梦想（或者说无稽之谈），他说如果能在某一刻知道宇宙中每一个粒子在时间和空间上的精确位置，那么他就能预言未来任何时刻的事情。在那个深夜，在哥本哈根的一个公园里，拉普拉斯的这个想法得到了回答：大自然将这种神圣的特权抹去了。

按理说，玻尔应该喜欢海森伯从原子内事件做出的这种概念上的推广，但他反而感到烦恼。他带着自己的宏大概念从他的滑雪之旅回来了，这个概念的力量最早可以追溯到他对两重性和歧义性的理解，追溯到波尔·马丁·默勒和索伦·克尔恺郭尔。他的巴伐利亚学生没有将他的不确定性原理建立在粒子和波的二元论上，玻尔对此特别不高兴。他此前对待薛定谔"不留情面到了可怕的程度"，如今他也用这种态度来对待海森伯。好在奥斯卡·克莱因——玻尔那个时期的抄写助手——进行了居中调停。尽管海森伯才华横溢，但他毕竟只有 26 岁。最终，海森伯让步了，他承认不确定性原理只是玻尔设想的更普遍概念的一种特殊情形。在这种情况下，玻尔允许海森伯将论文发表，并开始准备他科莫会议的发言稿。

舒适的 9 月，科莫会议拉开了帷幕。玻尔首先礼貌地谈及伏打，向他致敬，说"我们聚集在这里纪念一位伟大的天才"，然后切入正题。他提议尝试发展"一种普遍的观点"，以便将"不同科学家所持的明显冲突的观点调和起来"。玻尔说，问题的关键是量子条件在原子尺度上起着支配作用，但我们测量这些条件的仪器——归根结底，就是我们的感官——是以经典方式运作的。这个缺陷将必要的限制强加在我们能够认识的事物上。一个展示光以光子的形式传播的实验在它的限制条件内是有效的。一个展示光以波的形式传播的实验在它的限制条件内同样是有效的。物质的粒子性和波动性同样如此。能够接受两者都有效的原因是，"粒子"和"波"是措辞，是抽象。我们认识的不是粒子和波，而是我们的实验设备以及这个设备在实验应用中是怎样变化的。设备是大的，而原子的内部是小的，两者之间必须引入一个必要的、限定性的对应关系。

玻尔继续说，解决的方案是平等有效地接受不同和互斥的结果，将它们并列在一起建立一个原子领域的复合图像。唯有全面，方能清晰。玻尔绝不会对一种傲慢自大的还原论感兴趣。与此相反，他呼吁"放弃"（这个词在他的科莫演说中反复出现）：在涉及原子尺度的事物时，放弃经典物理学神圣的决定论。他把这种"普遍的观点"称为"互补性"（complementarity），这个词来源于拉丁文complementum，意思是"补充或者完善"。光作为粒子和光作为波、物质作为粒子和物质作为波，是互斥的抽象概念，同时又互为补充。它们无法合而为一，也不能彼此消解，只能以貌似自相矛盾的形式并存。然而，一旦接受这种别扭的非亚里士多德式的条件，这就意味着物理学能够弄清的事情比用其他方式弄清的事情要多。而且，就像海森伯刚发表的不确定性原理在其适用条件内论证的那样，在人类感官能够感知的范围内，宇宙似乎确实是以这种方式运行的。

埃米利奥·塞格雷在现场听了玻尔1927年的科莫演讲，他当时还是一名年轻的工程学学生。他在退休后写的一部现代物理学史中简明扼要地解释了互补性："两个量是互补的，是指它们中的一个量的测量会妨碍另一个量被同时精确地测量。同样的，两个概念是互补的，是指一个概念将某种限制施加于另一个概念上。"

玻尔随后逐一仔细检视了经典物理学和量子物理学的冲突，并且说明了如何通过互补性来消除这些冲突。在演讲的结论部分，玻尔简要地指出了互补性与哲学的联系。他说，物理学中的情况"与人类观念形成过程中的普遍困难有深层的类似性"，"主体和客体的差异是固有的"。这就一路回溯到了《一个丹麦学生的奇遇》中"学院派"的两难问题，并给出了解答：思考的"我"和行动的"我"是不同的，他们互相排斥，但又是自我的互补性抽象。

在随后的岁月中，玻尔将把他这种"普遍的观点"作为"指南针"，运用于物理学之外的世界。它将不仅引导玻尔对物理学问题的看法，还将引导他对重大政治问题的看法。然而，它从没像玻尔所希望的那样成为支配物理学的核心。在科莫，一个由年长的物理学家组成的极少数派不出意料地没有被说服。爱因斯坦在听说玻尔的观点后也不为所动。1926 年，他曾写过一封信给马克斯·玻恩，谈到量子理论的统计性质："量子力学需要认真注意。但我的心中有一个声音告诉我，这不是真正的先祖雅各①。这个理论阐明了很多问题，但它没有使我们更加接近造物主的秘密。无论如何，我相信，上帝不掷骰子。"科莫会议一个月后，另一个物理学会议在布鲁塞尔召开。这个会议由比利时工业化学家欧内斯特·索尔韦（Ernest Solvay）赞助，因此被称为索尔韦会议。爱因斯坦出席了这次会议，参会的还有玻尔、普朗克、居里夫人、亨德里克·洛伦兹（Hendrik Lorentz）②、玻恩、埃伦费斯特、薛定谔、泡利、海森伯等。"我们都住在同一个旅馆里，"海森伯后来回忆说，"发生了激烈的争论，不是在会议厅，而是在旅馆用餐时。玻尔和爱因斯坦的争论最为激烈。"

爱因斯坦拒绝接受决定论在原子层面上被禁戒，也不接受宇宙精细结构不可知、统计法则支配一切的观点。"在这些讨论中，我

---

① 雅各，《圣经·创世记》中以撒之子，以色列人的先祖。——译者注
② 荷兰物理学家，1902 年诺贝尔物理学奖得主。——编者注

们常常从他嘴里听到'上帝不掷骰子'这句话，"海森伯写道，"因此，他直截了当地拒绝接受不确定性原理，并试图构想出一些这一原理不成立的情形。"爱因斯坦会在早餐时提出一个颇具挑战性的思想实验，争论会持续一整天，"通常，尼尔斯·玻尔会在晚餐时向爱因斯坦证明，他最新的思想实验仍然无法动摇不确定性原理。爱因斯坦看上去往往会有点闷闷不乐，但第二天早晨，他又会提出一个比上次更复杂的新的思想实验"。这样持续了好几天，直到埃伦费斯特责备爱因斯坦——他们是交往多年的朋友——说他为爱因斯坦感到羞愧，爱因斯坦反对量子理论，正像他的反对者反对相对论一样缺乏理性。但爱因斯坦始终固执己见（在量子理论这个问题上，爱因斯坦的固执保持到了他生命的终结）。

尽管玻尔是一名灵活的实用主义者和民主主义者（绝非一名专制主义者），但他也会听烦爱因斯坦对上帝会不会掷骰子这个问题的个人见解。有一次，他最终使用了爱因斯坦自己的话来训斥这位杰出的同行。上帝不掷骰子吗？"怎样运转世界不该是我们教上帝的事。"

第 6 章

机　器

　　"一战"后，在卢瑟福的领导下，卡文迪许实验室蓬勃发展。奥本海默在这里之所以不开心，是因为他不是一名实验物理学家。对于实验物理学家来说，剑桥大学毫无疑问是奥本海默认为的那种中心。20 世纪 30 年代初，C. P. 斯诺——比奥本海默稍晚一点——在这里接受过科学训练。在他的第一部小说，出版于 1934 年的《探索》中，斯诺借一个虚构的年轻科学家之口赞颂了这段经历：

　　　　卡文迪许实验室的那些周三例会令人难忘。于我而言，它们是科学方面我全部个人激情的真髓。你可以把它们称为一种浪漫。它们还没有达到不久后我就将体验到的［与科学发现相关的］那种最高层次的体验。但每一个星期，当我离开，走在寒夜中，东风从沼泽地吹过古老的街道时，我的内心却充满了一种光芒：我亲眼见过世界上最伟大运动的领导者们，亲耳听过他们的话，还和他们有着密切的关系。

　　实验室与以前相比更为拥挤，呈现出破败的迹象。马克·奥利芬特曾经回忆起他第一次站在卢瑟福办公室外走廊里的情景，注意到"没铺地毯的地板、暗黑的涂漆松木门、污损的水泥墙壁和透过肮脏的玻璃照射进来的昏黄的自然光"。奥利芬特还记录下了这位卡文迪许实验室主任当时——20世纪20年代后期，卢瑟福50多岁时——的样子："一个大个子、面色红润的人接待了我。他淡黄色的头发正在变少，但胡子很浓密，待人接物也很和善。我的部分童年时光是在阿德莱德市后山上的一个小山村度过的，他让我强烈地联想到那里一个兼作邮局的百货店的老板。卢瑟福立刻让我感到宾至如归，轻松自在。他说话时有点口齿不清，不时用火柴点燃一根烟斗，喷出像火山一样的烟雾和灰烬。"

借助简单的实验设备，卢瑟福继续做出惊人的发现。除了发现原子核外，最重要的成果出现于1919年。当时卢瑟福即将从曼彻斯特大学迁往剑桥大学，他在4月寄出了这篇论文。之后，在卡文迪许实验室，他和查德威克继续展开这方面的研究。这篇1919年的论文实际上总结了卢瑟福在战时4年不多的空余时间里做出的一系列研究发现。"一战"期间，卢瑟福一边为海军部做潜艇探测方面的研究，一边几乎是独自一人支撑起曼彻斯特大学的实验室。论文分四个部分，前三部分为第四部分"氮的一个反常效应"铺平了道路，而这个部分具有革命性。

欧内斯特·马斯登对α粒子散射的研究使卢瑟福发现了原子核。1915年，在曼彻斯特大学实验室的日常实验研究中，马斯登又发现了一个奇怪的现象，这一现象催生了新的科学发现。马斯登当时在用α粒子——氦核，原子量为4，从一根装有氦气的小玻璃管发出——轰击氢原子。在实验中，他将氦气管固定在一个密封的铜盒里，盒子的一端装有硫化锌闪烁屏。他先抽空盒子里的空气，然后充以氢气。从氦气发出的α粒子像弹珠一样撞击氢原子（原子量大约为 1），将能量转移给它们，使一些氢原子飞向闪烁屏。通过在闪烁屏后插入吸收用的金属箔①直至闪烁信号消失，马斯登得以测量出这些粒子能够飞行的距离。②与预计的一样，在和较重的α粒子发生碰撞后，质量较小的氢原子能飞出比α粒子更远的距离——据卢瑟福说，大约是α粒子飞行距离的 4 倍——就像弹珠游戏中较小的弹珠与较大的弹珠发生碰撞时的情况一样。

这些结果都不足为奇。但卢瑟福后来回忆说，马斯登还注意到，在盒子被抽成真空后，玻璃氢气管自身"产生了许多像氢产生的那样的闪烁"。他又试了一根石英管，之后又用了一块镀有镭化合物的镍盘，结果都观察到了与氢相似的明亮闪烁。"马斯登据此得出结论，这些是强有力的证据，证明氢来自放射性物质自身。"这个推断如果是正确的，那么将会是一个令人震惊的发现，因为截至此时，放射性原子在衰变过程中只被发现释放α粒子（氦核）、β粒子（电子）和γ射线。但这个推测并不是唯一的可能。卢瑟福也不太可能轻易接受这一结果。毕竟，他——三种基本辐射中两种的发现者——从未在辐射的射线中发现过氢。1915 年，马斯登回新西兰的大学教书了。卢瑟福继续研究这个奇怪的反常现象。他对自己的研究目标有清楚的认识。"我偶尔会找半天空闲尝试一些我自己的实验，"他在 1917 年 12 月 9 日写信给玻尔说，"已经得到了一些我认为将最终被证明有重大意义的结果。我希望你在这里，这样就能与你详细讨论这些问题。我正在检测和计数被［α粒子］撞击并运

---

① "在闪烁屏后"是相对观察者的视角，对于飞行的粒子来说，金属箔位于闪烁屏之前。——编者注
② 粒子穿过厚度不同的金属箔可以等效地想象成在空气中飞行了一段长度各异的距离。——编者注

动的较轻的原子……我也正在尝试用这一方法击碎原子。"

卢瑟福的装置与马斯登的很相似，是一个带阀门的铜盒，可以将气体注入或者抽出盒子，盒子的一端装有一块闪烁屏。他用一块镀有镭化合物的圆台形铜盘作为α粒子源。整套实验装置如下：

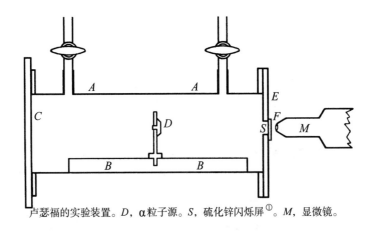

卢瑟福的实验装置。D，α粒子源。S，硫化锌闪烁屏[①]。M，显微镜。

马斯登的反常氢原子最可能的一种解释是污染。氢密度小、化学性质活泼，并且是无处不在的空气的微量组分。因此，卢瑟福研究这个问题的根本策略是严谨的排除法：不断缩小盒子中氢原子源的可能范围，最终确定氢原了来自哪里。他首先通过研究证明，单靠放射性物质本身是不会产生这些氢原子的。他还证明，这些粒子与马斯登用α粒子轰击氢气的实验中被撞击飞出的氢原子有相同的质量和预期飞行距离。卢瑟福还把干燥的氧气或者二氧化碳注入抽

---

① 根据能够查到的资料，作者此处的图注不够准确，事实上S是一个等效于空气中一段飞行距离的金属吸收箔，F才是硫化锌闪烁屏。——编者注

空的铜盒中，他在两种情况下都发现，来自放射源方向的氢原子由于与这些气体的原子发生碰撞而减速，因而闪烁屏上的闪烁变少了。

之后，卢瑟福试着使用干燥的空气。结果令他大吃一惊。当注入干燥的空气时，闪烁次数不是像注入氧气和二氧化碳那样减少，而是增加了一倍。

在他1919年那篇论文革命性的第四部分中，卢瑟福在开篇谨慎地写道，这些新发现的闪烁"从肉眼看与氢闪烁的亮度大致相当"。他继续研究它们。如果它们是氢原子，那么它们仍然可能来自污染，但卢瑟福首先排除了这种可能。他证明，这些闪烁不能简单地用水蒸气（H_2O）中的氢来解释，因为进一步干燥空气对闪烁的数量造成的影响微乎其微。灰尘也可能像危险的病菌一样藏匿氢原子，于是他用长长的脱脂棉塞来过滤注入盒子里的空气，但发现闪烁的数量几乎没有变化。

由于氢原子增加的现象出现在空气中，但没有出现在氧气和二氧化碳中，因此卢瑟福推断它"一定是因为氮气或者空气中的某种其他气体"。氮气占空气的78%，因此这种气体似乎最有可能是氢原子增加的原因。卢瑟福做了一个简单的实验来验证这种猜想：比较注入空气和纯氮气两种情况下闪烁的数量。实验证实了他的直觉："在相同条件下，用纯氮产生的长距离闪烁的数量比用空气多。"[1]最后，卢瑟福得出结论，氢原子事实上来自氮而不是直接来自放射源。卢瑟福以英国科学家一贯的低调审慎宣布了他惊人的发

---

[1] 卢瑟福此处的"长距离闪烁"是下文提到的"长距离原子"落在闪烁屏上产生的闪烁。"长距离"指涉的是原子能够飞行的距离，因而与原子的原子量相关。由于在闪烁屏后（观察者的视角）插入了吸收箔，因此"短距离原子"无法抵达闪烁屏，不会产生闪烁。——编者注

现："从迄今为止获得的结果看，很难避免这样的结论：[α]粒子轰击氮出现的长距离原子不是氮原子而可能是氢原子……如果确实如此，那么必然的结论便是氮原子被轰击解体了。"很快，各大报纸就用更直白的文字报道了这一发现。1919年的新闻头条赫然写道："卢瑟福爵士分裂了原子。"

与其说是分裂，不如说是嬗变，有史以来的第一次人工嬗变。当一个原子量为4的α粒子与一个原子量为14的氮原子碰撞时，击出一个氢原子核（卢瑟福不久后建议将其称为质子），其净结果是一个氧原子，但这个原子的形式是氧的一种新的同位素氧-17（4加14减1）。产生的氧-17的量很少，少到不够供人呼吸。在每30万个α粒子中，只有大约1个能够突破氮原子核周围的电势垒，完成这种创生新元素的"炼金术"。

但这个发现提供了一种研究原子核的新方法。在此之前，物理学家们射向原子核的射线在原子核的外围就会被弹开，他们也只能测量放射性衰变过程中从原子核自发地发出的辐射。现在，他们拥有了一种能够探究原子核内部的技术。卢瑟福和查德威克不久后又研究了其他轻原子，结果表明，其中的大部分——硼、氟、钠、铝、磷——都能被轰击解体。但进一步沿着元素周期表往后，一个势垒的障碍便隐然出现了。卢瑟福使用的天然放射源只能发射出相对低速的α粒子，这些α粒子没有足够的能量穿透重核越来越强、难以克服的电势垒。查德威克和卡文迪许实验室的其他人开始谈论寻找将粒子加速到较高速率的方法。藐视复杂设备的卢瑟福则很抗拒。无论何种情况下，加速粒子都是一件困难的事情。一时间，新生的核物理科学停滞不前了。

除了卢瑟福的那群"男孩"外，还有几名单独在卡文迪许实验室工作的研究者，他们都是 J. J. 汤姆孙理念的继承者。其中有一个人的研究兴趣与其他人不同，但有一定的相关性。这个名叫弗朗西斯·威廉·阿斯顿的实验物理学家身材颀长、举止潇洒、体格健壮、家境富有。他的母亲是伯明翰一名枪炮制造商的女儿，父亲是哈伯恩的一名金属商。还是个孩子时，阿斯顿就用汽水瓶作为"弹药筒"制造苦味酸炸弹，设计并放飞巨大的薄纸热气球。阿斯顿终身未娶，在 1908 年继承去世的父亲的财产后，他滑雪、制造摩托车并参加摩托车赛、拉大提琴、环游世界。1909 年，32 岁的他在火奴鲁鲁停下了脚步，在那里学习冲浪，他后来将冲浪称为最美妙的运动。阿斯顿还是卢瑟福星期天在剑桥大学的戈格斯高尔夫球场打高尔夫球的惯常球友之一。正是阿斯顿在英国协会 1913 年的年会上宣布，在艰苦的努力后，他利用陶土管和扩散的方法分离出了氖的两种同位素。

　　阿斯顿最初是学化学的，伦琴发现 X 射线使他转向了物理学。1910 年，他接受汤姆孙的邀请来到了卡文迪许实验室。正是因为汤姆孙似乎在阳极射线放电管中将氖分离成了两种组分，阿斯顿才付出艰辛的努力，试图用气体扩散法证实其差异。汤姆孙发现，通过对他的放电管施加平行的磁场和静电场，他能分离出各种原子束流。他的放电管中产生的束流不是阴极射线，他正在处理的是被正电板（带正电的阳极）排斥的"射线"。这种射线是被剥离掉电子的原子核束流：电离化的原子。它们能通过向管中引入气体来产生，或者将固体材料镀到阳极板上，在这种情况下，当放电管被抽成真空并且阳极被加载电压后，材料电离化的原子就会"沸腾"而出。

在通过磁场时，辐射束流中速率不同的原子核会偏转成彼此分离的组分束，速率上的差异体现了不同的原子核间质量的差异。组分束在静电场中做不同程度的偏转则取决于原子核的电荷，而电荷的差异反映的是它们不同的原子序数。"通过这种方法，"乔治·德海韦西后来写道，"可以证明放电管中出现了很多种原子和原子团。"

"一战"期间，阿斯顿在伦敦西南方的范堡罗皇家飞机制造公司工作，研发质地坚韧的涂料和纤维织物，用作飞机的遮盖物。他一直在努力思考汤姆孙的放电管。他想明确证明氖是存在同位素的——汤姆孙还没有信服——同时研究是否有可能分离其他元素的不同同位素。阿斯顿认为正电射线管就是答案。然而它虽然在普通的测量方面表现良好，在精确度上却无法令人满意。

1918年，阿斯顿回到了剑桥大学。此时他已经在理论上解决了这个问题，并开始建造他设想的精密仪器。这种仪器可以给气体或镀层充电，使其电离为电子和原子核，并使发射出的原子核通过前后两个狭缝，产生刀锋般的粒子细束，就像光谱仪中狭缝拦成的光束。之后，粒子束会通过一个强静电场，这将把原子核按种类分离成不同的束流。分离后的束流继续向前通过一个磁场，这一磁场将按质量进一步分离束流中的原子核，产生出分离的同位素束流。最后，按类分离的束流落在照相机的胶卷上。胶卷上有刻度，可以记录下它们的精确位置。这样，磁场使分离的束流偏转的程度——粒子使胶卷变黑的位置——就高精度地反映了其各组分原子核的质量。

阿斯顿称他的发明为质谱仪，因为它能按质量分离不同的元素以及同一元素的不同同位素，就像光谱仪按频率分离不同的光一样。

质谱仪立即获得了惊人的成功。玻尔后来说，"在1920年1月和2月给我的几封信中，卢瑟福说他为阿斯顿的工作感到高兴"，这一工作"给卢瑟福的原子模型提供了一个令人信服的证明"。自然界中存在281种天然的同位素，在此后的20年间，阿斯顿确定了其中的212种。阿斯顿发现，除了氢是一个显著的例外，他测量的所有元素的原子量都非常接近整数。这为元素在本质上是简单地由质子和电子组合而成（即由氢原子组合而成）的理论提供了强有力的证据。对化学家们来说，天然元素的原子量之所以不是整数，是因为它们常常是不同同位素——它们的原子量是整数——的混合物。例如，正如他后来在一个讲座中解释的那样，阿斯顿证明，"毫无疑问，氖是由同位素氖-20和氖-22组成的，它的原子量20.2是这些同位素以大约9比1的比例混合而成的结果"。甚至连汤姆孙都对这一解释表示满意。

但为什么氢是一个例外呢？既然其他元素都是由氢原子组合而成的，为什么作为基本构件的氢原子的原子量却是1.008？当4个氢原子组合成氦原子时，为什么原子量缩减为了4，而不是4.032？为什么氦的原子量并不正好是4，而是4.002？为什么氧的原子量并不正好是16，而是15.994？这些各不相同，与整数的极小差异意味着什么呢？

阿斯顿推断，既然原子不会解体，那么说明一定有某种非常强大的力量将它们结合在一起。这种"黏合剂"现在称为结合能。要产生这种结合能，结合在一个原子核中的氢原子需要贡献出它们的一点点质量。这个质量亏损是阿斯顿根据他的整数法则将氢原子与其他元素的原子进行比较时发现的。此外，阿斯顿还认为，原子核可以结合得或紧或松。不同的紧密程度对应于大小不同的结合能，不同的结合能又对应于或多或少的质量，这就解释了那些微小的差异。阿斯顿使用了堆积系数（packing fraction）来表示所测原子量与整数之间的差异。粗略地说，堆积系数就是一个元素的原子量与整数的偏差部分除以该整数。[①] "高堆积系数，"阿斯顿指出，"表明结合疏松，因此是低稳定性的，低堆积系数则相反。"他绘制了一张堆积系数的曲线图，根据这张图，元素周期表广阔的中部区域的元素——如镍、铁、锡——拥有最低的堆积系数，因而最稳定，而位于元素周期表两端的元素——如位于轻的一端的氢和位于重的一端的铀——则拥有高堆积系数，因此最不稳定。他还说，在所有元素，特别是那些拥有高堆积系数、稳定性最低的元素中，都有质量被转化成了能量，紧锁在原子核中。比较氦和氢的原子量会发现，几乎 1% 的氢的质量消失了（4/4.032=0.992=99.2%）。"如果我们能使〔氢〕嬗变成〔氦〕，将会有 1% 的质量消失。根据现在已经通过实验证明的相对论质能关系〔阿斯顿在这里引用了爱因斯坦的著名方程 $E=mc^2$〕，这将释放出巨大的能量。因此，把一杯水中的氢变成氦，将会释放出足够的能量，驱动'玛丽女王号'全速跨过大西洋再返回。"

在 1936 年做的这个讲座中，阿斯顿继续推测这种能量释放的社会后果。他说，在必要的知识的武装下，"我相信，正如普通化学家合成化合物一样，原子核化学家将能合成元素，并且，可以肯定，在某些反应中，亚原子能量将会被释放出来"。阿斯顿继续说：

　　我们身边的有一些人说，这种研究应该立法禁止，理由是

---

① 作者此处的整数指的是与原子量最接近的整数。——编者注

人的破坏力已经够大了。毫无疑问，果真如此的话，那我们的史前祖先中守旧的类人猿就应该反对煮熟食物这一革新，并指出使用火这种新做法有严重的危害性。我个人认为，亚原子能量无疑是能被我们所用的，总有一天，某人会释放和控制它那几乎无穷的威力。我们不能阻止他这样做，只能希望他不要只把它用来炸飞他隔壁的邻居。

阿斯顿1919年发明的质谱仪无法将原子的结合能释放出来。但借助它，他发现了这种结合能，并发现了那些相对不稳定，如果适当处理，就最有可能释放出结合能的元素。因为这些工作，阿斯顿于1922年获得了诺贝尔化学奖。在与玻尔同届接受诺贝尔奖后——"斯德哥尔摩是我们一直梦想的城市"，常和他一起旅行的姐姐后来回忆说——他回到卡文迪许实验室，建造更大、更精密的质谱仪，并且习惯在晚间开展实验，因为据他的姐姐说，阿斯顿"特别厌恶各种人类噪声"，包括隔墙传来的谈话声。"他非常喜爱动物，尤其是猫，无论大小。他会不嫌麻烦地亲近它们，但他不喜欢好汪汪叫的那类狗。"尽管阿斯顿非常尊敬欧内斯特·卢瑟福，但这位卡文迪许实验室主任的非凡成就一定对他始终是一种考验。

◉

在粒子加速器方面，美国居于领导地位。美国人的机工传统曾推进了工厂和多样化的军工建设，如今也延伸到了实验室建设上。1914年，在一次拨款听证会上，一名国会议员问一名证人："物理学家是干什么的？我在众议院发言时被问到，在通常意义上物理学家究竟是干什么的，我回答不上来。"但第一次世界大战使物理学家是干什么的这样的问题变得明显起来，使科学对技术尤其是军工技术发展的价值变得明显起来，政府支持和私人基金的支持随即接踵而至。1920 年至 1932 年的 12 年间，新增的美国物理学家的人数在先前 60 年增长人数的基础上翻了一番。他们比年长的同行们接受了更好的训练，其中至少有 50 人凭借美国国家研究委员会、国际教育委员会或者新设立的古根海姆研究基金会的资助在欧洲接受过科学训练。到 1932 年时，美国大约有 2 500 名物理学家，3 倍于 1919 年时的人数。在 20 世纪 20 年代以前，《物理评论》（*Physical Review*）——在美国物理学家中的地位就像《物理学杂志》（*Zeitschrift für Physik*）之于德国物理学家——一直被欧洲物理学界认为是一个笑话，或者最多是一份山沟沟里的出版物。但在之后的 10 年间，杂志的页数比此前增加了一倍以上，还在 1929 年扩版为双周刊。无论在剑桥、哥本哈根、哥廷根还是柏林，杂志一出版，立刻就有读者热切地浏览它。

对于美国这第一代现代科学家，心理测量学家曾经做过详细的访谈和研究，好奇地想了解这究竟是什么样的一群男人——这个群体中几乎没有女性——他们又是从什么样的背景下涌现出来的。一项研究发现，中西部和太平洋海岸的小规模文理学院是当时最盛产科学家的地方（相比之下，在同一时期，新英格兰在培养律师方面表现杰出）。在这项研究调研的物理学家中，尽管有少数实验物理学家是农夫的儿子，但有半数的实验物理学家和足足 84% 的理论物理家是专业人士——往往是工程师、医师和教师——的儿子。在规模最大的一项调研中，接受调研的 64 名科学家——包括 22 名物理学家——没有一人的父亲是无须技能的体力劳动者，也几乎没有物理学家的父亲是商人。几乎所有这些物理学家都或是头胎生的孩子或是长子。在所有被研究的科学家当中，理论物理学家的平均言语智商最高，集中在 170 上下，几乎比实验物理学家高出 20%。理论物理学家的平均空间智商也最高，实验物理学家位居第二。

在上述对 64 名"美国最杰出的科学家"——包括 22 名物理学家——的研究中，研究者产生了如下这样一幅美国科学家青少年时代的组合画像：

> 他可能曾是一名多病的孩子，或者早年就失去了双亲之一。他有非常高的智商并且在少年时代就开始大量阅读。他往往感到孤独和"异样"。他很腼腆并且远离他的同学。他对女孩的兴趣不算强，上大学之后才开始约会。他晚婚……有两个孩子，并在家庭生活中找到了安全感。他的婚姻比平均水平更稳定。直到大学三年级甚至四年级，他才决定成为一名科学家。让他下定决心的（几乎无一例外）是一个大学项目，在这个项目中，他有机会开展一些独立的研究——自己发现东西。一旦在这类工作中找到了乐趣，他就决不会再回头了。对于自己选择的这份职业，他感到无比满意……他努力、一心一意地在实验室里工作，通常一周工作 7 天。他说工作就是他的生活，几乎没有什么娱乐休闲活动……电影令他厌烦。他会回避社交和政治活动，宗教在他的生活和思想中不起任何作用。与任何其他兴趣或活动相比，科学研究似乎更能满足他本性的内在需要。

显然，这些描述很贴合罗伯特·奥本海默。和当时的美国物理学界一样，这个被研究的群体中的大部分人都出身在新教家庭，另有少数人——少于在美国人口中的占比——出身在犹太教家庭，没有人出身在天主教家庭。

在一项针对加州大学伯克利分校科学家的心理学研究中，通过罗夏墨迹测验、主题统觉测验（Thematic Apperception Test）[1]以及访谈等手段，研究者对包括 6 名物理学家和 12 名化学家在内的共 40 名科学家开展了心理测验。测验发现，科学家考虑问题的方式大致与艺术家相同。研究还发现，虽然科学家和艺术家在个性方面不像在认知方面那样相似，但两个群体都同样不同于生意人。引人注目的是，在这项研究中，有近半数的科学家自己报告说，在自己还是一个孩子时，身边就没有了父亲。"他们的父亲或者死得早，或者工作远离家庭，或者与孩子关系疏远、不愿提供情感支持，这使他们的儿子几乎完全不了解他们。"那些成长过程中父亲一直都在身边的科学家将他们的父亲描述为"固执、严厉、冷漠和情感保守"。（此前的研究发现，一些艺术家中也有类似的父爱缺失，生意人中则没有这种现象。）

心理测量学家刘易斯·M.特曼（Lewis M. Terman）指出，这些非常聪明的年轻人通常缺少父爱，并且"羞怯、孤僻"，"在社交活动中不活跃，对亲密的个人关系、团体活动以及政治漠不关心"，他们是通过某些更个人化的发现——而不是通常报道的独立研究的乐趣——找到他们进入科学的道路的。指导他们研究的往往是一名父亲般的科学教师。在这些学生的心目中，这名导师最突出的品质，排在第一位的，不是教学能力，而是"权威、和蔼以及职业尊严"。一项对 200 名这样的良师的研究表明："这些教师的成功似乎主要

---

① 罗夏墨迹测验和主题统觉测验均为心理学中的人格测验方法。——编者注

依赖于他们以父亲的角色出现在学生面前的能力。"一名缺少父爱的年轻男性，找到了一名权威、和蔼、有尊严的代理父亲，认同他，进而仿效他。在这一过程的后续阶段中，这名独立的科学家自己又会努力成为一个名垂青史的导师。

　　1928 年，未来将创立美国大机器物理学（big-machine physics）的人比奥本海默早一年来到了加州大学伯克利分校。欧内斯特·奥兰多·劳伦斯比奥本海默年长 3 岁，并且在许多方面与奥本海默正相反，是综合了美国人特点的一个极端。他和奥本海默都是高个，都有一双蓝眼睛，都被寄予厚望。但劳伦斯是一名实验物理学家，来自南达科他州草原上的小镇。他有挪威血统，父亲是地方教育官员和师范学院院长。他先后在南达科他大学、明尼苏达大学、芝加哥大学和耶鲁大学求学，获得哲学博士学位。按他的学生、后来的诺贝尔奖得主路易斯·阿尔瓦雷茨的说法，他"对数学思维抱有一种近乎厌恶的态度"。他性格外向，有些孩子气，骂人最厉害也只是"可恶！"和"哦，胡说！"，即使是在显贵聚集的加利福尼亚波希米亚园地（Bohemian Grove），身处各界名流之中也不会感到不自在。他还是一个高明的推销员，他的学费和生活费均来自他一个农场一个农场地推销铝制厨房用具。在发明精巧机器方面，他很有天赋。在父母和弟弟的陪伴下，劳伦斯开着一辆雷奥汽车公司产的"飞云"轿车从耶鲁大学来到加州大学伯克利分校，吃住都在教工俱乐部。按捺不住的雄心在燃烧——为物理学，也为他自己——他每天从清晨工作到深夜。

　　早在 1922 年，也就是劳伦斯进入研究生院的第一年，他就开始思考怎样产生高能量。他精力旺盛、慈父般的导师对他的这种努力表示鼓励。威廉·弗朗西斯·格雷·斯旺（William Francis Gray

Swann）是一名英国人，先是在哥伦比亚特区私营的卡内基研究所的地磁部门做研究，之后加入了明尼苏达大学。随着他的学术地位不断升高，斯旺领着劳伦斯首先迁到了芝加哥大学，之后又转到了耶鲁大学。在劳伦斯获得哲学博士学位和一定的学术声望后，斯旺说服耶鲁大学，使劳伦斯跳过传统的四年大学讲师任期，直接担任物理学助理教授。斯旺于1926年离开耶鲁大学是劳伦斯决定迁到西部的一个原因，西部的加州大学伯克利分校为劳伦斯提供了一个副教授职位，还有一个好的实验室以及许多研究生助手供他使用，年薪3 300美元，耶鲁大学不愿意提供相同的待遇。

劳伦斯后来说，在伯克利，"我有机会回顾我的研究计划，看看我是否可以顺利地涉足原子核的研究，因为卢瑟福的开创性工作和卢瑟福学派已经清楚地表明，对实验物理学家来说，下一个重大的研究前沿无疑是原子核"。但正如阿尔瓦雷茨后来解释的那样，"卢瑟福的技术单调乏味……使许多有前途的核物理学家望而却步。简单的计算表明，如果核子具有兆级电子伏特[1]能量的话，那么经一微安电力加速的轻核都要比世界上镭的供应总量有价值得多"。

α粒子，或者最好是质子，能在一个放电管中产生，如果再对它们施以电排斥力或者电吸引力，就能使它们加速。要使这些粒子突破重原子核的电势垒，似乎需要上兆伏的电压，但没有人知道怎样才能在一段必要的时间内将其约束在某一位置，而不至于因火花或过热造成电击穿。问题的实质出在机械上和实验上。毫不奇怪，这个问题吸引了在小镇和农场长大，从小就在用无线电做实验的年

---

[1]　电子伏特，简称电子伏，是一种能量单位，代表一个电子在真空中通过1伏特电位差所产生的动能。——编者注

轻一代美国实验物理学家。1925 年，劳伦斯少年时代的朋友和明尼苏达大学的同学默尔·图夫（Merle Tuve）——斯旺的另一名学生，此时在卡内基研究所工作——和其他三名物理学家合作，将高压变压器浸在油中，成功实现了短暂但令人印象深刻的加速。其他人，包括麻省理工学院的罗伯特·范德格拉夫（Robert J. Van de Graaff）和加州理工学院的查尔斯·C. 劳里森（Charles C. Lauritsen），也在研究加速器的开发。

此时的劳伦斯在从事更有前景的研究，但心里仍惦记着高能问题。1929 年春天，就在奥本海默到来前 4 个月，劳伦斯有了基本的构思。"在伯克利他最初还是一名单身汉的日子里，"阿尔瓦雷茨后来写道，"劳伦斯有很多夜晚都在图书馆里广泛阅读……获得博士学位必须通过的法语和德语考试他都只是勉强及格，因此他对这两种语言都不熟练，但他仍然一晚接着一晚认真地翻阅外文过刊。"劳伦斯的强迫症就是严重到了这样的程度。但这样的努力得到了回报。在浏览德文的《电工学进展》（*Arkiv für Elektrotechnik*）时——这是物理学家很少阅读的一份电气工程学杂志——劳伦斯碰巧读到了挪威工程师罗尔夫·维德勒（Rolf Wideröe）发表的一篇论文《关于产生高电压的一个新原理》。这个标题吸引住了他。他研究了论文中附的照片和插图。这些内容已经把原理解释得足够清楚了，使劳伦斯可以着手行动，不用烦心费力地阅读整篇正文。

维德勒深入地阐释了一名瑞典物理学家在 1924 年确定的一个原理，并找到了一种巧妙的方法来避开高电压问题。他将两个金属圆筒排成一条直线，连上电压电源，并抽空圆筒里的空气。电压电源提供 25 000 伏的高频交流电，这种电流的方向会不断快速地切换。这意味着它既能被用来"推"正离子，也能被用来"拉"

正离子。给第一个圆筒加载-25 000伏的电压，将正离子注入一端，当正离子离开第一个圆筒向第二个圆筒运动时，它们将被加速到25 000伏[1]。之后，改变加载的电压，使第一个圆筒带正电压，第二个圆筒带负电压。这样，在第一个圆筒"推"和第二个圆筒"拉"的共同作用下，正离子将被进一步加速。增加更多的圆筒，每一个比上一个长，就可以使这些离子不断加速。理论上，你可以让它们一直加速，直到它们从中心位置向外散射得很远，撞到圆筒的筒壁为止。维德勒的重要创新在于使用相对小的电压使粒子不断加速。"这个新想法，"劳伦斯后来说，"立即给我留下了深刻的印象，这是我一直在试图解决的加速正离子的技术问题的真正答案。没有更仔细看这篇论文，我立即就估算出了能将质子加速到一兆〔伏〕以上能量范围的直线加速器的大体特征。"

但劳伦斯的计算立刻让他气馁了。这种加速器的管子将"有好几米长"，他认为对实验室来说这太长了。（今天的直线加速器长度可超过2英里。）"因此，我问了自己一个问题，是否有可能不使用排成一条直线的大量圆筒形电极，而是通过向两个电极配置某种合适的磁场，让正离子不断往复地通过这两个电极？"劳伦斯构想的这种配置是一个螺旋。"他几乎立刻就想到了这种策略，"阿尔瓦雷茨后来写道，"可以通过施加一个磁场，将直线加速器'卷'成回

---

[1] 伏（伏特）是电压单位，并非能量单位。在本书的英文版中，作者在此处以及下文的类似语境中使用的都是"伏"（劳伦斯在自己的论文中也是如此），希望表达的意思是施加一定的电压后（此处是-25 000伏）粒子获得的能量（并借以指涉与之对应的速度）。由于这一能量只与粒子的电荷数以及电场的强度有关，因此如果正离子的电荷数为1（如质子），那么施加一定的电压后，粒子获得的能量就等于与电压数值相等的电子伏数。比如，如果此处的正离子是质子，那么这些粒子就会被加速到25 000电子伏。——编者注

旋加速器。"因为在这样一个场中，磁力线会导向离子的运动。提供一个适时的推动力，粒子将会做螺旋状回转。随着粒子不断被加速，螺旋将不断变大，因而变得难以限制在一定范围内。在对磁场效应做了一些简单的计算后，劳伦斯揭示了回旋加速器一个意外的优势：在磁场中，慢速粒子完成它们较小的回环与快速粒子完成它们较大的回环所需的时间精确相等，这意味着借助每一个交替变换的推动力，这些粒子可以一起被高效地加速。

兴高采烈的劳伦斯想将这一想法立即告诉全世界。教工俱乐部一个还没睡的天文学家被拉来验算他的数学。第二天，劳伦斯向他的一名研究生大谈回旋加速器的数学，却对他的论文实验没有表现出丝毫兴趣，这令这名研究生大感吃惊。"哦，这个，"劳伦斯告诉这名困惑的学生，"嗯，对于这些问题，你现在的了解和我一样多，你只管自己向前努力就是了。"第二天傍晚，在穿过校园时，一名教员的妻子与这名年轻的实验物理学家擦肩而过，听到一声惊呼："我要出名了！"

之后，劳伦斯去了东部参加美国物理学会的一个会议。他发现同行中认同他想法的人并不多。这个想法没有让机械师们感到兴奋，他们认为散射问题看来是无法克服的。默尔·图夫也持怀疑态度。劳伦斯在耶鲁大学的同事和密友杰西·比姆斯（Jesse Beams）认为，如果它能运转起来就会是一个好主意。尽管劳伦斯以行动果敢著称，但也许是因为没有人鼓励他，也许是因为这个主意虽然在他的头脑中很清晰确定，但实验台上的机器却没那么可靠，他不断推迟建造他的回旋粒子加速器。在那些雄心勃勃，发现自己离登顶辉煌未来之巅只差一步的人中，劳伦斯并不是第一个。

1929 年夏末，与弗兰克在桑格雷-德克里斯托山的洛斯皮诺牧场共度了一个假期后，奥本海默开着一辆破旧的灰色克莱斯勒轿车来到了加州大学伯克利分校。（这个牧场现在的名字叫Perro Caliente，在西班牙语中的意思是"热狗"。当奥本海默了解到这片土地可以出租时，他也是这样欢呼的。）[1]他吃住都在教工俱乐部，并且与劳伦斯这个性格完全相反的人成了密友。在劳伦斯身上，奥本海默看到了"难以置信的活力和对生活的热爱"，他"整天工作，外出打网球，继续工作到深夜。他的兴趣如此活跃而实际，与我截然相反"。他们常常一起骑马，劳伦斯穿着马裤，在美国西部的这片土地上，却使用英式马鞍[2]。奥本海默认为这是劳伦斯在努力和与农场有关的一切保持距离。当劳伦斯有空可以外出时，他们会开着劳伦斯的"飞云"轿车到约塞米蒂国家公园和死亡谷旅行。

来自汉堡大学的杰出实验物理学家、未来的诺贝尔奖获得者奥托·斯特恩（Otto Stern）为劳伦斯提供了必要的鞭策（尽管劳伦斯后来先于斯特恩获得诺贝尔奖）[3]。斯特恩时年41岁，在布雷斯劳大学获得博士学位。圣诞假期后的某个时候，劳伦斯和斯特恩惬意地乘船摆渡当时还没有桥的旧金山湾，去旧金山就餐。劳伦斯又把他关于粒子在约束磁场中旋转加速到无限能量的早已讲熟的故事讲了一遍。斯特恩没有像许多其他同行那样先是斯文地咳嗽，然后改变话题，而是以德国人的方式拿出了劳伦斯最初的那种热情，对着劳伦斯大吼，让他立即离开餐馆，回去投入工作。劳伦斯得体地等到了第二天早晨，然后逼着他的一名研究生，让他在完成博士考

---

[1] "热狗"（hot dog）这个词在美国俚语中有"棒极了"的意思。奥本海默最先是租下了这个牧场，后来彻底买了下来。——编者注

[2] 与美国西部牛仔惯用的西式马鞍相比，英式马鞍小而轻。——编者注

[3] 劳伦斯于1939年获诺贝尔物理学奖，斯特恩4年后才获奖。——校者注

试备考后就立即投入这一项目。

以下是这种仪器最终的俯视和侧视图：

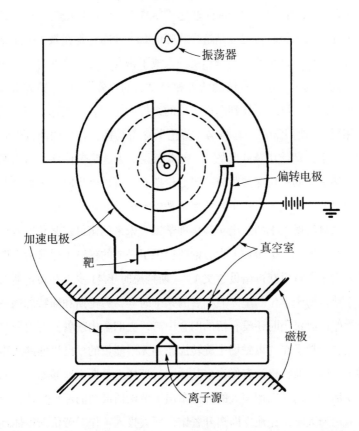

振荡器

偏转电极

加速电极

靶

真空室

磁极

离子源

维德勒加速器的两个圆筒变成了两个黄铜电极，形状像被劈成两半的圆柱形量筒。电极安装在一个真空室中，而真空室则安装在大电磁铁圆形、扁平的磁极之间。

在两个电极（由于形状酷似字母D，它们后来被称为D形盒）之间的空间，中心点的位置，一根加热的细丝和一个氢气出口一同作用，产生进入磁场的质子。两个D形盒交替充电，在质子环绕通过时对它们"推拉"加速。在这些粒子被加速了大约一百个螺旋环路后，它们会以粒子束的形式被引出，射向一个标靶。1931年1月2日，使用一个4.5英寸的真空室和加在D形盒上不足1 000伏的电压，劳伦斯和他的学生M. 斯坦利·李文斯顿（M. Stanley Livingston）产生了80 000伏的质子。

当李文斯顿考虑移去安装在两个D形盒间隙中的精细金属丝网格时——安装网格的目的是避免加速电场影响内部的漂移空间——低加速情况下的散射问题自行解决了。D形盒边缘之间的电场突然开始像透镜一样起作用，通过将粒子转向返回到中间平面来聚焦回旋运动的粒子。"这之后，强度变成了原来的100倍。"李文斯顿后来回忆说。但这种效应太弱了，无法约束速度较高的粒子。李文斯顿因此将注意力转向了磁约束。他怀疑较高速度的粒子束会散开是因为磁铁的极面不完全平整，这种不均匀性导致了磁场的不规则性。根据劳伦斯和李文斯顿在《物理评论》上的记述，李文斯顿冲动地将几片铁箔裁剪成"感叹号形状"的小垫片，试探性地将这些垫片插入磁极面和真空室之间，以纠正偏差。通过这样调校磁场，他们将"放大系数……从大约75提高至了大约300"（劳伦斯在论文中特地用了斜体来表达成功的喜悦）。1932年2月，利用一个11英寸的加速器，结合电聚焦和磁聚焦，劳伦斯和李文斯顿产生了兆伏级的质子。那时，这种仪器已经有了一个绰号，劳伦斯将于1936年用它作为这种仪器的正式名称：回旋加速器。甚至在发表于1932年4月1日的《物理评论》上的正式科学论文中，劳伦斯也难掩他对这种新仪器科学前景的热望：

假设电压放大率为 500，那么要产生 25 000 000 伏［！］的质子就需要对加速器施加波长为 14 米的 50 000 伏的电压。因此，需要分别给两个加速部件施加 25 000 伏的对地电压。这是完全可以办到的。

为此，磁铁得有 80 吨重，这比当时物理学领域使用的任何机器都重。此时的劳伦斯已经升为正教授，并开始筹集资金了。

奥本海默在欧洲读研究生的时候告诉过一个朋友，他梦想在美国建立一个理论物理学的伟大学校。（后来证明是在伯克利，新墨西哥州之后他选择的另一个沙漠。）[1]劳伦斯似乎梦想过要建立一个高级实验室。两人都以各自的方式渴望成功，但驱动他们的力量各不相同。

奥本海默早年过于挑剔的特点在他求学欧洲以及初至伯克利的那段日子里逐渐演变成了一种令人钦佩的雅致，但他有时仍显得有些过于敏感。奥本海默为自己塑造这样的形象，至少一部分原因是他对庸俗的厌恶，这种厌恶可能源于他对自己的企业家父亲的反叛，也不乏反犹的自我憎恨因素。在这个过程中，他日渐认为雄心以及世俗成就是庸俗的，每年高达一万美元的信托基金收益进一步加深了他的这一信念。这让他困惑于自己的奋斗目标。美国实验物理学

---

① 奥本海默认为，在理论物理学方面，当时的伯克利还不成气候，是一片"沙漠"。——校者注

家I. I. 拉比后来发问，为什么"那些拥有奥本海默一样才华的人还没有把这个世界上所有值得发现的东西都发现完"。拉比的回答说出了一种可能的限制根源：

> 从某些方面看，我认为奥本海默在一些领域受到的教育过多了。这些领域是处于科学传统之外的，比如，他对宗教，特别是对印度教的兴趣。这导致了一种对宇宙的神秘感，这种神秘感几乎像雾一样笼罩着他。他对物理学有清晰的认识，关注已经完成的发现。但在那些边缘地带，他往往会感到存在更多的神秘和新颖之处，而事实上并没有那么多……有人或许会把这称为缺乏信仰，但在我看来，这更像是从理论物理学艰深、粗糙的方法转向了一个宽泛直觉的神秘主义领域。

但奥本海默对他认为庸俗的东西、对拉比提到的那些"艰深、粗糙的方法"的反感，必定是另一种更直接、更痛苦的困惑。从外行的角度来看，如果用台球术语来形容，奥本海默优雅的物理学——非数学工作者几乎不可能读懂他的科学论文，而且他是有意如此——是一种翻袋式的物理学。他会利用球台的边角和整个球台，让球反弹落袋，而不是让球直接落袋。沃尔夫冈·泡利以及勤奋、不好与人交往的剑桥大学理论物理学家保罗·狄拉克（Paul A. M. Dirac）[①]——尤金·维格纳的妹夫——这两位有着强大独创力的数学家是他的榜样。奥本海默是第一个描述所谓量子隧穿效应

---

① 英国理论物理学家，量子力学和量子电动力学的奠基人之一，1933 年诺贝尔物理学奖得主。——编者注

的人，在这种效应中，一个位置具有不确定性的粒子能以微弱的概率穿过原子核周围的电势垒：先以粒子的形式在电势垒的一侧存在，然后湮灭，并立即在另一侧恢复存在。但乔治·伽莫夫（George Gamow）[①]——一名在剑桥大学讲学的滑稽的苏联物理学家——提出了实验物理学家可以使用的隧穿效应方程。20世纪30年代末，汉斯·贝特首先提出了恒星内发生的碳循环热核反应机制，他后来也因为这一工作获得了诺贝尔奖。奥本海默则研究了不可见的宇宙边界的微妙之处，提出了垂死恒星的内爆坍缩模型，并描述了一些虽然在理论上可能存在，但要三四十年后才会被发现的天体——中子星和黑洞——因为射电望远镜和X射线人造卫星等探测它们所需的仪器都还没有被发明出来。（阿尔瓦雷茨相信，如果奥本海默能活到这些进展实现的时代，他将会因为他的工作获得诺贝尔奖。）与其说这种独创性领先于时代，不如说是走出了既定的框架。

在1932年3月给弟弟弗兰克的一封信中，奥本海默附了一篇自己写的短文。在这篇有关律己美德的短文中，这种心理和创造性的纠葛贯穿始终。当时的奥本海默还不到28岁。这篇短文值得全文引用，它展示了奥本海默长期以来希望用以净化自己灵魂中任何粗俗污点的自我惩戒式的忏悔：

> 你提出了一个有关律己美德的难题。你说得对，我确实重视它，而且甚于它的世俗成果——伴随律己而来的精进。我想你也一样。我认为我们只能给出一个形而上学的理由来解释这

[①] 俄裔美籍物理学家、生物学家，宇宙大爆炸理论的提出者，也是最早提出DNA三联体密码模型的科学家。——编者注

种评价。然而可以回答你的问题的形而上学解释太多样了，而且彼此全然不同：《薄伽梵歌》《传道书》、斯多葛哲学、法律的起源、圣维克托的休格、圣托马斯、圣十字若望、斯宾诺莎。这种巨大的差异表明，律己有益灵魂这一事实比任何为它的益处给出的理由都更为根本。我相信，通过律己，尽管并非仅仅通过律己，我们能获得心绪的宁静，从造物的偶然中获得少量但弥足珍贵的自由，获得博爱，获得一种超脱，这种超脱能保护被它弃绝的世界。我相信，通过律己，我们能学会在越来越不利的逆境中保有那些使我们感到幸福的最至关重要的东西，能学会坦然地放弃那些似乎不可或缺的东西。我相信，我们将能够以不受个人私欲扭曲的眼光审视这个世界，并且在这个过程中更容易接受尘世的贫瘠和恐怖。虽然我相信律己的回报比它的直接目标更大，但我不希望你认为没有目标的律己是可能的：就其本性而言，律己要求灵魂服从于某个或许次要的目的。如果这种自律不是虚假的，那么这样的目的就一定是真实存在的。因此，我认为我们应该抱着深深的感激之情去迎接所有那些激发律己的事物，如学习、我们对人类和社会的责任、战争、个人的苦难，甚至生存的需求等等。因为只有通过它们，我们才能获得最起码的超脱，只有这样我们才能获得宁静。

劳伦斯的表达能力远不如奥本海默，但也有力量在猛烈地驱动着他。问题是，究竟是什么在驱动着他。大约与奥本海默写下那篇短文同时，劳伦斯在给弟弟约翰的一封信中袒露过这样一段心迹："听说你有一段时间情感抑郁，对此我很感兴趣。我也常常会有——有时没有一件事情称心如意——但现在已经习惯了。我能预计到这种沮丧，并且学会了忍受它们。当然，缓解它们的最好办法是工作，但在这样的状态下，有时是很难工作的。"工作只是一种"缓解"的办法，无法彻底解决问题，这暗示了这种抑郁有多严重。劳伦斯在默默地忍受，有几分躁郁：他保持工作，以使自己不陷进去。

对于所有这些情感上的麻烦——奥本海默和劳伦斯是如此，他们之前的玻尔等人，以及之后的一些人也是如此——科学提供了一个避风港：在发现中维护世界。那些用罗夏测验和主题统觉测验研究伯克利的科学家们的心理学家发现，"对体验（往往是感官体验）罕见的敏感"是科学上创造性发现的开始。"伴随这种高敏感度而来的，是思维中对问题里相对不重要或离题的方面的高度警觉。这会使〔科学家〕假定并寻找那些通常不会被单独挑出来探究的事物的重要意义。这将激励高度个性化甚至自我中心的思维方式。"想想卢瑟福那可能性微乎其微、有关α粒子被反弹回来的直觉，海森伯记起爱因斯坦一句并不引人注意的评价，进而得出结论，大自然只会按与他的数学和谐一致的方式运作，劳伦斯强迫症般地翻阅晦涩的外文杂志，就会发现情况无不如此：

> 如果不是在科学工作的框架内，这种思维会被认为是妄想症。但在科学工作中，创造性思维要求看到以前没看到过的东西，或者用以前没有想到过的方式去看。这需要跳出"正常"的立场，冒险脱离现实。妄想症患者的思维和科学家的思维并不相同，两者的差异源自科学家有能力和意愿通过科学建立的检验和权衡体系来考察他的幻想或者他提出的宏大概念，并且放弃那些被科学检验证明不正确的想法。正是因为科学为控制和限制妄想性思维提供了这样一个规则和规范的框架，科学家

得以放心地进行他们妄想般的思维跳跃。如果没有这种结构，这种不合现实、不合逻辑、甚至怪诞的思维对整个思想和人格结构的威胁将会太大，不允许科学家享有这种幻想的自由。[①]

站在科学的前沿，站在真正新东西的门槛上，这种威胁常常几乎是压倒性的。因此，卢瑟福震惊于被回弹的α粒子："这是我一生中遇到的最难以置信的事件。"同样，当海森伯构想出量子力学时，他"深感警觉"，透过"原子现象的表面"看到"一种拥有奇特之美的内部"的幻觉让他感到晕眩。同样还有 1915 年 11 月，当爱因斯坦意识到他独自苦心研究发展的广义相对论解释了水星轨道反常的现象时——天文学家们超过 50 年来一直无法解释这一现象——他的那些极端反应。爱因斯坦的传记作者、理论物理学家亚伯拉罕·派斯后来下结论说："我相信，这一发现是爱因斯坦在他的科学生涯中，也许是他的一生中，最强烈的情感体验：大自然和他说话了，他一定是对的。'几天来，我激动得都快得意忘形了。'他后来告诉［一个朋友］，他的发现使他心悸。关于他的反应，爱因斯坦告诉［另一个朋友］的甚至比心悸还要强得多：当他发现自己的计算结果与这一尚无法解释的天文观测结果相符时，他真切地感到有某种东西在他的头脑中噼啪作响。"

这种情感风险的补偿可以很大。对科学家来说，在发现的那一刻——存在性最不稳定的那一刻——外部世界，大自然本身，深深地证实了他内心最深处的奇幻信念。向这个世界突然抛下铁锚，利

---

① 这段话引自上文中的心理学家的研究报告。——编者注

维坦①在他的锚钩上喘息，通过对现实最深刻的断言，他得以从极端的精神紊乱中解脱出来。

玻尔深谙这一机制，并且有勇气将其转化成一种检验工具。据奥托·弗里施回忆，在一次讨论中，有人告诉玻尔讨论的问题让他感到头晕，试图以此改变话题，玻尔对此回应道："但如果有人说在思考量子问题时他不会头晕，那么只能说明他完全不懂量子问题。"很多年后，奥本海默告诉一群听众，有一次，玻尔听泡利谈一个新理论。因为这个新理论，泡利那段时间受到了攻击。"最后，玻尔问：'这真的够疯狂了吗？量子力学确实很疯狂。'泡利说：'我希望如此，但或许还不够。'"对于做出发现所必需的疯狂，玻尔的理解可以解释为什么奥本海默有时会发现自己无法孤身进入那些状态还近乎原始的研究领域。要做到这一点，需要在性格深处有一种坚韧甚至霸蛮，玻尔和劳伦斯性格迥异，但都习得或者被赋予了这一特征，而奥本海默却不幸缺乏这一点。他似乎更适合从事其他工作：就目前而言，建造他梦寐以求的理论物理学校。

⊙

1920 年 6 月 3 日，欧内斯特·卢瑟福在伦敦英国皇家学会做了贝克尔讲座（Bakerian Lecture）②。这是他第二次应邀做这一著名讲

---

① 《旧约圣经》中的海怪，作者此处用以比喻科学家探究的重大发现和奥秘。——编者注
② 贝克尔讲座是英国皇家学会历史悠久，极具影响力的讲座，每年一次，一位讲座人。讲座人首先会被授予贝克尔奖章，表彰其对科学界的杰出贡献，之后做获奖讲座。——编者注

座。利用这次机会，他概括性地总结了科学界当时对"核结构"的理解，讨论了他在上一年成功实现的氮原子的嬗变——这类回顾是这种正式的公众活动的常态。但他还做了一件不同寻常且颇具预见性的事：推测了除电子和质子之外，原子还有第三种主要组分的可能性。他谈到了"可能存在一种质量为1而核电量为0的原子"。卢瑟福认为，这样一种原子结构似乎并非不可能。他猜想，这不会是一种新的基本粒子，而是已知粒子的一种组合，一个电子和一个质子紧密结合，构成一个单一的电中性的粒子。

"这样一个原子，"卢瑟福继续用他惯常的敏锐说，"会有非常新奇的特性。除了很靠近核的地方外，它的外［电］场实际上是0，因此它应该能穿过物质自由地运动。它的存在性可能难以用分光仪探测到，或许也不可能将它限制在一个密封的容器里。"这些可能是它的特性。以下则将是它独特的用途："另一方面，它应该能够比较容易进入原子结构，可能不是与原子核融合，就是在原子核强烈的场的作用下解体。"如果存在这样一种电中性的粒子——中子——那么它可能将是探究原子核最有效的工具。

卢瑟福的助手詹姆斯·查德威克听了这次讲座，并且认为有理由持不同的看法。查德威克当时29岁。他在曼彻斯特大学接受过科学训练，之后追随卢瑟福来到了剑桥大学。当时的他已经颇有成就，他的两个同事写道，作为一名年轻人，他的成就"不亚于莫塞莱"。但"一战"期间，他一直被关在一个德国拘留营，直至战争结束。这损害了他的健康，也让他感到永无休止的无聊，他渴望推动核物理这门新兴学科的研究进展。一种电中性的粒子将会是一个奇迹，但查德威克认为，卢瑟福推断其存在的证据不够充分。

那年冬天，查德威克发现自己错了。卢瑟福当时邀请他加入一项研究，试图将氮嬗变的结果推广到较重的元素上。通过开发出一台能聚更多光的显微镜并使操作流程更为紧凑，查德威克改进了闪烁计数法。查德威克也懂化学，因此或许还帮助排除了可能的氢污染问题。这是一个一直困扰卢瑟福，挑战着氮嬗变研究结果的问题。"但我也认为，"查德威克在很多年后的一次纪念性讲座中说，"他想要有人陪伴他排遣在黑暗中计数的沉闷乏味，并倾听他精神饱满地演唱《信徒精兵歌》。"

"在实验前，"查德威克有一次告诉一名采访者，"我们必须在实验观察前先适应黑暗，让眼睛适应过来。屋里有一个大包厢，当卢瑟福的个人助手和技师克罗准备仪器装置时，我们就待在里面。也就是说，克罗从镭室取来放射源，将它放入仪器中，抽空仪器中的空气，或者用某些物质充满仪器，然后将各种源放入，按我们的计划设置好实验装置。这期间我们就坐在这个黑暗的房间，这个暗箱里，大约半小时。当然，我们会聊天。"谈论的话题包括卢瑟福的贝克尔讲座。"那时我意识到，那些我怀疑完全错了的观察结果——后来也证明确实错了——与他提出的中子概念没有关系，完全没有。他只是把中子的想法与这些观察结果联系在了一起，因为这个想法已经在他的脑海中驻留很长一段时间了。"

大多数物理学家都满足于电子和质子间看似完全的对称性，一个带负电，一个带正电。在原子之外——例如，在通过一个放电管的被剥离了电子，离子化的物质束流中——或许只需要两种基本的原子组分就足够了。但卢瑟福一直在思考每种元素是如何组合而成的。"他问自己，"查德威克在上述采访中继续说，"不断问自己，原子是如何组合而成的，究竟该怎样弄清楚这一点。当时普遍的想法是，质子和电子是原子核的组分……你究竟怎样才能用一个大的正电荷构造出一个大的原子核？答案就是存在一种电中性的粒子。"

从元素周期表中最轻的元素氢到最重的元素，原子序数——核电荷数，也就是质子数——与原子量的差异在不断增大。氦的原子序数为2，但它的原子量是4；氮的原子序数为7，但它的原子量是14；一直向前，这种差异在不断增加：银的原子序数和原子量分别是47和107；钡的是56和137；镭的是88和226；铀的是92和235或238。当时的理论提出，这种差异是由额外的核内质子造成的，但这些额外的质子与核电子紧密结合，因此其电荷被中和掉了。但当时已经有充分的实验表明，核有确定的最大尺寸，而且随着原子序数和原子量的增加，原子核内能够容纳所有额外电子的空间似乎越来越少。这个问题由于20世纪20年代量子理论的发展而变得更加严重。根据量子理论，如此紧密地约束电子这样轻的粒子需要巨大的能量，当原子核被扰动时，这些能量应该会显露出来，但从未有研究观察到这种现象。原子核中存在电子的唯一证据是它有时会释放 β 粒子——高能电子。这算得上是原子核中存在电子的一个证据，但由于其他太多难于解释的现象，这个证据还不够。

"因此，"查德威克最后说，"就是这些交谈使我确信一定存在中子。唯一的问题是，要找到它存在的证据是何等困难……这是在我能够作为兼职开始做这些实验后不久的事情。[卡文迪许实验室的]工作很忙，我几乎没有空闲时间，卢瑟福的兴趣偶尔会复燃，但仅仅是偶尔而已。"查德威克将在卢瑟福的祝福下寻找中子，但实验工作的挫折往往由他一个人承担。

寻找一种通过物质时可能很少会留下踪迹的粒子无疑是一种挑战，但对于这一挑战，查德威克有非常适合的性格。他是个腼腆、宁静、恪尽职守和踏实的人，他本身就有些像中子。卢瑟福甚至觉得有必要责备他，因为虽然他将关照和教育卡文迪许实验室的"男孩"们视作自己的首要职责，但他给他们的关心太多了。马克·奥利芬特后来回忆说："利用他支配的非常有限的材料和资金，查德威克确保研究生们能够获得他们需要的设备。"如果说他初看起来好像"不苟言笑"，那么随着时间的推移，"一个宽厚、助人为乐、慷慨大方的人就逐渐浮现了出来"。奥托·弗里施说，查德威克往往"将他的善意隐藏在生硬的外表后面"。

这一外表是保护性的。查德威克瘦高个、深肤色、前额高耸、薄嘴唇、鹰钩鼻。他的两名传记作者和同事说："他嗓音低沉，一脸标志性的暗笑，还有一股冷幽默。"查德威克1891年出生在曼彻斯特以南柴郡一个叫伯灵顿的村子里。当他还是一个小孩的时候，他的父亲就离开农村的家到曼彻斯特开了一家洗衣店，看来查德威克是祖母带大的。他16岁时报考并赢得了曼彻斯特大学的两份奖学金，他保留了其中一份并进入这所大学学习，甚至在英国的教育体系内，这个年龄都是偏小的。

他打算学数学。入学面试在一个宽大而拥挤的大厅里公开进行。查德威克排错了队。当他开始回答讲师的问题时，他才意识到被问到的是物理学课程的问题。他太胆怯了，没能为自己排错队做解释。但他对那名物理学讲师产生了好感，因此决定就学物理。上大学的头一年，他感到遗憾，他的传记作者写道："物理课人很多，而且很吵。"第二年，在听了卢瑟福关于他早年在新西兰开展的实验的讲座后，他便决定全心投身物理学。第三年，卢瑟福给了他一个研究课题。他的腼腆再次使他不知所措，这一次对他职业生涯的影响几乎是致命的：他在卢瑟福介绍给他的程序中发现了一个问题，但没有勇气将它指出来，卢瑟福则认为是他没有发现这个问题。最终，老师和"男孩"消除了误会，查德威克于 1911 年以第一等荣誉从曼彻斯特大学毕业。

他继续留下来攻读硕士学位，和 A. S. 拉塞尔一起工作，接着做盖革、马斯登、德海韦西、莫塞莱、查尔斯·G. 达尔文和玻尔在那些多产的年月里的研究工作。1913 年，在获得科学硕士学位后，他赢得了一项重要的研究奖学金，这要求他转去其他实验室，以拓宽他的训练。那时盖革已经回到了柏林，于是查德威克去了盖革那里。那段时间里，查德威克相当愉快。盖革把他介绍给了周围的人，这使查德威克与爱因斯坦、哈恩、迈特纳以及许多在柏林的科学家都熟悉起来。然而，战争中断了这一切。

盖革较早就被作为预备役军官征召走了，他离开时留给了查德威克一张 200 马克的个人支票。查德威克的许多德国朋友劝他马上离开德国，但其他人说服他等一等，避免沿途遇到运输部队的军列的危险。8 月 2 日，查德威克试图从柏林的库克旅行社买一张途经荷兰回家的车票。旅行社建议他改道瑞士，但查德威克的朋友们还是觉得有风险。他再次接受了他们的劝告，住下来等待。

此时，一切都晚了。他和一个德国朋友一起被捕，原因是颠覆性言论——在歇斯底里的民族主义的头几周里，仅仅说几句英语就算是参与了颠覆活动。到盖革实验室的同事们设法使他获释时，他已经在柏林的监狱里焦虑地待了 10 天。一出狱，他就返回实验室，直到混乱过去，秩序再度恢复。但德皇政府伺机发布了指令，要求战争期间将所有在德国的英国人都拘禁在拘留营。

查德威克被拘禁在施潘道^①附近鲁赫本的一个赛马场（鲁赫本

①　施潘道是柏林最西部多个区的总称。——编者注

在德语中的意思是"宁静的生活")。查德威克和另外5个人被关在一间为两匹马设计的马厩里，此时的他一定想起了《格列佛游记》中格列佛的经历。[①]冬天，他必须不断跺脚，直到时近中午它们才会暖和起来。他和其他被拘留者组成了一个小的科学协会，甚至设法进行实验。查德威克在鲁赫本饥寒交迫而又宁静的生活持续了漫长的4年。他日后说，他充分利用了这段时间，使自己真正成熟起来。"一战"停战后，查德威克回到了曼彻斯特，此时的他患上了严重的消化道疾病，口袋里只剩11英镑。至少他还活着，不像可怜的莫塞莱。卢瑟福接纳了他。

20世纪20年代，查德威克在卡文迪许实验室做了一些寻找中子的实验。按他的说法，这些实验"是近乎绝望的尝试，非常牵强，简直就像炼金术时期所做的事情"。查德威克和卢瑟福当时都认为——正如卢瑟福在贝克尔讲座中想象的那样——中子是质子和电子紧密结合的产物。因此，他们想出了各种方法来处理并研究氢——比如，放电引爆它，找出宇宙射线对它产生的效应等——希望从宇宙早期就一直稳定的氢原子会在他们手中坍缩成中性粒子。

但面对他们的诱骗，这种电中性的粒子拒不现身，原子核也抗拒他们的轰击。查德威克后来回忆说，卡文迪许实验室"经历了一段相对平静的时期，做了许多有趣和重要的工作，但都是进一步证实已有发现的工作，不是发现性的工作，尽管做了各种尝试，但仍没能找到通往新领域的途径"。他还补充说，"原子核的新结构的问题可能真要留给下一代人了，正如卢瑟福曾说过，许多物理学家一

---

① 在《格列佛游记》中，主人公格列佛先后遇险漂流到大人国和小人国。——编者注

直认为的那样"，并说卢瑟福"有些失望，因为要发现任何真正重要的东西实在太难了"。在原子核研究停滞不前时，量子理论蓬勃发展了起来。在1923年的英国协会年会上，卢瑟福有理由乐观地呼喊："我们正生活在物理学的英雄时代！"但在1927年的一篇有关原子核的论文中，他有一点缺乏自信。他写道："甚至对最轻、可能也最简单的原子的结构，我们能做的也只是猜测。"尽管如此，他还是提出了一种结构：在原子核内，有电子围绕着原子核中的质子做轨道运动。换句话说，一个原子处于另一个原子之中。

他们还有其他工作需要做。事后看来，这些工作是必要的准备。探测辐射的闪烁法已经达到了它的效率极限：当计数率大于每分钟150次或小于大约每分钟3次时，这种方法就不可靠了，而此时的原子核研究已经触及了这两个范围。卡文迪许实验室和维也纳镭研究所一项实验结果上的不一致甚至使卢瑟福也确信有求变的必要。在这项研究中，维也纳镭研究所重复了卡文迪许实验室的轻元素轰击实验，发表了完全不同的结果。更糟的是，维也纳的物理学家们将这一差异归因于卡文迪许实验室的设备不如他们的设备精密。查德威克辛苦地重新做了实验，他把硫化锌直接镀在一台特制的显微镜的目镜上，这极大地亮化了视场。这些实验结果证实了卡文迪许实验室此前的计数结果。查德威克随即去了维也纳。他的传记作者写道："他发现，闪烁计数是由三个年轻女子完成的——人们认为，女人不仅眼力比男人好，而且在计数时很少分心！"在观察了这几个年轻女子的工作后，查德威克意识到，由于她们知道实验期望的结果是什么，她们下意识间计入了并不存在的闪烁，从而得出了与她们的期望相符的结果。为了测试这几个女性技师，查德威克不加解释地让她们做了一个她们不熟悉的实验。这一次，她们的计数与他自己的结果相符。维也纳镭研究所随即为这次风波致歉。

汉斯·盖革和其他一些人重新开始使用他和卢瑟福在1908年一起发明的电计数器，还改进了这一装置。改进后的盖革计数器实质上是一根悬挂在充气管中的带电导线，充气管上有一个薄薄的覆盖窗，以便带电粒子进入管内。进入管内后，带电粒子会使气体原子电离。从气体原子剥离出的电子会被吸引到带正电的导线上，从而改变导线中的电流值。这一变化会以电脉冲的形式流过放大器，转换为一种声音——通常是"咔嗒"声——或者在示波器类似电视的屏幕上显示为光迹线的一次波动。这种电计数器不仅能够持续使用，而且在物理学家凝视闪烁屏时易出错的极限范围外也能计数。但早期的计数器有一个显著的缺点：它们对γ辐射非常敏感——远比硫化锌敏感——而卡文迪许实验室用作α粒子源的镭化合物会释放出大量的γ射线。玛丽·居里1898年发现并以她的祖国波兰命名的放射性元素钋可以是一种极好的替代物。这是一种极佳的α粒子源，γ射线的本底强度只有镭的十万分之一，因此使电计数器过载的可能性非常小。不幸的是，钋很难获取。1吨铀矿石中仅含大约0.1克钋，对于商业性分离来说，这样的含量太少了。事实上，钋只是作为镭放射性衰变的一种副产物来获取，而镭也很稀少。

在那些年，查德威克也有时间从战争的凄凉中恢复过来，在个人生活上有所进展。1925年，他与艾琳·斯图尔特-布朗（Aileen Stewart-Brown）结婚。艾琳出身于利物浦一个世代行商的家庭。查德威克当时住在冈维尔与凯斯学院（Gonville and Caius College），此时，他打算建造一座永久的住宅。一年后，在住宅修建的中途，卢瑟福请查德威克和卡文迪许实验室的另一名研究者参与修订一本卢瑟福关于放射性的旧教科书。查德威克在晚间投身于这项工作，在一个临时租来的透风的房间里，他裹紧外套，将写字桌移近壁炉，修订教科书。当火焰快要烧尽时，他甚至戴上手套继续工作。

在 20 世纪 20 年代的末尾，卢瑟福夫妇遭遇了一场家庭灾祸。他们的女儿艾琳当时 29 岁，已经是 3 个孩子的母亲。她的丈夫 R. H. 福勒（R. H. Fowler）[①]是一名理论物理学家，此时仍在卡文迪许实验室工作，坚守着理论物理这一脉。这一年，艾琳产下了第 4 个孩子，但 1 周后，12 月 23 日，艾琳被致命的血栓夺去了生命。A. S. 伊夫写道："卢瑟福珍爱的独生女的死使他一下子看上去苍老了许多，背也弓了许多。他带着勇气继续工作和生活，他生命中的乐趣之一就是他的外孙和外孙女，一共 4 个。每当谈起他们时，他的脸上总是洋溢着光芒。"

在 1931 年的新年荣誉榜上，卢瑟福被升为男爵，这一年，他步入了 60 岁。他的纹章[②]的上方站着一只几维鸟，一个代表赫尔墨斯·特利斯墨吉斯忒斯（Hermes Trismegistus）的人在右，一个手持棍棒的毛利人在左，扶着纹章中的盾形徽章。特利斯墨吉斯忒斯据说是埃及的智慧之神，写了一本炼金术的书籍。两条将他的盾形徽章分为四个区域的交叉曲线代表的是放射性的产生和衰变，是这些活动使每一种放射性元素及其同位素拥有其独特的半衰期。

大约在 1928 年，一个名叫瓦尔特·博特（Walther Bothe）的德国物理学家——在埃米利奥·塞格雷看来，他是"当之无愧的物

---

① 指物理学家、天文学家、物理化学家拉尔夫·福勒，此时的福勒已经是成就斐然的物理学家。除了自己杰出的学术成就外，福勒还有三名学生保罗·狄拉克、内维尔·莫特、苏布拉马尼扬·钱德拉塞卡后来获得了诺贝尔物理学奖。——编者注

② 指作为贵族，专属于卢瑟福的识别物。——编者注

理学家中的物理学家"——和他的学生赫伯特·贝克尔（Herbert Becker）开始研究用α粒子轰击轻元素激发的γ辐射。他们研究了从锂到氧的轻元素，还研究了镁、铝和银。由于他们研究的是从靶激发的γ辐射，因此他们希望本底的γ射线尽量小，使用了钋放射源。"我不知道［博特］是怎样弄到他的钋放射源的，"查德威克感到很困惑，"但他确实弄到了。"[①]莉泽·迈特纳从威廉皇帝研究所慷慨地给查德威克寄来了一些钋，但太少了，查德威克无法开展像博特那样的工作。

两名德国科学家发现，正如他们或多或少预期的那样，在α粒子的轰击下，硼、镁和铝激发产生了γ辐射，因为α粒子的轰击使这些元素的原子解体了。但他们出乎意料地发现锂和铍也激发产生了γ辐射，而在这些反应中，α粒子的轰击并没有使这些元素的原子解体。"事实上，"查德威克在卡文迪许实验室的同事诺曼·费瑟（Norman Feather）写道，"在轰击铍时，辐射……的强度几乎是任何其他被研究元素的10倍。"这太奇怪了。同样奇怪的是，铍在α粒子轰击下产生这种强辐射时却没有释放出质子。1930年8月，博特和贝克尔简要地报道了他们的结果，并在12月更全面地介绍了他们的发现。他们用铍激发出的辐射比轰击用的α粒子的能量更多。根据能量守恒定律，这些多出的能量必须要有一个能量来源。他们提出，尽管没有质子出现，那些额外的能量还是来自原子核的裂变。

查德威克让他的澳大利亚研究生H. C. 韦伯斯特（H. C. Webster）

[①] 博特后来因发明符合计数法以及利用该方法取得的发现获1954年的诺贝尔物理学奖。——编者注

着手研究这些反常结果。不久后，一个法国小组开始用更好的放射源进行相同的研究。研究者是居里夫人忧郁而富有才干的女儿伊蕾娜·居里（Irène Curie）和她的丈夫弗雷德里克·约里奥（Frédéric Joliot）。伊蕾娜当时 33 岁。弗雷德里克比她小两岁，是一个潇洒、热情的人，原先接受的是工程师培训，他的魅力总让塞格雷想起法国歌唱家莫里斯·舍瓦利耶（Maurice Chevalier）。

玛丽·居里的镭研究所位于拉丁区皮埃尔·居里大街的东头，是"一战"即将开始时法国政府和巴斯德基金会提供资金建立的。对任何需要钋才能开展的研究，镭研究所都具有优势。氡气随时间的推移只会衰变成铅-210、铋-210、钋-210 三种放射性不太强的同位素，因而很便于化学分离。当时，全世界的医生都在用密封在玻璃安瓿中的氡气（被称为"种子"）治疗癌症。氡在几天内就会衰变，此后这些"种子"就没用了。许多医师将它们作为礼物送到巴黎，给那位发现镭的女性。它们积累成了世界上最大的钋源。

在 1927 年结婚后的头两年，约里奥-居里夫妇一直各自独立地工作。1929 年，他们决定合作。他们首先开发出了分离钋的新化学技术，到 1931 年时，他们已经提纯了大量的这种元素，而且几乎比任何其他现有的钋源要强 10 倍。有了强有力的新钋源，他们将注意力转向探索铍的秘密。

除了重复出博特和贝克尔的实验结果外，查德威克的学生 H. C. 韦伯斯特也在此时——1931 年晚春——取得了进展。查德威克说，韦伯斯特发现"铍向……α粒子相同方向发出的辐射比向反向发出的辐射更具穿透力"。γ辐射是光的一种高能形式，从像原子核这样的一个点源发出的γ辐射应该在每个方向都相同，就像可见光从一个灯泡的灯丝发出的辐射一样。另一方面，一个粒子往往会被一个入射的α粒子撞击向前。"当然，"查德威克补充说，"这是一个使我真正感到激动万分的时刻，因为我当时想：'这里存在中子。'"

此时的查德威克已经是一对双胞胎女儿的父亲，并且变成了一个作息规律的居家男人。对他来说，最神圣的事情之一是每年6月的家庭度假。他可能会发现探寻多时的中子，但这不足以改变他的度假计划，虽然事实上可能是足以改变他的计划的。查德威克认为下一步的研究需要一个云室，但卡文迪许实验室中由他支配的那个云室当时不能正常运转。他从别处找到了一个，云室的主人同意自己用完后就让韦伯斯特使用。当时的查德威克仍然认为，中子是一个电子-质子偶，具有足够的剩余电荷使气体电离，至少是弱电离。查德威克要求韦伯斯特把铍辐射瞄准云室，看看是否能够拍摄到电离化的轨迹照片。他让他的学生继续工作，自己则度假去了。

"当然"，查德威克后来提到他当时正在寻找的中子时说，在云室中，"他们不会看到任何东西"，他们也确实没有看到。"他们写信告诉我实验结果，说什么也没观察到，这使我非常失望。"在韦伯斯特转到布里斯托尔大学后，查德威克决定自己接管对铍的研究。

首先，他不得不将自己的实验室移到卡文迪许大楼的另一个地方，这使他延误了一些时日。之后，他需要准备一个强钋源。在钋这件事上，查德威克很幸运。诺曼·费瑟在巴尔的摩的约翰斯·霍普金斯大学物理系度过了1929至1930学年，在那里，他与一个在巴尔的摩凯利医院管理镭供给的英国医生交上了朋友。这位医生保存了数百个用过了的氡"种子"。费瑟后来回忆说："加到一起，它们含有与约里奥-居里夫妇在巴黎使用的几乎一样多的钋。"医院将它们捐赠给了卡文迪许实验室，费瑟将它们带回了英国。那年秋天，查德威克完成了危险的化学分离工作。

1931 年 12 月 28 日，伊蕾娜·约里奥-居里向法国科学院报告了她的首批研究结果。她发现，铍辐射甚至比博特和贝克尔报道的更具穿透性。在将她的测量结果进行标准化后，她将辐射的能量定为轰击用的α粒子能量的 3 倍。

约里奥-居里夫妇打算接着看看铍辐射是否会像α粒子那样将质子轰击出物质。"他们在电离室装上一个薄窗，"费瑟后来解释说，"然后将各种物质放置在辐射路径上靠近窗口的位置。除了像石蜡和赛璐珞这样的物质外，他们什么都没有发现，而这两种物质在化学组分中已经包含了氢。当这些物质的薄层被放置在靠近窗口的位置时，电离室中的电流会变得比平常大。通过一连串简洁而精妙的实验测试，他们获得了令人信服的证据，证明这一多出的电离作用是从含氢物质释放出的质子导致的。"约里奥-居里夫妇当时认为，他们看到的是发生在铍辐射和氢原子核之间的弹性碰撞（就像台球或玻璃球的碰撞）。

但他们仍然坚守他们此前的信念，认为从铍发出的穿透力极强的辐射是γ辐射。他们没有考虑电中性粒子的可能性。他们没有读过卢瑟福贝克尔讲座的讲稿，因为在他们的经验中，这样的讲座总是对先前报道过的工作的复述。只有卢瑟福和查德威克在严肃地思考中子。

1932 年 1 月 18 日，约里奥-居里夫妇向法国科学院报告了他们的一项发现：当用铍辐射轰击石蜡时，石蜡会释放出高速的质子。但这不是他们论文的标题，也不是他们的论点。他们论文的标题是《用强穿透力的γ射线辐照含氢物质会释放出高速的质子》。但这种可能性很小，就像一个玻璃球不可能折射一个落锤①一样。γ射线能偏转电子，这个现象被称为康普顿效应，是以它的发现者美国实验物理学家阿瑟·霍利·康普顿（Arthur Holly Compton）的名字命名的。②但质子的质量是电子的 1 836 倍，没那么容易被移动。

2 月上旬，在卡文迪许实验室，查德威克在他的早间邮件中收到了法国物理学杂志《报道》（*Comptes Rendus*）。在读到约里奥–居里夫妇的论文时，他双眼大睁：

> 没过几分钟，费瑟来到我的房间告诉我这一报道，他像我一样非常惊讶。那天早晨晚些时候，我把这项发现告诉了卢瑟福。我有一个由来已久的习惯，在上午大约 11 点去找他，告诉他一些有趣的新闻，讨论实验室工作的进展。当我告诉他约里奥–居里夫妇的观察结果以及他们对此的观点时，我看到他越来越惊愕，最后大喊："我不信。"这样不耐烦的评价与他的性格完全不符，在我与他长期的合作中，我想不起来还有过类似的情况。我讲述这些是为了强调约里奥–居里夫妇报道的震撼性。当然，卢瑟福认为，科学界必须相信这些观察结果，至于对这些结果的解释就完全是另一回事了。

再没有其他事情阻挡在查德威克与他注定要做出的发现之间了。1932 年 2 月 7 日，一个星期日，他热忱地投入工作："碰巧［当他读到约里奥–居里夫妇发表的发现时］我正准备开始实验……我抱着

---

① 拆除建筑用的巨型钢球，通常挂在起重机上。——编者注
② 康普顿因为这一发现获得了 1927 年的诺贝尔物理学奖。——编者注

一种开放的心态开始，尽管我的想法自然是在中子上。我相当肯定，约里奥-居里夫妇的观察结果不能归因于一种康普顿效应，因为我不止一次地研究过这种可能性。我相信，存在某种全新的东西。"

他的设备很简单，由辐射源与电离室组成。电离室与真空管放大器连接在一起，继而与示波器相连。辐射源是一个抽空的金属管，绑在一块锯得很粗糙的松木块上。管中有一个直径 1 厘米，镀有钋的银盘，在银盘前面很近的地方，是一个直径 2 厘米的纯铍盘。铍是一种银灰色的金属，密度是铝的 2/3。钋释放出的 α 粒子轰击铍原子核产生了穿透性极强的铍辐射，但查德威克立即发现，铍辐射能几乎不受阻碍地穿过厚达 2 厘米的铅板。

在电离室面向辐射源的地方，有一个 0.5 英寸的小窗，窗上覆盖着一层铝箔。电离室很浅，处于 1 个大气压的常压下，里面有一个小的带电板，这个带电板负责收集由进入的辐射电离出的电子，将它们产生的脉冲送到放大器和示波器。"就此时的目标而言，"诺曼·费瑟后来解释说，"这样的设置很理想。只要精心设计放大器，就可以使示波器上的偏转大小正比于电离室中发生的电离总数……被轰击出来，进而引发电离的原子的能量因而就能根据示波器记录的偏转的大小直接计算出来。"

查德威克在电离室的铝箔窗前面放了一片 2 毫米厚的石蜡薄片。他在最终的实验报告中写道，立刻，"示波器记录到的偏转数就显著增加了"。这表明从石蜡射出的粒子正在进入电离室。之后，他开始在石蜡薄片和电离室的小窗之间逐张地插入铝箔片，直到示波器上不再出现跳动。通过把铝吸收折算成空气吸收，查德威克计算出这种粒子在空气中的飞行距离是 40 厘米出头，他认为这个距离意味着"这种粒子显然是质子"。

至此，查德威克复现了约里奥-居里夫妇的结果，也为后续的研究铺平了道路。现在，他开始开辟新的领域。他撤去了石蜡片，试图研究铍辐射直接轰击其他元素时会发生什么现象。他将固态元素物质放在电离室的小窗前，"通过这种方法，——测试了锂、铍、硼、碳和氮（以聚氰的形式）"。至于气态元素，他简单地将它们泵入电离室，取代电离室中的空气："用这种方法检验了氢、氦、氮、氧和氩。"在每一种情况下，示波器上的跳动都增加了，这意味着强大的铍辐射从查德威克试验的所有元素中都轰击出了质子。实验还表明，从每种元素中轰击出的质子的数量大致相同。对查德威克的结论来说，最重要的一个结果是轰击出的质子的能量非常大，铍辐射如果是γ射线的话，是没办法做到这一点的。"总的来说，"查德威克在他的论文中写道，"实验结果表明，如果用［γ射线光子］的轰击来解释轰击产生的原子的话，那么随着被轰击的原子的质量不断增加，我们必须假定，［光子］有越来越高的能量。"查德威克随后在论文中平静地谈及了物理学的一项基本法则：一个过程产生的能量或动量不会比输入的能量或动量更多。他写道："显然，我们必须要么接受能量和动量守恒定律不适用于这些碰撞，要么用另外的假说来解释这种辐射的本质。"这事实上是在对约里奥-居里夫妇的论文进行彻底的批评，这对夫妇读到这段文字后恼火不已也就不奇怪了。

　　不出意料，查德威克提议采用这样的假说："如果我们设想这一辐射不是［γ］辐射，而是由质量非常接近于质子的粒子组成的，那么所有与这种碰撞相关的困难就都迎刃而解了，无论是有关它们频率的问题，还是向不同物质转移能量的问题。要解释该辐射的强大穿透力，我们必须进一步假定这种粒子没有净电荷……我们或许可以猜想它〔就是〕卢瑟福在 1920 年的贝克尔讲座中讨论过的'中子'。"

查德威克随即开展了大量的工作，以证明他的假说是对实验观察到的事实的正确解释。

"这段时间的工作很艰辛。"他后来说。这项工作前前后后花了他 10 天时间，其间他还需要履行他在卡文迪许实验室的职责。他或许每晚平均只能睡 3 个小时，2 月 13 日至 14 日的周末也在勤奋工作，大概在 17 日——星期三——完成了工作。这天，查德威克给《自然》杂志寄出了一份初步的简要报道，以确保发现的优先权。报道以给编辑的一封信[①]的名义发表，标题是《可能存在中子》。"不过，无论如何，我都认为确凿无疑，不然我就不会写这封信。"

"值得大加称赞的是，"塞格雷后来带着崇高的敬意写道，"当〔早期的实验中〕没有出现中子时，他没有探测到它，但当中子最终出现时，他立即令人信服地明确察觉到了它。这些都是一名伟大的实验物理学家的标志。"

1921 年，一个名叫彼得·卡皮察的年轻苏联人来到了剑桥大学卡文迪许实验室工作。他稳健、专注、有魅力，而且在技术上善于创造发明，很快就深得卢瑟福的喜爱。在卢瑟福的所有"男孩"中——甚至包括查德威克在内——只有卡皮察能说服节俭的主任拿出大笔的钱来购置设备。1936 年，卢瑟福会愤怒地指责查德威克鼓动在卡文迪许实验室建造回旋加速器。但在 1932 年，卡皮察在

---

① 这篇论文事实上并不只是一般意义上的"信件"。在很长的一段时间里，根据篇幅长短，《自然》杂志上发表的研究论文都被划分入两个版块，"信件"（Letter）版块中的论文篇幅较短，"文章"（Article）版块中的论文篇幅更长。2019 年 10 月，《自然》杂志宣布不再设"信件"版块，所有研究论文都归入"文章"版块。——编者注

卡文迪许实验室院子内一座优雅的新建砖石建筑里就已经有了一个单独的实验室，用大功率磁场做他耗资巨大的实验。卡皮察刚在剑桥大学安顿下来就注意到，英国的物理学学生过分顺从师长，这导致他们没有多少科研产出。因此，他建立了一个俱乐部，取名卡皮察俱乐部，致力于开放和不分等级的讨论。会员名额有限，想加入的人很多。俱乐部的成员在大学的教室里集会，卡皮察经常故意用错误的观点开场，这样，即使是年龄最小的成员也会大声纠正他的发言，放松套在他们脖子上的传统束缚。

那个星期三，卡皮察用酒菜款待疲惫不堪的查德威克，用马克·奥利芬特的话说，使查德威克进入了"一种非常温和的情绪"，然后领他参加卡皮察俱乐部的集会。"卡文迪许实验室的所有人，包括卢瑟福在内都群情激奋，"奥利芬特后来回忆说，"情况已经相当不同寻常，因为我们听说了有关查德威克实验结果的传闻。"奥利芬特说，查德威克在俱乐部的发言透彻而有说服力，而且不忘提及博特、贝克尔、韦伯斯特以及约里奥–居里夫妇的贡献，"他给我们每个人上了一课"。C. P. 斯诺当时也在场，据他回忆，查德威克当时的表述是"有史以来对一项重大发现做出的最简短描述之一"。当鹰钩鼻、大高个的查德威克结束发言时，他扫视了一下全场，突然宣布："现在，我想用氯仿麻醉自己，睡上两个星期。"

他是可以休息休息了。他发现了一种新的基本粒子，物质的第三种基本组分。正是这种电中性的质量，在不增加电荷的情况下复合成了元素的重量。2 个质子和 2 个中子构成了氦核；7 个质子和 7 个中子构成了氮；47 个质子和 60 个中子构成了银；56 个质子和 81 个中子构成了钡；92 个质子和 146 个（或者 143 个）中子构成了铀。

不仅如此，由于中子拥有与质子相同的质量并且不带电荷，因此它几乎不会受到围绕原子核的电子壳层的影响，原子核的电势垒本身也无法阻碍它的运动。这将使它成为一种具有非凡穿透力的原子核新探针。"一束热中子，"美国理论物理学家菲利普·莫里森（Philip Morrison）后来写道，"以大约声音的速度运动，其动能只有大约 1/40 电子伏，却比一束数兆伏能量、运动速度快数千倍的质子更容易在许多材料中触发核反应。"在查德威克做出他决定性发现的同一个月，欧内斯特·劳伦斯的回旋加速器首次将质子加速到了兆伏能量的量级。而且幸运的是，回旋加速器被证明可以用来产生中子。不同于其他任何进展，查德威克的中子使对原子核的细微检测变得切实可行。汉斯·贝特曾经评价说，他把 1932 年以前的所有发现归入"核物理学的史前史，而从 1932 年起，才算进入物理学史"。贝特说，其差异就是因为发现了中子。

有关查德威克发现中子的消息传到哥本哈根时，哥本哈根的科学家们正在排练一台业余戏剧。这是一台戏仿歌德的《浮士德》的滑稽剧，用以庆祝玻尔的理论物理研究所建成 10 周年。负责写剧本的博士后们把这一新粒子加入到了最后一幕中。他们让泡利——体型肥胖，有着一张没有胡须的圆脸，双眼突出，眼睑下垂，很像演员彼得·洛①——扮演魔鬼靡菲斯特（Mephistopheles），玻尔则扮演上帝。他们不拘泥于形式，让缺席的查德威克扮演瓦格纳②。一个佚名插画师绘制了他在剧本中的形象，按照舞台剧的指示，他是"理想实验家的化身"。在他的指尖上，立着一个被极度放大的中子：

---

① 活跃于 20 世纪 30 年代至 50 年代的匈牙利裔著名影星，出演过《M 就是凶手》《卡萨布兰卡》《马耳他之鹰》等经典电影。——编者注
② 《浮士德》中浮士德的助手。——编者注

　　在哥本哈根，正像之前在剑桥大学一样，查德威克简洁明了地报告了他的发现：

　　　　中子走进物理，
　　　　带有质量标记，
　　　　永与电荷无缘，
　　　　泡利你可同意？

　　扮演魔鬼的泡利走上前，念出他的台词：

这是实验发现的秘密，
可和理论没一点关系，
理论不过是心智游戏，
实验才真正可靠无比……

接着，一个滑稽的合唱团登场，成员都是友善的物理学家，玻尔有才气的年轻员工。他们跳着舞出来，唱着终曲，帷幕最后徐徐落下：

往昔只是一场梦，
如今活在现实中。
多么卓越的认知，
优雅与精确贯通！
满怀热忱地欢呼，
无比自豪地歌颂。
上帝永恒的中庸，
引导我们向前冲！

这是他们中的许多人在未来很多年里最后的和平时日。

1

2

1.英国小说家H. G.威尔斯。他1914年的小说《获得解放的世界》预言了原子弹、原子战争和世界政府。

2.作为一个年轻人，匈牙利物理学家利奥·西拉德梦想着拯救世界。"我们是否能够找到一种能被中子分裂的元素……"

3.皮埃尔·居里和玛丽·居里在巴黎他们的实验室里，1900年前后。他们首先从沥青铀矿残留物中分离出元素钋和镭，其辐射出的巨大能量远远无法用任何化学过程解释。

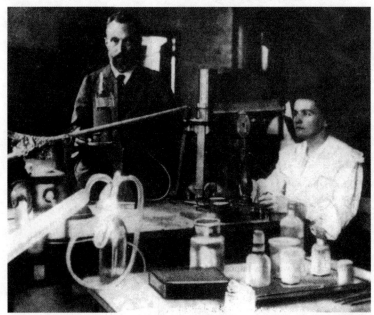

3

4.新西兰人欧内斯特·卢瑟福发现了原子核。詹姆斯·金斯称他为"原子物理学的牛顿"，1902年前后。

5.英国剑桥大学卡文迪许实验室，20世纪早期全世界实验物理学的中心。

6.化学家奥托·哈恩和物理学家莉泽·迈特纳，他们在柏林组成了一个多产的小组。

7.尼尔斯·玻尔即将取得伟大的成功。1911年夏天，他和未婚妻玛格丽特在一起。

8. 1912 年 10 月，德皇走在前面，出席新建成的研究所的落成典礼。研究所建在柏林郊外达勒姆他捐赠的土地上。

9.威廉皇帝化学研究所，德国蓬勃发展的又一体现。

10.化学家弗里茨·哈伯（左）和理论物理学家阿尔伯特·爱因斯坦，1914 年前后。第一次世界大战中，哈伯领导了德国的毒气研发。爱因斯坦呼吁和平主义，从事广义相对论的研究。他已经导出了重要的质能关系式 $E=mc^2$。

11

11.剑桥大学物理学家亨利·莫塞莱,1915年阵亡于加利波利。一篇悼词称,仅莫塞莱阵亡这一件事就使这场战争成为一项"丑恶"和"无法挽回"的犯罪。

12

12.准备进行毒气训练的美国士兵,1917年前后。"这是一种可以拯救无数生命的方法,"哈恩记得哈伯为毒气战辩解说,"……如果这能使战争早一点结束的话。"

13

13.尼尔斯·玻尔在哥本哈根的理论物理学研究所,建成于1921年。全世界最优秀的年轻物理学家朝圣般地来这里工作和学习。

14

14.20世纪20年代的尼尔斯·玻尔。

15

15. 1927年，在意大利的科莫，恩里科·费米、沃纳·海森伯和沃尔夫冈·泡利（从左到右）听玻尔阐释了互补性。

16

16. 费米和他罗马的小组在20世纪30年代早期为一项重要工作做了准备，最终发现用中子轰击元素能诱发前所未知的人工放射性。铀是一个复杂的谜。从左至右，埃米利奥·塞格雷、恩里科·佩尔西科（Enrico Persico）和恩里科·费米，1927年，奥斯蒂亚。

17

17. 位于帕尼斯佩纳路的物理研究所。

18. 剑桥大学物理学家弗朗西斯·阿斯顿通过质量差异分离同位素的质谱仪。同位素的整数原子量使科学家得以理解使原子结合在一起的结合能。"我个人认为，毫无疑问，可以利用的亚原子能量无处不在，"阿斯顿在一个讲座中说，"总有一天，人类必将会释放和控制它那近乎无穷的威力。"

18

19

19. 1933 年 4 月，阿道夫·希特勒颁布了第一项排犹法律，剥夺了"非雅利安人"的学术职位。有超过 100 名物理学家逃离德国。

20

20. 由于欧洲局势混乱，玻尔的哥本哈根年会变成了工作论坛。前排（左起）：奥斯卡·克莱因、玻尔、海森伯、泡利、乔治·伽莫夫、列夫·朗道（Lev Landau）[1]、亨德里克·克拉默斯（Hendrik Kramers）[2]。

———————————

① 苏联物理学家，凝聚态物理学奠基人，因"有关凝聚态物质，特别是液氦的开创性研究"获 1962 年的诺贝尔物理学奖。——编者注

② 荷兰物理学家，在量子物理学和统计物理学领域有重要贡献。——编者注

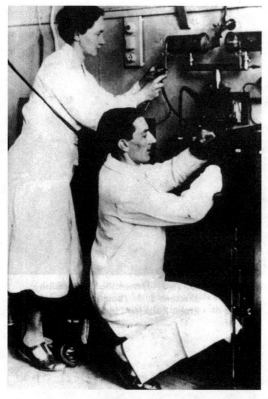

22.发现物质第三种基本组分的工作由卢瑟福的弟子詹姆斯·查德威克完成。1932年，中子的发现打开了对原子核进行详细考察的大门。查德威克的同事们兴奋地称他为"理想实验家的化身"。

21.巴黎镭研究所的弗雷德里克和伊蕾娜·约里奥-居里发现了人工放射性，但与发现中子失之交臂，1935年前后。

23. 20世纪30年代，在加州大学伯克利分校，理论物理学家罗伯特·奥本海默（左）和实验物理学家欧内斯特·劳伦斯建立了一个大的美国物理学派。

24

24.让劳伦斯获得诺贝尔奖的回旋加速器轰击出了原子核中的秘密，也证实了一个强有力的中子来源。在这张照片中，劳伦斯在检测1937年完工的直径37英寸的回旋加速器的真空室。

25

25.卡文迪许实验室两位著名的主任J.J.汤姆孙（左）和欧内斯特·卢瑟福，20世纪30年代。

26

26.数学家冯·诺伊曼早年即离开欧洲，接受了高等研究院的一个终身职务。

27

27.格特鲁德·魏斯为西拉德拍的照片，链式反应专利此时己经是英国的军事秘密，1936年，牛津大学。

28.逃出纳粹德国到达英国后，迁往美国的物理学家的人数在增加。后来的诺贝尔奖得主汉斯·贝特在康奈尔大学获得了一个职位。

29.贝特在斯图加特大学的教授的女儿罗泽·埃瓦尔德（Rose Ewald）于1936年随后而来。贝特说："罗泽当时20岁，我与她坠入了爱河。"

30.对犹太人的迫害蔓延到了意大利，威胁到了劳拉·费米。费米在1938年获得了诺贝尔奖，奖金使这对夫妇有了逃离意大利的经济保障。他们领着孩子朱利奥和内拉，从斯德哥尔摩去了纽约。费米调侃道："我们建立了费米家族的美国支系。"

32.奥托·弗里施，1938 年前后。他和姨妈迈特纳一起，揭示了哈恩-施特拉斯曼铀裂变的革命性意义。

31. 59 岁的莉泽·迈特纳，1937 年。1938 年圣诞节，她在斯德哥尔摩从哈恩那里获知了哈恩和施特拉斯曼的惊人发现：用慢中子轰击铀会产生钡——铀原子分裂的第一个证据。

34.哈恩在威廉皇帝化学研究所的一张放射化学工作台。

33. 60 岁时的奥托·哈恩，1939 年。他的"钡狂想"将改变世界。

35

35.瑞典康盖坞的一座中世纪城堡，俯瞰着工作中的迈特纳和弗里施。

36

36. 1939 年 1 月，哥伦比亚大学的赫伯特·安德森首次在美国证实了核裂变。

37

37. 1938 年 9 月，在慕尼黑，英国首相内维尔·张伯伦同意了纳粹德国瓜分捷克斯洛伐克的要求。张伯伦对伦敦群众说，这是"光荣的和平"。丘吉尔则将其指责为"彻底的投降"。

38

38. 1939年1月28日晚间，华盛顿哥伦比亚特区卡内基研究所地磁部的APO靶室，核裂变演示结束后。从左到右：罗伯特·迈耶、默尔·图夫、费米、理查德·罗伯茨、莱昂·罗森菲尔德、埃里克·玻尔、尼尔斯·玻尔、格雷戈里·布赖特、约翰·弗莱明。

39

39. 1939年，爱因斯坦致信富兰克林·罗斯福总统，陈述了德国开展原子弹研究的可能性，这促使罗斯福成立了一个由标准局局长莱曼·J.布里格斯（左）领导的铀委员会。

第7章

出　走

"这里的反犹主义很严重，政治反应激烈。"阿尔伯特·爱因斯坦在 1919 年 12 月从柏林写信给保罗·埃伦费斯特说。这封信写于大众媒体开始争相报道爱因斯坦，他逐渐成为一名享有国际声誉的名人的时候。"世界历史上的新人物，"12 月 14 日的《柏林画报》在他的封面照片下方介绍他说，"……他的研究彻底修正了我们的自然观，可以和哥白尼、开普勒、牛顿相媲美。"反犹分子和法西斯分子立即开始收拾他。

43 岁时，[1] 爱因斯坦已经跻身一流理论物理学家的行列，享有很高声誉。1910 年以来，除两年外，他每年都被提名为诺贝尔奖获得者。自 1917 年起，他的支持者人数不断增加。马克斯·普朗克，一个不惯于夸张的人，于 1919 年写信给诺贝尔委员会，声称爱因斯坦"迈出了超越牛顿的第一步"。如果相对论不是那么有悖传统认知的话，诺贝尔奖的认可或许会早于 1922 年到来（爱因斯坦获得的是 1921 年度的诺贝尔物理学奖，但授奖因故延迟至了

---

[1]　爱因斯坦生于 1879 年，作者此处的 43 岁指的是爱因斯坦 1922 年获颁 1921 年度的诺贝尔物理学奖时。——编者注

1922 年，1922 年度的诺贝尔物理学奖授予了玻尔）。[1]

此时的爱因斯坦还没有晚年客居美国时那悦人、备受尊敬的祖父模样。他的胡子仍然是黑色的，浓黑的头发刚开始变灰。C. P. 斯诺看到的是"一副厚实的身躯，非常结实的肌肉"。爱因斯坦的朋友们认为，这位施瓦本出生的物理学家的高声大笑带有孩子气，而他的对手们则认为这很粗鲁。斯诺怀疑，这是"一种强烈的感性"，他还猜测，爱因斯坦认为自己的感性"是人格的锁链，应该被除去"。爱因斯坦也还没有学会——用心理分析学家埃里克·埃里克森（Erik Erikson）的话来说——"在面对照相机拍照时，就像在与未来看到自己形象的人交流眼神"。在过去的一年里，爱因斯坦忍受着胃溃疡、黄疸病和离婚带来的痛苦。他瘦了 56 磅，又一度恢复了些体重。他的母亲罹患癌症，生命垂危。疲劳使他的面容失去了光泽。"一战"后，年轻的波兰物理学家利奥波德·因费尔德（Leopold Infeld）敲开了爱因斯坦柏林家的门，希望能取得一封推荐信。他发现爱因斯坦"穿着晨衣和条纹布的裤子，裤子上少了一颗重要的纽扣"。因费尔德是从杂志和新闻影片中认识爱因斯坦的面孔的，"但照片无法重现他那明亮有神的眼睛"，深棕色的大眼睛。这名缺乏自信的来访者只是众多的来访者之一（西拉德是另一位），在那些寒冷的日子里，爱因斯坦眼神中透出的诚恳热情使他们得到了安慰。

当时，引发全世界关注的事件是一次日食。1915 年 11 月 25 日，爱因斯坦向柏林的普鲁士科学院递交了一篇题为《引力场方程》的

---

[1] 爱因斯坦虽然最终获得了诺贝尔奖，但获奖原因仍然不是提出了相对论，而是发现了光电效应。——编者注

论文。在这篇论文中，他愉快地报告说："广义相对论的逻辑结构彻底完整了。"这篇论文是爱因斯坦的广义相对论的首次完整表述，是能被验证的理论。这一理论解释了水星轨道的神秘反常——这一得到证实的预言是使爱因斯坦感到头脑中有某些东西在"噼啪作响"的成果之一。广义相对论也预言了恒星发出的光线在经过像太阳这样的大质量天体旁时会发生两倍于牛顿理论预言值的角度偏转。第一次世界大战延误了爱因斯坦预言值的实验测量。1919 年 5 月 29 日预期发生的日全食（这将遮住太阳的光芒，从而使太阳后面的恒星变得可见）提供了战后的第一个机会。进行全程跟踪的是英国人，而不是德国人。在剑桥大学天文学家阿瑟·斯坦利·爱丁顿（Arthur Stanley Eddington）的带领下，一支远征队去了西非海岸附近的普林西比岛。格林尼治天文台则派出了另一支远征队，前往巴西北部海岸附近的内陆索布拉尔。11 月 6 日，英国皇家学会和皇家天文学会在伦敦伯灵顿宫（Burlington House）一幅牛顿的肖像前召开了一次联席会议，确认了令人震惊的结论：爱因斯坦的值，而不是牛顿的值，是正确的。"这是人类思想史上一个最伟大的进步，"J. J. 汤姆孙告诉出席的名流，"这不是发现了一个边远的岛屿，而是发现了新科学思想的整个大陆。"

这是重大新闻。《泰晤士报》以大字标题《科学的革命》报道了这件事，消息被广泛传播。从那一天起，爱因斯坦成了一个举世瞩目的人。

世界的目光转向了一名犹太人。在最血腥的民族主义战争期间，这名犹太人表明过自己的和平主义立场，并且此时正在为国际主义大声疾呼。这激怒了德国的沙文主义者，包括右派学生和一些物理学家。当爱因斯坦准备在柏林大学最大的演讲厅做一系列科普讲座时——那年冬天，人人都在做有关相对论的讲座——学生们抱怨煤和电太贵了。学生会主席向爱因斯坦发起挑战，要他自己租用演讲厅。爱因斯坦没有理睬这种侮辱性的行为，按日程在大学演讲厅做了讲座。但在2月，他至少有一个讲座遭到了干扰，被打断了。

同年8月，他遇到了一个名为"德国科学家纯学术保护委员会"的组织的更严峻挑战。这是一个领导背景不明、经费充裕但来自隐秘渠道的组织。在看到相对论备受推崇，爱因斯坦声名鹊起后，1905年的诺贝尔奖得主菲利普·勒纳站到了仇恨满怀的反犹主义一边，用自己的声誉支持这个委员会，后者将相对论斥为犹太人的腐化思想，将爱因斯坦贬损为一个没有品位的自我推销狂。8月20日，这个组织在柏林爱乐音乐厅举行了一次人数众多的公共集会。爱因斯坦也去听了发言者的演讲。据利奥波德·因费尔德回忆，一名发言者说，"鼓吹相对论是对德国精神的敌视"。爱因斯坦留在了会场，用哈哈大笑和讽刺性的鼓掌来表达对这一派胡言的蔑视。

然而，这种批评仍然伤害到了爱因斯坦。他错误地认为他的大多数德国同行都赞同这种观点，因此冲动地写了一篇不同寻常的辩护声明。柏林爱乐音乐厅集会后的第三天，爱因斯坦的声明文章发表在了《柏林日报》上。这篇题为《我对反相对论有限公司的回应》的文章使爱因斯坦的朋友们感到震惊，但它颇具预见性地看到了这个委员会对爱因斯坦的攻击背后的更深层问题。爱因斯坦在文章中写道："我有充分的理由相信，他们的根本动机不是探求真理。"他还用括号附了说明，用省略号表达了他的未尽之意："（如果我是一名德国国民——无论是否佩戴纳粹十字徽饰——而不是一名具有国际主义倾向的自由主义犹太人，那么……）。"一个月后，爱因斯坦恢复了往日的幽默感，请求马克斯·玻恩不要使自己太难堪："每个人都必然会时不时地成为愚蠢祭坛上的牺牲……我也不例外，是通过我的文章。"但在这之前，爱因斯坦曾严肃地考虑过离开德国。

这并不是第一次。早在 16 岁时，爱因斯坦就放弃了德国国籍并一度离开这个国家。虽然他在 20 年后恢复了德国国籍，但早年的那次放弃为魏玛时期之后的最后决定做好了准备，当时阿道夫·希特勒已经上台执政。

1879 年 3 月 14 日，爱因斯坦出生在乌尔姆，此时德意志帝国统一刚 8 年。爱因斯坦在慕尼黑长大。他较晚才学会说话，但并不像传言所说的那样，在读书方面比较迟钝。在上小学和高级文法中学时，他的数学和拉丁文考试的分数始终不是第一就是第二。四五岁的时候，他父亲向他展示的一个指南针的"奇迹"深深地吸引了他，他记得自己因此"颤抖不已，浑身发冷"。对当时的他来说，"一定有某种东西深藏在物体的背后"。他想寻找被物体掩藏起来的那些东西，然而他的特殊天赋将会使他发现，并没有什么东西藏在它们后面；使他发现，物体，作为物质和作为能量，就是它的全部；使他发现，甚至空间和时间也不是物质世界不可见的载体，而是物质世界的属性。1921 年，在纽约，一群闹哄哄的记者请爱因斯坦简短解释一下相对论，爱因斯坦说："如果你们不把它看作很严格的答案，只是将它看成一种玩笑，那么我就这样来解释它：人们以前相信，即使所有物质性的东西都从宇宙中消失，时间和空间仍然会存在。但根据相对论，时间和空间也会随之消失。"

这个安静的孩子变成了一名反叛的青少年。当高级文法中学对他实施死记硬背的灌输教育时，他我行我素地学习康德和达尔文的学说以及数学。他还曾转向宗教——犹太教——但最终满怀痛苦地幻灭而归："通过阅读通俗的科学书籍，我立刻获得了一种信念，《圣经》里的许多故事都不可能是真的……这使我形成了一种积极、狂热的自由思考精神，同时还产生了一种令人沮丧的印象：国家在用谎言蓄意欺骗年轻人。这种经历使我对每一种权威都产生了怀疑，对任何特定社会环境中存在的信念都抱怀疑态度。"

在他父亲的生意有一次受挫后——这样的情况不止一次——这个家庭翻过阿尔卑斯山，移居到米兰重振家业，但阿尔伯特仍然留在寄宿公寓完成他的高级文法中学的功课。在试图退学前，他或许就被文法中学除名了。当时他拿到医生的一纸证明，该证明声称他神经错乱。[①] 爱因斯坦看不起的不仅是德国学校的专制作风。"从政治上说，"他后来写道，"我从青年时代起就憎恨德国。"当他家还在慕尼黑时，作为一名15岁的反叛少年，他就曾想过放弃他的德国国籍。这引发了一场长时间的家庭辩论。在他从米兰迁至苏黎世，试图再次完成他的学业后，这场辩论以他获胜告终。他的父亲替他写信给德国的管理部门。1896年1月28日，爱因斯坦正式放弃了德国国籍。1901年，他成为瑞士公民。爱因斯坦喜欢瑞士坚定的民主主义并准备在他们的民兵中服役，但体检不合格（因为平足和静脉曲张），不过他离开德国的一个原因是逃避普鲁士的兵役义务，逃避僵尸般的绝对服从。

从少年时期到青年时期，爱因斯坦为了保护他——用埃里克·埃里克森的话说——"好胜的童心"而反叛，这颗拥有不羁创

---

① 作者此处表述不太清楚并且似有误。根据能够查到的资料，当时的爱因斯坦叛逆而且对德国学校的风气非常反感，在拿到医生的证明后，学校同意让他离开。——编者注

造力的童心一直保持到他成年。爱因斯坦在给詹姆斯·弗兰克的信中提到了这一点：

> 我有时会问自己，为什么提出相对论的人是我。我认为，这是因为一个正常的成年人绝不会停下来思考空间和时间的问题。这是孩提时代思考的事情，但由于我的智力发展迟缓，因而我在长大后才开始对空间和时间感到惊奇。

"相对论"是一个误称。爱因斯坦当时致力于用一致性和比旧物理学更大的客观性来建立一种新物理学。如果光速是一个常数，那么一定有某种东西在两个做相对运动的系统之间伸缩——即使这种东西是时间。如果一个物体释放出一定的能量 E，它的质量将会有微小的减少。但如果能量拥有质量，那么质量一定也拥有能量。两者一定是等价的：$E=mc^2$，$E/c^2=m$。（即，一定焦耳的能量 E 等于一定千克的质量 m 乘以光速 c 的平方，光速的平方是一个巨大的数，为 3×10^8 米/秒乘以 3×10^8 米/秒$=9 \times 10^{16}$，也就是 90 000 000 000 000 000 焦耳/千克。E 除以 c^2 得到的数值表示有多么大的一份能量蕴含在哪怕是一份小小的质量中。）

1907 年，在一篇发表在《放射性和电子学年鉴》(*Jahrbuch der Radioaktivität und Elektronik*) 上的长篇论文中，爱因斯坦提出了这一美妙而惊人的质能等价关系。他写道："在放射性过程中，或许初始状态的原子有相当一部分质量会转换成各种辐射能，转换的质量的百分比可能比镭辐射的情况大得多。"正如索迪和卢瑟福此前在英国一样，爱因斯坦从镭的辐射中认识到，物质中蕴含着巨大的能量，但他完全不确定这种能量是否能被——哪怕是在实验中——释放出来。"思路有趣而迷人，"他当时向一个朋友坦言，"但我不知道亲爱的上帝是否会讥笑这一思路并牵着我的鼻子走。"爱因斯坦此时已经在苏黎世大学获得了哲学博士学位，马克斯·普朗克也开始和他通信。1902年至1909年间，他以技术专家的身份在专利局工作。这几年中，爱因斯坦发表了他的第一批伟大论文，包括关于布朗运动、光电效应和狭义相对论的论文。

1908年，爱因斯坦在伯尔尼大学取得了无薪教师资格，但为安全起见，他将专利局的工作保留到了第二年。最终，1909年10月，在获得第一个荣誉博士学位后，他转去了苏黎世大学，担任副教授。之后，受一个全职教授职位的诱惑，他去了与世隔绝的布拉格的一所大学，此时的他已经结婚，要养活妻子和两个儿子。但一年后，苏黎世理工学院提供了一份同等的薪资待遇，他又愉快地回到了瑞士。学术界的犹豫充分体现了他的工作彻头彻尾的新颖性。1913年，马克斯·普朗克、弗里茨·哈伯和其他一些德国学术权威认识到了这一人才浪费，为爱因斯坦在柏林提供了三重任命：普鲁士科学院的一个研究职位、柏林大学的一个研究教授职位，以及计划中的威廉皇帝物理学研究所所长的职位。在这些德国人离开后，爱因斯坦开玩笑地对他的助手奥托·斯特恩说，他们"就像那些寻找一枚稀罕邮票的人"。

1914年4月，爱因斯坦到达柏林。在"一战"的战争年月里，他与第一任妻子分居两地独自生活，[①]完成了广义相对论。在马克斯·玻恩看来，尽管广义相对论"与经验的联系很微弱"，但它是

---

① 到达柏林后不久，爱因斯坦的妻子就发现爱因斯坦与其表姐埃尔莎的婚外情，带着两个儿子返回了苏黎世。——编者注

一件"伟大的艺术作品",是"人类思考自然的最伟大壮举,是深邃的哲学、物理学的直觉和数学技艺最令人惊异的结合"。爱因斯坦无与伦比的成就使他能从容面对无处不在的战争狂热:

> 对于当前近于疯狂的动荡形势,我开始习惯了,有意识地摆脱与这一疯狂社会有关的所有事情。为什么不像一名疯人院的工作人员一样,安心地生活呢?毕竟,我们是尊重疯子的,还为他们提供了居所。在某种程度上,我们可以选择自己的行为习惯,尽管不同的行为习惯间的差异比我们年轻时认为的要小。

1921年四五月间,爱因斯坦和哈伊姆·魏茨曼一起首次访问美国,为在巴勒斯坦建一所希伯来语大学的犹太复国主义事业筹措资金。他曾目睹过大批犹太人由于战争和革命从东部迁移至柏林,看到过德国人的反犹煽动,因此决定和他们站在一边。爱因斯坦的犹太复国主义思想的引导者是能言善辩的社会活动家和组织者库尔特·布卢门菲尔德(Kurt Blumenfeld),年轻的汉娜·阿伦特①也深受他的影响。正是布卢门菲尔德说服了爱因斯坦陪同魏茨曼前往美国。关于布卢门菲尔德与意志坚定、目标明确的魏茨曼的关系,爱因斯坦曾告诉亚伯拉罕·派斯,"就像弗洛伊德会说的那样,是既爱又恨"。爱因斯坦在哥伦比亚大学、纽约市立学院和普林斯顿大学做了有关相对论的讲座,会见了菲奥雷洛·拉瓜尔迪亚(Fiorello

---

① 犹太裔政治哲学家、作家,代表作《艾希曼在耶路撒冷》《人的境况》等。——编者注

La Guardia）①和沃伦·哈定总统，在美国科学院的年度宴会上构思"一种有关永恒的新理论"打发时间，直到所有的正式演讲结束，然后向一群群热情的美国犹太人发表讲话。

回国后，爱因斯坦写道，他在美国"第一次发现了犹太民族。在柏林或德国的其他地方，我见过许多犹太人，但从未遇到过犹太民族。我在美国发现的这个犹太民族通常来自俄国、波兰和东欧。这些男男女女仍然保留着一种健全的民族情感，这种情感尚未被同化和散居的过程所破坏"。这一陈述含蓄地批评了德国的犹太人。爱因斯坦在另一个场合写道，他们"对社会同化的渴望和努力有失尊严，总是使我烦恼……"布卢门菲尔德激进、后同化（post-assimilatory）的犹太复国主义思想使爱因斯坦深受教益。10年后，汉娜·阿伦特写道："在一个总的来说敌视犹太人的社会里……同化可能只会同化为反犹主义。"爱因斯坦擅长从假设推导出逻辑结论，显然，他对"犹太问题"产生了与阿伦特类似的理解。

此时的爱因斯坦不仅是世界上最著名的科学家，也是犹太人事业的著名代言人。1922年6月24日，右翼极端分子在柏林枪杀了魏玛共和国的第一任外交部长瓦尔特·拉特瑙（Walther Rathenau）。拉特瑙是一名物理化学家，②爱因斯坦的实业家朋友，也是一名声誉很高的犹太人。爱因斯坦似乎将是下一个暗杀目标。"我想我是某些人计划暗杀的目标之一，"他在给马克斯·普朗克的信中写道，"不少人严肃地悄悄告诉我，在不久的将来，我待在柏林将会很危

---

① 美国政治家，1934年至1946年间任纽约市市长。——编者注
② 原文如此，疑误。拉特瑙从未成为物理化学家，尽管他在大学的主科是物理和化学。作者此处可能把他与另一位瓦尔特——瓦尔特·能斯特（Walther Nernst）搞混了。能斯特是著名的物理化学家。——校者注

险，就此事而论，在德国任何一个公共场合都是如此。"他深居简出地待到了 10 月，然后和第二任妻子埃尔莎一起离开德国，到远东的日本等地做了一次长途旅行，途中接到了诺贝尔奖的获奖通知。在返程途中，他先是在巴勒斯坦逗留了 12 天，之后又在西班牙有所停留。到爱因斯坦回到柏林时，德国人对政治的关注已经暂时消退了，而是更加关注已经变得离谱的马克。当时，马克的汇率已经下跌到 54 000 马克对 1 美元。爱因斯坦继续从事他的工作，包括在爱因斯坦-西拉德电冰箱压缩机方面的工作以及向统一场论的初步努力，但他开始频繁出国。

◉

爱因斯坦在柏林强烈感受到的反犹主义在 1919 年 12 月的慕尼黑更为猖獗。在那个月，苍白、消瘦、30 岁的阿道夫·希特勒坐在德国工人党狭窄的办公室里，伏在唯一的一张破桌子上起草了该党的党纲。这个办公室从前是一间酒吧，桌上的一个怪异木雕为希特勒提供了灵感，它将和它的主人一起被写入历史。1936 年，一名旅行中的澳大利亚学者无意间见识到了它：

在慕尼黑，我被人带着参观了一批［纳粹党的］著名纪念物。博物馆馆长是一个性格温和的老人，接受过老派的德国学术教育。在让我看了所有这些东西后，他几乎屏气凝神地领着我参观了他的主要藏品。他展示了一个小的绞架木雕，绞架上吊着一个相当逼真的犹太人人像。据馆长说，17 年前，这个毫无幽默感、带着施虐狂意味的物件是一个装饰品，就放在希特勒建立纳粹党的那张桌子上。

第二年2月，在慕尼黑皇家啤酒馆的宴会大厅，面对大约2 000名听众——这是小小的德国工人党那时能吸引的最大群体了——希特勒泛白的蓝眼睛闪闪发光，宣读了他的25条党纲。在起草完这些内容的那天，他趾高气扬地呼喊说："我们的这些条文将与维滕堡门上张贴的马丁·路德的公告媲美！"[①]其中6条的全部或部分内容是针对犹太人的：犹太人不是"德国血统"的同胞，因此不能成为德国公民；只有德国公民才能拥有公共办公室或出版德文报纸；非德国人不能再迁居到德国，所有自第一次世界大战以来被接纳的非德国人应该被驱逐出德国。这25条从来没有被正式宣布为德国民族社会主义工人党[②]（由德国工人党发展而成的纳粹党）的党纲，但其强势不难感觉到。

1923年11月8日的啤酒馆暴动使希特勒被捕，关进了兰德斯堡监狱一间舒适、有阳光的囚室。在那里，他向他生性怯懦的助手鲁道夫·赫斯口授他的个人政治自白。《我的奋斗》用大量篇幅讲到犹太人。在近700页的两卷本书中，除了马克思主义这一主题外，希特勒比任何其他主题都更频繁地提到犹太民族，他认为马克思主义是一种犹太人的发明，并且是犹太人的一种"武器"。

这个未来的德国元首在《我的奋斗》中宣称，犹太人"不喜欢水"。他"经常因为［他们的］气味而感到恶心"。他们的穿着

---

① 此处的公告指的是马丁·路德反对赎罪券的《九十五条论纲》，这些论纲引发了宗教改革，促成了新教的诞生。——编者注
② 旧译"德国国家社会主义工人党"。——编者注

"不洁净"，外表"通常不英勇"。他们是"外族人"，具有"明显的种族特征"。他们是"劣等的存在"，是带有"毒牙"的"吸血鬼"，有着"黄色的拳头"和"令人厌恶的特点"。他们是"恶魔的化身，因为犹太人的形象与所有邪恶象征完美相符"。

希特勒接着说，犹太人的问题还有很多。他们是"捡垃圾的，将他们的污秽泼洒在人类面前"，是"传播危险思潮的人……像最恶劣的带菌者一样毒害人们的灵魂"，是"冷酷无情、恬不知耻、精于算计的'导演'"，"在大城市的人渣中贩卖令人作呕的罪恶"。希特勒反问道："有哪一种形式的肮脏和放荡……完全没有犹太人参与？如果你小心翼翼地切开这样的脓肿，你会被突然出现的一幕（就像腐烂的躯体里的蛆一样）震惊到——一个犹太佬！"

犹太人"不是德国人"。犹太人是"一个能言善辩的骗子种族"，"只配尘世，不配天堂"，是"谎言大师"，是"叛徒、奸商、高利贷者和骗子"，是"世界的九头蛇"①，是"一群老鼠。""如果独自生活在这个世界上，他们将在污秽中窒息而死。"

犹太人"没有任何真正的文化"，是"其他民族身体里的寄生虫"，"就像有毒的杆菌一样，只要有有利的生存环境，就会不断传播"。"他们缺乏任何形式的理想主义。"他们是"永恒的吸血鬼"，有着"邪恶的目的"，"毫无道德禁忌"，"毒害他人的鲜血，但不伤害自己的鲜血"。他们"有计划地摧残妇女和女孩"："黑发犹太青年的脸上带着撒旦般的喜悦，潜伏在一旁，等待毫无戒备的女孩，用自己的鲜血玷污她们，将她们从她们的民族手中夺走"。他们"不仅是贱种，还是贱种的主人"，"犹太人过去和现在一直在把

---

① 　九头蛇是希腊和罗马神话中的水怪。——编者注

黑人带到莱茵河畔，他们的想法隐秘，目的明确：通过必然会发生的异族间的生育来毁掉他们憎恨的白种人"。梅毒是一种"犹太病"，是"我们精神生活的犹太化，我们交配本能的金钱化，［这］迟早会毁掉我们的所有后代"。犹太人"嘲笑天生的情感，推翻一切有关美和崇高、高尚和善良的概念，把人拖入他们自己卑劣本性的世界"。这些"身着黑袍的黑发幽灵"造成了"比古代黑死病更严重的精神瘟疫"，他们是"懦夫、掠夺者、威胁、异类、毒蛇、蛮横之徒、腐烂分解中的发酵物"。

阳光通过兰德斯堡监狱宽敞的窗户照进希特勒的囚室。身穿皮短裤的他显得有点孩子气，他回忆起在伊普尔被芥子气一度致盲的经历。希特勒在战争期间写过一首诗，这是一首源自梦境的诗，写于他在索姆河战役中大腿中弹受伤之前，也早于伊普尔战役：

> 我常常挨过夜晚的苦痛，
> 走向沃坦①宁静的橡树林。
> 借助黑夜的力量编织一个联盟——
> 月亮用其魔力拼写出的古老字符，
> 以及白天所有的莽汉，
> 魔法规则使他们变得无足轻重！
> ……

希特勒的自白差不多完成了。他脸色苍白，面孔浮肿，口述道：

---

① 沃坦是德国作曲家理查德·瓦格纳的歌剧《尼伯龙根的指环》中的角色，受神话人物奥丁的启发而创作，后者是战争、死亡之神。——编者注

如果在战争之初和战争期间有 12 000 名或者 15 000 名堕落的希伯来人被置于毒气之下，就像我们数十万的优秀德国工人在战场上遇到的那样，那么前线的数百万亡灵就没有白死。

◉

　　犹太民族从巴勒斯坦散居到世界各地——所谓的"流散"——始于公元前 6 世纪。当时巴比伦征服了南巴勒斯坦的犹太王国，毁坏了所罗门的神殿，将大批犹太人囚禁起来。公元之初，在罗马帝国的强权之下，犹太人在埃及、希腊、地中海和黑海沿岸建立了一个个社区。在莱茵河畔，罗马的军团有随军的犹太奴隶。公元 4 世纪，随着君士坦丁大帝信仰的改变，基督教成为罗马帝国的国教，犹太人的处境进一步恶化。为了相同的圣地和相同的《圣经》，基督教和犹太教展开了达尔文主义般的竞争。在有组织的迫害下，只有一小部分残余的犹太人留在了犹太城（Judea）。在这个基督教通过传教争夺统治地位的时代，犹太人与魔鬼的手足关系被炮制了出来。

　　在欧洲中世纪的混乱中，犹太人甚至连他们残留的罗马帝国公民的身份也失去了。那些寻求保护的人从查理曼的儿子"虔诚者"路易（Louis the Pious）这样的统治者那里获得了保护，但路易了解犹太人作为商人和工匠的价值，保护的条件是他们成为路易的财产。自此，犹太人的权利不再归他们固有，而是需要主人特许。面对这样的威胁，缺乏安全感的犹太人只能通过司法自治来寻求保护：在犹太人的社区内，他们有权实行他们自己的法律。在西班牙的部分地区，这些法律甚至拥有生杀予夺的效力。

　　面对知识的传播和伊斯兰世界军事扩张的挑战，为了筑起对抗异端的防线，中世纪的教会不断加强其对犹太人的恶意打压。1179年和1215年的拉特兰大教堂宗教会议使这种恶性的冲突昭然若揭：会议剥夺了犹太人对基督徒的权威，不允许他们有基督徒的仆人，通过禁止基督徒放债将放债权限于犹太人，禁止基督徒在犹太区居住，从而正式认可了犹太人定居区的建立。最带有法律强制性的是，要求每一个犹太人佩戴一种区别性的徽章。徽章往往由地方当局决定，最常见的是黄色的大卫王之星。纳粹后来恢复使用了这种标识。这样，每一个从犹太人定居区冒险出来的犹太人就像一只被涂上明显标记的鸟，随时可能遭到攻击。

在中世纪，犹太人与魔鬼有手足情谊的幻想迅速发展成一种不折不扣的鬼神学。犹太人的弥赛亚成了基督的敌人。犹太人成了撒旦的巫师，向一口口井中投毒，糟蹋圣餐面包，谋杀基督徒的孩子，收集他们的血液进行残酷的仪式。当黑死病在14世纪肆虐人间时，一个被认为向井内投毒的恶魔般的种族就成了疑犯：他们只需把某种更为烈性的毒药投入供水系统就够了。有四分之一的欧洲人死于这场瘟疫。在那个可怕的年代，作为报复，数万犹太人被烧死、溺死、吊死或者活埋。大屠杀成了一种普遍的现象，仅在德国的土地上就有350个社区的犹太人遭到大规模杀戮。

英国人率先彻底驱逐犹太人。英国的犹太人隶属于王室政府，王室通过一个特别的财政机构有组织地榨取犹太人的财富。到1290年时，犹太人已经被几乎榨干了。因此，在没收了犹太人所剩无几的财产后，爱德华一世将他们赶出了英国。他们渡海来到法国，但在1392年又被法国驱逐。1492年，在宗教裁判所的要求下，他们被驱逐出西班牙。1497年，葡萄牙也将他们扫地出门。德国是一个多君主统治的地区，因此德国的犹太人没有遭到普遍和全面的驱逐。但即便如此，从12世纪起，他们在德国还是遭到了残酷的迫害，因此一直在逃往东方。

被驱逐出西欧的犹太人逃到了波兰，一个幅员辽阔、人口稀少的王国。在这里，被选定的一代代君主①以慷慨的特许权欢迎他们。这些迁徙到这里的阿什肯纳兹犹太人②的中古德语逐渐演变成了意第绪语。他们建立起了一个个村庄和城镇，散居在波兰漫长的东部边境上，相对平静地生活了200年之久。

15世纪末，犹太人的数量仅有约25 000人。到17世纪中叶时，犹太人的数量已经至少增加了10倍。但在当时与俄国和瑞典的激烈战争中，波兰开始走向分裂。哥萨克人以及他们的农民盟友杀害了大批犹太人，洗劫了数百个犹太社区。乌克兰被一分为二，波兰将它北方的一半土地割让给了俄国。普鲁士、奥地利和土耳其相继加入了战争，战争和混乱持续到了18世纪。当俄国于1768年入侵波兰时，普鲁士提出了一个由俄国、普鲁士和奥地利三方瓜分波兰的提议，以防俄国独吞。这导致波兰在1772年被部分瓜分。1795年，在俄国的又一次入侵后，波兰被彻底瓜分，不复存在。（1814年的维也纳会议后，波兰以波兰会议王国的形式复活，但领土面积已经大不如前，并且通过承认沙皇对波兰的君权而成为俄国的属国。）犹太人当时的数量已经增加到超过100万人。在被普鲁士瓜分的土地上，大约有15万犹太人，但普鲁士迅速将他们向东驱赶。在被奥地利瓜分的土地上，则大约有25万犹太人。俄国很快就控制了四分之三以上的波兰领土，因而也就控制了大部分东部犹太人

---

① 当时的波兰是选王制政体，君主通过选举产生。——编者注
② 说意第绪语，起源于德国等西欧地区的犹太人。——编者注

的命运。然而，虽然波兰欢迎犹太人，俄国却鄙夷犹太人。俄国的经济太原始，不需要犹太人的商业技能，而且俄国人憎恶他们的宗教信仰。对女沙皇叶卡捷琳娜大帝来说，她的 100 万新臣民乃是首要的"基督的敌人"。

"基督的敌人"变成了俄国的"犹太人问题"。在俄国黑暗、不容异说的国策中，只能拟定两种解决途径：要么同化（通过改信基督教），要么驱逐。作为一种过渡，俄国对犹太人实施隔离政策。1791年的一项法令限定犹太人居住到从前的波兰领土和黑海以北无人居住的草原上，这是一个横跨中欧，向北绵延 286 000 平方英里，直达波罗的海地区的隔离区："栅栏区"①（the Pale of Settlement, pale 这个单词的古意是"围起来"）。阿什肯纳兹犹太人占"栅栏区"人口的九分之一，犹太社区原本可以在那里繁荣发展，但犹太人还遭受了更深层的限制。赋税很重，他们不能像祖辈们一样世世代代生活在村子里，不能运营乡村旅馆或向农民出售酒。他们传统的地方社团委员会克希拉（kehila）被剥夺了合法权利，但必须负责向犹太人征税。更可怕的是，1825 年以后，在尼古拉一世的统治下，克希拉要负责征募 12 岁的犹太儿童到俄国军队里终身强制服役——先接受 6 年的残酷"教育"，之后当 25 年兵。在 1856 年这一政策被取消之前，这种命运降临到了四五万名犹太男孩身上。这种残酷的记忆将永久不忘：爱德华·特勒曾经对一个朋友回忆说，他的祖母对他小时候的顽皮的反应是，警告他如果不做一个好孩子，就会被俄国人抓走。

当东部的犹太人在"俄罗斯母亲"的土地上艰难求存的时候，

---

① 中文界还有"屯垦区""屯垦带""隔离区"等多种译法，相关学术论文中多用"栅栏区"，故用此译。——编者注

西部的犹太人正在获得解放①。一些小的犹太社区自发地重建了起来，这些社区的成员有一部分是从西班牙和葡萄牙逃到荷兰、英国和美国并且在名义上皈依基督教的犹太人，还有一部分则是从东方返回的犹太人。奥地利皇帝约瑟夫二世于1782年发布了针对犹太人的《宽容敕令》。

对犹太民族的政治前景而言，各种皇帝的敕令不如启蒙运动的思潮重要。随启蒙运动而来的，是怀疑宗教以及相信人拥有不言自明的权利。欧洲政体演变的时代来临了，没有任何单一的群体或阶层能像以前的贵族那样有权支配所有其他群体或阶层。通过把权力授予国家本身，民族国家的演化在一定程度上消除了这种对立。这一机制不会区别对待犹太人和基督徒。美国的独立和《人权法案》使美国的犹太人自然而然地成为美国公民。

法国有建立犹太人定居区和驱逐犹太人的历史，发现法国犹太人的解放要困难得多。"作为一个民族，犹太人在每一件事情上都应该被拒绝，"克莱蒙-托内尔（Clermont-Tonnerre）伯爵在法国国民议会上说，"但作为个体，每一件事情都应该被允许……决不能容忍［他们］在这个国家成为一个单独的政治群体或阶层，他们必须以个体的形式成为公民。"当犹太社区用对法国君主的忠诚来换取其保护时，他们只是在重复中世纪其他阶层和团体所做的事情。但法国是一个世俗的民族国家，对于其境内自治性的犹太神权政体，它会以世俗的眼光来看待。在世俗的眼光下，如果公民优先忠于一个独立的政体——无论这个政体是神权的还是世俗的——那么这个

---

① 此处的解放指的是解除对犹太人的种种限制、允许犹太人获得公民身份等。——编者注

政体都将是一个潜在的对手和必然的威胁。这种物化在未来将导致许多丑恶的行径。但此时，自由、平等和博爱盛行，法国犹太人于1791年9月的一个星期二①成了法国公民。

在没有发生革命的国家，解放的进程逐渐进行，包括：1795年，荷兰和比利时；1848年，瑞典；1849年，丹麦和希腊；1866年，英国彻底解放犹太人；1867年，奥地利；1868年，西班牙取消其1492年的驱逐令；1871年，刚统一的德国解放了犹太人。这些解放的影响远大于被解放的犹太人的数量，西欧被解放的犹太人——他们中有很多人都被直接同化了——只占散居世界各地的犹太人的很小一部分。犹太人的数量在1850年增加到了250万，在1900年增加到了500万，他们中的大多数都在"栅栏区"不断恶化的悲惨境遇中挣扎。

在1856年的加冕典礼上，沙皇亚历山大二世大赦天下，其中包括废除犹太儿童的特别兵役义务。其他减轻犹太人负担的政策接踵而至，旨在鼓励犹太人的同化。"有用"的犹太人——富商、大学毕业生、技工和医学助理——被允许定居在俄国内地"栅栏区"以外的地方。大学恢复了自治，允许犹太人进入大学就学。在"栅栏区"，犹太人获得了有限的公民权，可以在地方议会任职。亚历山大二世从农奴制中解放了3 000万农奴，却发现破除数个世纪压迫的变革似乎没有赢得感激，而是招来了革命的热情和叛乱，就像1863年发生在波兰会议王国的事情一样。这令他大为不快，俄国人生活的自由化停顿了下来。

---

① 指1791年9月28日，这一天，法国犹太人获得了个人的公民身份以及与其他族群同等的公民权利。——编者注

1881 年 3 月 13 日，革命党人——一个自称为"俄罗斯民意党"的分离团体——在光天化日之下谋杀了亚历山大二世。亚历山大二世当时检阅完皇家卫队乘车返回，当车队到达圣彼得堡的一条主街时，革命党人将小型炸弹冰雹般地投向沙皇的敞篷马车。俄罗斯民意党中有一名犹太人，不过他并没有扔炸弹。但在弑君引发的混乱中，这是一个指控犹太人参与暗杀的很好借口。一轮对犹太人的集体迫害（pogrom）——这是俄语中的一个奇特字眼，用来表示一群人对另一群人的暴行——自此开始，一直持续到 1884 年。在"栅栏区"各地的犹太人生活区，醉酒的暴徒对犹太人展开了攻击，独断专行的新沙皇亚历山大三世将其称为"犹太骚乱"。在这些暴力事件中，有的有官方的积极参与，有的获得了官方的默许。超过 200 个犹太社区遭到了攻击。第一轮集体迫害——在之后的几十年中还会有更多——使 2 万名犹太人无家可归，10 万人破产。一名又一名妇女被强奸，一个又一个家庭被残杀。俄国政府将这些暴行归咎于无政府主义者，并着手将犹太人——甚至包括"有用"的犹太人——驱逐回"栅栏区"。

伴随集体迫害而来的还有《五月法》，这一法令不仅修改或废止了此前的改革措施，还给犹太人强加上了灾难性的新限制。1881 年至 1900 年间，有超过 100 万犹太人从俄国和中欧迁居到美国。1900 年至 1920 年间，又另有 150 万犹太人从这些地区迁居美国。有很少一部分犹太人——比如哈伊姆·魏茨曼——选择了西欧和英国。他们中的很多人发现，这些地区的机遇不如美国多，但敌视犹太人的反犹主义更为盛行。

在第一次世界大战后的岁月里，德国反犹主义的重要根源之一是一本怪异的伪造作品——《锡安长老会纪要》。[①]阿道夫·希特勒将《锡安长老会纪要》视作一份教材，为民族社会主义统治世界提供借鉴。"我读过《锡安长老会纪要》，"希特勒曾告诉他的一名死忠分子，"简直让我震惊。敌人神出鬼没，无处不在！我立刻意识到，我们必须加以仿效——当然，用我们自己的方法。"党卫军头子海因里希·希姆莱肯定这种关系说："我们把这种治国艺术归功于犹太人。"他的意思是，归功于《锡安长老会纪要》，"元首仔细研读"了这部作品。

《锡安长老会纪要》是一本俄文图书。它将俄国犹太人的经历与德国犹太人的经历联系在一起。但事实上，生活在德国的犹太人很少——1933年时只有大约50万，少于德国人口的百分之一。如果说俄国对犹太人的敌意在某种程度上源于宗教冲突，那么相比之下，德国的反犹主义就需要一个世俗的迷思。一个像希特勒这样的人——放弃信仰、受教育不多的自学者——尤其需要一个框架来承载他的反犹主义病态。在德国的历史上，反犹主义有很多先例，比如，理查德·瓦格纳带有反犹色彩的作品就在希特勒的清单上名列前茅。《锡安长老会纪要》在恰当的时间出现在了恰当的地点，迅速在德国的反犹运动中占据了重要位置。20世纪20年代和30年代，全世界售出了数百万册各种译文和版本的《锡安长老会纪要》。

该书以讲座的形式呈现，开篇从一个句子的中间起始，也没有给出事件发生的地点，就像是从恶意破坏它的手上撕下来的一部分一样。为了提供缺失的背景，书的编纂者常常加入解释性的材料。

---

① 此处的伪造指的是《锡安长老会纪要》被伪托为犹太人领袖"锡安长老"们的会议纪要。《锡安长老会纪要》诬称犹太人有征服全球的企图。——编者注

一个被广泛使用的引子是小说《比亚里兹》的一章，这本小说的作者是德国邮政系统的一名下层官员，这一章的标题是"在布拉格的犹太人公墓里"。书的编纂者将这种耸人听闻的虚构文字描述成事实，正如《锡安长老会纪要》本身虚构的内容一样。历史学家诺曼·科恩（Norman Cohn）这样概括这一章的情节：

> 11点整，墓地的大门发出吱吱的轻响，能听到长袍摩擦到石头和灌木时发出的瑟瑟声。一个模糊的白影有如阴影一般在公墓中穿行，来到一座墓碑前。白影跪了下来，前额在墓碑上叩了三下，然后小声祈祷。另一个人走了过来。这是一个弯腰驼背、步履蹒跚的老头，走动时一边咳嗽一边叹息。这个人站在前一个人的旁边，也跪下来小声祈祷……这样的情形重复了13次。当第13个，也就是最后一个人出现时，夜半的钟声敲响了。坟墓里发出了尖锐的金属声。出现了一团蓝色的火焰，照亮了13个跪着的人。一个空洞的声音［第13个人］说："我向你们致意，以色列12个部落的首领们。"这是魔鬼的声音。其他人恭敬地回答道："我们向你致意，被诅咒者的儿子。"

紧接着就是《锡安长老会纪要》的正文，纪要共24条（大约80页）。在第一条纪要的开始，讲演人解释说："接下来，我想从两个视角来阐释我们的体系，一个是我们自己的视角，一个是异教徒的视角。"后文中对这个体系的很多阐释都前后矛盾，但《锡安长老会纪要》精心阐述了三个主题：对自由主义的猛烈攻击、犹太人征服世界阴谋的政治手段，以及长老们期望很快建立的世界政府的轮廓。

对自由主义的攻击如果没有被《锡安长老会纪要》恶意利用的

话，可能只是会显得滑稽可笑。《锡安长老会纪要》中写道，自由主义"产生了立宪国家……和一部宪法，如你们所知，除了不和、误解、争吵、分歧以及不会有任何结果的党派动荡和党派幻想之外，自由主义是一个一无所有的流派……我们用一个代表政府，滑稽可笑的人物来取代统治者，这个代表就是总统，他是从暴民，从我们的傀儡——奴隶中选出来的"。对俄国旧体制坚定的忠诚会不时地浮现出来，并且一定会使欧洲的读者深思不已：

> 统治稳定的主要保障是确立权力的光环，这种光环只能通过权力的威严不屈来获得，并且必须保有神圣不可侵犯的特征，这种不可侵犯性有它神秘的原因——神的选择。直到最近，俄国的专制制度就是如此，因此它是我们在这个世界上——如果不算罗马教廷的话——唯一的劲敌。

简而言之，长老们操纵了现代思想的创造和传播，因此也就操纵了现代世界。一切比沙皇帝国的体系——沙皇、拥有土地的贵族以及农奴——更近的事物都是他们邪恶计划的一部分。这有助于解释为什么在 20 世纪 20 年代的德国，一门像物理学这样晦涩的学科也会被视为犹太人阴谋的一部分。

长老们致力于建立一个由"家长制"的监护人来统治的世界独裁政府。自由主义将被根除，群众不问政治，审查制度严密，新闻自由被废除。三分之一的人将被征募为业余间谍（"因此，成为间谍和告密者将不是丢脸的事情，而是值得表彰"），将有大量的秘密警察维持秩序。所有这些策略后来都为纳粹所用。从《我的奋斗》可以明显看出，《锡安长老会纪要》对希特勒产生了重要的影响，希特勒也公开承认这一点。

俄国对德国反犹主义的这一贡献剽窃自一本政治讽刺著作，该书 1864 年首版于布鲁塞尔，书名为《孟德斯鸠和马基雅弗利在地狱里的对话》，作者是一个名叫莫里斯·乔利的法国律师。在书中，孟德斯鸠支持自由主义一方，马基雅弗利则支持专制主义一方。炮制《锡安长老会纪要》的人可能是沙皇政权海外秘密警察组织巴黎基地办事处的头目，名叫彼得·伊万诺维奇·拉赫科夫斯基。拉赫科夫斯基借用和转述了乔利的书中马基雅弗利的一些话——甚至连顺序都不加改动——宣称这些话出自一个秘密的犹太人委员会，试图将它作为犹太人的密谋披露出来，从而使俄国的自由主义名誉扫地。1903 年，圣彼得堡的一家报纸连载了《锡安长老会纪要》的最早版本。1918 年 7 月 17 日，共产主义革命者在叶卡捷琳堡将沙皇皇室全部处决，《锡安长老会纪要》是在沙皇皇后亚历山德拉·费奥多罗芙娜的遗物中发现的三本书之一（另外两本是《圣经》和《战争与和平》）。

这一巧合将《锡安长老会纪要》送回了西方。1920 年，费罗多·温贝格开始在柏林筹划翻译并出版《锡安长老会纪要》。温贝格曾是沙皇卫队的一名上校，沙皇皇后是他所在的团的名誉上校，温贝格崇拜过她。温贝格在第一次世界大战快结束时逃到了德国，并确信杀害沙皇皇后的人是犹太人。自那以后，对犹太人的报复行动就成了他生命中的核心问题。他是希特勒的一些顾问，尤其是纳粹党的"哲学家"、出生于俄国的阿尔弗雷德·罗森贝格的朋友。罗森贝格在 1923 年发表过一篇有关《锡安长老会纪要》的研究论文。

捏造犹太人有世界范围的阴谋对纳粹党有实际的价值。20 世纪20年代，在柏林求学的汉娜·阿伦特看到这一情况后写道，与为早期的反犹主义党派带来的助益一样，捏造这些阴谋"为纳粹党的国内计划提供了便利，当时的情况是，要想赢得政治权力，就必须进入社会斗争的竞技场。他们可以假装成与犹太人做斗争，就像工人与资产阶级做斗争一样。这带来的好处是，通过攻击被认为是政府幕后秘密势力的犹太人，他们就能公开地攻击国家本身"。

这种捏造也起着宣传的作用，能使德国人民恢复信心：如果犹太人能主宰世界，那么雅利安人也能。阿伦特继续写道："因此，《锡安长老会纪要》使征服世界成了一种实际可能，暗示这只是一个鼓舞士气或操作技巧的问题。除了一个毫无疑问很弱小的民族——犹太人外，德国战胜全世界的道路上再无其他阻碍。而犹太人并不通过暴力手段统治世界，因此，一旦他们的秘密被发现，他们的方法被大规模地效仿，他们就将是一个容易对付的对手。"

但《我的奋斗》语言卑劣粗俗，它的语无伦次表明它并非什么精心策划的东西，而是在猛烈地宣泄情绪，也表明希特勒病态地畏惧和仇恨犹太人。在邪恶的妄自尊大中，他扭曲、可怕的特征笼罩在了一个聪明、勤勉、受尽迫害的民族之上。这将导致严重的后果。

◉

1931年，一名德国记者大胆地问阿道夫·希特勒，如果他能在德国掌权，他将到哪儿去寻找管理这个国家的智囊。希特勒不假思索地回答，他就是这个智囊，但继续以轻蔑地口吻列举了此时仍然不愿让纳粹掌权的阶层能够提供的帮助：

你是不是认为在我党发起的这场革命成功后，我们将无法获得源源不断的人才？你是不是觉得德国的中产阶级这样的知识分子精英将会拒绝为我们服务，会拒绝将他们的才智交由我们支配？德国的中产阶级将会根据众所周知的既成事实来站队，到时候我们可以与中产阶级一起做我们想做的事情。

那犹太人呢？这位记者继续问——这是一个多才多艺的群体，他们中有很多"一战"英雄，还有爱因斯坦。"他们创造的一切都是窃取自我们，"希特勒指控说，"他们会用他们的所有学识来对付我们，他们应该离开，到其他人群中去挑起动乱。我们不需要他们。"

1933 年 1 月 30 日中午，43 岁的阿道夫·希特勒愉快地接受了任命，成为德国总理。借助于国会大厦纵火案以及随后对宪法自由的暂停，借助于 1933 年 3 月 23 日通过、国会自愿向希特勒内阁交权的《1933 年授权法案》①，纳粹开始巩固它们对德国政治的控制。他们立即着手将反犹主义合法化并废止德国犹太人的公民权利。在他贝希特斯加登的乡间疗养地，希特勒会见了约瑟夫·戈培尔——此时已经是他的宣传部长——并决定以抵制犹太人的生意为开场。全国性的抵制始于 4 月 1 日，星期六。在一周前的普鲁士和巴伐利亚，犹太裔法官和律师已经被解职。此时，各大报纸大肆刊出犹太人的商行地址，纳粹党的冲锋队队员守在店面前，指挥着暴徒。在街头被发现的犹太人遭到毒打，警察对此视而不见。这场抵制是德国一次全国性的集体迫害，暴行一直持续了整个周末。

一个月前，国会大厦纵火案第二天的傍晚，沃尔夫冈·泡利访

---

① 正式名称为《消除人民与国家痛苦法》。——编者注

问了一个哥廷根的团体，爱德华·特勒是这个团体的一员。在讨论了德国的政治形势后，泡利郑重表示，认为德国会专政的想法纯属"胡说八道"（Quatsch）——这是泡利最喜欢用的贬义词——因此可以无视，全都是垃圾、废话和胡说。"我在俄国见过专政，"他告诉其他人，"在德国，这不会发生。"在汉堡，奥托·弗里施像许多德国人一样，持类似的乐观态度。"起初，我根本没有把希特勒当回事，"弗里施在后来接受采访时说，"我的感觉是，'哦，一个个总理上任又卸任，他不会比其他总理更差'。随后，事情开始变糟。"4月7日，第三帝国发布了它的第一个反犹法令——《公务员职位恢复法》，这是纳粹发布的大约400部反犹法律和法令的前奏，决定性并永远地改变了特勒、泡利、弗里施以及他们同侪的人生。这部法令公开声称，"非雅利安血统的公务员必须离职"。4月11日发布的一部法令将"非雅利安血统"定义为"父母或祖父母是非雅利安人，犹太人尤甚"。大学是国家公共机构，它们的教员因此是公务员。新法律瞬间就剥夺了德国四分之一的物理学家的大学职务和生计，包括11名已经获得或在未来将会获得诺贝尔奖的物理学家。受到新法律影响的学者大约有1 600人。被第三帝国解职的大学教员也不太可能找到其他工作。为了生存，他们将不得不移民。

一些人已经离开，他们当中有爱因斯坦和那些年长的匈牙利物理学家。爱因斯坦准确地觉察到了征兆，因为他毕竟是爱因斯坦，而且第一次世界大战刚一结束，他就首当其冲遭到了攻击。随着法西斯主义思潮越发严重，那些匈牙利人此时已经成了鉴别法西斯主义的行家里手。

最先离开的是西奥多·冯·卡门，从亚琛启程。他是航空物理学的先驱。加州理工学院当时正全力以赴树立它未来的声望，希望开设这门课程，并从航空慈善家丹尼尔·古根海姆（Daniel Guggenheim）那里获得了资助。1930 年，拥有一个 10 英尺风洞的古根海姆航空实验室在冯·卡门的领导下开始运行。

加州理工学院也在设法争取爱因斯坦，参与竞争的还有牛津大学和哥伦比亚大学。吸引住爱因斯坦的是加州理工学院研究生院院长的宇宙学工作。这位院长名叫理查德·蔡斯·托尔曼（Richard Chace Tolman），是一位出生于马萨诸塞州，具有贵格会信徒家庭背景的物理学家。当时，在俯瞰帕萨迪纳①的威尔逊山上，威尔逊山天文台正在开展的观测工作有可能证实广义相对论三个最初预言中的最后一个——高密度恒星发出的光线的引力红移。托尔曼派代表团去了柏林，爱因斯坦同意于 1931 年以研究合作者的身份访问帕萨迪纳。

他去了两次，中间返回过柏林。访问期间，他与查理·卓别林在南加州一同进餐，与谢尔盖·爱森斯坦②以及制片人厄普顿·辛克莱③一起观看了他的电影《墨西哥万岁！》的初剪版本（死亡是这部电影的主题之一）。12 月，当爱因斯坦的第二次访问临近时，他已经准备好重新规划自己的未来了。"我今天决定，"他在日记中写道，"我将完全放弃我在柏林的职位，在往后的人生中像候鸟一样漂泊。"

这只漂泊的候鸟没有在帕萨迪纳筑巢。美国教育家亚伯拉

① 加州理工学院的所在地。——编者注
② 苏联著名导演、电影理论家，蒙太奇理论奠基人之一，代表作《战舰波将金号》《十月》等。——编者注
③ 美国作家、政治活动家，代表作《屠场》。——编者注

罕·弗莱克斯纳（Abraham Flexner）在加州理工学院找到了爱因斯坦。弗莱克斯纳正在筹建一所新的研究院，在1930年时已经获得了500万美元的捐赠，但研究院的地点和名称尚未确定。在爱因斯坦下榻的俱乐部的一个个大厅里，他俩来来回回走了大约一个小时，边走边聊。5月，他们在牛津大学再次会面，6月又在爱因斯坦在柏林郊外卡普特的避暑别墅会面。"我们当时坐在阳台上聊到晚上，"弗莱克斯纳后来回忆说，"爱因斯坦邀请我吃晚饭。吃过晚饭，我们差不多聊到夜里11点。此时，已经完全清楚了，爱因斯坦和他的妻子准备移民美国。"他们一起走到公共汽车站。在将他的客人送上公共汽车时，爱因斯坦对弗莱克斯纳说："我的热情燃起来了。"这个高等研究院最终将建在新泽西州的普林斯顿。爱因斯坦是它争取到的第一个重量级人物。爱因斯坦最初提出的要求是年薪3 000美元，但他的妻子和弗莱克斯纳商定了一份更体面的薪酬——年薪15 000美元。加州理工学院也愿意提供这样的待遇，但在加州理工学院，正如以前在苏黎世大学一样，爱因斯坦会被要求授课。而在高等研究院，他唯一的职责就是思考。

爱因斯坦全家于1932年12月离开卡普特，计划新的一年在普林斯顿和柏林度过。但爱因斯坦更清楚现实情况。"转个身，"当他们走出门时，爱因斯坦告诉妻子，"你将永远也不会再看到它了。"妻子认为他的悲观主义有点傻。

3月中旬，纳粹冲锋队搜查了爱因斯坦家的空房，目的是搜寻隐藏的武器。当时，爱因斯坦已经公开表示反对希特勒，并回到欧洲为迁居美国做准备。他和他的妻子、两个继女、秘书、助手和两名比利时保镖临时居住在比利时一座名叫拉考苏梅（Le Coq sur

Mer）^①的海滨城市。之所以请保镖，是因为受到了暗杀的威胁。在柏林，爱因斯坦的女婿设法为他安排了家具打包托运。法国人热情地用外交邮袋将他的各种个人文件寄到了巴黎。1933年3月底，这位20世纪最具独创性的物理学家再一次放弃了他的德国国籍。

在尤金·维格纳俏皮的回忆中，他和约翰·冯·诺伊曼是以一揽子交易的形式于1930年被招募到普林斯顿大学的。在此之前，这所大学曾向保罗·埃伦费斯特征求改进其科研体系的建议。埃伦费斯特"向他们建议不要只邀请一个人，至少要两人……这两人要彼此了解，不至于感到突然置身于一座孤岛，与任何人都无法亲密交流。当然，在当时，约翰尼的名字已经举世闻名，所以他们决定邀请约翰尼·冯·诺伊曼。接着，他们开始留意：谁和约翰·冯·诺伊曼一起发表论文？他们发现：是维格纳先生。因此，他们给我也发了一份电报"。事实上，维格纳当时已经在一个名为群论的深奥的物理学领域^②赢得了很高的声望，并且在1931年出版了一本有关这一领域的书。他接受了普林斯顿大学的访美邀请，赴美进一步了解这所大学，可能也是为了进一步了解美国。"每个人都清楚，外国人，尤其是有犹太血统的外国人，［在德国的］顺心日子毫无疑问已经屈指可数了……这一点太明显了，无须费力理解……它就像'啊，12月份天气会更冷'一样不言自明。是的，就会这样。我们很清楚这一点。"

1932年10月8日，身在柏林的利奥·西拉德给尤金·维格纳写了一封饱含深思的信，探讨了自己的未来。他显然仍在试图组织

---

① 法语，意为"海上雄鸡"。——校者注
② 严格来说，群论是一个数学分支，但在物理学研究中有重要应用。——编者注

他的"志同道合者联盟"。西拉德在信中说,有一种想法已经深入他的骨髓:相比于科学,此刻有更崇高的事情要做。而且不幸的是,这种想法无法从他的心中抹掉。西拉德还说,他知道如果在这个世界上找不到做这些事情的地方,那么他就不应该抱怨。他正在考虑在印度谋求一个实验物理学方面的教授职位,因为这基本上只是一个教学职位,他可以将他的创造力转移到其他方面。天知道在欧洲或者华盛顿与波士顿之间的大西洋沿岸地区——他最中意的地区——是否有适合他的职位,因此他不得已可能会去印度。但无论哪种情况,在找到一个合适的职位之前,至少他还可以自由地从事科学研究,不必感到内疚。

西拉德承诺,在他有了一个"实际计划"后会再给维格纳写信。然而他并不知道,他的实际计划将是组织令人绝望的救援行动。他将行李放在达勒姆的哈纳克楼里,坐下来和莉泽·迈特纳聊起了在威廉皇帝研究所做核物理研究的可能性。迈特纳有哈恩做她的搭档,虽然哈恩是一流人物,但他是一名化学家。现在,她可以找到一名像西拉德这样的全才。但合作未能成功,事情变化得太快了。西拉德乘火车离开了柏林,这个选择证明他即使不比大多数人更聪明,也至少比别人早行动一天,因为当时"离 1933 年 4 月 1 日已经很近了"。[①]

如果说身处安全后方的苏黎世让泡利误读了形势的话,那么新法令的宣布立刻就让他明白了过来。瓦尔特·埃尔绍泽是第一批离开德国的人之一,他选择了中立国瑞士,乘火车到苏黎世,在苏黎

---

① 见第 1 章,西拉德在纳粹 4 月 1 日全国性抵制犹太人行动的前一天离开柏林前往维也纳。——编者注

世理工学院的物理大楼住了下来。"这座大楼的正门入口正对着一条宽阔而又笔直的楼梯，直接通向二楼。在我抬步上楼时，在楼梯的顶端出现了沃尔夫冈·泡利的圆脸，他向下喊道：'埃尔绍泽，你是第一个登上这些楼梯的人，我能想象在未来的很多个月里会有很多很多人从这里上楼。'"有关德国独裁的想法不再是"胡说八道"，它已经变成了现实。

长期存在的反犹主义歧视反映在学术聘任上，依据《公务员职位恢复法》解雇的学者人数在自然科学领域中更多。这些领域的历史不如人文学科悠久，被德国学界蔑称为"唯物论"，因此犹太人更容易投身其中。医学领域解雇了 423 人，物理学领域解雇了 106 人，数学领域解雇了 60 人——在除医学以外的物理学和生物学领域，总共有 406 名科学家被解雇。柏林大学和法兰克福大学的教职员工都减少了三分之一。

前程远大的年轻理论物理学家汉斯·贝特当时在图宾根大学，他是从自己的一名学生那里得知自己被解雇的。这名学生写信告诉他，自己是在报纸上读到这条消息的，他不知道该怎么办。贝特认为这简直不可思议——被解雇的是他，而不是这名学生——因此要了一份这条新闻的副本。汉斯·盖革当时是图宾根大学的一名实验物理学教授，他是从柏林迁到这里来的。1932 年 11 月，当贝特作为一名理论物理学家成为这所大学的教员时，"盖革向我解释他的实验，并在其他方面也给了我很多关照，因此，在个人关系上，似乎一切都不错"。因此，贝特合乎情理地给正在度假的盖革写信求助，"他回了一封非常冷淡的信，说鉴于形势的变化，需要免去我的职务，就这样。没有安慰，没有歉意，什么也没有"。几天后，贝特就接到了正式的通知。

27 岁的贝特身体强健、不知疲倦，是一名滑雪和登山爱好者，在物理学方面特别自信，在社交方面反倒有些羞怯。他有一双蓝色的眼睛，还有日耳曼人的容貌特征。他浓密的头发呈深棕色，剪得很短，像刷子一样竖立在头上。他迎难而上的习惯为他赢得了"战舰"的名号，只是这艘特别平稳的船舶常常发出哈哈大笑的"轰鸣"声。他已经发表了一些重要的著作。

贝特 1906 年 7 月 2 日出生于斯特拉斯堡，在童年时代迁居基尔。他在大学当生理学家的父亲取得越来越多的学术成就后，贝特一家迁居到了法兰克福。他不认为自己是犹太人："我不是犹太人。我的母亲是犹太人，但在希特勒上台前，这并不会产生什么差别。"他的父亲是一名有新教徒背景的普鲁士人，他的母亲则是斯特拉斯堡一名医学教授的女儿。他的外祖父母都是犹太人，这足以让图宾根大学解雇他。

1924 年，贝特开始在法兰克福大学学习。两年后，他的指导老师认识到他在理论物理学方面的天赋，将他送到慕尼黑大学的阿诺尔德·索末菲那里。索末菲培养了德语世界里近三分之一的理论物理学教授，他的门生包括马克斯·冯·劳厄、沃尔夫冈·泡利和维尔纳·海森伯。贝特在索末菲的实验室期间，美国化学家莱纳斯·鲍林（Linus Pauling）[①]、德国物理学家鲁道夫·派尔斯（Rudolf Peierls）、美国物理学家爱德华·U. 康登（Edward U. Condon）以及 I. I. 拉比也陆续来到这里与索末菲一起工作。1928 年，爱德华·特

---

① 量子化学和结构生物学先驱、和平主义者，因为对化学键的相关研究获 1954 年的诺贝尔化学奖，并因反对东西方阵营的核军备竞赛获 1962 年的诺贝尔和平奖。——编者注

勒也从卡尔斯鲁厄来到了这里，但两个年轻人的关系尚未发展成朋友，特勒就在一次电车事故中受了伤，右脚脚踝上方伤势严重。到特勒在截肢手术后痊愈时，索末菲正在为庆祝 60 岁生日而环球旅行。贝特当时刚通过他的博士学位考试，因此留在慕尼黑寻找工作。由于索末菲不在，因此特勒选择转到莱比锡大学，与海森伯一起做研究。贝特则获得了一笔洛克菲勒研究基金，得以前往卡文迪许实验室做科研，之后又去了罗马大学，最终接受了图宾根大学的一个职位。

由于盖革拒绝在贝特被图宾根大学解雇后站出来向校方表达异议，贝特便转而向慕尼黑求助。"索末菲立即回复了我：'这里很欢迎你，我将再次给你提供一个职位，赶紧回来吧。'"在慕尼黑大学待了一段时间后，贝特应邀去了曼彻斯特大学，然后到哥本哈根与玻尔一起工作。1934 年夏，康奈尔大学为他提供了一个助理教授的职位。他以前的一个学生——此时已经是伊萨卡[①]的物理系教员——向校方推荐了他。贝特接受了这个职位并乘船赴美，于1935 年 2 月上旬抵达美国。

1930 年，在海森伯的指导下，特勒获得了莱比锡大学的哲学博士学位，并以副研究员的身份留下来工作到了第二年，之后转到哥廷根大学的物理化学研究所工作。"他早期的那些论文，"尤金·维格纳后来写道，"完全符合时代精神，量子力学当时正在被应用到越来越多的领域。"特勒探索了物理学中已经有相当发展的一个领域——化学和分子物理学，其研究颇具独创性。1930 年至1936 年间，他总共发表了大约 30 篇论文，大部分都是与他人合作

---

① 康奈尔大学的所在地。——校者注

发表的，因为他不仅计算马虎而且对通篇精雕细琢缺乏耐心。

"我不得不离开，这是预料中的结局，"特勒后来回忆说，"毕竟，我不仅是一名犹太人，甚至连德国公民都不是。我想做科学研究，但随着希特勒的上台，留在德国继续当一名科学家的可能性彻底消失了。正如很多其他人做的那样，我必须尽快离开。"这个研究所的所长阿诺尔德·奥伊肯（Arnold Eucken）是"一名老牌的德国民族主义者"。1933 年 3 月，在与特勒乘同一列火车南下度春假时，奥伊肯证实了特勒的结论。"我真的想让你留下来，"特勒记得奥伊肯当时含糊其词地说，"但在目前的新局势下，你留下来毫无意义。我愿意帮助你，但你在德国没有前途。"随之而来的问题就是何去何从。特勒首先回了一趟布达佩斯，与父母在这个问题上未能达成一致，他们想让他留在匈牙利。之后他返回了哥廷根大学，坐下来申请一份洛克菲勒研究基金，希望去哥本哈根与玻尔一起工作。

在汉堡，奥托·弗里施感到他不得不认真对待希特勒了。弗里施是一名英俊的年轻实验物理学家，有创新发明的天赋。他为奥托·斯特恩工作。斯特恩是一个长得像水桶一样的加利西亚人，曾在爱因斯坦的指导下学习。4 年前，正是他对着劳伦斯大吼大叫，敦促劳伦斯赶紧着手做回旋加速器方面的工作。弗里施后来写道，斯特恩"很震惊地发现，与他和他四名合作者中的两人一样，我也有犹太血统。他将不得不离开，我们其他三人也必须如此"，不过"汉堡大学——拥有自由的汉萨城市①的传统——很不情愿将这些

---

① 指汉萨同盟的城市。汉萨同盟是 12 世纪晚期至 17 世纪中后期一些欧洲城市形成的政治和商业联盟。这些城市中有一些是神圣罗马帝国的所谓"帝国自由城市"（free imperial city），有相当的自主权，作者此处的"自由"指的就是这一点。——编者注

种族法令付诸实施，因此在其他大学执行这些法令几个月后我才被解雇"。

在纳粹发布《公务员职位恢复法》之前，弗里施已经申请到了一份去罗马与恩里科·费米一起工作的洛克菲勒研究基金。这一基金项目是为有发展前途的年轻科学家设置的，让他们可以暂时放下现有的工作，出国从事一年的研究，并期望他们一年后能够返回复职。不幸的是，在危机到来时，基金会收紧了遴选规则。弗里施后来回忆说："不久后［基金会］告诉我，希特勒的那些法令使情况发生了改变，我回来后不再有工作可做，所以他们必须撤销［他们］允诺给我的资助。得知这一消息，我非常失望，甚至感到厌恶。"

与此同时，玻尔来到了汉堡。他正在全德国旅行以确定谁需要帮助。"对我来说，这是一个很棒的经历，"弗里施后来写道，"突然间见到了尼尔斯·玻尔——在我看来，这个名字近于传奇——看到他像慈父一样对着我微笑。他捏着我马甲上的纽扣说：'如果你有机会的话，我希望你能来和我们一起工作，我们喜欢能进行"思想实验"的人！'"（弗里施不久前刚证实了量子理论的一个预言：当一个原子释放出一个光子时，它会被反冲。这一运动此前被认为太过微小，无法被测量到。）"那天晚上，我给家里写信……告诉母亲不要担忧，因为'上帝'亲自捏着我马甲上的纽扣并对我微笑。这是我当时真切的感受。"

斯特恩自己不仅财务独立，而且享有国际声誉，他开始为他的人寻找落脚点。"斯特恩说，他打算去旅行，"弗里施后来回忆说，"看看是否能推销他的犹太裔合作者，我的意思是为他们找到安身之处。他说，他打算试试把我推销给居里夫人。因此，我说：'哦，尽你所能吧，你为我做的任何事情我都会感激不尽，把我推销给任何愿意接受我的人都行。'当他〔访问完国外的实验室〕回来时，他说，居里夫人没有接受我，但布莱克特接受了。"帕特里克·梅纳德·斯图尔特·布莱克特（Patrick Maynard Stuart Blackett）生于伦敦，高个，参加过海军，有一张瘦削并且精力旺盛的脸。他是卢瑟福的学生，后来获得了诺贝尔奖。[1]当时他刚离开卡文迪许实验室——因为发生了一场有关教学负担过重的激烈争论——转到伦敦的一所劳工学院——伯克贝克学院。"如果物理学实验室非得以独裁的方式运行，"布莱克特面色苍白地从卢瑟福的办公室出来，发誓说，"我宁愿当我自己的独裁者。"伯克贝克学院是一所夜校，因此只要布莱克特的自动化云室不被经过的宇宙射线触发——一旦被触发，云室中就会产生如射出的炮弹般的轨迹——研究者就可以在白天静心开展实验。弗里施接受了这份临时性的工作。第二年职务到期时，他横渡北海前往哥本哈根，与他的"上帝"一起工作。

在了解到姨妈短期内很安全后，弗里施感到很宽慰。自9月起，莉泽·迈特纳就已经被禁止在柏林大学做讲座，但由于她的国籍是奥地利而不是德国，所以她被允许继续在威廉皇帝研究所工作。不过，她承认自己耍了花招。那年春天，在康奈尔大学做完有关放射化学的讲座后，哈恩就仓促地返回德国，尽力救援遭到迫害但尚未离开的研究所职员。迈特纳找到了哈恩。她的外甥解释说：

> 莉泽·迈特纳总是对她的犹太人身份保持沉默。她从不认

---

[1] 布莱克特因"对云室的改进以及在核物理和宇宙辐射领域的发现"获1948年的诺贝尔物理学奖。——编者注

为自己与犹太传统有任何关系。尽管从种族上说她是一名彻头彻尾的犹太人，但她在婴儿时期就受过洗，只认为自己是一名恰好有犹太祖先的新教徒。当所有这些［反犹主义］麻烦开始时，也许一方面是为了不给自己惹麻烦，另一方面是不想让她的朋友们难堪，迈特纳感到应该保持沉默。但当希特勒将这一切彻底公开化时，难堪的一幕发生了。她不得不找到哈恩，将情况告诉他："你知道吗，我真的是一名犹太人，我会给你惹来麻烦。"

在哥廷根大学，物理化学家、诺贝尔奖得主詹姆斯·弗兰克与尼尔斯·玻尔有过一段谈话。虽然弗兰克是一名犹太人，但他没有受到《公务员职位恢复法》的影响，因为第一次世界大战期间他在前线作战。尽管如此，弗兰克仍然义愤填膺。问题在于接下来该怎么办。他听取过很多人的意见，但在很久后告诉一位朋友，是玻尔说服了他：玻尔坚持认为，对于一个社会的政治行为，这个社会中的个体确实负有责任。弗兰克是哥廷根大学第二物理研究所的所长。他于 4 月 17 日辞职以示抗议，并登报声明。

马克斯·玻恩认同弗兰克的信念，钦佩他的勇气，但自己不愿意公开对抗。从 4 月 25 日起，玻恩被无限期"休假"，但他从校方那里获悉，学校可能会安排让他恢复原职。但玻恩直率地回复说，他不想被区别对待。"我们打算立即离开德国。"他写道。当时，玻恩一家已经在阿尔卑斯山山谷的一个城镇租下一套公寓用于避暑。在把入住日期提前后，他们早早地离开了德国。"因此，我们在 5 月上旬启程去了南蒂罗尔。"他在途经莱顿时给爱因斯坦发去了这一消息。爱因斯坦于 5 月 30 日从牛津大学——牛津大学此时正在争取他——回信说："埃伦费斯特将你的信转给了我，很高兴得知你和弗兰克都辞职了。谢天谢地，你们总算脱离了危险。但一想到那些年轻人，我就感到心痛。"

那些年轻人——职业生涯刚起步，尚未发表成果，因而还没有国际声誉的科学家和学者——需要比非正式的安置更多的东西。他们需要有组织的支持。

⊙

利奥·西拉德搭乘早班火车到了维也纳，住进了女王酒店。在这里——可能是在酒店的大堂——他听说了有关《公务员职位恢复法》的新闻，并读到了第一批被解职的人员名单。他愤怒不已，于是走上街头散心。在街上，他遇到了一个从柏林来的老朋友，计量经济学家雅各布·马沙克（Jacob Marshack）。西拉德坚持认为他们应该做一些救援工作。他们一同去见戈特弗里德·库恩瓦尔德（Gottfried Kuhnwald）。西拉德的一名仰慕者解释说："库恩瓦尔德是基督教社会党的一名犹太裔顾问，他年迈、驼背，神秘而又精明，是地道的奥地利人，蓄着弗朗茨·约瑟夫一样的络腮胡子。对于将会有大规模的排犹活动的看法，库恩瓦尔德立即就表示了认同。他说，当这一切发生时，法国人会为受害者祈祷，英国人会组织他们的救援行动，而美国人则会为这些行动提供资金。"

库恩瓦尔德送这两名"阴谋家"去见了一位当时在维也纳访问的德国经济学家。这位德国经济学家建议他们去见伦敦经济学院的院长威廉·贝弗里奇（William Beveridge）爵士。贝弗里奇从事价格史方面的研究，当时也在维也纳访问，并且已经在女王酒店登记入住。西拉德去贝弗里奇的房间见了他，但发现贝弗里奇当时只是略施慈悲地接纳了一名被解雇的经济学家到伦敦经济学院，除此之外并无更多打算。对于西拉德来说，这样的反应太缺乏勇气了，他准备用事实打动威廉爵士。

　　库恩瓦尔德、贝弗里奇和西拉德坐到一起喝茶，西拉德给他们读了德国各院校解雇的学者名单。西拉德的那名仰慕者后来写道，贝弗里奇当即同意，"他一回到英国做完他议事日程中最重要的事情，就设法组织一个委员会，为纳粹主义的学术界受害人寻找职位。他建议西拉德去伦敦，不时地督促他。如果督促的时间够长而且督促得够频繁，那么他也许能做一些事情"。

　　这位忙碌的经济学家并不怎么需要督促。西拉德随他一起回了伦敦。5月的一个周末，贝弗里奇在剑桥大学说服了欧内斯特·卢瑟福，由卢瑟福来领导一个学术援助委员会。这个委员会在5月22日宣布成立，提议"建立一个信息交流中心"并"筹集资金"。除了贝弗里奇和卢瑟福外，在这个宣言上签名的著名学者还有 J. S. 霍尔丹[1]、吉尔伯特·默里[2]、A. E. 豪斯曼[3]、J. J. 汤姆孙、G. M. 特里维廉[4]和约翰·梅纳德·凯恩斯[5]。

　　大约与此同时，在美国，类似的行动也在发生。约翰·杜威[6]在哥伦比亚大学帮助建立了一个教职员资助基金。还有一些针对

---

[1] 英国生理学家，英国皇家学会、皇家内科医师学会、皇家医学会会士。——编者注
[2] 澳大利亚古典学学者、公共知识分子。——编者注
[3] 英国古典学学者、诗人。——编者注
[4] 英国历史学家。——编者注
[5] 英国经济学家，经济学史上最具影响力的经济学家之一。——编者注
[6] 美国哲学家、心理学家、教育家。——编者注

个人的直接救援，就像康奈尔大学聘用汉斯·贝特那样。美国各界努力的一项重大结果是成立了"被解雇德国学者紧急救援委员会"，组织者是国际教育学院。

那年夏天，西拉德四处奔走。他觉得自己不能很好地代表学术援助委员会（但他以无薪志愿者的身份整个8月都在委员会办公室工作），因此致力于奔走、协调当时已有的救助团体并试图成立新的团体。5月上旬，西拉德与哈伊姆·魏茨曼进行了一次"长时间而又令人满意的面谈"，为他赢得了英国犹太社群的支持。爱因斯坦考虑过创建一所"流亡大学"，但通过莱昂·罗森菲尔德，西拉德说服了爱因斯坦，请爱因斯坦利用他的声望支持各界共同努力的目标。在瑞士，他劝说国际学生服务组织和国际联盟的知识合作部门加入进来。在荷兰，他督促神经敏感、欠缺组织能力的埃伦费斯特参与救援，后者有一笔小规模的基金，可以为来访的理论物理学家提供资助。比利时的大学校长们也表示"同情"，西拉德返回后向贝弗里奇汇报说，但"'一战'的记忆使在比利时建立任何援助德国科学家的组织非常困难"。

玻尔全家竭力配合西拉德的行动。在哥本哈根，玻尔照例召开了他的夏季会议，但这一次，奥托·弗里施后来写道："他提议将［这次会议］当作一种劳务交流。"但弗里施发现，"这次活动千头万绪，人太多了，难以把每个人的情况区分清楚"。

在哥廷根大学，爱德华·特勒提交了一份洛克菲勒研究基金的申请，他希望去哥本哈根与玻尔一起工作。但基金会以取消奥托·弗里施的经费相同的理由拒绝了他的申请：因为特勒到时候将无法返回复职。詹姆斯·弗兰克和马克斯·玻恩向英国方面为特勒争取了机会，很快，英国方面提供了不是一个，而是两个临时职位。

特勒最终接受了伦敦大学学院的一个物理学助教职位。1934年初，带着给予他保障的洛克菲勒研究基金，特勒离开伦敦转去了哥本哈根。

西拉德从一个美国人那里获得了帮助。这个人名叫本杰明·利博维茨（Benjamin Liebowitz），是哥伦比亚大学的一名物理学家，他还发明了一种新型的衬衫衣领并自己建了一家衬衫厂。利博维茨时年42岁，比西拉德年长7岁。两人在1932年初西拉德简短访美时相识，之后在柏林重逢，关系越来越亲近。和西拉德一样，利博维茨也在做无偿的救援工作，两人意气相投。这个纽约人为西拉德提供了有用的美国人脉。5月上旬，在写给纽约友人的一封信中，利博维茨生动地描述了德国的形势：

> 没有办法描述德国各阶层的犹太人所感受到的彻底绝望。他们被从他们的岗位上赶走，职业生涯戛然而止，情况的严重程度令人震惊。除非外界伸出援手，否则数万甚至数十万人将前途暗淡，只有饿死或者［自杀］。这是一场规模巨大的"冷集体迫害"，并不只是针对犹太人。共产主义者当然也包括在内，而且没有根据种族区别对待。社会民主党人和自由主义者正在或者即将遭到查禁，特别是如果他们对纳粹稍有抗议的话……
>
> 利奥·西拉德博士……被证明是最好的预言家，他比我认识的任何其他人都更能预见形势的发展。在这场风暴到来前的几周，他就开始制订针对德国科学家和学者的救援计划。

西拉德为自己还没有落脚点感到不安。8月，他写信告诉另一位朋友，他没有"打消去印度的念头，当然，这个念头也没有变得更加强烈"。他不排斥去美国，但更愿意住在英国。尽管他"很累"，但觉得"在英国很快乐"。当他展望未来时，他的快乐立刻就暗淡下来："德国人很可能将重整军备，我不相信在随后的几年里大国的介入阻止得了它。因此可以预期，要不了几年，欧洲将形成两个相互对立的庞大武装集团，其后果是我们将身不由己地卷入战争，很可能违背任何一方的愿望。"

这一切让他为 9 月那个寒冷、潮湿、阴暗的早晨做好了准备。那一天，他跨出南安普敦大街的街沿，开始塑造未来。

◉

9 月 9 日，在一名皇家海军航空兵中校引人注目的保护下，爱因斯坦最后一次横渡英吉利海峡来到英国。这个名叫奥利弗·斯蒂林弗利特·洛克-兰普森（Oliver Stillingfleet Locker-Lampson）的中校也是一名律师和下议院议员。[①]他曾是俄国大公尼古拉的下属，并接到过一个刺杀拉斯普京[②]的独特邀请，但他明智地拒绝了。第二天早晨，洛克-兰普森将这位著名的物理学家送到了英格兰东海岸荒原地区一座孤立的度假屋里。爱因斯坦是在妻子的坚持下离开比利时的：她担心他会有生命危险。据爱因斯坦说，当妻子为全家移民做准备时，他在诺顿希思住了下来，常常走到旷野中"找山羊谈话"。在那里，他获悉了自己交往最久、关系最密切的朋友之一

---

① 洛克-兰普森此时是预备役军官，所以还有其他身份。——编者注
② 末代沙皇尼古拉二世时期的神秘主义者，深得沙皇宠幸，在当时有很大的影响力。——编者注

保罗·埃伦费斯特在9月25日自杀的消息。埃伦费斯特试图杀死他最小的儿子，并弄瞎了儿子的双眼，之后自杀了。[①]

救援的最大公众活动是在皇家阿尔伯特音乐厅举行的一次群众性集会，这个音乐厅坐落在伦敦肯辛顿公园的南边，是一个巨大的圆形礼堂。爱因斯坦是特邀演讲者，因此大厅里的1万个座位全都坐得满满的，走廊上也挤满了人。欧内斯特·卢瑟福专程从剑桥大学赶来主持这次集会。会后，爱因斯坦收拾好行李，和妻子一起于10月7日乘坐从安特卫普驶往纽约，中途在南安普敦停靠的"西方世界号"前往美国。

这次群众性集会原本的打算是募集资金，但只募集到了很少。剑桥大学物理学家P. B. 穆恩（P. B. Moon）后来这样回忆卢瑟福的沮丧之情：

> 他为从希特勒统治下的德国逃出来的难民做了很多事情，在他的实验室里安置了一些人，竭力筹钱帮助他们和他们的家人生活下去，直到他们找到可靠的职位。他告诉我，其中一个人找到他，说自己有了某项发现。"我立即打住他说，'很多人都知道了'，但穆恩，你知道，这些家伙目前都是靠一点微薄的生活费度日，所以他们必须去求关注。"

事实上，除了"法国人会为受害者祈祷"可能不准外，在救援努力的头两年，戈特弗里德·库恩瓦尔德的精明预言都应验了：在

---

① 作者此处的描述很模糊，事实上，埃伦费斯特开枪打了这个儿子，致其死亡，之后开枪自杀。这里的弄瞎双眼可能是指伤到了这个儿子的眼睛。——编者注

提供临时职位方面，英国提供的数量接近全世界其他所有国家的总和，而美国的贡献主要来自洛克菲勒基金会这样的基金会，捐赠的资金与其他国家的总和相当。之后，随着美国的经济萧条开始缓解而英国的学术系统开始紧缩，前往美国的移民开始增加。在官方的应急委员会的资助下，1933 年有 30 名科学家和学者抵美，1934 年有 32 名，1935 年仅有 15 名，但 1938 年有 43 名，1939 年有 97 名，1940 年有 59 名，1941 年有 50 名。这些人中有很多都不是物理学家，因为借助他们的国际情谊和熟人网络，物理学家能够更好地为彼此提供帮助。1933 年至 1941 年间，大约有 100 名难民物理学家迁居到了美国。

◉

爱因斯坦告诉他的朋友比利时王后伊丽莎白，普林斯顿"是一个奇妙的小地方，一个古雅、讲究礼仪的村庄，里面住着乍看不起眼，但学术成就很高的半神半人式人物。然而，通过无视某些社交习惯，我已经能为自己创造一个没有干扰、有利于研究的氛围了"。维格纳注意到，冯·诺伊曼"第一天就爱上了美国，他认为这是一群理智的人，不会用那些毫无意义的传统术语谈话。一定程度上，美国比欧洲更追求物质主义，这一点也吸引了他"。当斯坦尼斯拉夫·乌拉姆于 1935 年访问普林斯顿时，他发现冯·诺伊曼舒适地住在一所"令人羡慕的大房子里，一名黑人仆役将我迎了进去"。冯·诺伊曼夫妇每星期会举行两三次聚会。"这些聚会并非完全无忧无虑，"乌拉姆特别提到，"未来世界的时局阴影笼罩着社交氛围。"乌拉姆对美国的热情要在几年后——他在哈佛大学担任一名初级研究员时——才会产生，但美国的极端天气让这种热情有所消减："我常常告诉我的朋友们，美国就像神话故事中的一个小孩，在他出生时，几乎所有善良的精灵都带来了礼物，但有一个没来——应该带来好天气的那一个。"

在乘火车从纽约前往普林斯顿的途中，利奥波德·因费尔德发现新泽西有很多木屋，他"对那么多的木屋感到惊讶，因为在欧洲，木屋被视作廉价的替代品，不像砖瓦结构那样能抵御长时间的侵蚀"。在这段旅途中，他也不可避免地注意到"废弃的旧汽车，成堆的废铁"。普林斯顿大学校园空空如也。他找到一家旅馆，询问学生们都去哪儿了。旅馆的职员回答说，也许是去看圣母（Notre Dame）了。"我疯了吗？"因费尔德问自己，"圣母院［Notre Dame］在巴黎，这里是普林斯顿。街道空空，这究竟是怎么回事？"他很快就发现了原因："突然，整个气氛变了，在转瞬之间彻底变了。一辆辆小车开过，人群潮水般涌过街道，喧闹的学生们又喊又唱。"因费尔德是在一个星期六到达普林斯顿的，每逢星期六，普林斯顿大学都会和圣母大学（University of Notre Dame）举行橄榄球赛。

在抵达新大陆的第一个晚上，汉斯·贝特走遍了整个纽约。

一位名叫库尔特·门德尔松（Kurt Mendelssohn）的化学家生动地回忆了他逃出后的第一个早晨："当我醒来时，阳光正照在我的脸上。我睡得很沉，睡得很香，而且睡了很久——这是好几周来第一次睡得这么好。［昨晚］我到了伦敦，上床睡觉，不用再害怕凌晨 3 点驶来一辆车，从车上下来几个冲锋队队员将我带走。"

自由首先是睡一个安稳觉，是平安地得见朝阳升起，不是成就科学与事业，不是谋得某项生计，甚至不是家庭和爱情。

第 8 章

轰动与发掘

　　1933 年 10 月末在布鲁塞尔举行的第七届索尔韦会议，给了乔治·伽莫夫离开苏联的机会。此时的苏联对于持现代观念的理论物理学家来说，已成为一个不适于居住的国度。前一年夏天，这位高个、金发、身体强健的敖德萨人和同为物理学家的妻子罗（Rho）一起，试图驾驶一个可折叠的橡皮艇离开苏联，在没有气象报告帮助的情况下跨过黑海，从克里米亚逃向南面 170 英里外的土耳其海岸。他们带了一个袖珍式罗盘仪、小心储藏的熟鸡蛋、做好的巧克力、两瓶白兰地酒和一大袋新鲜的草莓，在早晨出发，假装外出旅行。他们用力划了一整天的船，直到深夜。他们所带的唯一的文件是伽莫夫的丹麦摩托车驾驶证，这是 1930 年冬天他在卡文迪许实验室与卢瑟福一起工作后去哥本哈根工作期间的纪念物。伽莫夫打算向土耳其出示这个文件，用丹麦语声明自己是一个丹麦人，前往最近的丹麦领事馆，并远距离地请求玻尔伸出援手。但黑海是以它的风暴得名的。狂风阻碍了伽莫夫的外逃。在阴沉的海面上，他们弄得全身湿透、精疲力竭，经历了一个寒冷的黑夜后，最终被大风刮回了苏联这面的海岸。

回到列宁格勒①的第二年，政府下发通知，要求伽莫夫作为正式代表参加索尔韦会议。"我简直不能相信自己的眼睛。"他在自传中这样写道。这是一次离开这个国家的好机会——只是罗不能一同前往。伽莫夫决定要么争取到第二份护照，要么就抗命不从，待在家里。通过他所认识的布尔什维克经济学家尼古拉·布哈林（Nikolai Bukharin），他约定了在克里姆林宫和人民委员会主席维亚切斯拉夫·莫洛托夫（Vyacheslav Molotov）进行一次会面。莫洛托夫感到奇怪，这个理论物理学家离开妻子两个星期就没法活。伽莫夫编造了一个同志感情的故事：

> "您看，"我说，"为了说明我为什么提出这一请求，我应该告诉您，我妻子是一名物理学家，通常充当我的科学秘书，整理我的论文、笔记等等。因此，没有她的帮助，我无法参加这样的大型会议。但是，这不完全是真的。关键是她从没出过国，并且，在布鲁塞尔参加会议完毕，我想领着她去巴黎参观卢浮宫、女神游乐厅等，然后就是外出购物。"

莫洛托夫能理解。"我想这一安排不会有什么困难。"他告诉伽莫夫。

当领取护照的时间到来时，伽莫夫发现，莫洛托夫改变了他的想法：他不愿意开这样一个会惹麻烦的先河。伽莫夫固执地拒绝合作。护照办事处叫他领取护照三次，他坚持了三次，非要等到获得两份护照为止。第四次——"电话里的声音通知我，两份护照准备好了。真的是两份！"（在索尔韦会议后，这个年轻的叛逃者乘船去了美国。

---

① 今圣彼得堡，1924—1991 年称列宁格勒。——编者注

伽莫夫在密歇根大学舒适的安娜堡分校教暑期班，然后在这里接受了位于华盛顿哥伦比亚特区的乔治·华盛顿大学的教授职位。）

这一次索尔韦会议，首次致力于核物理学，吸引了两代第一流的男性和女性：在老一代物理学家中，有玛丽·居里、卢瑟福、玻尔、莉泽·迈特纳；在年轻的物理学家中，有海森伯、泡利、恩里科·费米、查德威克、伽莫夫、伊蕾娜和弗雷德里克·约里奥-居里、帕特里克·布莱克特、鲁道夫·派尔斯（其中有8人来自剑桥大学而没有一人来自灾难中的哥廷根）。那一年，欧内斯特·劳伦斯和他的回旋加速器代表了美国。

他们就质子的结构展开辩论。当时所讨论的其他主题在他们眼里可能意义更为深远，不过后来的事实证明并非如此。1932年8月2日，加州理工学院一位名叫卡尔·安德森（Carl Anderson）的美国实验物理学家，借助于精心准备好的云室，在一簇宇宙射线中发现了一种新的粒子。这种粒子是带正电而不是带负电的电子，是"正电子"。这首次表明，宇宙不仅由物质组成，而且由反物质组成。（这一发现使安德森获得了1936年度诺贝尔物理学奖。）世界各地的物理学家们立即检查他们的云室照片上的径迹资料，辨认他们在此之前漏掉的正电子径迹（约里奥-居里夫妇曾错过发现中子，这次他们也错过了发现正电子）。这种新粒子使人们想到，带正电荷的质子可能实质上是一种复合物，可能不是一种单一的粒子，而是由一个中子和一个正电子结合而成的。（事实并非如此，后来的研究证明，在原子核中没有空间可以容纳无论是带正电的电子还是带负电的电子。）

在鉴定了他们之前错过的正电子后，约里奥-居里夫妇重新启用云室，用其他实验设置寻找这种新粒子。他们发现，如果用从钋中发射的α粒子轰击中等重量的元素，靶元素便会喷射出质子。当时他们注意到，较轻的元素，特别是铝和硼，有时会喷射一个中子和一个正电子，而不是一个质子。这似乎是一个证据，说明质子是复合物。他们满怀激情地在索尔韦会议上通过报告呈现了这一证据。

莉泽·迈特纳对约里奥-居里夫妇的报告提出了批评。她在威廉皇帝研究所进行了类似的实验，而她正是因工作严谨精确而备受尊敬的。她强调说，在她的实验中，"没能发现一个单个的中子"。会议上的意见倾向于支持迈特纳。"最后，绝大多数出席会议的物理学家不相信我们实验的精度，"约里奥后来说，"会后，我们感到很沮丧。"幸好理论物理学家介入了。"但是，就在此时，尼尔斯·玻尔将我们拉到一边……告诉我们他认为我们的结果非常重要。不一会儿，泡利也给了我们同样的鼓励。"约里奥-居里夫妇回到巴黎后决定彻底澄清这一问题。

这对夫妇，当时丈夫 33 岁，妻子 36 岁，有一个小女儿。夏天，他们一起划船和游泳；冬天一起滑雪。他们在拉丁区皮埃尔·居里大街上的实验室里一起卓有成效地工作。伊蕾娜于 1932 年接替她的母亲成为镭研究所的所长，玛丽·居里这位长期寡居的先驱者因为多年暴露在辐射下工作而患上了致命的白血病。

出现中子和正电子而不出现质子，这有可能取决于轰击靶元素的α粒子的能量。通过将钋源移到离靶元素较远的距离上，从而让α粒子在空气中通过较长距离，使其速度变慢，约里奥-居里夫妇能够检测这一可能性。约里奥着手工作。无疑，他看到了中子。于是他将钋移得远离铝箔靶，"当α粒子以最小速度移动时，中子的发射完全［停止］"。但是随后发生了某些让他吃惊的事情。在停止发射中子后，正电子的发射还在继续——并不是突然停止而是逐渐减少，"停止需要一段时间……就像天然放射性元素的放射性一样"。这是怎么回事？约里奥用云室观察了这种粒子，在云室的过饱和汽雾中捕获它们的离子化径迹。现在，他换上一台盖革计数器并把伊蕾娜叫来。正如他第二天向一个同事解释的："我用从钋源发出的α射线辐照这种靶，能够听到盖革计数器中的噼啪声。我将钋源移得远些，噼啪声应该要停止，但事实上，它还在继续。"大约过了3分钟，这一奇怪的活性下降到它原来强度的一半。他们几乎不敢认为这一时间周期就是半衰期。这可能只是说明盖革计数器的性能不稳定。

年轻的德国物理学家沃尔夫冈·根特纳（Wolfgang Gentner）是研究盖革计数器的专家，那年正在这个研究所工作。约里奥请他检查这些实验仪器。约里奥-居里夫妇外出参加一个社交活动，他们找不出借口回避这次晚会。"第二天早晨，"约里奥把那天的事情告诉过一个同事，这位同事后来写道，"约里奥-居里夫妇在他们的桌子上发现根特纳手写的一张便条，告诉他们那台盖革计数器一切正常。"

因而，他们几乎确定，他们发现了怎样用人工方法制造出放射性物质。

他们对这种可能的反应进行了计算。铝原子核有 13 个质子和 14 个中子，俘获拥有 2 个质子和 2 个中子的α粒子，立即发射1 个中子，因此铝原子核肯定转变成拥有 15 个质子和 15 个中子（13+2=15 个质子，14+2−1=15 个中子）的不稳定磷同位素。然后，磷可能衰变成硅（14 个质子和 16 个中子）。3 分钟的时间段是这种衰变的半衰期。

他们无法用化学方法找出这极微量的硅。约里奥-居里夫妇因为这一发现而于 1935 年获得诺贝尔化学奖。获奖时，约里奥解释了其中的原因："这些嬗变的产物很少，形成的各元素的量……不足 10^{-15}［克］，至多代表几百万个原子。"这个量太少，很难单独用化学反应的方法找出它们。但他们能够用盖革计数器跟踪磷的放射性。如果这确实标志着某些铝元素向磷元素发生了人工嬗变，那么，他们应该能够用化学方法分离出两种不同的元素。放射性将会伴随新产生的磷而继续下去，留下没被转变的铝。但他们需要一个限定在 3 分钟之内完成的分离过程，也就是说，这一分离过程要在越来越微弱的放射性减弱到盖革计数器的阈值以下之前完成。

这一要求使附近实验室的一位化学家感到为难——"从来没有用这种视角设想过化学"，约里奥说——但他设计了必要的程序。约里奥-居里夫妇将一块铝箔经过辐照后投入盛有盐酸的容器中，然后盖上容器。盐酸溶解了铝箔，反应生成了氢气，氢气应该能将磷一同带出溶液。他们用倒置的试管收集这些气体。溶解了的铝变得安静，气体却使盖革计数器响个不停：这说明不管那是什么放射性物质，它都被气体带出来了。另一个化学测试证明，放射性物质是磷。约里奥像一个孩子一样又蹦又跳。

这一发现可以作为一份礼物献给伊蕾娜病中的母亲，这位母亲使自己的女儿有了今日，也对女婿给予过帮助：

> 当我和伊蕾娜将这装在一支小玻璃管中的有史以来第一种人工放射性元素展示给玛丽·居里时，她看到了我们的研究成果，我绝不会忘记她那充满喜悦的表情。我仍然记得她将手指（已经被镭烧伤）放进这盛有放射性化合物的小玻璃管中——不过在这个试管中放射性非常微弱。为了核实我们告诉

她的事情，她将小玻璃管放在盖革-米勒计数器旁边，她能听到大量的"噼啪声"给出的计数率。无疑，这是她生命中最后一次感到极为满足。

约里奥-居里夫妇报道了他们的工作——"本世纪最重要的发现之一"，埃米利奥·塞格雷在他的现代物理学史中这样说——这篇文章发表在1934年1月15日的法文刊物《报道》上，4天后又作为信件刊登在《自然》杂志上。"这些实验给出了人工嬗变的第一个化学证明。"他们自豪地得出了这样的结论。卢瑟福不出两星期就写信给他们："祝贺你俩做了一项精彩的工作，我敢肯定这终将被证明是非常重要的。"他自己也试着做过大量的这种实验，他说，"但是没有取得成功"——这是出自实验大师的高度赞扬。

他们证明了，不仅像卢瑟福所做的那样，将原子核击成碎片是可能的，而且人为地迫使它以放射性衰变的方式释放一些能量也是可能的。约里奥在自己的诺贝尔奖获奖演说中预见到了这种轰击的潜在后果。他说，随着科学的进步，"我们有理由认为，科学家们能够随意合成元素或者击碎元素，这有可能带来一种爆炸性的嬗变……如果这种嬗变得以成功地在物质中扩散，那么能够想象，有用的能量可以被大量释放"。但他也看到，"如果这蔓延到我们这颗星球上的所有元素"，有可能发生灾难：

天文学家有时观察到，某些中等亮度的恒星的亮度会突然增加。原本用肉眼看不见的恒星可能变得非常明亮，以至于不需要望远镜就能看到：这就是新星的出现。恒星的这一突然爆发也许应归因于一种爆炸性的物质嬗变，我们现在已能畅想这一画面——研究者们无疑将试图实现这种嬗变过程，但我们希望采取必要的防范措施。

利奥·西拉德没有被邀请参加索尔韦会议的邀请信。到了1933年10月，他还没有完成任何原子核物理学方面的工作，不过他的头脑中已经孕育出了成熟的实验。8月，他写过一封信给一位朋友说，他"目前正在花很多钱四处走动，当然也没有挣到钱，不可能坚持很长时间"。原子核的链式反应的想法"变成了他的一种执念"。当他于1月听说约里奥-居里夫妇的发现时，他的执念顿时开花结果了："我突然认识到，探索这样一种链式反应的工具到手了。"

他来到一家稍便宜的旅馆，在特拉法尔加广场附近的斯特兰德宫宾馆安顿下来进行思考。他毕竟有"一点点存款"，"也许足以维持一年我习惯了的生活，因此，我也就不特别着急找一份工作"——因而，新想法的兴奋缓解了他在8月的紧迫感。浴室在走廊尽头。"我记得，我会走进浴室……在早晨9点钟左右。没有什么地方比在浴缸里更适合思考。我只是浸泡在水中思考问题。大约在12点钟，女仆会敲门问：'先生，你没事吧？'然后，我通常是走出浴室，写下一些笔记，口述一些备忘录。"

其中一份"备忘录"采取专利申请的形式，与原子能有关，于1934年3月12日申报。这是那一年以及第二年间几个同类文件中的第一个，所有这些最终被归并成一份详细的文件：《化学元素的嬗变或相关方面的改进》。（同一天，西拉德申请了一个专利，但从没发布过，提出用缩微胶卷存储书籍。）西拉德已经认识到——在9月，以引发链式反应为目的——在轰击原子核方面，中子比α粒子更为有效。他现在用这一见解提出产生人工放射性的另一种方法：

> 根据现有的发明，放射性物体能通过用中子轰击合适的元素产生……这种不带电荷的核子甚至能穿透包括重元素在内的物质而不受离子化损耗，从而导致放射性物质的形成。

这是第一步。但这样的观点也很莽撞。西拉德只基于理论依据就相信中子可能诱发出人工放射性，他没有做过必要的实验。迄今为止，只有约里奥-居里夫妇利用α粒子做了这种实验。西拉德正在追寻的并非只是人工放射性。他在追寻链式反应、能量产生和原子弹。他尚未使课题研究成熟到可申请专利的地步。他尚不清楚哪种元素或哪些元素每俘获一个中子可以放出两个或以上的中子。他后来说，他在某一刻决定："应该做的合理事情是系统地研究所有的元素。已知的元素达 92 种。当然，这是相当烦人的工作，所以我想，我应该弄到一些钱，建造一些设备，然后雇用一些人，他们只需坐下来对这些元素逐一进行研究。"

这种工作并不怎么烦人。事实上是西拉德缺乏做这种工作的资源——进入一个实验室的机会，一班专注工作的人，足够的经济支持。"没有一个物理学家对这种链式反应的想法有半点兴趣。"他后来回忆说。卢瑟福把他请出了门。布莱克特告诉他："你看看，在英国，你的这种古怪想法是不会侥幸成功的。也许在苏联还行。如果苏联物理学家跑到政府那里［说］'我们必须产生一个链式反应'，他们就会为他提供他需要的所有资金和设备。但在英国你无法得到。"西拉德泡在浴缸里以抵抗伦敦的寒冷，然后回过头来构思未来。用中子轰击各种元素而系统研究它们的机会从他身边溜走了。

这个机会落到了罗马的恩里科·费米和他年轻的同事们组成的小组的头上。费米做好了准备。他手头有西拉德所缺少的一切。他几乎和西拉德同时认识到，比起 α 粒子，中子能够更好地轰击原子核。这一点并非显而易见。人们用 α 粒子产生中子（正如约里奥-居里夫妇为获取正电子所采用的方法那样）。由于并非所有的 α 粒子都能击中靶元素，因此通过轰击获得的这种中性粒子就少得多。正如奥托·弗里施后来写道的那样："我记得我自己（可能还有许多其他人）的反应是，费米做这个实验实在是太愚蠢了，因为中子比 α 粒子要稀少得多。当然，这一简单论点忽视了一点，那就是中子要有效得多。"

费米之所以有所准备，是因为他用了超过四年的时间搭建他的实验室，以便开展原子核物理学领域的一项重大研究。如果意大利已经是物理学研究的活跃中心之一，他可能就会被其他事情占用太多时间，以至于不能像他此时这样精心地提前规划。但在费米刚起步时，意大利的物理学像庞贝城一样只剩废墟。他别无选择，只得清扫瓦砾，从头做起。

费米的两位传记作者——妻子劳拉，以及他的学生和诺贝尔奖得主埃米利奥·塞格雷——都将费米立志献身于物理学研究的时间确定在 1915 年冬天，那时他 14 岁，哥哥朱利奥的死给他带来了心理上的创伤。他和哥哥只相差一岁，小时候，这两个孩子亲密无间。朱利奥死于一场咽喉脓肿的小手术，这使恩里科突然陷入失去亲人的悲痛之中。

同一年冬天的一个集市日，年轻的恩里科在罗马的鲜花广场逛了逛货摊。这个广场上耸立着一尊塑像，纪念思想家焦尔达诺·布鲁诺（Giordano Bruno），哥白尼学说的捍卫者，于 1600 年被宗教裁判所绑在火刑柱上烧死。费米在货摊上发现了用拉丁文写成的两卷本旧书，《数学物理原理》（*Elementorum physicae mathematicae*），1840 年出版的一名耶稣会物理学家的著作。这个孤独的孩子用他的零用钱买下了这两卷物理学教科书并带回了家。这两卷书激发了他极大的兴趣，他通读了一遍。当他读完时，他告诉姐姐玛丽亚（Maria），他甚至没有在意过它们是用拉丁文写成的。"费米一定很彻底地研读了这部专著，"许多年后塞格雷在翻阅这陈旧的书卷时断定，"因为它包含了费米写的旁注，对错误做出的更正，还夹着一些注解用的纸片。"

从此以后，除了一次重要的例外，费米成为物理学家的历程迅速而且平稳。他父亲的一个朋友，阿道夫·阿米得（Adolfo Amidei），是一名工程师，在费米青少年时期为他指导过数学和物理学。1914 年到 1917 年间，阿米得借给他代数、三角、解析几何、微积分学和理论力学方面的课本。当恩里科跳过他的第三个学年，提前从中学毕业时，阿米得问他是否更喜欢将数学或物理学作为一种事业，并且把这一点郑重其事地写下来。这个年轻人明确回答说："我带着热情学习数学，因为我认为这对于学习物理学是必要的，而我希望心无旁骛地献身于物理学事业……我已经读过了所有有名的物理学书籍。"

之后，阿米得建议费米不要去上罗马大学而去上比萨大学，因为在那里他可以争取获得附属于比萨大学、具有国际声誉的比萨高等师范学院的研究生资格，这所学院还能给他提供免费的食宿。阿米得后来告诉塞格雷，他这个建议的另一个动机是想让费米离开家，这个家"在朱利奥死去之后充满了压抑气氛……"。

当师范学院的主考官看到费米的指定竞选论文《声音的特征》时，他被震惊了。塞格雷后来说，这篇论文求解的问题是"一根棒振动的偏微分方程，费米用傅里叶分析法求解，求出了它的本征值和本征频率……这在博士考试中都是可以加分的"。主考官将这位17岁的中学毕业生叫了过来，告诉他，他非常出色，并预言他会成为一名重要的科学家。到了1920年，费米已能在给朋友的一封信中说，他的水平已足以反过来教在比萨教他的老师们："在物理系，我正在逐渐成为最具影响力的权威。事实上，我最近会（在一些要人面前）举行一次量子理论方面的讲演，我一直都在努力传播量子理论。"还在比萨当学生时，他就研究出了他的第一个具有永久性价值的理论，一个在广义相对论方面的预言性推论。

1923年冬天，费米迅速进步的过程中唯一的挫折出现了。他获得了一份博士后奖学金，可以去哥廷根在马克斯·玻恩的指导下从事研究。当时，沃尔夫冈·泡利正在那里，维尔纳·海森伯和风华正茂的年轻理论物理学家帕斯夸尔·约尔旦也在那里。但不知何故，没有人注意到费米的突出能力，他感到自己被忽视了。按塞格雷的说法，由于他"腼腆、骄傲，习惯于孤独"，所以他可能自暴自弃过。也可能是这些德国人因意大利物理学水平较低而对他怀有偏见。更有可能的是，费米内心深处对哲学的厌恶一度使他闭口不言：他"无法深入理解海森伯在量子力学方面的早期论文，不是因为存在数学方面的困难，而是因为这些物理学概念在他看来太奇怪了，并且似乎有些模糊不清"。他在哥廷根"和在罗马一样"能写论文。塞格雷下结论说，"在费米的记忆中，哥廷根的那段时间是失败的。他在那里待了几个月。他坐在桌边，做他的工作。他没有取得进展。他们没有认可他"。第二年，保罗·埃伦费斯特通过一个以往的学生捎话称赞费米，这个学生在罗马拜访了费米。之后，一份 3 个月的奖学金使这个年轻的意大利人来到莱顿，接受埃伦费斯特向来严格的训练。在这以后，费米就对自己的价值有信心了。

他对哲学化的物理学总是反感；严谨但简单，坚持实证，这变成了他的标志性研究风格。塞格雷认为他倾向于"通过直接实验来验证具体问题"。维格纳注意到，费米"讨厌复杂的理论，并且尽量回避它们"。贝特谈到过费米"具有启发性的简明性"。说话一向尖酸的泡利的评价则没有那么慷慨，称他为"量子工程师"；尽管维克托·韦斯科普夫（Victor Weisskopf）[①] 是费米的一名仰慕者，他还是觉得泡利说的风凉话有些道理，认为费米的工作就风格上而言与玻尔他们在哲学上更有创造力的工作有差异。"他不是一名哲学家，"奥本海默曾经评价费米说，"他积极追求清晰性，完全无法容忍事物模糊不清。由于事物总是这样不够清晰，这就使他相当活跃。"一位曾经与中年时的费米共事的美国物理学家认为他"冷静而清晰……他在决定任何问题时都直接以事实为依据，倾向于蔑视或忽视人性中不那么泾渭分明的法则，这可能有点冷酷无情"。

费米对清晰性的爱好也是一种对量化的爱好。他试图对他所能触及的每一件事情都进行量化，好像只有当各种现象和它们之间的相互关系能够被分类或者加以计数时他才会感到舒服。"费米的大拇指就是他随身携带的尺子，"劳拉·费米写道，"他会把它举到左眼前面并且闭上右眼，测量一条山脉的距离、一棵树的高度，甚至一只飞鸟的速度。"劳拉断定，他的分类爱好"是天生的"，"我听

---

① 犹太裔美国理论物理学家，曼哈顿工程参与者。——编者注

说过他根据人的身高、长相、财富甚至性感程度来'编排他人'"。

　　费米于 1901 年 9 月 29 日出生于罗马，他的家族在 19 世纪从波河流域的农民成功地转型为意大利国家铁路的文职人员。他的父亲是铁路部门的一名司局级管理者，职称相当于军队中的准将军衔。按照当时普通意大利人的习俗，婴儿时的恩里科被送到乡下和奶娘一起生活。他的哥哥朱利奥也是如此，但因恩里科身体虚弱，他直到两岁半才回到父母身边。当时，面对满屋自称是他家人的陌生人，"也许"，劳拉写道，"他怀念起了奶娘那粗笨的唠叨"，开始哭起来：

　　　　他母亲用坚定的声音责备他，要他立即停止啼哭；在这个家里，不听话的孩子是不能容忍的。立刻，这个孩子听话了，擦干了眼泪，不再哭闹。之后，在他童年时代往后的日子里，他都采取不与权威对抗的态度。如果他们想要他那样表现，好，他就那样表现；听从他们比反抗更为容易。

　　1926 年，费米 25 岁时，他在意大利的一种全国考选制度中胜出，被选为罗马大学的理论物理学教授。一名有影响力的发起人设立了这个新职位，这是一个来自西西里岛的人，名叫奥尔索·马里奥·科宾诺（Orso Mario Corbino），他是个深肤色、小个子、快活的男人。费米于 1921 年找到他时，他 46 岁，任罗马大学物理学院的院长，是一位卓越的物理学家，并且是意大利王国的参议员。因为意大利物理学界中的老保守派对费米的快速晋升表示不满，所以费米非常高兴能得到科宾诺的荫庇。为了帮助费米在提高意大利物理学水平方面的努力，科宾诺还向圆脑袋、记者出身的贝尼托·墨索里尼的法西斯政府寻求支持，尽管这位参议员本人不是法西斯党员。

20 世纪 20 年代晚期，科宾诺和他的年轻教授一致认为，对他们在罗马建立的小组来说，拓展物理学前沿领域的时机已经成熟。他们选择了原子核物理学作为他们的新领域，这一领域当时已经有了量子力学的描述，但尚未对原子核进行实验分解。1927 年年初，费米在比萨时的高个子博学同学佛朗哥·拉塞蒂（Franco Rasetti）作为科宾诺的第一助手加盟其中。拉塞蒂和费米一同将塞格雷带到科莫会议上，向他解释与会名人的成就，从而招募到了塞格雷，此时塞格雷正在研究工程学。塞格雷发现，泡利和海森伯认识到了费米的才能，并将他当成了朋友。塞格雷是一家生意兴隆的造纸厂的老板的儿子，他以出众的头脑、高雅的仪态对小组做出了贡献。

科宾诺又直接从工程学校挖角，将爱德华多·阿玛尔迪（Edoardo Amaldi）收进了小组，这是帕多瓦大学一名数学教授的儿子。小组很快给费米取了一个绰号，叫"教皇"，因为他在量子方面无可辩驳；科宾诺，像卡文迪许实验室的卢瑟福在剑桥所做的那样，将他们都称为他的"男孩"。拉塞蒂去了加州理工学院，塞格雷则到阿姆斯特丹去取经。20 世纪 30 年代初期，在决定深入研究原子核物理学之后，费米再一次将他们送了出去：塞格雷去汉堡与奥托·斯特恩合作，阿玛尔迪去莱比锡到物理化学家彼得·德拜（Peter Debye）的实验室工作，拉塞蒂到威廉皇帝研究所和莉泽·迈特纳共事。到了 1933 年，小组能取得每年 2 000 美元的部门经费，这是意大利许多物理系的预算的 10 倍，使小组拥有了制作精良的云室和随时可用的镭源，还能在盖革计数器方面接受威廉皇帝研究所式的训练。至此小组已准备就绪。

与此同时，在索尔韦会议两个月后，费米完成了他一生中主要的理论工作——关于β衰变的一篇基础性论文。所谓β衰变，就是在发生放射性变化时，由原子核产生和发射高能电子的过程，这一过程需要一个详细的定量理论来描述，费米提供了这样一个完整的理论。他引进了一种新类型的相互作用，即"弱相互作用"，完善了自然界中已知的四种基本相互作用：引力相互作用和电磁相互作用，它们在长程上起作用；强相互作用和费米的弱相互作用，它们在原子核尺度内起作用。他引进一个新的基本常数，现在称为费米常数，可由已有的实验数据确定。"一篇美妙无比的论文，"韦斯科普夫后来称赞道，"……是费米的直觉的重要标志。"在伦敦，《自然》杂志的一个编辑拒绝接受它，因为它离物理事实太远，对此，费米感到恼火又好笑；他将它发表在意大利研究委员会不怎么有名的周刊《科学探索》（*Ricerca Scientifica*）上，阿玛尔迪的妻子吉内斯特拉（Ginestra）在那里工作，随后，该文又发表在德国《物理学杂志》上。只做了较小的调整修改后，费米的β衰变理论就成了一直权威的理论。

1934年1月，在费米从阿尔卑斯山滑雪回来后不久，报道约里奥-居里夫妇发现人工放射性的法文刊物《报道》送到了罗马。"我们尚未找到任何［核物理学］问题来着手研究，"阿玛尔迪回忆说，"……然后就出现了约里奥的论文，费米立刻开始探究放射性。"像西拉德一样，费米看到了应用中子的优势。I. I. 拉比在一次讲演中列举了这些优势：

> 因为中子不带电荷，所以不存在强大的电排斥力阻止它进入原子核内。事实上，使核子保持在一起的吸引力可能还拖曳着中子进入原子核。当中子进入原子核时，其效果大约就像月

球撞击地球一样造成剧烈的变化。原子核在这一打击下猛烈振荡着，在碰撞导致中子被俘获的情况下尤其如此。大量的能量增益产生了，并且一定会耗散掉，这种情况可能会以多种形式发生，所有这些都很有趣。

费米开始进行中子轰击实验时 33 岁，这个身材不高的男人当时蓄着胡子，深色皮肤，有着浓密的黑发，还有狭小的鼻子和充满好奇的蓝灰色眼睛。他嗓音低沉并且容易露齿而笑。娇小美丽的劳拉·卡蓬（Laura Capon）是意大利海军中一位犹太军官的女儿，费米与劳拉的婚姻促使他养成了有条不紊的习性：他先一个人在家中工作几个小时，早上 9 点钟到达物理学院，工作到 12 点 30 分回家吃午饭，下午 4 点钟回到学院继续工作到晚上 8 点钟，然后回到家中吃晚饭。结婚以后，他的体重也增加了。

费米和他领导下的年轻同事们组成的小组占据着学院二楼的南侧，与科宾诺和罗马公共卫生部的首席物理学家共用这部分空间。罗马公共卫生部健康部门的这位核心人物名叫 G. C. 特拉巴奇（G. C. Trabacchi），他慷慨地将一些设备借给科宾诺的"男孩"们，并且为他们提供实验所需的物资（作为回报，他们爱戴他，给他取的绰号是"神佑"）。安东尼诺·洛索尔多（Antonino Lo Sordo）是一名失意守旧的老派物理学家，他的办公室在这层楼的北端，避开了声势日渐浩大的这群人。科宾诺和他家人住在这上面，这个住处后面俯瞰着一个私家花园，在这个花园的中央有一个金鱼池。一楼供学生用；地下室放着发电机和公共卫生部装镭用的铅封保险箱，这些镭在其最具历史意义的一年价值 67 万里拉——约合 3.4 万美元。在保险箱的一面上，有一些玻璃管从里面通到外面，用以导出由镭衰变形成的氡气。玻璃管通向气密的提取装置，这是一个有许多玻璃管柱子的小型精密设备，用于提纯和干燥放射性气体。学院住宅的上层位于较长的下层之上，因为在一头有一个拱顶的圆形小厅占去了空间，所以缩短了一些，再往上就是盖瓦的屋顶。"这座建筑位于罗马市中心附近一个山坡上的小公园里，既近便又美观，"塞格雷后来回忆说，"花园是一道有着棕榈树和竹林的风景，总是保持着寂静（除了黄昏时分，此时麻雀成群地回到公园树丛的巢穴中），使学院成为一个非常宁静和有魅力的研究中心。"一条在罗马金色阳光下发出白色亮光的砾石路面直通帕尼斯佩纳路。

像往常一样，费米坚持亲手进行中子实验。2月和3月上旬，他剪掉药瓶底部以得到铝圆筒，亲手把它组装成粗糙的盖革计数器。接上电线，充上气体，两端封起来，贴上铅片；这些计数器比一条薄荷糖稍微小些，比起现代商用设备来说，效果只有几百分之一，但在费米的操作下，它们能管用。在费米制作盖革计数器时，他要求拉塞蒂准备一个以钋为原料的中子源，让它蒸发到铍靶上。因为钋放出的是相对低能的α粒子，所以铍靶每秒钟只会放出很少的中子，费米和拉塞蒂辐照了几种样品，都没有成功。

就在这个时候，拉塞蒂令人吃惊地表现出对历史性实验缺乏热情，离开罗马到摩洛哥度复活节假期去了。费米探索了一些方法以获取较强的中子源。巴黎、剑桥、柏林以及罗马之所以都要用钋，原因是像氡这样的强α辐射源在释放α粒子时也会放出很强的β辐射和γ辐射，这会给仪器带来干扰，从而妨碍测量。费米突然意识到，由于他正在试图观察一种延迟效应，不管怎样，他都是在移去中子源之后才进行测量的——因此任何β辐射和γ辐射都不会是问题，他能够使用氡。特拉巴奇有备用的氡并且欣然答应给他们一些；氡有着仅仅 3.82 天的半衰期，无论如何它都会很快衰变殆尽；但他那发着光的镭会不断放出新鲜的氡气。

3 月中旬，费米身穿灰色的实验外套，走向帕尼斯佩纳路的物理学院的地下室，他随身携带着一支不比小手指的第一节粗的玻璃管。玻璃管的一端焊封好，部分填充了粉末状的铍。他将这一玻璃管密封的一端放入装有液态空气的容器。氡气直接从提取装置的出口处被导入玻璃管内，在零下 200 摄氏度下冷却凝聚在玻璃管的壁上。然后，在氡气蒸发并逸出之前，费米尝试在不弄破玻璃管壁的情况下快速加热封住玻璃管的另一端。成功之后，他将这一中子源放到一根粗一些的两英尺长的玻璃管中，将它封在远端，这样就能从安全距离上操作它，以避免暴露在它的 γ 射线之下。中子源的准备过程就此完成。与短暂的使用寿命相比，准备过程相当冗长。

起初，费米是独自一人工作。他打算最终辐照周期表中的大多数元素，井井有条地从最轻的元素开始。他计算过，他的中子源每秒钟能为他提供超过 10 万个中子。"小圆柱形容器中装了被测物质，"他在第一份报告中解释说，"受到来自这个中子源的辐射作用，时间从数分钟到数小时不等。"费米首先辐照水——同时测试氢和氧——然后测试锂、铍、硼和碳，都没有诱导出它们的放射性。劳拉说，他随后动摇了，因为老没结果而气馁，但费米在家很少讲本职工作，劳拉的怀疑未必可靠：他从约里奥-居里夫妇的工作中了解到，周期表中稍微靠后的铝能与 α 粒子起反应，因此，中子应该能更有效地与铝起反应。

不管怎样，他在又一次尝试时取得了成功，使用的是氟："氟化钙在被中子源辐照几分钟并且迅速放到计数器附近后，在最初片刻，脉冲增强了；其效应随之迅速减弱，大约 10 秒钟后降至一半的值。"

很快，费米在铝中观察到了一种不同于约里奥-居里夫妇的发现结果——一种具有 12 分钟半衰期的辐射，第一次用铝把自己的工作与约里奥-居里夫妇的工作联系在了一起。1934 年 3 月 25 日，费米在《科学探索》上以快报的形式报告了他的发现。

这是"由中子轰击引发的放射性"这一课题一系列论文的第一篇，因此论文加了罗马数字 I 的标记。搜索开始了。随着工作向前推进，费米召回了阿玛尔迪和塞格雷，并发电报让还在摩洛哥的拉塞蒂赶快回罗马。塞格雷后来写道：

> 我们各自的职责是：费米负责实验以及理论计算的主要部分，阿玛尔迪负责照看我们现在所称的电子仪器，我保管被辐照的物质和中子源等等。当然，实验室的这种分工并不严格，我们都参与所有阶段的工作，但我们按照工作流程进行了一定的职责划分，工作非常快地向前推进着。我们需要我们所能获得的一切帮助，我们甚至招了一个学生的弟弟（大概 12 岁）来帮忙。说服他的时候，我们说他做的事是最有趣、最重要的，就是准备一些干净的纸筒，我们能用这些纸筒装被辐照的材料。

投到《科学探索》上的第二篇快报（并且以摘要形式投到《自然》上）报告了在铁、硅、磷、氯、钒、铜、砷、银、碲、碘、铬、钡、钠、镁、钛、锌、硒、锑、溴和镧这些元素中人工诱导出的放射性。到此时，他们已经建立了一个常规程序：他们在二楼的一头辐照物质，在另一头用盖革计数器进行测试。这样就为计数器屏蔽了中子源散逸的辐射。但这也带来了问题：每当诱导出的放射性的半衰期很短时，就要有人跑着通过走廊。"阿玛尔迪和费米总以自己跑得最快而自豪，"劳拉解释说，"他们的任务是在物质极短的寿命内从走廊的一头跑到另一头。他们总是在赛跑，恩里科声称自己能够比爱德华多跑得快。但他不太会接受失败。"有一天，一个有声望的西班牙人前来拜会"费米阁下"，这位年轻的罗马大学理论物理学教授正从走廊的一头奔向另一头，脏兮兮的实验室外套在身后飘了起来，差点将来访者撞倒在地。

终于轮到对铀进行实验了。他们对观察到的效应大致进行了分类。轻元素通常通过喷射出质子或 α 粒子嬗变成更轻的元素。但原子核周围的电势垒对核子离开或进入核都起着阻碍作用，并且随着原子序数增加，势垒强度也在增加。所以，重元素会变得更重而不是更轻：它们俘获轰击用的中子，通过放出 γ 辐射释放出它的结合能，因而增加了一个中子的质量，而没有增加或减少电量，由此变成它们本身的一个较重的同位素。之后这种同位素通过延迟发射一束带负电的 β 射线，衰变成一种原子序数大一号的元素。铀就是这样变化的，它延迟发射一个 β 电子。费米认识到，这意味着，用中子轰击铀会首先产生一个较重的同位素铀-239，然后它会变成一个新的人造超铀元素，原子序数为 93，这是地球上以前从未出现过的物质。

他们需要纯化他们的铀样品（硝酸铀溶液，一种淡黄色的液体），以免其自然衰变产物发出的 β 射线产生干扰。（铀通过一连串共 14 个复杂步骤的自然衰变，在周期表中降为钍、镤、镭、氡、钋和铋再到铅。）慷慨的特拉巴奇此时甚至已将年轻的化学家奥斯卡·德阿戈斯蒂诺（Oscar D'Agostino）借给这个小组，这是一名在皮埃尔·居里大街接受过放射化学训练的新人；德阿戈斯蒂诺于 5 月上旬完成了艰巨的提纯工作。他们现在使用的是更强的中子源，强度达到 800 毫居里的氡，大约每秒产生 100 万个中子。辐照硝酸铀产生了"有多种[半衰期]的非常强的效应：一种半衰期大约为 1 分钟，另一种为 13 分钟，此外，更长的半衰期尚未准确测出"——他们在 5 月 10 日的报告中这样写道。

这几种诱导出的放射性都放出 β 射线。β 辐射使正在发出这种辐射的不管哪种原子都增加一个原子序数。随之而来的似乎是，它们沿周期表向上嬗变到了未知人造元素的新疆域。为了确认这一令人震惊的可能性，费米需要用化学分离法证明，中子轰击并没有难以解释地产生比铀轻的元素。1 分钟的半衰期对于研究工作来说时间太短，所以，他将目光放在半衰期为 13 分钟的那种物质上。德阿戈斯蒂诺用 50% 的硝酸稀释被辐照的硝酸铀，在酸里溶进少量的锰盐，将溶液煮沸。通过加入氯化钠到煮沸的溶液中，他沉淀出了二氧化锰结晶。当他从溶液中过滤出结晶时，随锰而出的还有放射性，很像约里奥-居里夫妇在铝中诱导，随氢气而出的放射性。如果放射性能够连同锰载体一起从铀溶液中沉淀出来，那么它一定不再是铀。

通过加入其他载体和沉淀其他化合物，德阿戈斯蒂诺证明，半衰期 13 分钟的物质不是镤（91 号）、钍（90 号）、锕（89 号）、镭（88 号）、铋（83 号），也不是铅（82 号）。其表现也把 87 号元素（后来称为钫）和 86 号元素（氡）排除在外。85 号元素还是未知的。也许因为半衰期不同，所以费米不打算检测钋（84 号元素）。但他觉得自己已经做得十分彻底了。"有关 13 分钟半衰期的放射性物质，实验证据表明其有别于大量重元素，"他在 6 月的《自然》上慎重报告说，"这暗示了一种可能性：这种元素的原子序数可能大于 92。"

科宾诺迫不及待地在学年结束的年度集会上宣布发现了"一种新的元素",意大利国王也出席了这次集会,这使新闻界一阵狂呼,也使费米度过了几个不眠之夜。因为如此出色地完成了西拉德的"相当烦人的工作",这位疲惫不堪的物理学家在那次集会后携妻子和小女儿内拉(Nella)前往阿根廷、乌拉圭和巴西,去做由意大利政府资助的夏季巡回演讲。

◉

1934 年的那个春天,利奥·西拉德从浴缸里出来,继续追求他最热爱的事业,也就是释放出原子核能并且拯救世界,但他还没能直接参与。在 4 月下旬的一个备忘录中,他谴责日本近来占领中国东北,似乎看到了遥远的未来。"科学家的发现,"他写道,"为人类提供了武器,如果我们不能成功避免进一步的战争,那么这些武器可能毁掉我们现今的文明。"他大概是指军用飞机;战略轰炸的恐怖,甚至恐怖平衡①造成的潜在威慑,在 20 世纪 30 年代中期已广为人知。但他极有可能也想到了原子弹。

几周前,为了寻找一个赞助人,他将《获得解放的世界》第一章的副本寄给了英国通用电气公司的创始人雨果·赫斯特(Hugo Hirst)爵士。"当然,"他带着一点苦涩的心情写信给雨果爵士,仍

---

① 恐怖平衡(balance of terror)一般指冷战时期美苏核对峙的局面,在普遍意义上也指多国都掌握可怕的毁灭性武器,从而导致各方都不敢轻举妄动,由此形成一种建立在恐惧之上的均势。——编者注

然对卢瑟福的预言耿耿于怀，"这完全是镜花水月，但我有理由相信，考虑到物理学方面最新发现的工业应用，未来可能会证明该书作者的预言比科学家的预言更为准确。对于我们为什么不能创造出用于工业的新能源，物理学家们已有定论；但我不确定他们是否忽略了一些要点。"

西拉德在"用于工业的新能源"之外还看到了战争武器的可能性，这在他注册日期为 1934 年 6 月 28 日和 7 月 4 日的两项专利修正稿中明显体现了出来。之前他写的是"化学元素的嬗变"，现在他加上了"通过原子核嬗变释放出原子核能，用于发电和其他用途"。他首次提出"一种链式反应，不带正电而质量大约等于质子质量或其倍数的粒子［也就是中子］构成其中的一个环节"。他描述了后来称为"临界质量"的概念的基本特征——"临界质量"就是实现自持链式反应所需要的链式反应物质的量。他明白，用"像铅这样的一些廉价重金属"将发生链式反应的物质球团团包围起来，能够减小临界质量的阈值，因为这种金属物质会将中子反射回物质球中，这就是后来所谓"反射层"的基本概念（就像填充入钻孔以限制常规炸药的泥土）。西拉德懂得，如果他使能发生链式反应的物质达到临界质量，将会有什么情况发生；他在申请书的第 4 页上简明写出了它的结果：

如果厚度超过临界值……我能引发一次爆炸。

就像在某种宏大的宿命簿上标记了一个时代的终结和另一个时代的开端一样，在西拉德提交专利修正稿的同一天，1934 年 7 月 4 日，玛丽·斯克洛多夫斯卡·居里（1867 年 11 月 7 日生于波兰华沙）在萨伏依去世了。爱因斯坦的悼词给予了她最高的评价："玛丽·居里，"他说，"在所有的伟人中，唯有她没有被声名所害。"

在档案记录中，没有任何迹象显示西拉德考虑过铀。他在6月份的那份专利修正稿中描述了使用轻的、银色的铍元素（铍在元素周期表中排在第4位）产生链式反应的可能性。

要研究这种金属，西拉德需要进入实验室并且需要一个辐射源。铍核内部的束缚很松，他猜测他不仅能用α粒子或中子，甚至能用γ射线或高能X射线将核内的中子轰击出来。镭会发出γ射线，并且在最靠近的大医院里就能得到，十分方便。因此，西拉德，这个对未来抱有没有依据的想象却又异常实际的人，拜访了圣巴塞洛缪医院医学院的物理系主任。他能使用这里的镭做实验吗？镭的医用价值已广为人知，但"在夏季镭用得不是很多"。这位系主任认为，如果他与本系的某个教员合作的话，他就能够使用。"有一个很不错的英国年轻人，却尔曼斯［T. A. Chalmers］先生，他有胆量，所以，我们开始合作并在随后的两个月里做实验。"

他们的第一个实验演示了一种卓越而简单的方法，用中子轰击碘化合物从而分离碘的同位素。然后，他们以这种非常灵敏的西拉德-却尔曼斯效应（这是后来的叫法）为手段，在第二次实验中测量中子的产生，这次实验是用从镭发出的γ射线将中子从铍中轰击出来。"这些实验，"西拉德后来平静地回忆说，"使我成了一名原子核物理学家，不是在剑桥人的心目中，而是在牛津人的心目中。［实际上，西拉德在那年春天向卢瑟福请求到卡文迪许实验室工作，而卢瑟福拒绝了他。］我在此之前从没在原子核物理学方面做过工作，但牛津大学将我当成一位专家。……剑桥……绝不会犯这个错误。对他们来说，我只是一个自命不凡的家伙，可以进行所有类型的观察，但观察结果不能被视为新发现，直到他们在剑桥也观察到并加以确认。"

如果说西拉德在夏天的工作使他在牛津人的心目中树立起了声望，那么这些工作也使他感到失望：事实证明，铍作为链式反应的候选者不能令人满意。在 1935 年以前，这个问题都没能解决，原因在于氦原子质量的测量值。铍的一种稳定的同位素是由两个氦原子核通过一个中子松散地约束而组成的。它明显偏大的质量——可以由弗朗西斯·阿斯顿测量出的氦的原子质量计算出来——似乎表明它应该是不稳定的。但质谱仪是一种难于操控的仪器，甚至由它的发明者本人来操作也是这样，并且正如贝特、卢瑟福和其他人将证实的那样，阿斯顿的测量是不精确的：他将氦的原子质量测得太大了。这一错误的后果是使人将铍作为链式反应的候选者，也将它当成原子核能和原子弹的候选者。

⊙

埃米利奥·塞格雷和爱德华多·阿玛尔迪于 7 月上旬前往剑桥，他们英语不太好，但携带了一份有关他们在罗马开展的中子轰击研究的全面报告。他们见到了查德威克、卡皮察和卡文迪许实验室的其他正式职员；看到了已经退休，正在散步的汤姆孙；还有阿斯顿，阿玛尔迪纯真地说，"他正在继续改进他测量的原子质量的精度"；他们和卢瑟福进行了一次难忘的会面，他的"强势个性支配着整个实验室"。

这两位年轻的物理学家是来与卢瑟福的两个"男孩"进行实验比对的。在中子的研究工作中有一个悬而未决的问题，这一问题使已有的原子核理论变得可疑。他们随身带来的发表在《自然》上的论文坦率地讨论了这一困难。这涉及所谓的"辐射俘获"，即重元素对中子轰击的典型反应：一个原子核俘获一个中子，放出一个γ辐射光子而使它本身在能量方面变得稳定，因而变成了质量增加了一个单位的同位素。

当时，此种理论将原子核当成一个大的粒子。因而，它有一个确定的直径，这个直径的大小恰好能使一个快中子在大约 10^{-21} 秒内通过原子核，从它的一面进入而从另一面出来，即可在不到一万亿分之一秒内通过十亿次。任何俘获过程都需要在这样一个短暂的时间间隔内完成，否则中子就会跑掉。俘获一个中子意味着使它停留在一个原子核中。这样，原子核就必须吸收中子的动能。而原子核也必须接着释放出多余的能量。它确实会这样做：放出一个γ光子。

但费米领导的小组测出的γ辐射的次数与理论上预言的值不同。罗马小组研究的原子核放出γ辐射至少要用 10^{-16} 秒——时间是理论预言值的 10 万倍，而且无法做出解释。

辐射俘获的确凿证据会使理论遇到的挑战更加严峻。这需要用不容辩驳的实验证明，当一个重原子核俘获一个中子时，真的会产生一种更重的同位素。在塞格雷和阿玛尔迪 1934 年夏天拜访期间，卡文迪许实验室的研究小组使用钠完成了实验证明的第一部分。随后，两人回到罗马，在德阿戈斯蒂诺的帮助下进行化学方面的确证。在罗马 8 月的炎热天气里，他们寻找更多的清晰实例，最终赢得了双份奖赏。"我们还发现了第二种能够'证实'辐射俘获的情况，"阿玛尔迪写道，"这得益于一种新的［铝］放射性同位素的发现，这种同位素有大约 3 分钟的寿命。"

费米打算在从南美洲返回时途经伦敦，参加一个国际物理学大会。他的年轻同事们捎话告诉了他有关铝的发现。他在大会上报告了中子方面的工作。（西拉德也出席了大会，高兴地听到他的夏季实验工作获得称赞，他还在牛津大学获得了一份研究基金，得以继续进行实验。）费米说，他的小组迄今为止已经研究了60种元素，并且在40种元素中诱导出了放射性。为了论述辐射俘获问题，他引用了卡文迪许实验室的结果"以及塞格雷和阿玛尔迪在铝方面的实验结果"，他说，两者"都被认为特别重要"。塞格雷描述了后续的风暴：

> 不久之后，我得了感冒，有好几天不能去实验室。阿玛尔迪试图重复我们的实验，发现辐照过的铝产生了一种不同的[半衰期]，它表明我们所谓的（n，γ）反应［也就是中子进、γ光子出的反应］没有出现。这事被仓促地转告了费米，费米十分不满，因为他公布的实验结果现在看来是错误的。他严厉地责备我们，毫不掩饰他的不快。整个事情变得非常棘手，因为在得出矛盾结果的各种实验中，我们找不出任何过错。

受到责备的年轻小组成员面前有一大堆工作要做。当他们着手改进最初的粗糙工作时，一位新的成员加入了进来，这是一个宽肩膀、高个子的潇洒网球冠军，来自比萨，名叫布鲁诺·庞特科沃（Bruno Pontecorvo）。中子轰击激活元素放射性的强度在不同元素间有差异。他们以前只是一般地按强、中、弱这样的强度对放射性激活进行分类。现在，他们打算建立一个放射性激活的定量标准。他们需要某种标准强度，用来衡量其他的激活强度。他们选择了省事的 2.3 分钟半衰期，这是中子在轰击银时诱导出来的。

阿玛尔迪和庞特科沃被分派开展这一工作。他们立即惊讶地发现，在实验室的不同位置，他们的银圆柱体被激活的情况会不同。"特别是，"阿玛尔迪写道，"在一间黑暗的屋子里，分光镜旁边有一些木桌，它们具有奇妙的特性，因为在这些桌子上辐照过的银比起在同一间屋子里的一张大理石桌子上辐照过的银获得了更强的放射性。"

这很神奇，值得探究。10 月 18 日，他们开始进行系统的研究，在有铅遮挡和没有铅遮挡的情况下做了一系列的测量。10 月 22 日，他们准备测量当只有一个铅做成的楔子将中子源和它的靶隔开时，会发生什么。但那天上午，阿玛尔迪和庞特科沃必须安排学生们进行考试，于是费米决定自己单独先做实验。他在晚年向一位好奇的同行描述了他做出这一历史性物理学发现的过程：

> 我要告诉你我是怎么做出这一发现的，我认为它是我这辈子最重要的发现。我们当时正在非常勤勉地做有关中子诱导放射性的工作，但我们获得的那些结果解释不通。一天，当我进入实验室时，我想到应该在入射的中子与靶之间插入一块铅，检测产生的效应。与我平常的习惯不同，我花费不少心力准备好了一块加工精细的铅。但我明显感到有些事情不对劲：我找遍了理由不将铅插进去。最后，在我非常勉强地即将插入铅时，我对自己说："不，我不想让这里是一块铅；我想让这里是一块石蜡。"事情就是这样，没有预感，没有预先有意识的推理。我立刻随便拿了几块石蜡，将它放在原来准备放铅的地方。

用石蜡取代一种像铅这样的重元素，非同寻常的结果是放射性激活强度显著增加了。"大约在中午，"塞格雷回忆说，"所有人都被召来观看用石蜡过滤带来的神奇效应。一开始，我认为是计数器出了问题，因为这样强的放射性以前从没有出现过，但我们立即证明了强放射来自石蜡对产生放射性的辐射的过滤作用。"劳拉后来说："物理学大楼的走廊里回响起大声的惊呼：'奇妙！不可思议！简直是巫术！'"

对费米来说，即使是他最重要的发现也不能阻止他回家吃午饭。他此时是孤身一人，妻子和女儿去乡下探访亲友了，要到次日上午才会回来。他独自沉思默想，也许在思考木桌子和大理石桌子的差异，以及石蜡和铅的差异。下午三点多钟返回实验室时，费米设想了一个解释：中子与石蜡和木头中的氢原子核发生了碰撞，这使中子的速度慢了下来。所有人都假定快中子更适合轰击原子核，因为快质子和快α粒子总是效果更好。但这一类比忽略了中子与众不同的电中性。带电的粒子需要较高能量克服原子核的电势垒，而中子不需要。中子速度减慢后，便有更多时间处于原子核附近，这也就使它有了更多被俘获的机会。

检验费米理论的一个简单方法是用石蜡之外、包含氢的其他一些材料进行实验（其他轻原子核也会使中子速度减慢，但氢起到的作用最好：它的核是质子，与中子有近乎相同的大小和质量，因而它们最难发生反弹，每次碰撞都能吸收大部分能量）。他们下到一楼从后门出来，携带着银圆柱体和放置在长玻璃管中的中子源，走到科宾诺的花园水池边。拉塞蒂曾在这里做过饲养蝾螈的实验。有一个夏天，他们曾在这里痴迷于用蜡烛驱动玩具船，一棵杏树弯曲的深色叶片和有皮革般质地的灰暗果实掩映着池内活泼的金鱼。

水（以及金鱼）中的氢也能起到石蜡的作用。回到实验室，他们很快辐照测试了能够找到的所有物质，这些物质有：硅、锌、磷，它们并不受慢中子的影响；铜、碘、铝则受影响。他们在不用铍的情况下测试氡，以确定石蜡影响的是中子而不是γ射线。他们用一种氧化物代替石蜡，发现在诱导放射性方面强度增加得很少。

他们回到家里吃饭，然后在阿玛尔迪家会面。阿玛尔迪的妻子有一台打字机，他们用来准备一份最初的报告。"费米口授，我写，"塞格雷后来回忆说，"他站在我身边，拉塞蒂、阿玛尔迪和庞特科沃兴奋地在房间里踱步，同时，所有人都在提自己的意见。"劳拉再现了当时的场面："他们大声地喊出自己的意见，激昂地阐释要写些什么和怎么写，在震耳欲聋的讨论声中来回走动。他们将阿玛尔迪家弄得相当热闹，以至于在他们走后阿玛尔迪家的女用人胆怯地询问这些客人是不是都喝醉了。"

第二天上午，阿玛尔迪的妻子将这份打好的论文寄给了《科学探索》的编辑部主任，论文标题为《含氢物质对由中子产生的放射性的影响——Ⅰ》。这篇具有历史性意义的论文中平静地解释了铝实验引发的困惑："铝的情况值得关注。在水中，它获得了放射性，放射性能持续将近3分钟……在正常状态下，这种放射性如此微弱，以至于在同一元素产生的其他放射性的背景下，它几乎检测不到。"

阿玛尔迪和塞格雷关于铝的实验并没有错。他们只不过在不同的桌子上对同一种元素的不同样品进行了辐照。木桌子里面的氢元素减慢了一些中子的速度，并增强了持续时间近3分钟的那种放射性。汉斯·贝特曾风趣地指出，慢中子的有效性"可能永远也不会被发现，如果意大利并不盛产大理石的话……一张大理石桌子给出了与木桌子不同的结果。这个实验如果［在美国］做，就全都会在木桌子上做，就绝不会发现这种有效性"。

慢中子放射性的发现意味着费米的小组必须再次将这一方法应用到各种元素上去，以寻找不同的、放射性增强的半衰期，也就是说，寻找不同的同位素和衰变产物。

正当工作向前推进时，在《物理评论》上出现了一篇论文，批评费米小组之前对铀的研究。论文的主要作者是阿里斯蒂德·冯·格罗塞（Aristide von Grosse），他曾在威廉皇帝研究所当过哈恩的助手，提纯出大量的镤样品（镤是哈恩和迈特纳于1917年发现的）。冯·格罗塞认为，当费米辐照铀时，产生了原子序数为91的镤，而不是产生了一种新的超铀元素。罗马研究小组将这篇论文当作进一步实验要考虑的一种挑战。与此同时，哈恩和迈特纳决定特地重复费米先前对铀的研究工作。"这是一个合乎逻辑的决定，"哈恩在他的科学自传中解释说，"作为镤的发现者，我们了解它的化学性质。"当柏林和巴黎的研究者们辐照铀时，他们发现了越来越多不同的半衰期，这很令人费解；哈恩觉得自己比世界上任何其他人都更有能力完成这一必要的精细放射化学工作（这确实没错），解释清楚一切。

1935年1月和2月，在做其他项目的间隙，阿玛尔迪开始研究一个问题：除了小组发现的β反应，铀是否还会发生释放α粒子的反应。如果铀在俘获中子后放出α粒子，那么它嬗变的元素在周期表中的位置就会下降而不会上升，沿着这一途径，可能真的会产生镤。阿玛尔迪选择使用连着线性放大器的电离室来捕获和测量这种辐射。"我开始辐照一些铀箔，"他写道，"……辐照后将它们立即放在薄窗电离室的前面。"什么也没有发生。这不意外，因为相对于从辐照区跑过走廊到达电离室所需的时间来说，这些半衰期太短了。阿玛尔迪决定试试直接在电离室前辐照他的样品。这需要屏蔽掉多余的辐射。从他的中子源发出的γ射线会对电离室形成干扰，他通过在中子源和电离室之间放置一块铅挡掉这些γ射线：铅对于实验所需的中子则不会有阻碍。

他还想滤掉铀天然的本底α辐射。做这件事情时，他运用了放射性的一条基本原理，即半衰期越短，辐射的能量越高。天然铀的半衰期大约为45亿年，因此它放出的α粒子的速度很慢，用一层铝箔就足以将它们挡住。另一方面，如果在这个实验中确实存在这样一种放射性，其半衰期短到他非得直接在电离室前面辐照才能俘获它们，那么放出的α粒子应该有足够高的能量，能够轻易穿透铝和电离室的窗口，进入电离室被计数。因此，阿玛尔迪用铝箔包裹好他的铀样品。他没有想到他的屏障也会将其他反应产物屏蔽掉。1935年的时候，人们只知道α辐射、β辐射和γ辐射是核反应产物。"这些实验，"阿玛尔迪得出结论，"给出了否定的结果。"他没有从铀中发现人工诱导出的α粒子。

这几个意大利人因此认为，通过辐照铀制造出新的人造元素的可能性更大了。哈恩和迈特纳报告说，他们也这样认为。费米的研究小组将自己的工作整理成一篇论文发表在《英国皇家学会会刊》上，论文获得了卢瑟福的赞许，也是通过卢瑟福于2月15日提交给这一刊物的：

> 通过这些实验，铀的13分钟诱导放射性和100分钟诱导放射性归因于超铀元素这样一个假说得到了进一步的支持。与已知事实相一致的最简单解释是假定15秒、13分钟和100分钟放射性是链式产物［也就是说，一种衰变接着下一种衰变］，

原子序数很可能分别为 92、93 和 94 并且原子量为 239。

然而，事实是人们对铀的认识是混乱的，还没有人了解它。

◉

　　除铍之外还有什么可选的元素呢？西拉德在伦敦问自己。铍看来值得怀疑。哪一种别的元素会发生链式反应？他在 1935 年 4 月 9 日提交的一份专利修正说明书中做出了回答："俘获一个中子能够放出多个中子的其他元素的实例是铀和溴。"他只能猜测，因为没有研究资金，他无法进行实验。与他谈过话的物理学家们对他的想法仍深感疑虑。"所以我想，化学中毕竟存在某些被称为'链式反应'的情况。它不像原子核的链式反应，但它仍然是一种链式反应。所以，我想去对化学家说这件事。"西拉德想与之谈话的化学家是某个比他本人更精于募集资金的人：哈伊姆·魏茨曼，他现在就在伦敦生活和工作。魏茨曼接待了西拉德并且"理解我给他讲的东西"。他问西拉德需要多少钱。西拉德说 2 000 英镑——约合 1 万美元。尽管魏茨曼自己也被资金短缺逼得团团转，但他说会留心看看能否做点什么。西拉德后来回忆说：

　　几个星期来我没有从他那儿听到消息，但后来我偶然遇到了迈克尔·波拉尼，当时，他到了曼彻斯特大学并在那里当上了化学系的负责人。波拉尼告诉我，魏茨曼来找过他，问他怎么看我对链式反应可能性的想法，而且想让他就是否应该帮我筹钱给出建议。波拉尼认为应该做这个实验。

西拉德和魏茨曼再次见面是在 10 年以后了，这是一条历史的鸿沟。魏茨曼后来在 1945 年年底道歉时解释说，他并没有忘记西拉德的请求，只是没能成功募集到资金。

　　自从在英国开始救援工作，西拉德就偶尔和物理学家弗雷德里克·亚历山大·林德曼（Frederick Alexander Lindemann）有联系。林德曼是牛津大学的实验哲学教授，同时是这里的克拉伦顿实验室的主任。林德曼不仅富有，而且广有人脉，正是他为西拉德安排了一份研究基金，意在继续武装破旧的牛津科学实验室，以与剑桥的出色对手相抗衡。林德曼在这场持久的较量中有效利用了纳粹对犹太学者的驱逐，但是有付出才有所得：刚一听说《公务员职位恢复法》，他就立即赶到帝国化学工业公司，说服管理层设置一个拨款项目，并且表示这笔投入不是慈善施舍，而是把钱用在刀刃上。帝国化学工业公司已于 1933 年 5 月 1 日开始发放第一笔援助款，当时，贝弗里奇和西拉德仍然在实施援救计划。西拉德在随后的 8 月错过了赢得这笔拨款的机会，也许是因为他尚未完成夏季在圣巴塞洛缪所做的令人印象深刻的实验，不过林德曼此时正在密切关注他。

　　林德曼是一个高大潇洒的英国人，1935 年时 49 岁，出生于德国的巴登-巴登，因为他的母亲决定不让临产妨碍她游览这一时尚的温泉区。他的英国父母为了给儿子提供一种卓越的教育，将他送到达姆施塔特上高级文法中学。在第一次世界大战前，他在达姆施塔特高等技术学院上学，是化学家瓦尔特·能斯特（Walther Nernst，1920 年诺贝尔化学奖得主）的学生。他享受这样一种特殊的家世关系，以至于他有时能和德皇或者沙皇打网球。战争难免使这样的美好时光变得可疑。1915 年，林德曼委屈而又气愤地发现，英国军队注意到了他的德国出生证明书和德语发音的名字，不愿让他服役。

军队的这一决定深深伤害了他，改变了他的人生。他在1911年的索尔韦会议上担任副秘书，自豪地与能斯特、卢瑟福、普朗克、爱因斯坦和居里夫人站在一起，但甚至在那次青年阶段的巅峰时刻之前，能斯特就预言过他会遇到困难。"如果你的父亲不是那么有钱，"这位直率的德国人说，"你会成为一名伟大的物理学家。"一位逃亡到英国的同事说，当军队怀疑林德曼的爱国心时，"他变得内向，以避免自己受到藐视和羞辱。保持个人生活的隐秘状态变成了一种癖好，他用一种疏远的态度来阻止人们亲近，这容易被人误认为他是傲慢自大"。林德曼从原有的工作上撤了下来，成了一名有才干的管理者，"这位教授"是"一名坚守维多利亚时代遗风的绅士"，戴着礼帽，夏天穿灰色衣服，冬天穿黑色衣服，随身带一把可折叠的伞，外穿深色的长外套，总是显得无可挑剔。如果他不能穿上陆军制服，那么他就要穿一身自己的制服。

"一战"期间，他在位于范堡罗的皇家飞机制造公司为他的国家服务，从事现在称为航空电子学的设计工作，并研究航空学。在1916年的空战中，尾旋是一种公认的操纵技巧，这是一种摆脱攻击者的好方法。林德曼是第一个从科学上研究此技巧的人。为此，他上了飞行课——走到飞机旁边的跑道上才会将便服换成飞行服——然后冷静地驾机一遍又一遍做尾旋动作，在飞机急剧下降时将仪表读数记在心里，等恢复了水平飞行后将这些读数写下来。

战后，林德曼接受了牛津大学的一个职位，当时牛津大学仍然对科学不屑一顾。他的同事说，他避开了那种进一步的蔑视，转而过上"优裕的生活"，与贵族一起享受周末的乐趣，而牛津那些出身普通的老师很难像他这样。当时，劳斯莱斯车是他尊贵地位的部分象征。1921 年 6 月的一个周末，在威斯敏斯特公爵及夫人的乡间庄园里，林德曼见到了比他年长 12 岁的温斯顿·丘吉尔。"两个人的背景和性格如此不同，却都立即感到相见恨晚，他们很快变成了亲密的朋友。"丘吉尔后来回忆说，他在 20 世纪 30 年代"非常了解弗雷德里克·林德曼"："林德曼是我的一位老朋友……我们从 1932 年以来变得越发亲密，他经常从牛津驾车来到查特威尔和我待在一起。在这里，我们多次谈到似乎正向我们逼近的危险，一直聊到深更半夜。林德曼……成为我在现代战争中科学方面的首席顾问。"

1935 年夏初，西拉德与这位声名显赫，每天吃掉很多橄榄油和波特沙露奶酪的素食主义者讨论了"释放原子能……在不久的将来是否能够实现"这一问题。如果"双倍中子"能够被产生出来，西拉德于 6 月 3 日写信给林德曼说，"那么，就更有理由期待在不远的将来取得成功，相信它会失败反而更需要胆量"。西拉德认为，如果德国首先实现了链式反应，就意味着会有麻烦，他主张"进行一次尝试，不论成功的机会多小……尽可能长时间地控制这种发展"。保守秘密是实现这种控制的手段：首先，让参与其中的科学家们同意限制论文的发表；其次，不申报专利。

波拉尼于 1934 年底提醒过西拉德："有人反对你申请专利。"英国排斥专利的科学传统认为，申请专利的人以获得金钱为目的；西拉德向林德曼解释了他取得的专利，还自己清白：

> 去年 3 月上旬，正视下面这种可能性是明智的：……大量能量的释放……可能即将实现。能量释放到怎样一个程度，取决于"双倍中子"，所以我按照这一思路申请了一项专

利……显然，将这个领域的专利当成私有财产并且用于私人获利的目的是不恰当的。时机成熟时，必须创立某些合适的机构，以保证它们得到合理应用。

当时，西拉德打算在牛津大学着手探寻他的"双倍中子"，也许另外"从私人处"筹得 1 000 英镑的钱，这样他就能够雇一两个助手。为了激发林德曼重振克拉伦顿实验室的雄心，他在结论处说："这种类型的工作能够大大加速牛津大学原子核物理学的建设。"事实上，如果这个项目真能推进，它确实可以起到这种作用。

也许是从林德曼处，西拉德了解到只有将自己的专利交给英国政府的某个适当机构才能保密。他首先将它们提供给了陆军部。炮兵主管J. 库姆斯（J. Coombes）于 10 月 8 日将其退回，解释说："对陆军部而言，迄今为止好像没有理由为其保密。"如果林德曼听说了这次拒绝，他一定会想起 1915 年他自己被军队所拒绝的情景。随后的 1936 年 2 月，他代表西拉德与丘吉尔以前任职的海军部斡旋，颇有心机地写信给科学研究和发展部的负责人：

> 我猜想你还记得我在电话里提到过一个在我这儿工作的人，他有一项专利，他认为应该保守这一秘密。按照你的建议，我将他写的一封有关此事的信一并附上。我对这一前景自然没有发明者本人那么乐观，但他是一个很不错的物理学家，即使机会只有百分之一，在我看来，保守这件事的秘密应该也是值得的，因为它不会让政府付出任何代价。

这份专利，西拉德在林德曼附上的信中解释说，"包含能够用来制造爆炸物的信息……这种爆炸物的威力比平常的炸弹要大好几千倍"。这使他担心"某些可能进攻这个国家的势力集团使用这种炸弹而造成灾难"。精明的海军部不费一分一厘接受了这份专利,将它妥善保管起来。

⊙

爱德华·特勒对在哥本哈根的 8 个月感到满意。在前一年秋天的索尔韦会议后,伽莫夫最后一次访问了哥本哈根,特勒在这里和这位敖德萨人见了面;他们两人乘坐伽莫夫的摩托车横越丹麦,并在复活节期间返回。他们一起研究了量子力学方面的一个问题。洛克菲勒基金会不赞成特勒在拿着研究基金期间结婚,但詹姆斯·弗兰克为特勒说情,特勒得以于 2 月 26 日在布达佩斯和他童年时代的恋人米奇·豪尔卡尼(Mici Harkanyi)结婚。同时,他还完成了一篇重要的论文。他于 1934 年夏天带着日益增高的声望和米奇一起返回伦敦,再次在大学里获得讲师职位。特勒夫妇计划在伦敦定居下来,所以在圣诞节之前就为一套舒适的三居室签好了一份 9 年期租约。

1 月,特勒有了两个可供选择的职位,其中一个使他改变了主意。第一个来自普林斯顿,是一个讲师职位。第二个来自伽莫夫,是乔治·华盛顿大学的全职教授职位。乔治·华盛顿大学想加强它的物理系;伽莫夫想找一个伙伴,并且喜欢特勒的活力。

特勒当时 26 岁,新婚宴尔。他对于在美国生活没有太大把握,但一个全职教授的职位不是他能理性拒绝的,于是他的妻子把房子转租了出去。美国国务院拒绝发放配额之外的移民签证,因为特勒只教过一年书——他在哥本哈根的工作只能算合作研究——而美国要求教过两年书才行。特勒没有试过申请匈牙利移民配额的签证，因为他以为已经满员了，但事实上还有空缺。1935 年 8 月，特勒夫妇随伽莫夫夫妇横渡大西洋前往美国。

⊙

10 月 7 日，尼尔斯·玻尔庆祝了他的 50 岁生日。"那些日子里，玻尔似乎处于体力和脑力的巅峰，"奥托·弗里施注意到，"在爬〔研究所里〕陡峻的楼梯时，他的脚底发出雷鸣般的声响，一步两级台阶，我们这些年轻人很少能跟上他的步伐。图书馆的宁静常常被活跃的乒乓球赛所打破，而我从没在那种比赛中战胜过玻尔。"为了向丹麦这位首屈一指的物理学家致敬，乔治·德海韦西组织了一次筹集资金的活动，丹麦人民捐献了 10 万克朗，买了 0.6 克镭作为玻尔的生日礼物。德海韦西将镭溶液分成 6 等份，向每一份中加入铍粉混合，待其干燥，制成了 6 个有效的中子源。他将它们分别固定在一支长杆的一端并放在研究所地下室的一口干井中，最初挖掘这口干井是为了给一台光谱仪提供一个无振动的空间。

研究所的年度圣诞集会连年在井屋内举行，斯特凡·罗森塔尔后来回忆说："井盖充当桌子，圣诞树立在中央，而全体人员，上至所长，下至研讨会上最年轻的学徒，聚集在一起用餐，有香肠和啤酒。集会时，玻尔通常要发表演说，对过去的一年做一番回顾总结。"在香肠下方，中子源安全地粘在一加仑①的二硫化碳瓶中，静静地让硫

---

① 1 英加仑≈4.546 升，1 美加仑≈3.785 升。——编者注

嬗变成放射性磷，以供德海韦西进行放射性同位素的生物学研究。

玻尔因为他的工作而举国闻名，并且因为他给予的帮助而赢得了流亡者们永远的感激之情。他也面临过个人痛苦。1932 年，丹麦科学院把丹麦"光荣之家"供他终身免费居住，这是一座古庞贝风格的富丽堂皇的庄园，最初是为嘉士伯啤酒厂的创始人而建的，随后供丹麦最有名望的公民使用（克努兹·拉斯穆森，极地探险家，曾经是它的居住者）。在这之前，玻尔和他五个英俊的儿子一直住在研究所里，研究所有一座不大的房屋供所长居住。这之后，他们搬到了啤酒厂旁边的这座庄园里，这里是王宫之外最好的住所。

两年后，一次意外事故夺去了玻尔长子、19 岁的克里斯蒂安的生命。当时玻尔、他儿子和两个朋友正在丹麦和瑞典之间的厄勒海峡休闲航行，狂风刮了起来。克里斯蒂安"从一艘单桅帆船［甲板］上跌入风大浪急的海里溺亡了"，奥本海默后来说，"玻尔一圈又一圈地寻找他，直到天完全黑下来"。厄勒海峡寒冷彻骨。玻尔一度陷入悲痛之中。协助流亡者的工作让他筋疲力尽，但帮助他减轻了痛苦。

研究所的每个人都着迷地关注着费米有关中子的研究工作。弗里施是那里唯一懂意大利语的物理学家，当每一期《科学探索》送到时，他就被拉来大声翻译一篇篇论文。慢中子比其他中子更强烈地影响某些元素，这使哥本哈根研究小组的成员感到迷惑不解；在原子核的单粒子模型中，即使是慢中子也应该几乎总是完全穿透原子核而不被俘获。

在康奈尔大学，汉斯·贝特发表了一篇计算中子俘获的微小概率的论文。这些计算值正好与实验观测值相矛盾。弗里施记得，1935 年在哥本哈根的讨论会上，有人讲述了贝特论文的内容：

在这种情况下，玻尔不断插话。我感到不解，也有几分气恼：他为什么不让说话者讲完呢？然后，一句话没有讲完，玻尔突然停下并坐了下来，面部完全没有了表情。我们看了他数秒钟，开始感到担忧。他是不是生病了？但随后他突然站起来带着歉意微笑着说："现在我懂了。"

1936 年 1 月 27 日，在给丹麦科学院做的一次里程碑式的演讲中，玻尔具体表述了他明白了什么，随后把文章发表在《自然》上。《中子俘获和核结构》一文利用中子俘获现象提出了一种新的核模型；正如他支持卢瑟福的原子行星模型时那样，玻尔再一次立足于坚实的实验基础，支持颠覆性的理论变革。

玻尔将原子核想象成一个由中子和质子密集地堆积在一起组成的结构——一种如今熟知的模型——而不是一个单一的粒子。（核粒子被统称为核子。）进入如此拥挤的原子核的中子将无法从中穿过，而是会与最靠近的核子发生碰撞，交出它的动能（就像台球中开局击球出现的情况一样）并且被一种强力所俘获，正是这种力让原子核聚集在一起。中子带进来的能量会扰动邻近的核子，它们会依次与远处的其他核子发生碰撞，其净效果是原子核被扰动得更广，变得更"热"。然而在核内，没有单个的组分能快速获得足够的能量来克服电势垒而逃逸。如果原子核随后通过释放出一个 γ 光子辐射出它多余的能量，"冷却"下来，其核子就无法积累起足够的能量逃逸。费米的实验已经证实，其结果将是产生受轰击的初始元素的一种较重同位素。

玻尔认为，对原子核更猛烈的轰击也会使能量散布在俘获中子后所产生的复合核内。随后，能量的再集中可能会允许原子核释放出一些带电的或不带电的粒子。玻尔并不认为他的原子核复合模型对于利用核能来说是一个好兆头：

> 对于用大约十亿伏特能量的粒子进行的更猛烈的轰击，我们甚至必须做好这可能引起整个核爆炸的思想准备。当然，这样的能量目前是实验远远无法达到的，而且无须强调，这种效应几乎不会使我们更接近于解决广泛讨论的核能的实用问题。实际上，我们对核反应的了解越多，离这一目标就越遥远。

因此，到 20 世纪 30 年代中期，三位健在的最富有独创性的物理学家各自对控制核能这一问题发表了看法。卢瑟福将它说成是"镜花水月"；爱因斯坦将它与在黑暗中射击稀稀落落的几只鸟来比较；玻尔认为它和人类的距离与人类对它的理解成正比。如果说他们的怀疑似乎使他们不如西拉德目光长远，那么在判断应用核能的难度方面，他们就比西拉德的认识更准确了。重要的未来总是难于预料的，他们经历过太多，不会去刻意渴求它。

玻尔在他的演说中倾向于只陈述普遍原理，但要审视"这里论证的原理的后果"，他头脑中已经有了一个明确的数学模型。第二年（即 1937 年），玻尔发表论文讨论了这种模型，证明了将原子核作为液滴来看待的有效性，这个模型可以一路回溯到他有关液体表面张力的博士论文。[①]

---

① 乔治·伽莫夫于 1928 年在哥本哈根提出过这样一个模型。1933 年 10 月，在索尔韦会议上，玻尔和海森伯都将它归功于伽莫夫。玻尔和他的学生弗里兹·考卡（Fritz Kalkar）随后发展了这一模型，物理学家们习惯上将这归功于玻尔。

分子粘连在一起的倾向使液体的"皮肤"具有表面张力。因此，下落的雨点将自身围成一个完美的小球。但是作用在一颗液滴上的任意的力都会使它发生形变（想象一个充满水的气球被扔到空中又被接住时的颤动）。表面张力和形变力会以复杂的方式相互产生抵抗作用；液体的分子会颠簸碰撞，液滴会颤动并变形。额外的能量最终会以热的形式耗散掉，液滴将重新稳定下来。

玻尔提出，原子核也像这样。将核子粘连在一起的力是核的强作用力。抵抗这种强作用力的是核内带正电的质子之间的普通电排斥力。两种基本作用力的脆弱平衡使原子核显得类似液滴。来自粒子轰击的能量使它发生形变；它像液滴一样颤动，复杂地振荡，就像玻尔在博士学位论文中研究过的辫状水流那样振荡。这意味着他能够用瑞利有关液体表面张力的经典公式来理解复杂的原子核能级以及费米的工作所揭示的能量交换。"1937年的这篇论文不得不在结尾处留下大量未澄清的问题。"美国理论物理学家约翰·阿奇博尔德·惠勒（John Archibald Wheeler）写道（惠勒后来帮玻尔解决了其中一些问题），液滴模型被证明是有用的，哥本哈根的弗里施、柏林的迈特纳，以及其他一些人对它深信不疑。

◉

1937年10月一个晴朗的星期四，精力旺盛的66岁科学家欧内斯特·卢瑟福来到户外，到绿色的剑桥山后住宅的花园里去修剪一棵树。他狠狠地摔了一跤。此后他一整天都感到"不适"，据玛丽·卢瑟福说主要是恶心和消化不良，因此她为他安排了一名男按摩师。那天晚上，卢瑟福老是呕吐。次日早上，他叫来了家庭医生。

他忍受着轻微的脐疝带来的痛苦，用一条疝带延缓其发展；他的医生发现有肠绞窄的可能性，于是向一个专家请教，将卢瑟福夫妇带到伊夫林疗养院为卢瑟福做急诊外科手术。一路上，卢瑟福告诉妻子，他的事业和财务全部状况良好。她说他的病情不严重，叫他不要担心。

那天晚上的外科手术证实局部出现了肠绞窄，释放了小肠的锁闭部分，恢复了它的循环畅通。星期六，卢瑟福好像在康复，但星期天他开始再次呕吐，出现感染症状，在发现抗生素之前，这是致命的。星期一，病情进一步恶化；他的医生请教外科医生，这位外科医生来自墨尔本，他因为病人的年纪和症状而反对做第二次手术。借助于静脉生理盐水注射（到星期二已输液 6 品脱①）和一支胃管，卢瑟福感到舒服了些。10 月 19 日星期二上午，他感到情况稍微改善了些；然而，尽管他的妻子认为他是"一个令人惊奇的病人，很能忍受病痛"，相信她已经看到了"一线希望"，但那天下午，他开始变得衰弱。那天稍晚时候他决定提出一份遗赠，这表明他在弥留之际回顾人生时怀着感激的心情。"我想给纳尔逊学院留下 100 英镑，"他告诉玛丽·卢瑟福，"交给你来办了。"过了一小会儿，他再一次大声说："记住，给纳尔逊学院 100 英镑。"那天晚上他去世了。因为大面积感染，"[他]心脏衰竭，血液循环停止"，他的医生写道，"平静地离开了人世"。

这一周，在博洛尼亚举行了一次国际性的物理学家集会，纪念路易吉·伽伐尼（Luigi Galvani）200 周年诞辰；剑桥大学于 10 月 20 日早晨拍电报告知了卢瑟福去世的消息。玻尔在场，他难过地

---

① 1 英制品脱≈0.568 升。——编者注

接受委托，在大会上宣布了这一噩耗。"那天上午，当会议按日程开始时，"马克·奥利芬特说，"玻尔走到台前，用哽咽的话音含泪告知与会者发生了什么事情。"大家被这一突如其来的噩耗惊呆了。几星期前玻尔去剑桥看望过卢瑟福；就在几天前，卡文迪许实验室的人们还都看到他们的领袖状态良好。

奥利芬特说，玻尔"发自内心地讲话"，回顾了"如此伟大的人物对科学功不可没的贡献，他有幸称呼卢瑟福为导师和朋友"。对奥利芬特来说，这是"我一生中最令人感动的经历之一"。玻尔在 12 月 20 日给奥本海默的一封信中回忆卢瑟福，在失落与希望间寻求平衡："没有了他，人生是贫乏的；但每当想起他，仍然会得到持久的鼓励。"1958 年，在一次纪念性演讲中，玻尔直接这样说："对我而言，他就是第二位父亲。"

威斯敏斯特的副教长立即批准将卢瑟福的骨灰葬在威斯敏斯特教堂的中殿，紧挨着牛顿的陵墓西侧，与开尔文的陵墓并排。次年 1 月，在加尔各答的一次大会上，詹姆斯·金斯称颂卢瑟福，明确了他在科学史上的地位：

> 伏尔泰曾经说，牛顿比起任何其他科学家都更幸运，因为发现宇宙核心法则的使命只落到他一个人身上。倘若伏尔泰生活在以后的年代，他可能会把同样的话用于无穷小的领域，用在卢瑟福身上，因为卢瑟福是原子物理学的牛顿。

在他最后一个 10 月的第一天，欧内斯特·卢瑟福从乡村别墅给 A. S. 伊夫写了一封信，无意中写下了自己更具个性的墓志铭。他谈到他在自己的花园里满怀热情地进行了大量园艺工作，就像他对物理学那样："我对黑莓地做了进一步的清理，现在景色变得相当迷人。"

◉

费米 6 月在《自然》上发表论文《原子序数高于 92 的元素有可能产生》之后，1934 年 9 月，一篇奇怪的论文出现在一种物理学家们很少阅读的期刊《应用化学杂志》(*Zeitschrift für Angewandte Chemie*) 上。它的作者是一个有名望的德国化学家伊达·诺达克 (Ida Noddack)，曾和她的丈夫一起（于 1925 年）发现了原子序数为 75 的铼，一种坚硬的、像铂一样亮的金属元素。她的这篇论文被简单地冠以《论 93 号元素》的标题，对费米的工作提出了激烈的批评。费米的"证明方法"是"站不住脚的"，诺达克坦率地写道。他证明了"他的新 β 发射体"不是镁，也证明了它不是周期表中一路向下的其他若干元素，但"并未言明为什么他选择到铅为止"。诺达克写道，原来的观点认为放射性元素构成一个连续的系列，从铀开始，到铅结束，而这正是约里奥–居里夫妇发现的人工放射性所推翻的。"因此，费米应该将他的新的放射性元素与所有已知的元素进行比较。"

诺达克继续写道，事实上，许多元素都能够与锰一起从硝酸铀中沉淀出来。比起假设产生了一种新的超铀元素，"人们同样有很好的理由假定，当中子被用于引发核嬗变时，发生了一些以前从来没有观察到的、截然不同的、新的核反应"。过去，元素只嬗变成离它最近的元素。但是，"当重核被中子轰击时，可以设想，核分裂为几个大的碎片，当然，这些碎片是已知元素的同位素，但不会是邻近的元素"。它们会是在周期表中比铅的位置低很多而且轻得多的元素。

塞格雷记得读过诺达克的论文。他知道，哈恩在柏林读过它，约里奥在巴黎读过它，因为他问过他们。大家都觉得没道理。"我认为无论哪一位化学家读到它，"弗里施后来回忆说，"都可能认为这是完全没有意义的、吹毛求疵的批评，而当物理学家读到它时，可能更是这样，因为他们会说：'如果你不给出一些合理的批评理由，批评能站住脚吗？'从没有人发现过核嬗变会产生周期表中离初始元素那么远的元素。"这一点诺达克已仔细地论述过，但它明显是论文被忽视的一个原因。阿玛尔迪和塞格雷于1934年仲夏给卢瑟福投递过一份报告，对人工放射性进行了概述，这篇发表在《自然》杂志上的总结报告明确提出了这样的假设："有理由假设放射性激活的元素的原子序数应该接近被轰击元素……的原子序数。"

但费米很少只停留在假设上，无论这个假设看起来多合理。他肯定不会把这个问题留给假设；由于科宾诺先前鲁莽地宣称发现了新元素，他对这个问题早已异常敏感（诺达克还提到了"在报纸上登载的报道"，在费米的伤口上撒了一把盐）。他坐下来进行必要的演算。后来他至少告诉过特勒、塞格雷和他的美国学生利昂娜·伍兹（Leona Woods）他做过演算。特勒非常肯定他知道这些计算是怎么一回事：

> 费米拒绝相信［诺达克］……他知道如何计算铀核是否能够裂成两部分……他对诺达克夫人建议的计算进行了演算，发现概率非常小。他断定，诺达克夫人不可能是正确的。所以他就把它给忘了。他的理论是正确的……但是……它基于的

是……错误的实验资料。

特勒这里是在指责阿斯顿对氦原子质量的测量值（该测量值曾误导西拉德选择了铍）"为核质量和能量的计算引入了一个系统性错误"。

塞格雷认为特勒所言可能是对的，但没有说服力。氦的质量数问题并不会必然排除击碎铀核的可能性。"你知道，费米偶尔会告诉你一些事情，于是你问他：'但这怎么会是真的？请告诉我。'然后，他会说：'哦，这个嘛，我知道这一点是因为 c.i.f.。'他在说意大利语。'c.i.f.'的意思是'con intuito formidable'，即'借助强大的直觉'。他是怎样做的，我不得而知。另一方面，费米做了大量只有他自己知道的计算工作。"

利昂娜·伍兹讲的版本则使特勒的解释更容易理解：

> 诺达克博士的提议为什么被忽略？原因是她太超前了。玻尔的原子核液滴模型尚未得到阐述，因此，当时还没有公认的方法可以用来计算分裂成几块大碎片在能量方面是否允许。

如果说诺达克在物理学方面是超前的，那么她从化学角度出发的看法还是有道理的。到 1938 年时，她的论文已经被束之高阁。不过玻尔发表了原子核的液滴模型；铀令人困惑的化学性质也让莉泽·迈特纳和奥托·哈恩日益关注。

第 9 章

大爆裂

"我相信所有的年轻人都考虑过他们的人生道路该怎样走，"莉泽·迈特纳在晚年回顾往事时这样写道，"当我考虑此事时，我终于得出这样的结论：生活无须安逸，只要不空虚就行。我的这一愿望得到了满足。"1938 年她 60 岁时，这位奥地利物理学家用她的勤勉和细心的工作赢得了广泛的尊敬。沃尔夫冈·泡利想用一种难以捉摸的、几乎没有质量的中性粒子来解释在 β 衰变中似乎丢失了的能量——这种粒子后来称为中微子——他写信给莉泽·迈特纳和汉斯·盖革，提出了他的设想。詹姆斯·查德威克"深信，如果她一直惦记着中子，如果她像我一样，具有比如多年生活在卡文迪许实验室的优势，那么，找到中子的就会是她"。"身材瘦小而生性腼腆"，她的外甥奥托·弗里施这样描述她，尽管如此，她仍然是令人敬畏的。

第一次世界大战期间，她志愿随奥地利军队当一名 X 射线技术员。"在奥地利军队里，"弗里施说，"她必须应付像潮水一样涌来的波兰伤兵，她听不懂他们的语言，她还必须应付那些不懂 X 射线而又干预她工作的医疗部门上司。"她决定离开军队与哈恩会合，急忙赶到达勒姆的威廉皇帝化学研究所与哈恩一起工作；这一段时间，他们确认了周期表中紧排在铀前面的元素，将这一元素称为镤。战后，她独立从事物理学研究，直到1934年。因为受到费米的工作的挑战，她"说服奥托·哈恩恢复我们的直接合作"，以探求用中子轰击铀的结果。当时，迈特纳领导着研究所的物理学部，而哈恩已经成了这个研究所的所长。她步入中年后，哈恩曾亲切地谈论道，她已经"不仅具有德国教授表现出的庄重，而且已经拥有教授的一种众所周知的特征——心不在焉"。在一次科学集会上，"一个男同行向她致意说：'我们以前见过面。'因为想不起那次见面，她十分严肃地回答说：'你也许将我错认为哈恩教授了。'"哈恩认为她当时可能是在想他们一起发表过的许多论文。

弗里施说，迈特纳用强大的自我克制将她的羞怯隐藏起来，"她在朋友中能够表现得活泼并使人感到愉快，是讲故事的好手"。她的外甥认为她"全然没有虚荣心"。她一头浓黑的头发，如今已经灰白，拉向脑后绾起一个发髻。而她年轻时的美丽则无言地表现在明亮的大黑眼睛、薄薄的嘴唇和凸出的鼻子上。她吃饭很少，但喝大量的浓咖啡。她热爱音乐，追求音乐就像其他人追逐新潮和艺术时尚一样（这是从家里培养出来的——她的姐姐，也就是弗里施的母亲，是一名钢琴演奏家）。她看望懂音乐的外甥时会和外甥一起合奏钢琴二重奏，"尽管几乎没有其他人知道她会弹钢琴"。她住在威廉皇帝研究所的一所公寓里，一有空她就远距离散步，每天至少10英里："这样使我保持年轻和敏捷。"弗里施认为，她最神圣的志愿、她一生"从不放弃的梦想"是"为追求终极真理的物理学事业而奋斗"。

她在20世纪30年代后期一直在为之奋斗的真理，隐藏在铀复杂的特性中。她和哈恩一起，1935年后还要加上一个名叫弗里茨·施特拉斯曼的年轻德国化学家，着手对这一最重的天然元素在中子的轰击下转变成的所有物质进行分离归类。到1938年初，他们鉴定了不下10种不同半衰期的放射性物质，比费米在他的开创性研究中所揭示的还多。他们设想，这些物质必定是铀的同位素或者是某种超铀元素。"对哈恩来说，"弗里施说，"新元素的出现向来如同摇动苹果树即可让苹果掉下来一样，这次也不例外；[但是]莉泽·迈特纳发现[产生这样的一些新元素所需的高能反应]难于预计，而且越来越难以解释。"

与此同时，伊蕾娜·居里开始和一名来访的南斯拉夫人帕维尔·萨维奇（Pavel Savitch）一同对铀进行研究。他们描述了一种3.5小时的放射性，这是德国人没有报道过的，并且提出这可能是钍，原子序数为90。伊蕾娜·居里已经和钍打过几年的交道。如果这真是钍，居里和萨维奇的观点就意味着一个慢中子以某种方式获得了能量，从铀核中轰击出了高能α粒子。威廉皇帝研究所的三人小组对此嗤之以鼻，他们寻找3.5小时的放射性，没有找到，就写信给镭研究所，建议做一个公开撤稿的声明。法国小组再次鉴定出这种放射性，发现他们能够用镧（57号元素，是一种稀土元素）作为化学载体将它从铀中分离出来。因此，他们提出，它要么是89号元素锕（其化学性质类似于镧，但比认为它是钍还要难以解释），要么是其他某种新的尚不清楚的元素。

无论是哪种情形，他们的发现都表明威廉皇帝研究所的研究工作值得怀疑。5月在罗马召开的一次化学大会上，哈恩遇到约里奥，诚恳而直率地告诉这位法国人，他对伊蕾娜·居里的发现持怀疑态度，打算重复她的实验并找出她的错误。此时，约里奥无疑知道，他的妻子已经提高赌注，试图从镧载体中分离出"锕"来，并且发现分离不出来。没有谁设想这种物质有可能是镧：一个慢中子怎么能将铀转变成一种在周期表中下降35个位置的轻很多的稀土元素呢？"似乎，"居里和萨维奇那年5月在法文刊物《报道》上报告说，"这种物质只可能是一种超铀元素，与其他已知的超铀元素具有非常不同的性质，这样一种假说给解释它带来了极大的困难。"

在这种奇怪的辩论期间，迈特纳的境遇发生了变化。2月中旬，在阿道夫·希特勒的威逼下，年轻的奥地利总理与这名德国独裁者在他巴伐利亚贝希特斯加登的休养地举行了会谈。"谁知道呢，"希特勒恐吓他道，"也许我将在一夜之间突然攻占维也纳：像春季的一场风暴一样。"3月14日，他耀武扬威地举行阅兵游行；在这前一天，随着新成立的德国国防军占领了奥地利的首都，奥地利宣布自己成为第三帝国的一个省，而希特勒这个最臭名昭著的奥地利之子高兴得流下了眼泪。德奥联盟（合并）使迈特纳成了一名德国公民，而自从1933年以来纳粹所公布的所有丑恶的反犹法令都适用于她。"在希特勒政权下的那些年头……自然是非常压抑的，"在她生命的最后日子里她这样写道，"然而，工作是个好朋友，我常常想也常常说，这多美妙，通过工作，一个人能够长时间地忘掉暴虐的政治环境并从中解脱出来。"在德奥合并的春季风暴后，她得到的资助被突然撤回了。

马克斯·冯·劳厄随后找到她。他听说纳粹党卫军的首领兼德国警察头子海因里希·希姆莱发布了一项命令，禁止再有学者移民。迈特纳担心她可能被清除出威廉皇帝研究所，失业并得不到任何保护。她与包括迪尔克·科斯特在内的荷兰同行们联系。科斯特是一名物理学家，1922年他在哥本哈根和乔治·德海韦西一起工作过，发现了元素铪。荷兰的同行说服了他们的政府，接受迈特纳持一份没有签证的护照进入荷兰，这份护照此时已经只是一份悲哀的纪念物，没有其他任何意义。

科斯特于 7 月 16 日星期五傍晚到达柏林，并直奔达勒姆的威廉皇帝研究所。德文刊物《自然科学》的编辑保罗·罗斯鲍德（Paul Rosbaud）是他的一位老朋友，给他带路，他们与哈恩用了一个晚上的时间帮助迈特纳打包。"我送给了她一枚漂亮的钻石戒指，"哈恩回忆说，"它是从我母亲那里继承来的，我自己从未戴过，总是珍藏着；我想给她作为应急之用。"

迈特纳和科斯特于星期六早晨乘火车离开了柏林。9 年后，她回忆那一段可怕的经历，仿佛是她在独自旅行：

> 我以想去度一周假期为借口，登上了前往荷兰的列车。在荷兰边境，我受到了极大惊吓。当时，一支有 5 个人的纳粹巡逻队穿过车厢，拿起我的奥地利护照检查，这份护照早已过期。我非常害怕，我的心几乎都停止了跳动。我知道，纳粹刚刚宣布逮捕犹太人的日期，而搜捕仍在继续。我坐在那儿等了 10 分钟，这 10 分钟就像是好几个小时。一个纳粹官员回来，没有说什么就将护照交还给我。两分钟后，我在荷兰境内下了车，在这里，我见到了一些荷兰同行。

然后，她安全了。她去了哥本哈根，在"光荣之家"与玻尔夫妇待在一起，休息以恢复情绪。玻尔为她在瑞典斯德哥尔摩郊外的科学院物理研究所找到了一个职位，这个实验室在卡尔·曼·耶奥里·西格巴恩（Karl Manne Georg Siegbahn，因 X 射线光谱学方面的工作而获得 1924 年诺贝尔物理学奖）的领导下繁荣兴旺。诺贝尔基金会提供了资助金。她向北流亡，来到一个语言不通又举目无亲的国家，好像是去蹲监狱一样。

⊙

利奥·西拉德正在寻找资助人。弗雷德里克·林德曼为他在牛津大学安排了一份开始于1935年的帝国化学工业公司的补助金，西拉德便在牛津大学工作了一段时间。但欧洲爆发战争的可能性使他不得安宁。他于1936年3月下旬从牛津大学写了一封信给在维也纳的格特鲁德·魏斯（Gertrud Weiss），说她应该考虑移民到美国；他好像将这种推理也用到了他自己的身上。西拉德是在柏林的那些年月里遇到魏斯的，经过深思熟虑后平静地向她求爱。当时，她已经从医科学校毕业。在他的邀请下，她来到牛津大学看望他。他们在乡间一起散步；她为他拍摄站在路旁的照片，在他的身后是一根风化了的横倒的原木，周长38英寸但并不圆，身后还有一棵发芽的小树起着装饰的作用。"他告诉我，如果有人能够在维也纳工作两年，他会对此感到惊讶。他说，希特勒会出现在那里，而他说得几乎一点也不错。"

西拉德在信中写过，英国是"一个非常可爱的国家，但如果你去美国，那么无疑更为明智……在美国，你会成为一个自由人，很快甚至不会再是一个'外国人'"。（魏斯去了美国，成为公共医疗卫生方面的一名卓越专家，后来，在他们漂泊的年月，成了西拉德的妻子。）在同一时期，西拉德写信给迈克尔·波拉尼，说自己会"在英国待到战争到来的前一年，到时候，我打算迁居纽约城"。西拉德饶有兴致地回忆说，这封信引起了议论："它非常有趣，因为一个人怎么能说他在战争到来前一年将要干什么呢？"事实证明，他比自己预言的只延后了 4 个月：他于 1938 年 1 月 2 日到达美国。

在这以前，西拉德在这里找到了一个可能资助他的人，有弗吉尼亚背景的犹太金融家刘易斯·利希滕施泰因·施特劳斯（Lewis Lichtenstein Strauss），他的教名致敬了他的东普鲁士外祖父，他的姓按南方的习俗柔化为 straws①。刘易斯·施特劳斯 1938 年 42 岁，是纽约城的库恩–洛布投资银行机构的一名全职合伙人，靠自我奋斗成为百万富翁，适应性强，聪明却又敏感自负。

施特劳斯还是一个孩子的时候就梦想成为一名物理学家。1913 年到 1914 年的经济衰退动摇了他家在里士满批发鞋子的业务，他的父亲在他 17 岁时要他在四个州进行巡回推销。他经营得不错，到 1917 年，他存下了 2 万美元，一度再次准备从事物理学。这时，第一次世界大战来干扰了。童年时期的一次事故使施特劳斯的一只眼睛只有微弱的视力。他的母亲溺爱他。她让他的弟弟作为志愿兵到军队服役，但为她宠爱的儿子寻找没那么危险的事做。伍德罗·威尔逊（Woodrow Wilson）任命著名的采矿工程师兼比利时救济行政官员赫伯特·胡佛（Herbert Hoover）为粮食局局长在大战期间管理美国的供给部门，此时施特劳斯的机会出现了。富有的胡佛在华盛顿效劳是不拿报酬的，他正在组织一个有活力的、不领报酬的年轻职员机构，领取罗兹奖学金的学者们是首选。罗莎·利希滕施泰因·施特劳斯（Rosa Lichtenstein Strauss）就将她的孩子送了进去。

当时他 21 岁，知道如何去迎合别人，也知道该如何工作。在

---

① 麦秆，比喻无价值的东西。——译者注

一众罗兹奖学金获得者云集于此的情况下，不到一个月，胡佛就指定这位高中学历的鞋子批发商为他的私人秘书。年轻的施特劳斯在停战纪念日与胡佛一起来到巴黎，在午餐时间通过辅导课匆匆学会法语，协助组织了将2 700万吨食物和补给分配给23个国家的工作。另外，他协助犹太人联合分配委员会，缓解因为战乱而从东欧逃出的成千上万犹太难民的痛苦。

施特劳斯相信上帝安排好了他的人生，这使他获得了极大的自信。1919年他23岁时，上帝让他在库恩-洛布投资银行机构（是一个著名的机构，它的客户拥有很多条主要的铁路线）获得了一个职位。4年后，他与该机构一个股东的女儿艾丽丝·哈瑙尔（Alice Hanauer）结婚。1926年，他的薪水和投资红利一年为7.5万美元，次年便上升到12万美元。1929年，他自己成为一名合伙人，跻身于富有的上流社会。

20世纪30年代，他遭受了痛苦和悲伤。1933年在伦敦召开的一次犹太人大会上，他拒绝了哈伊姆·魏茨曼让他接受犹太复国主义的企图，之后，魏茨曼告诉他："我的孩子，你真固执，我们只得磨掉你的傲气。"他回到美国，发现他的母亲处于癌症晚期。他的母亲于1935年年初去世，这种疾病也于1937年盛夏夺去了他父亲的生命。施特劳斯想找到一样合适的纪念物。"我弄明白了，"他在回忆录中说，"美国医院里缺少足够的治疗癌症用的镭。"他建立了刘易斯和罗莎·施特劳斯纪念基金，找到了一名从柏林避难来的年轻物理学家阿尔诺·布拉施（Arno Brasch）。布拉施为产生高能X射线脉冲设计了一种电容驱动放电管，即"浪涌脉冲发电机"。利奥·西拉德于1934年夏天和却尔曼斯在圣巴塞洛缪做实验研究工作时，他安排了布拉施和他在柏林的同事们用硬X射线击碎铍核；这个实验成功了，布拉施和另外4名有贡献的成员连同却尔曼斯和西拉德在《自然》杂志的报道上署了名。如果X射线能够击碎铍核，那么，他们至少有可能用其他元素诱导放射性。"由此产生的一种钴的同位素，"施特劳斯写道，"会是放射性的，放射出类似于镭辐射那样的γ射线……放射性钴……以几美元1克的价格……就能够得到。当时，镭的价钱大约为每克5万美元……我预见到有可能产生大量同位素，送给医院作为对我双亲的纪念。"

利奥·西拉德找过来了，他当时还在英国：

1937年8月30日

　　亲爱的施特劳斯先生：

　　我了解到你对开发一种浪涌脉冲发电机有兴趣，想用它产生人工放射性元素……

　　目前……我还没有达到［可以提供这项专利的生产权的地步］。可是，再过一段时间……我在这项专利方面取得充分的行动自由还是可能的。如果果真如此，我将让你拥有一份共享的许可证书，免除专利使用费，但是，只限于用浪涌脉冲发电机生成的高电压来产生放射性元素。

你非常真诚的

利奥·西拉德

　　布拉施和西拉德共同拥有这项专利。西拉德在信中提议将他的利益免费分给施特劳斯共享，这是对一位富翁所表示的审慎欢迎态度。但即使是西拉德也不能靠喝西北风过日子，正如施特劳斯在回忆录中清楚表述的那样，两位年轻的物理学家最终"找我给他们提供经费来建造一台'浪涌脉冲发电机'"。另一方面，西拉德像往常一样，除了最基本的支持外，似乎没有从以上项目中寻求个人经济收益。在关注欧洲蔓延的灾难的同时，他显然在推动设备的建造，以进一步探究链式反应的可能性。

他于9月下旬跨越大西洋去实地勘察。他的一位朋友记得，在那一段时间里他与西拉德讨论过制造原子弹的实际可能性。"在同一次的交谈中，他谈到将桃子保存在锡罐里的想法，用这种方法，他们能够保持新鲜水果的质地和味道。"当律师们为浪涌脉冲发电机的商谈辩论陷入僵局时，善于随机应变的西拉德提出了用辐射来保存和保护农场和农田的天然产品的想法，来分散施特劳斯的注意力。比如，用这种办法可以消灭烟草害虫。不过，辐照会损害烟草吗？在西拉德现存的文件中，有一封发黄了的信件，是蒙特菲奥特慢性病医院的 M. 伦茨（M. Lenz）博士写给他的，信中讲到了这一决定性的实验：

> 1938年4月14日下午2∶30，你的6支雪茄烟受到了100千伏的辐照，聚焦距离为20厘米。对每支雪茄从前面辐照10分钟，转到后面再辐照10分钟。这样，每支雪茄烟前面的辐照剂量为1 000拉德，后面的辐照剂量为1 500拉德。
>
> 我希望你的朋友发现雪茄烟的味道没有变。

西拉德还从阿姆斯特丹大街的肉类市场买回猪肉，保存好了收据，安排对猪肉进行辐照，看看X射线是否可以杀死寄生的旋毛虫。他甚至给他的兄弟贝洛发了一份电报，要他到芝加哥与斯韦夫特公司探讨这一问题，这家公司曾表示它其实做过类似的实验。

整整一年，西拉德都在搞浪涌脉冲发电机项目，偶然使施特劳斯获得了与欧内斯特·劳伦斯见面的机会，劳伦斯来访是为了调整他正在建造的新型 60 英寸回旋加速器——磁极片的跨度为 60 英寸，但是磁铁几乎重 200 吨。劳伦斯和他当医生的弟弟约翰用加速器辐照遏制了他们母亲癌症的发展，打算使用更大的回旋加速器进一步研究。施特劳斯仍然醉心于浪涌脉冲发电机。

塞格雷于那年夏天在纽约城遇到了施特劳斯的匈牙利奇才搭档西拉德。文雅的意大利人塞格雷此时是巴勒莫大学的物理学教授，他与一位逃离布雷斯劳以逃避纳粹迫害的德国妇女结了婚，有一个年幼的儿子：

我持一张双程票离开了巴勒莫大学，到达纽约。我遇到了西拉德。"啊，你在这里干什么？"他是我的一位好朋友。我很了解他。"你在这里干什么？出什么事了？"

我说："我要去伯克利了解43号元素的短寿命同位素。"这是我的计划。"今年夏天我将留在那里工作，然后我再回到巴勒莫。"

他说："你不要再回巴勒莫了。今年秋天，天知道会发生什么事！你不能回去。"

我说："喂，我有双程票。让我们从最好的方面想吧。"但我在离开之前为妻子和儿子取得了一份护照，因为我感觉到形势危急。这样，我在纽约的中央车站搭乘列车。我在芝加哥买了份报纸。我还记得它，一辈子都忘不了。我打开这张报纸，看到墨索里尼开始了反犹主义行动，解除了每个犹太人的职位。于是我就留在了这里，然后买了车票去伯克利。我着手做锝的短寿命同位素方面的工作，同时，我设法获得了一份工作。然后我将妻子接到了这里。

种族主义的黑雾笼罩了整个意大利。

◉

至少从 20 世纪 30 年代中期起，位于帕尼斯佩纳路的物理学院的物理学家们就对意大利的黑暗前景有所警觉。塞格雷记得，1935年春天他问费米，研究小组的成员为什么看起来总是闷闷不乐的。费米建议他在学院阅览室中央的大桌子上寻找答案。塞格雷这样做了，在那里找到一本世界地图册。他将它拿起来，它恰好自动打开到了埃塞俄比亚的地图。意大利法西斯分子正准备大张旗鼓地入侵埃塞俄比亚。到入侵开始时，除了阿玛尔迪，其他所有人都在权衡他们的几种选择。

费米乘飞机去了密歇根大学安娜堡分校暑期班执教，他与劳拉在 1930 年夏天开始出现的归宿问题重新浮现出来。他喜爱美国。"他被吸引住了，"塞格雷注意到了费米的优先选择，"他被装备精良的实验室所吸引，被他在新一代美国物理学家身上感受到的热情所吸引，被他在学术圈内所享受到的热情接待所吸引。美国的机械技术和实用工具在某种程度上抵消了意大利的美丽。美国人的政治生活和政治理想与法西斯主义相比则是无比优越的。"费米在密歇根寒冷的湖水中游泳，还学着享受美国人的烹饪。不过，意大利的情形还没有恶化到极点，对劳拉来说，罗马好得深入她的骨子里，很难让她离开这座生长着许多悬铃木、还有许多古典遗迹的出生地城市。在意大利，尚未出现反犹主义出版物——墨索里尼甚至宣布过他不打算发布这样的东西。

其他人就没什么好留恋的了。1935年，拉塞蒂在哥伦比亚大学过夏天，决定留下来。塞格雷回到了巴勒莫大学，但开始为到伯克利做准备。庞特科沃去了巴黎。德阿戈斯蒂诺前去为意大利国家研究委员会工作。阿玛尔迪和费米独自努力向前推进。阿玛尔迪记得，费米甚至为了专心做实验而放弃每天的日常事务：

> 我们怀着难以置信的执着工作着。我们从早晨八点开始测量［他们正在检测不同元素对中子的无法解释的不同吸收］，几乎不间歇地持续到傍晚六七点，常常更晚。根据需要，每三四分钟，测量就重复一遍……几小时又几小时，连续不断的许许多多个日子，直到得出一个特定问题的答案。解决了一个问题，我们立即对另一个问题发起进攻……意大利的总体情形变得越来越前途暗淡，首先是因为入侵埃塞俄比亚的战役，然后是因为意大利介入了西班牙内战，在这种情况下，"物理学就是我们的麻醉剂"——我们就这样形容正在进行的工作。

1936年，正当持续三年的西班牙内战开始之时，费米在哥伦比亚大学的暑期班上讲授热力学方面的课程。这场战争导致了一百万人死亡，将墨索里尼明确推向了希特勒一边。次年1月，科宾诺因为肺炎而意外去世，终年61岁。占着物理学院二楼北端的带有敌意的安东尼诺·洛索尔多是一名死心塌地的法西斯分子，他被任命继承科宾诺的职位。"这是一个信号，表明费米在意大利的命运正在变得糟糕。"塞格雷解释说。"而美国，"他为那些压抑的年月总结道，"看来是大有前途的地方，大洋把它与不幸、荒唐和罪恶的欧洲隔开了。"

如果说德奥合并是希特勒对自己实力的一个测试，那么它也是对墨索里尼积极地默许合谋犯罪的测试。他摆出一副奥地利保护者的姿态；在1938年3月入侵奥地利的那个夜晚，希特勒在柏林的总理府近乎歇斯底里地等待罗马的答复，他给墨索里尼发了一封信以辩解自己的行为。到晚间10点25分，电话来了，元首一把抓起话筒。"我刚从威尼斯宫回来，"墨索里尼的代表报告说，"领袖以非常友好的立场接受这一切。他向您表示问候……墨索里尼说，奥地利对他来说无关紧要。"希特勒回答说："那么，请告诉墨索里尼，我决不会忘记他为此所做的一切！决不会，决不会，决不会！不管发生了什么情况……奥地利的事情一解决，我就会为他赴汤蹈火——无论在什么情况下！"5月，元首耀武扬威地访问罗马，列队进入领袖为了掩盖衰败而下令仓促粉刷的街区。费米的小组不断口耳相传着下面的诗句，这首诗是一位愤怒的罗马诗人用来迎接纳粹独裁者的：

> 钙华壮美的罗马古都，
> 纸板和石膏将它修补。
> 欢迎小个子房屋漆匠，
> 来做她的下一任丈夫。

费米痛苦地告诉塞格雷，只有墨索里尼发了疯、一命呜呼，意大利才会得救。

1938年夏天，7月14日，意大利出台了一个反犹主义的《种族宣言》，这就是塞格雷从纽约到伯克利的途中在芝加哥报纸上读到的内容。这个宣言称，意大利人是雅利安人。但"犹太人不属于意大利人种"。在德国，这种邪恶的区别早已是老生常谈；在意大利，它令人震惊。意大利的犹太人，只占千分之一，很大程度上被同化了。费米有两个孩子，朱利奥是儿子，在 1936 年出生——因为他们的父亲是一位名义上的天主教徒，所以，他们或许可以作为天主教徒而免于被归为犹太人。但劳拉是一名犹太人。她正和孩子们一起在南蒂罗尔的多洛米蒂山消夏，这个地区因为含镁石灰岩而得名，这种含镁石灰岩环绕着一个平坦而宽阔的盆地牧场，意大利人因其尖状外形称之为"铁铲"。恩里科于 8 月份专程来到圣马丁诺迪卡斯特罗扎牧场，委婉地把坏消息告诉他的妻子。当墨索里尼在 9 月上旬促成第一部反犹主义法律时，费米夫妇决定，只要他们将事务安排妥当了就移民。费米给美国的四所大学写了信，为了避免猜疑，他每一封信都从不同的蒂罗尔城镇发出。有三所学校很快回以邀请函。出于信任，他接受了哥伦比亚大学的教授职位，并启程去哥本哈根参加玻尔的同行年度聚会。

上个月，国际人类学和人种学大会在赫尔辛格的一次特别会议邀请玻尔给大会致辞。赫尔辛格就是莎士比亚戏剧中的埃尔西诺，位于哥本哈根北面的西兰岛海滨。在文艺复兴式的城堡内，在世人面前，这位丹麦最杰出的公民利用这个机会公开向纳粹党的种族主义发起挑战。这是一个勇者的勇敢陈述。玻尔懂得，当希特勒最终将目光转向丹麦的时候，主要的西方民主力量不可能集中起来保卫他那弱小的国家。乔治·普拉切克（George Placzek）是一名波希米亚理论物理学家，当时正在哥本哈根工作，他的说话方式像泡利一样尖锐，他概述了这个残酷的事实。"为什么希特勒要占领丹麦？"

有一天普拉切克不无讥讽地对弗里施说，"他只要打个电话就行了，不是吗？"

玻尔反对"日耳曼血与土"残忍的浪漫主义[①]，用互补性巧妙地批驳了这种理念。他谈到了"从自己的立场出发，评判其他社会发展起来的文化的危险，在人道主义者中，这种危险人尽皆知"。他提出，互补性提供了一种克服混乱的方法。在文化比较中，就像在物理学和心理学中一样，主体和客体会相互作用，使彼此难分难解，"我们真的可以说，不同的人类文化是相互补充的。事实上，每种文化代表了一种传统习俗的和谐平衡，依靠这些传统习俗，人类生活的潜在可能性能够呈现在我们面前，展示其无限丰富多样的新面貌"。

德国代表退出了会场。玻尔继续说，所有科学的共同目标是"逐步消除偏见"。科学通常被虔诚地奉为对无可辩驳的真理的探究，玻尔为此提供了一种互补性。玻尔比 20 世纪其他所有科学家都更深刻地意识到，他为之献身的科学界在这个世界上是一种重要的政治力量。他相信，科学的目的是让人类自由。用汉娜·阿伦特强有力的论述来说，极权主义趋向于"破坏人与人之间的所有空间，迫使人们相互攻击"。在一个危险日益增加的时代，用互补性原理来强调个体丰富的差异性，以此公开反对这种趋向，这种做法与玻尔的性格是完全相称的。

与玻尔性格完全相称的还有，当费米来到哥本哈根时，玻尔竟把他领到一旁，握住他的马甲上的纽扣小声告诉他，他获得了诺贝

---

① 血与土（Blut und Boden）是德国一种带有种族主义色彩的思想，强调血统及土地和民族的关系，是纳粹意识形态的组成部分。——编者注

尔奖提名，按惯例这是一个不能事先透露的秘密。玻尔问费米，在意大利当时的政治形势以及货币限制的政策下，费米是希望暂时撤销对他的提名，还是希望评选过程继续进行？这无异于告诉费米，如果费米愿意，他就将获得这一年（1938 年）的诺贝尔奖，并且欢迎他用奖金逃出已经危险重重的祖国，尽管他获奖可能会导致他的妻子被剥夺意大利国籍。

◉

利奥·西拉德在剑桥的合作者莫里斯·戈德哈伯（Maurice Goldhaber）于 1938 年夏末移民到美国，作为伊利诺伊大学的物理学助理教授而定居下来。9 月西拉德出现于戈德哈伯在尚佩恩的新公寓里，来完成他们始于英国的工作，并留下来关注着慕尼黑危机。为了这一目的，戈德哈伯特意去买了一台收音机。像 8 月底温斯顿·丘吉尔认识到并告诉他的选民那样，西拉德也认识到，"欧洲和世界的总体形势正在不断向高潮发展，不会再有长时间耽搁"。西拉德后来说，在决定留在英国还是去美国之前，"我只是认为我要等待和观望"。

苏台德区是捷克斯洛伐克边境位于喀尔巴阡山脉与厄尔士山脉间的多山高原地区。这里居住着大约 230 万说德语的城市和工业居民，约占捷克斯洛伐克西部（即以前的波希米亚）人口的三分之一。纳粹的煽动在苏台德地区早就开始了；1935 年，一个代表纳粹的组织在捷克斯洛伐克共和国成为最大的政党。希特勒想把捷克斯洛伐克变成继奥地利之后下一个实现他的德国扩张梦想的国家，使之成为"生存空间"，并且使该国无法在他早就计划好的作战行动中为苏联提供机场和支持。苏台德地区是他的关键。捷克斯洛伐克横跨苏台德山脉建起了防御工事以抵抗德国的入侵；1933年后，捷克斯洛伐克对苏台德地区的德国人施加约束，试图防止来自这个群体的颠覆活动。希特勒甚至在德奥合并之前就展开了他的捷克斯洛伐克攻势，声称保护苏台德地区的日耳曼人是第三帝国的职责。1938年整个夏季，当西方民主国家战略性地回避正面冲突时，德国对捷克斯洛伐克施加的压力增大了。

此时，西拉德开始收听戈德哈伯留下的新收音机，捷克斯洛伐克政府在苏台德地区建立了全套军事管制法，还给这个地区提供了超过苏台德德意志党所要求的自治权。这些进展促使英国首相内维尔·张伯伦（Neville Chamberlain）提议与希特勒进行一次会谈。希特勒很高兴。他邀请这位首相到贝希特斯加登，希望最终结果是就捷克斯洛伐克问题达成协议。他授意苏台德的纳粹分子们提高他们的要求。9月16日，当张伯伦从慕尼黑乘火车外出时，他在收音机里听到极端主义者的宣言：呼吁立即将苏台德地区合并到德国。9月17日回到伦敦，他建议允许合并。他说，希特勒"正处于好斗状态"。

"此时，英国和法国的内阁组成的阵线，"丘吉尔写道，"就像两个挤在一起的熟透的甜瓜；而所需要的是钢铁的寒光。在一件事情上，他们意见一致：不需要与捷克斯洛伐克人商量。只需将其保护人的决定通知他们就够了。哪怕是树林中的孩子[①]，境遇也不会比这更坏了。"两个政府以"安全攸关"为借口，判定捷克斯洛伐

[①] 据一首古老英国民谣，一个人为了得到继承权，雇人杀害他的侄儿和侄女。结果一个婴儿被杀，一个被弃置于树林中。——校者注

克应该向德国放弃所有日耳曼人超过人口百分之五十的地区。法国对捷克斯洛伐克曾有一个义务条约，但是选择不去兑现它。面对这样的孤立状态，这个弱小的共和国于9月21日屈服了。

英法提议让他们所定义的德语地区来"自决"。希特勒于9月16日见到张伯伦时同意了这种自决。现在，张伯伦再次与希特勒会面，这一次是在波恩城外莱茵河上的巴特戈德斯贝格，靠近雷马根。希特勒升级了他的要求。"他告诉我，"张伯伦回到伦敦后立即向下院汇报说，"他从未想到我会回去告诉他〔自决的〕原则被接受了。"希特勒希望捷克斯洛伐克在9月28日之前不经自决就接受合并方案，否则他就会入侵。可是张伯伦却不相信，他告知下院，希特勒在故意欺骗他。这个纳粹头目还告诉张伯伦："这是他在欧洲最后的领土要求，他不希望让德国的人民包含有日耳曼民族之外的种族。"

捷克斯洛伐克动员了150万人，法国也动员了一部分军队。英国舰队进入待命状态。同时，在希特勒和德国总参谋部之间可能正在发生一场秘密的斗争，德国总参谋部反对更进一步投入战争。双方本有可能僵持不下，但张伯伦再一次让步了。"绥靖"在当时是一个流行词，不是一个贬义词。

"多么可怕、荒谬和不可思议，"张伯伦在9月27日，希特勒的最后期限前的那个晚上，通过无线电台告诫英国人民，"因为在一个遥远的国家，在我们对其一无所知的人民之间产生了争端，我们此时需要挖掘战壕并且准备好防毒面具！"他主动提出"甚至掏腰包第三次访问德国"。他说，他是"一个和平植根于灵魂深处的人"。与此同时，他直接通过信件提议访问希特勒；第二天下午，元首接受了他的提议。张伯伦、法国总理爱德华·达拉第

（Edouard Daladier）、墨索里尼和希特勒于 9 月 29 日傍晚在慕尼黑会面，到第二天凌晨两点钟，四个首脑达成了一致意见，从 10 月 1 日开始，十天之内捷克斯洛伐克人在不经自决的情况下撤离苏台德地区。按张伯伦的提议，他和希特勒随后进行了私人会晤，进一步同意"尊重昨晚签订的协议……以表明我们两国人民绝不再次走向战争的愿望"。元首在离开慕尼黑之前与墨索里尼进行了密谈，讨论意大利如何参与对英伦群岛的最后入侵。

张伯伦乘飞机回到英国。他向集合在机场欢迎的人们宣读联合宣言。回到伦敦后，他从首相官邸的上层窗户挥舞这个宣言。"这是第二次把光荣的和平从德国带回了唐宁街，"他告诉下面的群众，"我相信我们这个时代会是和平的。"

第二天早晨，当弗雷德里克·林德曼驱车赶到时，一群逃亡的科学家聚集在牛津大学的克拉伦顿实验室的外面讨论慕尼黑协议。丘吉尔说对捷克斯洛伐克的瓜分实际上是"西方民主主义对纳粹武力威胁的全面投降"。林德曼作为丘吉尔的亲密顾问，同样表示厌恶。一个流亡者问他，他是否认为张伯伦还留着一手。"没有，"这位教授立即回答，"裤裆里倒是有东西。"

之后，林德曼收到了一封电报：

> 由于遗憾的国际形势无限期延误了我乘船的行期，如果你能将缺席当成无薪假期的话，我将十分感谢。不再赘述。请将我真诚美好的祝愿传达给正处于紧要关头的所有人。
>
> 西拉德

西拉德和戈德哈伯在危机期间抽空详细描述了一系列用铟所做的实

验，这些实验是他们于 1937 年在英国开始做的，戈德哈伯在出发到美国之前与一个澳大利亚学生 R. D. 希尔（R. D. Hill）把它完成了。西拉德认为，铟可能是链式反应的候选元素，但实验结果显示，西拉德一度看好的铟的放射性是由一种新型的反应过程引起的，这种反应过程是非弹性中子散射，其间没有中子俘获或丢失。西拉德感到沮丧。"当我的原子核物理学知识增加时，"他后来说，"我对链式反应可能性的信心逐步减小了。"如果其他类型的辐射在铟里诱发出的也是不产生中子的放射性，那么，他就不再有中子倍增的候选元素，只得承认他仍然称之为"镜花水月"的这一过程是不可能的。这一决定性的实验将由位于纽约州北部地区的罗切斯特大学（12 月上旬他将去那里）的朋友们进行。

⊙

奥托·哈恩打开 1938 年 9 月的《报道》，深感震惊。居里和萨维奇对铀难以捉摸的 3.5 小时放射性的研究的第二部分发表在这一期上；在许多推测当中，它最大胆的结论是，"总而言之，$R_{3.5h}$ 的属性与镧一致，因此，除了分馏法[①]，用其他方法对它进行分离是不可能的"。

[①] 分馏法——分级结晶法——是一种由玛丽·居里在提纯钋和镭的过程中首创的化学分析方法。多数物质在高温下比在低温下更加容易溶解。产生物质的一种沸腾的浓溶液——比如，对于冰糖，让糖溶解在水中——再冷却溶液，在某些温度下，物质将会从溶液中析出而形成纯净的晶体。分级结晶法进一步利用不同物质在不同温度下的结晶趋势，来分离出相同溶液中几种不同的、化学性质相似的物质，较轻的元素先结晶。

居里和萨维奇相信，他们的 $R_{3.5h}$ 放射性至少能够部分地与锕分离开。他们显然没有想到，正在从溶液中结晶出来的物质可能是另一种具有类似半衰期的放射性，而 3.5 小时的锕放射性仍留在溶液中。他们仍然不能相信——其他人也不能相信——铀轰击可能产生出在周期表中下降 35 位的一种元素。当时访问达勒姆的一名加拿大放射化学家记录了他们的德国批评者的反应："你能轻易想象出哈恩的惊讶表情……他的反应是，这只可能是不对的，居里和萨维奇把事情搞得一团糟。"

尽管哈恩在 5 月份对约里奥提出了警告，但是，他尚未重复过居里和萨维奇的实验工作。现在，他将《报道》递给弗里茨·施特拉斯曼。施特拉斯曼研究过这篇法文论文，推测造成这种混乱情况的可能是一种物理原因——两种类似的放射性物质混合在同一种溶液里。他告诉哈恩。哈恩笑了，这一结论似乎不可能。进一步考虑后，又觉得它是值得检验的。当捷克斯洛伐克危机震动整个欧洲时，两个男人在平静的达勒姆做着轰击铀的实验。他们使用锕载体沉淀像锕（如果有的话）这样的稀土元素，用钡载体沉淀像镭（如果有的话）这样的碱土元素。（载体化学物质使从母体溶液中分离出由中子轰击产生的子体物质的几千个原子成为可能。当规则的载体结晶通过化学沉淀从溶液中析出时，与载体化学性质类似的子体物质——可根据它独特的半衰期来追踪——将进入并固定在载体物质晶体之间的空间，从而被载体物质带出来。哪种载体物质带出了未知的子体物质，可以为后者属于周期表的哪部分提供线索。然后，这就成了一个通过分级结晶进一步从载体中分离出子体物质的事情，接下来就如前所述，再跟踪它特有的放射性。）

通过一个星期的艰苦工作，哈恩和施特拉斯曼成功发现了多达 16 种不同的放射性。他们的钡分离给出了最令他们吃惊的结果：三种先前未知的同位素，他们认为这会是镭。他们于 11 月在《自然科学》上报道了他们的发现。他们指出，从铀产生出 88 号元素镭，"必定是由于连续发射了两个 α 粒子"。

如果说物理学家们曾经认为，慢中子轰击可能产生钍（90 号元素）或者锕（89 号元素）是难以置信的，那么，他们发现它可能产生镭就尤其难以置信了。莉泽·迈特纳从斯德哥尔摩写信以警告的口吻尖锐指出，这两位化学家要反复检查他们的实验结果。玻尔邀请哈恩到哥本哈根就这一奇怪发现做演讲报告，还试图提出一个足够疯狂的理论解释：

> 玻尔不相信，问我这是否可能……我不得不回答说，没有其他解释，因为我们的人造镭只有用可称量的钡作为载体物质才能分离。因此，除了镭之外，只有钡出现。毫无疑问，它除了是镭，不可能是其他任何物质。玻尔猜测，也许我们的这些镭的新同位素可能最终被证明是奇怪的超铀元素。

因此，在中子轰击铀实验里所鉴别出的 16 种放射性中，哈恩和施特拉斯曼现在将他们的全部注意力集中到 3 种由钡从溶液中带出的有争议的放射性上。

◉

11 月 10 日清晨，劳拉·费米被电话铃声闹醒了。接线员告诉她，会有电话从斯德哥尔摩打来，估计时间是晚上 6 点。

费米得到妻子转告的消息后，他估计有百分之九十的可能性，这个电话是通知他已获得诺贝尔奖。费米一直从保守的角度制订计划，不对这份奖赏寄予希望。费米夫妇准备好了次年年初就离开意大利去美国。表面上，费米是到哥伦比亚大学做为期 7 个月的讲座，然后返回。在美国滞留时间超过 6 个月就必须移民而不能持旅游签证，因为费米是学者，所以他和他的家庭能够在意大利通行规定之外领到这样一份签证。系列讲座的计策是为了躲避一种严厉的处罚：永久离开意大利的公民只能带相当于 50 美元的钱离开这个国家。但这个计划需要慎重。费米夫妇不能冒着被发现的风险变卖他们的家庭用品或者取空他们的存款。因此，诺贝尔奖金就是一份天赐之财。

同时，他们秘密投资于费米所谓的"难民的嫁妆"。劳拉的新外套是海狸皮的；在接到斯德哥尔摩的电话那天，他们为购买名贵的手表而使自己晕头转向。钻石是需要注册的，他们选择了不冒这种风险。

大约 6 点，电话铃响了。是吉内斯特拉·阿玛尔迪打来的，她不知道他们是否听说了。她说所有人都聚集在阿玛尔迪家中等着消息。费米夫妇打开了收音机，收听 6 点的新闻。劳拉·费米一直记得这条新闻：

播音员用坚硬、强调、无情的声音宣读了第二套种族法令。那天发布的这些法令限制了犹太人的行动和公民地位。他们的孩子从公共学校里被除名。犹太人教师被解职。犹太人律师、医师和其他专业人员只能针对犹太人客户开业。许多犹太人的商号被取缔。"雅利安人"用人不允许给犹太人干活或者住在犹太人的房内。犹太人将被剥夺全部的公民权利，他们的护照将被吊销。

犹太人的护照已被打上了记号。费米设法让妻子的护照没有打上
标记。

　　他们大概也听到了来自德国的新闻：前一夜发生了一场大规
模的集体迫害——水晶之夜。11 月 7 日，一名 17 岁的波兰犹太学
生试图刺杀德国驻巴黎大使馆的三等秘书恩斯特·冯·拉特（Ernst
vom Rath），以此报复他父母受到的迫害。冯·拉特于 11 月 9 日死
亡，这次刺杀成了全面反犹暴乱的借口。暴徒们用火炬点燃犹太教
会堂，砸毁商场和店铺，将犹太人从他们的家里拖出来并当街暴打。
至少 100 人死亡。那天晚上，整个第三帝国有大量的平板玻璃被砸
碎，其数量等于它的原产地比利时的年产量的一半。纳粹党卫军逮
捕了大约 3 万名犹太人——"尤其是有钱的犹太人"，这是命令中
特别指示的——并且将他们塞进位于布痕瓦尔德、达豪和萨克森豪
森的集中营，在这些地方，他们只能以立即倾家荡产、沦为赤贫的
移民为代价获释。

　　费米接到了斯德哥尔摩打来的电话。他单独一人获得了这一年
度的诺贝尔物理学奖，因为"你发现了属于一整族元素的新放射性
物质，并且你在此研究工作中发现了慢中子的选择能力"。费米能
够安全地远离这疯狂之地了。

◉

　　莉泽·迈特纳写了一封信给奥托·哈恩，谈到费米到来之前的
一些日子里的担心。"很多时候，我感觉自己像是一个拧紧发条、

自动奔跑的玩偶，"她告诉她的老朋友，"脸上挂着快乐的笑容而现实生活却感到空虚。你能够由此自己判断出我工作时的努力是多么富有成效。而最后，我仍然对此保持感激之情，因为它使我保持思想集中，要做到这点并不总那么容易。"她对哈恩的风湿病复发表示遗憾，担心他不能细心地照顾好自己。她用他们私下里所使用的哈恩–迈特纳式的昵称问候普朗克和冯·劳厄，称他们为马克斯老先生和马克斯少先生；她问候了哈恩的妻子埃迪特（Edith），也关心他为他的儿子安排了什么样的圣诞计划。他的铀研究工作"真的是非常有趣"。她希望他会立即再给她写信。

她正住在一间旅馆的小房间内，几乎没有空间打开包裹，而且睡觉也有麻烦。人们告诉她，她太瘦了。更糟糕的是，物理研究所的条件不像她所期望的那样。一位瑞典朋友，伊娃·冯·贝尔-贝吉乌斯（Eva von Bahr-Bergius），是她在柏林认识过的物理学家，现在是乌普萨拉大学的一名讲师，帮助她安排妥当，并且逐步把坏消息委婉地告诉她。西格巴恩不想接纳迈特纳，抱怨说他没有经费给她；他能够为她提供一个工作的职位，但不能提供更多。冯·贝尔-贝吉乌斯向诺贝尔基金会请求帮助。但是基金会在设备和辅件方面什么也没有提供。迈特纳责备自己："这当然是我的过错；我应该在我离开时做更好和更早的准备，至少应该拥有［她需要的］最重要的设备的图样。"

她是一个坚强的女人，但可怜又孤独。哈恩回以同情。在该月中旬，她对他的"宝贵来信"表示感谢，然后改变了语气并责备他的漠不关心："谈到我自己，我有时怀疑你并不理解我的思路……就在此刻，我根本不知道是否有人关心我的事情，或者，它们是否曾经被人关心过。"

哈恩正在像对待自己的事情一样处理迈特纳的事情。他随身带着她提出抱怨的信件，对着税务署大发雷霆。在允许免税之前，税务署有责任盘点清查她的那些家具和其他财产。他说大闹税务署这事"还真有点使我'着迷'"。之后，"问题稍微有些好转"。他于12月19日星期一晚上从威廉皇帝研究所写信给迈特纳，告诉了她那些消息。紧接着，他给她讲了他尚未离开实验室的原因：

> 尽我所能做好我正在做的所有事情，施特拉斯曼还在不知疲倦地做着铀活性方面的工作……现在差不多是晚间11点；施特拉斯曼将在11：30回来，然后，我才能考虑回家。事实是，某些与"镭同位素"有关的事情如此奇怪，因而我们暂时只向你透露了。这3种同位素的半衰期被相当精确地确定了；它们能够从除钡之外的所有元素中分离出来；所有的过程都和谐一致。只有一种过程不是——除非出现极不正常的巧合：分馏法行不通。我们的镭同位素表现得像钡。

哈恩和施特拉斯曼在威廉皇帝化学研究所一层的三间房子里工作，这所建筑具有德式头盔形状的圆形屋顶：哈恩个人的大化学实验室位于远离主大厅的北面，侧楼沿着法拉第路向西北方向伸展，测量室在侧楼近端的大厅的对面，而放射室位于侧楼远端。他们把辐照、测量和化学处理这三种功能分在三处，以避免辐照对其余的产生污染。所有的工作室都配备有未经加工的原木工作台，这些工作台是由一位细心的木匠加工而成的，这位木匠不辞劳苦地将每条桌腿雕成上粗下细的。辐照室内的桌子上放着蜂蜡颜色的石蜡圆筒，像一块钻了许多孔的蛋糕，孔中放着中子源，这些中子源是镭盐与铍粉混合而成的。在测量室里，手工制作的盖革计数器固定在用铰链接合的凹形铅块屏蔽的桌子上，通过细线圈连接到手提式电子实验线路板放大器上，放大器的主要工作元件是镀银的真空管，这些真空管很像倒转的细口小花瓶。放大器驱动着闪闪发光的黄铜发条计数器，计数器上有黑色数字，通过斜向的小窗口可以看到。在桌子底下，塞满一个架子的系统由有硬纸外壳的 90 伏帕特里克斯干电池供电。哈恩的实验台上放着支架、烧杯、烧瓶、漏斗和放射化学用的过滤器。根据他们研究的半衰期的长短，他们制定了相应的流程，在不同的房间奔忙。空气中有了硝酸盐的刺激性气味，与哈恩非抽不可的雪茄烟的芳香混合在一起。

59 岁的哈恩，背微微有些驼，但看上去比他的真实年纪要年轻。他头上的发际线已经后退，眉毛也长得浓密；他将他有青春气息、上过蜡的普鲁士式胡须修剪到了上嘴唇的上方；他的棕色眼睛依然闪烁着温和的光。到如今，他无疑是全世界最有能力的放射化学家。他要用他 40 年的工作经验来解开铀这个谜。

12 月上旬，他和施特拉斯曼通过尝试从铀中进行更纯净的分离，开始再次对三种"镭"同位素进行检验。施特拉斯曼建议用氯化钡当作载体物质而不使用通常的硫酸钡，哈恩解释说，这是因为氯化物会"形成美丽的小结晶"，它们特别纯净。他们想要确定分离工作不受其他具有类似半衰期的轰击产物的污染，这一难题曾困扰过居里和萨维奇。他们正在研究的 86 分钟放射性过程（他们称为"镭Ⅲ"），要求他们将大约 15 克纯净的铀辐照 12 小时，先得到更强的 14 分钟"镭Ⅱ"，等待数小时，让"镭Ⅱ"通过衰变信号不再显著，然后加入氯化钡作为载体完成分离。"镭Ⅲ"虽然和钡一同从铀溶液中析出，但在随后的分馏过程中，当钡结晶析出时，它拒绝存留下来，而是与钡一起结晶。

"用这种方法从钡中分离我们的人造'镭同位素'的尝试是不成功的，"哈恩后来在他的诺贝尔奖获奖演说中解释说，"没有获得足够的'镭'。之所以不成功，这自然归因于我们制剂的强度特别低。这始终是一个只有几千个原子的问题，它们只能由盖革-米勒计数器作为单个粒子检测到。如此少量的原子可能会被大量非活性的钡带走，却察觉不到变化。"为了检测这一可能性，他们使用了此前保存起来，常常用于研究工作的一种已知的镭同位素——"新钍"。他们将这种同位素稀释，使之与仅数千个镭Ⅲ原子的弱放射性相当，然后对它进行钡沉淀和分馏。它可以从钡中被干净地分离出来。这证明他们的技术没有毛病。

12月17日星期六，也就是哈恩为了迈特纳的家具而在税务署大发雷霆的第二天，他和施特拉斯曼进行了一次需要决心加耐心的更进一步的实验检验。他们将镭Ⅲ和稀释的新钍混合，对两种物质一起进行沉淀和分馏。随后，不管在物理上可能意味着什么，至少化学现象很明确：当钡载体结晶出来时，镭Ⅲ和钡析出了，新钍仍存留在溶液里。镭Ⅲ均匀地、不可分割地分布于这种纯净小结晶体中。哈恩在袖珍记事本中写下一段热情的笔记以记录这一天："激动人心的镭／钡／新钍分馏。"

这似乎意味着他们的"镭"同位素一定是56号元素钡，比铀原子量的一半稍重，而具有正好超过它一半的电量。哈恩和施特拉斯曼简直不能相信这一点。他们设想出一种更有说服力的实验。如果他们的"镭"真的是镭，那么，通过β衰变它应该转变为周期表中的上一位锕（89号元素）。另一方面，如果它是钡（56号元素），那么，通过β衰变它应该转变为镧（57号元素）。而镧能够用分馏与镤分离开。他们在 12 月 19 日星期一的深夜实施了这一有决定性意义的方案，当时，哈恩将这一消息发给了迈特纳。

"也许，你能提出某些绝妙的解释，"他写道，"我们明白，它确实不能分裂成钡……所以尽力考虑某些其他的可能性。是否有原子量比 137 大得多的钡同位素？你能不能考虑一下是否有可以发表的想法，这项工作毕竟是我们三人一起做的。我们不相信这是荒唐的，也不相信是污染捉弄了我们。"

他最后祝愿他的朋友度过一个"多少过得去"的圣诞节。弗里茨·施特拉斯曼最后在信中捎上一句话："致以热情的问候和最美好的祝愿。"哈恩在深夜回家的路上将这封发往斯德哥尔摩的信投出去了。

第二天，这两个人从读数据的时间中抽出部分空当来参加威廉皇帝研究所的圣诞聚会，尽管哈恩因迈特纳的离去而有些郁郁寡欢。甚至在整理镭-钡的发现时，他们仍继续做着镤-镧实验。在聚会后，研究所将会关门过圣诞节；他们让一名打字员忙碌地工作到聚会结束，还是没能完成他们的报道。哈恩给《自然科学》杂志的保罗·罗斯鲍德打了电话，告诉他这一消息，请求他在下一期的《自然科学》上为此留出版面。罗斯鲍德愿意从杂志上撤掉一篇不太急迫的论文，但也提醒说，稿件必须不迟于 12 月 23 日星期五交来。哈恩安排一名实验室助手在星期四当打字员。与此同时，他和施特拉斯曼将继续研究。

12 月 21 日星期三，迈特纳在斯德哥尔摩收到哈恩于星期一晚上发出的信件。真让人感到吃惊；如果实验结果成立，那么，她认为这意味着铀核一定发生了碎裂，她立刻给他写了回信：

你的镭实验结果非常令人吃惊。这是一个用慢中子发生作用，产生了钡的过程！……目前对我来说，这样一种大爆裂的假说似乎很难接受，但是，我们在原子核物理学方面经历了如此多的意外之事，对于任何一件事谁都不能毫不犹豫地说："那不可能。"

她告诉哈恩，星期五她会去瑞典西部的康盖坞村度假一周，"如果你在这个时间给我写信，请写那里的地址"。她向他和他的家人致以"最温馨的问候……并献上我深深的爱和最美好的新年祝福"。

这一日，哈恩和施特拉斯曼完成了锕-镧实验，并且确认了发生的是钡衰变，产生的是镧。深夜，在关掉计数器后，哈恩再次给他流亡中的同事写信。论文尚未完成，信中的用语在论文定稿时将重新修改成更为谨慎的语言："我们有关镭的证据使我们相信，作为化学家，我们必须得出这样的结论，仔细研究过的三种同位素，以化学家的观点看，它们不是镭而是钡。"

哈恩希望迈特纳能够尽快为他那史无前例的化学现象找到某些物理学解释。这种解释会巩固他的结论，也能将迈特纳的名字写到论文中来，这可能是最好的圣诞礼物。他既然已确认衰变产物是镧，就不能再拖延发表了。事实上，他一直没向自己研究所的物理学家以及附近的新物理研究所公布这一消息。其他某些人——比如居里和萨维奇——也完全可能做出了相同的发现。不管怎样解释，这一发现显然都是非常重要的，这是一个与已经发现的任何其他反应都不同的反应。"我们不能压下这些实验结果，"哈恩在给迈特纳的信中写道，"虽然它们在物理意义上可能是荒谬的。你能明白，如果你找到了其他替代［解释］，你就是在做一件大好事。明后天我们写好论文的时候，我将给你寄一份原稿的复本……整个发现并不太适合在《自然科学》上发表。但是他们愿意很快就发表它。"

哈恩将这封信投到了斯德哥尔摩。他还不知道迈特纳去康盖坞村度假了。

利奥·西拉德在罗切斯特大学的工作证实，铟受到辐照时，没有中子放出。12月21日，当哈恩和迈特纳心情激动地来往书信时，西拉德写了一封信给英国海军部提出忠告：

> 进一步的实验……明确澄清了我在 1936 年观察到的反常情况……考虑到这一新的工作，保持［我的］专利现在看来并非必要……放弃这项专利的秘密也不会对任何有用的目的有所帮助。我请求完全撤销这项专利。

西拉德对链式反应可能性的信念，正如他后来说的，"丧失殆尽"。

哈恩和施特拉斯曼最初的论文标题为《关于铀经中子轰击产生的镭同位素以及它们的行为》。借助于新数据，他们认识到，"镭"不能再被认为是镭。他们考虑在整篇论文中将"镭"改成"钡"。但在镧实验使他们的信念变得坚定之前，他们就已经写完了论文的很大一部分。他们将不得不从头到尾重写。"主要原因是，"哈恩后来回忆说，"这一结果使其主要部分不再那么有趣了。"圣诞节和杂志要求的截止时间迫在眉睫，而他们没有时间。他们决定用手头的资料临时应急。这个结果的影响力不会因为论文不够精致而降低。他们用一个含糊的措辞"碱土金属"取代标题中的"镭同位素"——钡和镭都是碱土金属，铍、镁、钙和锶也是。他们在整篇文稿中许多提及镭和锕的地方加上了意义不明确的引号，并在结尾处附上了七个谨慎的段落。

"现在，我们仍然不得不讨论某些更加新的实验，"最后一部分是这样开头的，"我们发表这些实验时相当犹豫，因为这些实验的结果很奇特。"然后，他们总结了这一系列实验：

> 我们想要确定无疑地鉴别与钡分离出来的放射性系列的母体成员的化学性质，这个系列一直被标示为"镭同位素"。我们进行了分级结晶和分级沉淀，这是在钡盐溶液中浓缩（或稀释）镭的一种众所周知的方法……
>
> 当我们用不含任何后续衰变产物的放射性钡样品做适当的测试时，结果总是否定的。这种活性均匀地分布于钡的各部分中……我们得出结论，我们的"镭同位素"具有钡的性质。作为化学家，我们应该明确地说，新的产物不是镭，而是钡本身。除了镭或者钡以外，其他元素均是不可能的。

他们接下来讨论了锕，将他们的工作与居里和萨维奇的工作进行区分，并且指出，所有所谓的超铀元素都不得不重新接受检验。他们不太愿意篡夺物理学家的特权，所以用一段试探性的说明收尾：

作为化学家，我们实在应该对以上给出的衰变图式加以修正，并且插入符号 Ba、La、Ce［铈］，以代替 Ra、Ac、Th［钍］。但作为"核化学家"，虽然工作非常接近于物理学领域，我们仍然不能使自己迈出这样迅猛的一大步，这一步将会违背所有先前的核物理学定律。也许，是一系列不寻常的偶然巧合给了我们错误的指引。

他们承诺进行更深入的实验，准备向全世界公布消息。哈恩将论文投了出去，随后又感到所有事情是如此不可思议，"因而希望我能够将论文从邮筒里取回来"；也可能是保罗·罗斯鲍德在同一天晚上特地来到威廉皇帝研究所取走论文的。这两个故事在哈恩后来的回忆录中都有记载。因为罗斯鲍德知道这篇论文的重要性，并且将收到它的日期注明为 1938 年 12 月 22 日，所以他很可能是亲自去取的。但那天晚上哈恩还将论文的一份副本丢进邮筒，寄给了在斯德哥尔摩的莉泽·迈特纳。他对不署迈特纳的名字就发表论文感到担忧——也可能是他隐约感觉到他的发现将引起重大后果——这大概能解释他记忆中的恐惧。

◉

康盖坞村——意思是国王之河——位于瑞典重要的西部港口城市哥德堡市上游约 10 英里、卡特加特海峡向内陆近 6 英里的地方。这条河现在称为诺斯河，起源于维纳恩湖，欧洲第三大湖；在康盖坞村，诺斯河切开一座朝南的陡峭花岗岩悬崖——高 335 英尺的方廷崖。在悬崖和河流之间狭窄的山麓上有一条鹅卵石小道，这个现代的村庄就沿着这条小道建立，背对着那堵峭壁。

　　这个村庄曾经是挪威的康伽海拉村，大约于公元 800 年建在下游一个较开阔的地带。不过，在康盖坞，河中间升起一座山样的小岛，这个小岛因此而有天然的"护城河"保卫着，形成一个由方廷崖加固的防御性地形。1308 年，为了在这里标记出挪威和瑞典之间的国界，挪威人开始在这座山样小岛上建一个巨大的花岗岩要塞，博胡斯王要塞（Bohus' Fäste），长满青草的砖墙向内向上收拢，形成一座具有锥形顶的厚石圆柱塔，这座塔雄视整个海滨村庄。三扇深凹进塔里的窗户参差不齐地分布——两扇在上方分列两边，一扇在下方居于中央——看上去就像是一张长着黑洞般双眼的面孔在凝视着方廷崖。为了使这张冷酷的面孔变得柔和一些，村子里的人们将塔命名为"父亲的帽子"（Fars Hatt），让人感觉就像是一个戴着帽子的工匠。在 400 年的占领期间，要塞被围困过 14 次，山谷中的民居被付之一炬，岛上坚硬的砖墙下布满了坟地。

　　1612 年，这个村庄被命令沿河向上迁移到这座岛上。从 15 世纪到 19 世纪早期，丹麦人统治着挪威；1658 年，根据《罗斯基勒和约》，他们将康盖坞地区、博胡斯兰交给了瑞典。1676 年，一场大火烧毁了岛上的村庄，岛上的居民为安全起见移居到了狭窄的河边。他们从鹅卵石铺就的市场向西和向东延伸出一条条小巷和一片片房屋，加宽坡面以扩大空间。尽管有要塞，康盖坞村还是平静的，尤其是在冬天，河面结了冰，地上积了较深的白雪。温暖的木屋被涂上柔和的色彩，房内用船柜、瓷器柜以及布带帘惬意地围起来，屋角装饰着花砖的壁炉给室内加温，室内弥漫着咖啡和烘烤食品的香味。伊娃·冯·贝尔-贝吉乌斯和她的丈夫尼克拉斯（Niklas）于 1927 年在这里建了一所房子，比康盖坞村的大多数房子都要大，但是建筑风格一样。1938 年，莉泽·迈特纳独自在斯德哥尔摩；奥托·弗里施独自在哥本哈根；他的母亲，也就是迈特纳的姐姐，远在维也纳；他的父亲作为水晶之夜的受害者被关在达豪。因此，贝吉乌斯夫妇体贴地邀请迈特纳和弗里施这对姨甥到康盖坞村参加圣诞宴席。

星期五，也就是圣诞节两天前，迈特纳一早就离开了斯德哥尔摩。弗里施搭乘火车轮渡从丹麦渡海而来。他的姨妈在他之前到达并且在西街的瓦斯特拉花园附近一家安静的小客栈里登记了房间，她和外甥将在这里住下。这是一座风格上很像它的朴实邻居的淡绿色建筑，但是在底层有一间咖啡馆。朝北跨过小径，它面对着一条郁郁葱葱的花园带；在花园中的矮树丛上方就是暗黑色的峭壁。在小客栈后面，是平坦的、白雪覆盖的漫水河滩草地，另有一条路一直延伸到开阔的森林。贝吉乌斯家的房子向东有一条短短的步行街通到市场和白色的教堂。因为旅途疲劳，当弗里施到来时，他和迈特纳只在傍晚短暂会了面。

那年冬天，在哥本哈根，弗里施研究了中子的磁特性。为了进一步开展他的研究工作，他需要一个强的均匀磁场，并且，在他到康盖坞村的旅途中，他草拟了一块大磁铁的图样，打算设计并制造出这块磁铁来。圣诞节前一天的早晨，他来到楼下，想让姨妈对他的计划产生兴趣。迈特纳在吃早餐，不想讨论磁铁：她将哈恩于 12 月 19 日给她的信带到楼下，坚持要弗里施看。他看了。"钡，"他对她说，"我不相信。其中肯定有错。"他试图将话题转到磁铁，她却要将话题转回到钡。"终于，"迈特纳说，"……我俩还是被我提出的问题所吸引。"他们决定出去散步，看看能琢磨出点什么。

弗里施带来了越野雪橇，想用它来滑雪。他担心姨妈会跟不上他。她告诉他，在平地上，她能够走得和他滑雪一样快。她确实能够跟上。他拿出雪橇后，他们来到外面，可能是向东去了康盖坞村的市场，从那里通向漫水的河滩草地，然后跨过结冰的河面进入远处开阔的森林区。

"但这不可能，"弗里施记得他们一起探究这个问题时自己这样说，"你没法从原子核一下轰击出100个粒子。你甚至不能将它劈成两半。如果你试着估算一下核力，所有这些约束力你都得同时打断——这多荒谬。要原子核做到这点是完全不可能的。"30年后，弗里施用规范的术语总结了他们的想法：

> 但钡怎么可能是铀变成的呢？还没有比质子或氦核（α粒子）更大的碎片从核中被轰击出来过。大量质子或α粒子一下子被轰击出来的想法可以排除掉，因为没有足够的能量可以做到这一点。铀核也不可能被当中劈开。实际上，核不像一个能够被劈开或裂开的脆性固体；玻尔强调过，核更像一颗液滴。

液滴模型表明，原子核似乎是可以分裂的。他们在一根圆木上坐下。迈特纳在她的小皮包里找出一张纸片和一支铅笔。她画了一些圆圈。"会不会是这样？"

弗里施后来说："喏，她一直就缺乏在三维空间上将事物形象化的能力，然而，我有很好的空间想象力。事实上，我已经明确产生了同样的想法，我画了一个像圆在两个相对的点上被挤塌了的图形。"

"对，就是这样，"迈特纳说，"这正是我的意思。"她打算画的、弗里施已经画出的，是拉长得像哑铃的液滴，不过她当时只画了一端（往另一端看）的形状，在一个较大的实线圆内用一个较小的虚线圆表示"哑铃"的腰部。

弗里施后来说："我记得，我在那一刻立即想到这样一个事实：是电荷削弱了表面张力。"液滴靠表面张力拉拢到一起，而原子核是由类似的强作用力聚拢在一起的。但原子核中质子的电排斥力起到了反抗强作用力的作用，并且元素越重，排斥力越强。弗里施继续说：

> 因此，我立即开始计算核的表面张力将会减少多少。我不知道哪里才能获得我们需要的所有数据，但我想我对结合能肯定是多少有些了解的，能对表面张力做出一个估计。当然，我们很清楚它们的电荷和大小。因此，从数量级上考虑，其结果是，当电荷［也就是原子序数］大约为 100 时，核的表面张力将会消失；因此，原子序数为 92 的铀一定非常接近这种不稳定状态。

他们发现了世界上不存在超过铀的天然元素的原因：在核内，这两种力相互抗衡而最终彼此抵消。

他们把铀核设想成一颗由于约束力松弛而不断晃动的液滴，并想象它被一个几乎没有能量的慢中子击中。中子将它的能量添加给核的总能量，使核发生振荡。随机的核振荡模式有很多种，在其中一种中，核可能被拉长。因为强作用力只在极短的距离上起作用，所以，一个被拉长的液滴中的两个泡泡相互排斥的电作用力将获得优势。两个泡泡会被推得更远。在它们之间形成一个细的腰部。在两个泡泡各自的内部，强作用力开始重新获得优势。这会像表面

张力一样将它们拉成球状体。电排斥力将同时起作用，从而让两个
分离的球状体进一步分开。

　　最后，这个腰部会断开。原来大核的地方会出现两个较小的核，
例如钡和氪，就像下面这样：

A　　　　　　　　B　　　　　　　　C　　　　　　　　D

"这时，"弗里施回忆说，"莉泽·迈特纳说，如果真的形成两个这
样的碎片，它们会以很大的能量互相排斥。"它们会被一团质子间
的互斥力以光速的三十分之一的速度所推开。迈特纳或弗里施计算
出，能量将是大约 200 兆电子伏。1 电子伏是一个电子加速通过 1
伏的电势差时所需要的能量。200 兆电子伏虽不是很大的能量，但
出自一个原子，那就是非常大的能量。最高能的化学反应大约每个
原子释放 5 电子伏的能量。欧内斯特·劳伦斯在那一年用近 200 吨
重的磁铁建造一台回旋加速器，他希望用它将粒子加速到 25 兆电
子伏。弗里施后来计算出，从每个爆裂的铀核释放的能量足以使一
颗看得清的沙粒做出看得清的跳跃。在仅仅一克的铀中，存在大
约 2.5×10^{21} 个原子，这简直是一个天文数字，25 后面接 20 个 0：
2 500 000 000 000 000 000 000。

　　他们问自己，所有这些能量的来源是什么？这是问题的症结，
也是以前无人相信其可能性的原因。以前观察到的中子俘获释放的
能量小得多。

　　1909 年，迈特纳 31 岁，她在萨尔茨堡举行的一次科学大会上
首次遇到阿尔伯特·爱因斯坦。他"做了一场演讲，主题是我们对

辐射的本质的看法是如何发展的。在那时，我当然还没有认识到他的相对论的完整意义"。她热切地听了这个报告。在演讲过程中，爱因斯坦用相对论推导他的方程 $E=mc^2$，迈特纳当时对此并不熟悉。接着，爱因斯坦又演示了怎样计算质量向能量的转换。"这两个事实，"她在 1964 年回忆说，"是如此新奇和令人惊讶，直到如今，我仍能很好地回忆起这次演讲。"

她在 1938 年圣诞节的前一天记起了这次演讲的内容。弗里施说，她也"了解堆积系数"——弗朗西斯·阿斯顿那些有关核质量亏损的数字。如果大的铀核分裂成两个较小的核，那么，较小核的总质量会比它们共同的母体核的质量要小。小多少？她毫不费力就能计算出来：大约小了一个质子质量的五分之一。接下来用方程 $E=mc^2$ 来计算质子质量的五分之一。"质子质量的五分之一，"弗里施惊叫道，"正好相当于 200 兆电子伏。因而，这就是那份能量的来源，全都符合了！"

他们并没有看上去那样迅速地改变观念。他们可能很兴奋，但迈特纳至少保持着极为警惕的态度。这一新的研究工作使她与哈恩和施特拉斯曼在过去四年间的工作变得可疑；如果她在这一件工作上是对的，那么在另一件上就会是错的，而这一切恰好发生在她从德国逃到对她漠不关心的流亡世界的这一小段时间里，她需要非常顾及她的声誉。"莉泽·迈特纳说了大致这样的话：'我们不可能看得出来，这实在太出乎意料了。哈恩是一个优秀的化学家，他说它们对应什么元素，我就相信它们对应什么元素。谁能想到会是这样轻得多的东西呢？'"

贝吉乌斯家的圣诞节宴会很快结束了。弗里施滑雪而迈特纳步行。回到旅馆，时钟在嘀嗒声中走到了 19 点 38 分。在这个小村庄度过的一周时间里，他们一定参观过要塞，从要塞的壁垒上俯瞰过积雪的村庄，俯瞰过数世纪来因暴力而生的众多坟墓。尽管现在他们从能量上理解了实验结果，但这一发现对他们来说仍然只是一种物理学发现，他们尚未想象出链式反应。

哈恩于12月21日发出的关于确认镧的信件，斯德哥尔摩方面仍然没有回音，发表在《自然科学》上的论文副本，斯德哥尔摩方面也没有回音。哈恩渴望得到迈特纳的支持，在圣诞节后的星期三直接给康盖坞村写信求助于她。他小心翼翼地避免看起来像是篡夺了她的位置，称这一发现为他的"钡幻想"，并且以谦卑的态度只扮演化学家的角色，除了存在钡而不存在镧这样的事实外，他都征求她的建议。"当然，我非常愿意听到你的坦诚意见。也许，你能计算和发表某些东西。"他一直没有告诉其他物理学家，尽管他渴望他的化学结果得到物理学上的证实。这就像当巫师们在思考如何引雷电取火时，一名斧头的制造者通过敲打燧石发现了火。他可能无法相信他的运气并急切地寻求验证，但事实上他知道，烫伤他的手的物质是真实存在的。

星期四，信件寄到了康盖坞村，那天，迈特纳在回信中说，这个镭-钡发现"非常激动人心，弗里施和我已经对它进行了冥思苦想"。但她没有透露这一难题的答案。此外，她询问了镧实验的结果。

星期五，她给哈恩寄了一张明信片："今天收到了文稿。"缺少了重要的一页，但整篇都"非常惊人"。没有更多的话了——哈恩必定很不满意地紧咬嘴唇。

在达勒姆，罗斯鲍德将初校样寄给了哈恩，哈恩现在更确信他的发现了。初稿中写过，钡的结果"违背所有先前的核物理学定律"，他在校样中将措辞改得缓和一些，变为"违背所有先前的经验"。

但在康盖坞村，尽管拿到了副本，后来终于又拿到了缺失的一页和 12 月 21 日的来信，迈特纳仍然犹豫地按兵不动。1 月 1 日，在向哈恩致以新年的问候后，她写道："我们很彻底地读了你的研究论文，认为这样一种重核爆裂从能量方面看也许终究是可能的。"她转而对他们设想不周的超铀元素表示担忧，"对我的新起点不是一个好的参考"。弗里施附上了他自己的新年祝福和一个更为友善的保留意见："如果你的新发现确实正确，它一定会引起极大关注，我对进一步的实验结果很感兴趣。"

那天晚些时候，迈特纳回到斯德哥尔摩，弗里施回到哥本哈根。他"渴望将我们的推测告诉玻尔——当时的确还只是一种推测"。他们给哈恩的信中犹豫不决的口气表明他们想寻求玻尔的权威性支持。弗里施于 1 月 3 日看到了他："我刚开始告诉他，他就用手敲着前额说道：'啊，我们之前怎么一直那么傻！这真是太妙了！肯定就是这样！'"他们的交谈只持续了几分钟。那天，弗里施给他姨妈写信说："因为玻尔立即在所有方面同意我们的意见……这天晚上，[他] 还想要从定量的角度思考一下，明天再和我谈这个问题。"

那天，迈特纳在斯德哥尔摩收到了哈恩的修订清样。清样本身就足以消除她的疑虑。她给哈恩的信中强调："我现在相当肯定你确实使核碎裂而得到了钡，我认为这是一个奇妙的结果，为此我向你和施特拉斯曼表示热烈祝贺……现在，在你面前，出现了一个广阔而又美妙的研究领域。请相信我，即使我此刻两手空空站在这儿，我仍然为这些令人惊奇的发现而感到高兴。"

现在，这些发现需要获得理论解释。姨妈和外甥通过长途电话将一篇理论论文的轮廓勾勒了出来。1月6日星期五，弗里施起了草稿，那天晚间乘电车到"光荣之家"与玻尔一起讨论它，玻尔第二天早晨就要去美国到高等研究院工作一段时间。到了第二天早上，时间只够打出部分草稿；弗里施在火车站将两页论文交给玻尔，玻尔在这里和他19岁的儿子埃里克（Erik）一起乘火车去哥德堡海港。因为考虑到弗里施会立即将论文投给《自然》杂志，玻尔承诺，在弗里施告诉他这篇论文被接受而且发表之前，不会向美国同行提及它。弗里施为这最后一次讨论带来了许多笔记，他在其中提到了一个用物理方法来证实达勒姆的化学结果的实验。

1月6日，哈恩和施特拉斯曼的论文在柏林发表了。第二天它被送到哥本哈根时，弗里施想与乔治·普拉切克一同重温全部的内容。普拉切克以特有的方式表示怀疑并且以特有的语言调侃它。弗里施记得他嘲讽道，铀已经承受着α衰变，如果铀还能够被击碎，这件事"就像对一个被下落的砖头砸死的人进行解剖后却发现他死于癌症"。普拉切克建议弗里施用云室来寻找能证明原子核裂开了的高能碎片。弗里施认识到，研究所的基于镭的中子源会因为γ辐射而使云室照片变得模糊。但用简单的电离室即可达到目的。"预计你会获得快速运动的原子核，其原子序数为40~50，原子量为100~150，带着高达100兆电子伏的能量，从用中子轰击的铀层中释放出来，"他在一篇随后的报告中解释他的实验说，"尽管它们具有很高的能量，这些核在空气中仍然应该只有几毫米的自由程，因为它们具有大的有效电荷……这意味着会产生很密的电离化。"在它们通过较短距离的途中，它们的高带电的核碎片会从空气的核外剥离大约300万个电子。找到它们应该比较容易。

他的电离室"由一个大约1厘米高的玻璃环分隔的两块金属

板"组成。充电板将收集空气离子，它连接一个简单的放大器，而放大器又连接一台示波器。他将一片镀铀的箔片贴在底板上。他将这一实验放在研究所的地下室里进行，从用盖子封好的井里找来3个中子源。他将中子源靠近箔片，寻找预计会出现的原子核。因为它们是高能量的和强电离化的，因此，它们能够产生出快速、尖锐、竖直的脉冲，在示波器上扫出绿色的光束。

1月13日星期五下午，弗里施开始测量，"具有接近预计振幅和频率（每分钟一次或两次）的脉冲在几小时内都被观察到了"。他急忙换用各个中子源或者去掉衬里的铀进行检验。他用石蜡包裹好中子源以减慢中子的速度，"将效果放大了一倍"。他连续测试"直到早上6点，证实了设备始终如一地在运行"。正像在他之前的维尔纳·海森伯那样，他也住在研究所的楼上；他筋疲力尽地爬上楼睡觉。他记得，当时他想，这再一次证明13是他的幸运数字。

甚至更为幸运："早上7点，我被邮差敲门的声音吵醒了，他送来一封电报说，我的父亲从集中营里释放出来了。"他的父母要去斯德哥尔摩和他的姨妈同住一套公寓，而多亏了哈恩，他姨妈的财产终于船运过去了。

在"稍微有点混乱的状态中"，弗里施第二天用了一天时间为所有想看这一实验的人重复做这个实验。上午来到地下实验室的，有威廉·A.阿诺德（William A. Arnold），他满头黑发，蓝色眼睛，是一个爱尔兰血统的美国生物学家，正拿着洛克菲勒基金会的资助和乔治·德海韦西一起从事研究工作。阿诺德34岁，与弗里施同年，从加利福尼亚的帕西菲克格罗夫市的霍普金斯海运站而来。他领着妻子和年幼的女儿乘货船于前一年9月从旧金山出发到欧洲。他本来能够去伯克利学习放射性同位素技术，但那样的话，他会失去在哥本哈根向德海韦西学习的机会——会失去在这一历史性发现上赌一把的机会。弗里施向这位美国人展示了实验，指出示波器上的脉冲。"从峰值的大小看，"阿诺德回忆说，"很清楚，它们一定表示 100~200 兆电子伏，比铀产生的 α 粒子［的天然本底］的峰值要大很多。"

那天晚些时候，弗里施找到我说："你在微生物学实验室工作。你将一个细菌分裂成两个的过程称为什么？"我回答说："二分裂变。"他想知道是否能够仅仅称呼它为"裂变"，我说行。

弗里施是一个速写画家，擅长于图形化，这是他的姨妈所不能的。他使他的液滴变形为一个分裂中的生物细胞。因此，给生物繁殖所取的名称变成了猛烈毁坏过程的名称。"我写信给我的母亲说，"弗里施讲道，"我感觉就像我牵住了牛鼻子。"

整个周末，姨妈和外甥用电话进一步交换意见，为《自然》杂志准备了不是一篇而是两篇论文：一篇是两人对这种反应共同的解释，另一篇是弗里施关于他的实验的确切证据的报告。两篇报告——《铀被中子分解：一种新型的原子核反应》和《在中子轰击下重原子核分裂的物理证据》——用到了一个新的术语：裂变。弗里施于 1 月 16 日星期一晚间完成了这两篇论文，第二天早上用航空邮件将它们投递到伦敦。因为他和玻尔讨论过这篇理论论文，而实验仅仅证实了哈恩和施特拉斯曼的发现，因而他没有急于告诉玻尔。

玻尔和他的儿子埃里克以及比利时理论物理学家莱昂·罗森菲尔德乘坐"皇后岛号"航船踏上了从瑞典到美国的旅途。"我们上船的时候，"罗森菲尔德回忆说，"玻尔告诉我，他手头刚好有弗里施给他的一篇短文，包含了他和莉泽·迈特纳的结论；我们应该'尝试弄懂它'。"这意味着途中他们要办公。玻尔的特等客舱里正好安上了一块黑板。这是北大西洋多风暴的季节，使他"感到很难受，一直处于濒临晕船的状态"，但他几乎没有停止工作。他要回答的第一个问题是，当原子核被轰击时，如果它或多或少随机地振荡，它为什么似乎更能够裂开成两部分而不是某些其他数目？当他意识到，这种最重的核因为它的不稳定性，比起放出单个粒子，裂开它并不需要更多的能量，他满意了。这是一个概率问题，产生两块碎片比起产生多块碎片具有大得多的概率。

费米一家于1月2日到达纽约，劳拉产生了明显的侨居感，恩里科用他通常一本正经的自嘲口吻宣布："我们建立了费米家族的美国支系。"他们在王冠旅馆临时住了下来，这家旅馆正对着哥伦比亚大学，当时，西拉德也住在这里。哥伦比亚大学物理系主任兼研究生院院长乔治·佩格拉姆（George Pegram）是一个个子很高、说话温和的弗吉尼亚州人，当费米一家从"法兰克尼亚号"下船时，他迎接了他们；现在轮到他们在码头迎候玻尔了。美国理论物理学家约翰·阿奇博尔德·惠勒，当时29岁，20世纪30年代中期和玻尔在哥本哈根工作过，将在普林斯顿再一次和他一起工作。在拥挤的西57街码头，他加入了迎接玻尔的行列中。他是教完了星期一上午固定的课程后搭乘中午的火车来到这里的。

1 月 16 日下午 1 点，"皇后岛号"一靠岸，劳拉·费米就看到玻尔在上层的甲板上靠着栏杆向人群中搜寻。当他们会面时，她认为他很疲倦："从我们到他家拜访到现在这一段不长的时间里，玻尔教授看上去老了很多。最近几个月来，他被欧洲的政治形势以及他表现出来的担忧所困扰。他像一个背着沉重负担的人一样弓着背。他忧郁不安的眼神在我们当中移来移去，但是并没有停在哪一个人身上。"无疑，玻尔在为欧洲担忧。而且，他有些晕船。

　　他在纽约有事情，带着埃里克与费米全家一起走了。惠勒将莱昂·罗森菲尔德领到普林斯顿。为了遵守对弗里施许下的诺言，玻尔没有向费米或惠勒提到过哈恩和施特拉斯曼的发现以及弗里施和迈特纳的诠释，但他忘了告诉罗森菲尔德他的这一承诺。罗森菲尔德认为弗里施和迈特纳已经将论文寄出，这足以使他们被公认为最先提出这种解释的人。他将玻尔告诉给他的事情告知了惠勒。"在那些日子里，"惠勒回忆道，"我负责星期一晚间的期刊俱乐部"——这是普林斯顿大学的物理学家们讨论他们在物理学期刊上看到的最新研究的每周一次的集会，也是一种跟上前沿步伐的方法。"收集三件事情然后将它们在集会上报告是这个集会的传统，当我在火车上从罗森菲尔德那儿了解到那些事情时，这里就有了一个热门话题。"1939 年 1 月 16 日寒冷的星期一晚上，在普林斯顿大学物理系的期刊俱乐部，美国人第一次听到铀裂开的消息——"裂变"这个术语此时尚未跨越大西洋。"我的讲话在美国物理学家身上产生的效果，"罗森菲尔德悔恨地说，"比裂变现象本身更为惊人。他们抢着将这些消息向四面八方传播。"

　　玻尔第二天到达普林斯顿居住下来，罗森菲尔德无意中提到期刊俱乐部的讨论。"我当即大吃一惊，"那天晚上玻尔给他妻子写信说，"因为我向弗里施承诺过，要等到哈恩的短文发表了而他自己的论文也投寄出去了以后才能提起此事。"这不只是个人名誉攸关的事，尽管这个问题本身就足以引起玻尔良心上的不安。这也因为迈特纳和弗里施是流亡者，他们能够利用这个惊人的成就使自己在流亡中获得安稳。玻尔手头有他和罗森菲尔德在"皇后岛号"航船上完成了的研究工作；随后3天，他吃力地将它写成一封给《自然》杂志的信，直截了当地将创始权归于迈特纳和弗里施。3天写出700词的论文对尼尔斯·玻尔来说是很仓促的了。

"你能猜出我从哪儿得到[玻尔的消息]的吗？"尤金·维格纳问道，"是在[普林斯顿]医务室里……因为我感染了黄疸病，在医务室里住了6个星期。"维格纳并没有很快适应普林斯顿大学；1936年，"他们说我应该寻找别的工作"。他认为，当时普林斯顿大学是"一座象牙塔，人们对现实生活没有任何常规的想法，他们瞧不起我"。他另谋出路，在威斯康星大学麦迪逊分校找到了一份工作。"从第二天起，我就感到在那里十分轻松自在。有人提议我们去赛跑，我们绕着跑道跑，就成了朋友。我们不仅谈论最难的问题，也谈论日常事件。我们颇为认真地对待人生。"维格纳在威斯康星大学遇到了一位年轻的美国女子，他们很快结婚了。她生病了：

> 她得了癌症，生存无望，我试图向她保密。她住进了麦迪逊的一家医院，随后，她去看望父母，我陪她去了，当然，我不想留下来和她的父母在一起，因为我在她父母眼中毕竟是一个陌生人。我设法挤出一点时间去了密歇根大学安娜堡分校，然后我返回来看到她躺在她父母家的床上。她心情沉重地告诉

我，她知道她快要死了。她说："我应该告诉你我们的几个手提箱都在哪儿吗？"当她与我谈这些话时，我知道她已经知道了。我试图向她保密，因为我觉得，一个相当年轻的人如果不知道她命中注定的事情，会更好一些。当然，我们都是命中注定的。

1938年，维格纳回到了普林斯顿大学，到此时，这所大学才更为合理地评价了他的价值（1963年，作为一个成熟老练而且声誉颇高的理论物理学家，他因为在原子核结构方面的工作与人分享了当年的诺贝尔物理学奖）。

玻尔到达后，西拉德从纽约前来看望他生病的朋友，得到了一个姗姗来迟的惊喜：

> 维格纳将哈恩的发现告诉我。哈恩发现，当铀吸收一个中子时，它会破裂成两部分……当我听到这个消息时，我立即认识到，这些碎片比它们的电荷所对应的质量更重，必定会发射中子，并且，如果有足够的中子发射出来……那么，当然，维持一个链式反应就是可能的。对我来说，H. G. 威尔斯预言的所有事情突然显得真实可信了。

在普林斯顿医务室里维格纳的病床前，这两位匈牙利人辩论着要做些什么。

与此同时，玻尔将他给《自然》杂志写的信寄给了在哥本哈根的弗里施并请他转寄，"如果如我所希望的，哈恩的论文已经发表而且你和你姨妈的短文已经递交"。他想知道在这个前沿的"最新消息"，并且想知道"实验进展怎样"。在信末的附言中，他补充说，他刚刚看到了发表在《自然科学》上的哈恩和施特拉斯曼的论文。

思想像病毒一样传染开来。裂变感染的发源地是达勒姆。从那里出发，它扩散到斯德哥尔摩，扩散到康盖坞村，扩散到哥本哈根。它伴随玻尔和罗森菲尔德一起跨越大西洋。在那个星期，I. I. 拉比和加利福尼亚出生的年轻理论物理学家小威利斯·尤金·兰姆（Willis Eugene Lamb, Jr.），这两位哥伦比亚大学的研究者正好在普林斯顿大学工作，两人都听到了这一消息，兰姆也许是从惠勒那里，而拉比是从玻尔本人那里听到的。他们回到了纽约，兰姆说"也许是在星期五晚上"。拉比说他告诉了费米。1954年，费米证实了兰姆的话："我记得，一天下午，威利斯·兰姆非常兴奋地回来说，玻尔透露了天大的消息。"兰姆记得曾"将它广泛传播"，但不记得曾特地告诉了费米。也许在数小时内两人都曾向这位意大利诺贝尔奖得主谈到了此事。在物理学家中，费米是最需要听到这条消息的，因为他仅在一个月前做的、还没有印刷出版的诺贝尔奖演说如今就有些过时了，使人有点难堪。（费米在修正稿中加了一个脚注："哈恩和施特拉斯曼做出的发现……导致有必要重新探究超铀元素的所有问题，因为许多超铀元素也许最终会被发现是铀的一种分裂产物。"他和研究小组对许多其他放射性的确认以及他对慢中子的发现使他仍无愧于诺贝尔奖。）

西拉德也希望与费米谈一谈："我认为，如果在裂变中事实上发射了中子，这一事实应该向德国人保密。因此，我很渴望与约里奥取得联系，与费米取得联系，这两个人很倾向于认为这个事实是可能的。"他借用了维格纳的公寓，尚未离开普林斯顿。"有天早上我起床，想要外出。外面下着倾盆大雨。我说：'天啊，我会感冒的！'因为当时，我在美国是第一年，我每次只要被淋湿就会得重感冒。"但是，不管怎样，他都得外出。"我被淋湿了，发着高烧回到家里，因此，我无法与费米取得联系。"

不管是否感冒了，1月25日星期三，西拉德回到了纽约，看到了哈恩和施特拉斯曼的论文，并且写信给刘易斯·施特劳斯，施特劳斯作为资助人的身份在此时可能比任何时候都更为重要：

我觉得，我应该让你知道在核物理学方面的一个非常重大的进展。在一篇论文里……哈恩报道说，用中子轰击铀时，他发现铀裂开了……对普通的物理学家来说，这是完全出乎意料和激动人心的消息。最近几天，我所在的普林斯顿大学物理系，像一个被搅动了的蚂蚁窝。

除了纯粹科学上的重要性之外，这一发现可能还存在另外的意义，而这一点目前看来还没引起那些我曾经对话过的人的注意。首先，显然，在这种新的反应中释放的能量一定比以前了解的所有情况都要高很多……这本身就有机会使利用核能产生动力的方法成为可能，但我并不认为这种可能性很激动人心，因为……投资额可能会太高，因而不值得去做……

我还看到了……另外一个方向上的可能性。这一切可能会导致大规模地产生能量和放射性元素，不幸的是，也可能制造出原子弹。这一新的发现使我在1934年和1935年就有的希望和恐惧全都复苏了，而在过去的两年里，这些希望和恐惧其实已经渐渐消失了。目前，我正在发高烧，因此缩在房子的四堵墙壁里出不去，但我也许能在其他某个时间告诉你更多有关这些新进展的内容。

同一天，费米走进约翰·R. 邓宁（John R. Dunning）的办公室。邓宁是哥伦比亚大学的一名实验物理学家，他的专长与中子有关。费米提出做一个实验。邓宁、他的研究生赫伯特·安德森（Herbert Anderson）以及哥伦比亚大学的其他人在普平大楼的地下室里建造了一台小的回旋加速器。普平大楼是位于校园北区图书馆背后、面向曼哈顿市区的一座现代化的 13 层物理学塔楼。回旋加速器是一个潜在的中子源；费米和邓宁讨论着利用它来完成类似于 1 月 13 日至 14 日弗里施所做的实验，到此时为止，他们还不知道弗里施所做的实验。在哥伦比亚大学教工俱乐部的整个午餐时间，他们都在讨论实验计划，然后回到普平大楼。

费米刚离开办公室，玻尔就到了，他想要告诉费米自己知道了什么。玻尔发现办公室是空的，于是乘电梯来到地下室回旋加速器所在的地方，在这里，他找到了赫伯特·安德森：

> 他径直走来抓住我的肩膀。玻尔不会训诫你，他附在你的耳朵上小声说话。"小伙子，"他说，"让我向你解释物理学上某些新颖而又激动人心的事。"然后，他告诉我铀核的分裂以及这多么自然地符合液滴的想法。我完全着了迷。在我面前的就是伟人本人，他的块头让人难忘。他让我分享他的兴奋，就好像明白他所说的一切对我来说极端重要。

玻尔要去参加次日下午在华盛顿举行的理论物理学大会，他来不及见到费米就前去赶火车了。玻尔刚走，安德森就四处寻找费米，此时这个意大利人已经回到自己的办公室。"我还未开口，"安德森回忆说，"他就亲切地微笑着说：'我想我知道你想告诉我什么，让我向你解释它……'我必须说，费米的解释甚至比玻尔的解释更为生动。"

费米帮助安德森和邓宁开始准备实验，他在这天较早的时候和邓宁讨论过这一实验。安德森碰巧在不久前建了电离室和线性放大器。"我们只需在一个电极上准备一层铀，将它插进电离室。同一天下午，我们在回旋加速器上安装每件东西。但那天回旋加速器没有很好地运行。当时，我记起有一些氡和铍，它们在早期的实验中曾用作中子源。这是一个幸运的想法。"不过当天没时间把这种想法付诸实施了。费米也要参加华盛顿大会，不得不离开。安德森和邓宁只好让实验室暂时关门。

理论物理学的华盛顿大会是乔治·伽莫夫的发明，1939 年是第五届了。1934 年，他把开创这种大会作为其同意在乔治·华盛顿大学任职的条件。他把玻尔在哥本哈根的年度集会视作范本；因为当时在美国没有类似的大会，所以这几次华盛顿大会都立即取得了成功。在欧内斯特·劳伦斯少年时代的朋友默尔·图夫的鼓动下，也在华盛顿的卡内基研究所的地磁部的推动下，卡内基研究所和乔治·华盛顿大学合作举办了华盛顿大会。其费用不高，只需要车旅费，总数不多于 500 美元或 600 美元一年。人们之所以参加，是对此有兴趣。爱德华·特勒在回忆时称这种会议"通常规模不大而令人兴奋，十分吸引人，也有一点使人疲倦。不知何故，伽莫夫把大会的大部分组织工作都留给我做"。两人简单地选择一个主题，拟定一个被邀请者名单。研究生们挤进来听。这一年的主题是低温物理学。

那天傍晚，玻尔一到华盛顿就找到了伽莫夫。伽莫夫接着给特勒打电话："玻尔刚才来了，他发疯了。他说一个中子能够使铀裂开。"特勒想起费米在罗马做的实验以及由此产生的一堆放射性物质，"顿时豁然开朗"。在华盛顿，费米从玻尔那里了解到，弗里施应该做过了与费米在哥伦比亚大学留着尚未完成的实验相类似的一个实验，这使费米进一步感到懊恼。"费米……之前完全不知道弗里施做了这一实验，"玻尔在几天后给玛格丽特写的信中说，"我无权阻止其他人做这个实验，但是我强调说，弗里施在他的短文中也谈到了一个实验，大家都听说了弗里施和迈特纳的诠释，这全是我的错。我诚挚地恳请他们等待我收到弗里施写给《自然》的短文副本［再公开发现］，我希望这篇短文已经在普林斯顿等着我了［也就是说，等到大会后］。"费米似乎对进一步拖延提出了反对，这是可以理解的。

那天傍晚，赫伯特·安德森回到普平大楼的地下室。他找回了他的中子源。他计算出电离室内镀在一块金属板上的氧化铀在正常的放射性衰变过程中会自发地发射多少个α粒子：每分钟 3 000 个。他计算了 10 个这种自发出现的α粒子有多大的概率在示波器上产生一个假阳性的高能跳跃的波动轨迹。"实际上根本没有。"他在实验室笔记中得出这样的结论。

晚上 9 点稍过，他将中子源放在电离室旁边，开始观察示波器上的效应。"大部分跳跃对应于 0.4 厘米自由程的［大约为］0.65 兆［电子］伏的α［粒子］。"他注解道。随后，他看到了他正在找的东西："现在，大的跳跃不太频繁地每 2 分钟出现 1 次。"他对着时钟给它们计数。60 分钟内他数到 33 个大的跳跃。他撤去中子源。没有中子源时，"20 分钟内"，他写道，"0 个跳跃记录"。这是在哥本哈根以西首次有意识地观察到裂变。

安德森回忆说，那天深夜，邓宁出现了，"对我获得的实验结果感到非常兴奋"。安德森以为，邓宁会立即给费米发电报，但他似乎没有这样做。弗里施，正如他后来告诉玻尔的，没有发电报将他证实哥本哈根实验的消息传递过来，因为对他来说，这"只是给一个已经做出的发现附加一个证据"，而且"发电报给你会让我觉得自己不够谦虚"。邓宁尽管为自己看到新现象而感到兴奋，但可能也有相同的感觉。

玻尔意识到他处于进退两难的局面。大会将于 2 点开始。仅仅三天前他再次给弗里施写过信，责备他没有将他和迈特纳发给《自然》杂志的短文副本寄来。但即使他对这种延误确有担心，他更关心的仍是保护弗里施对这个实验的优先权。他不情愿地同意公开发现，他后来写信给弗里施强调，"在不提及你和你姨妈对哈恩的实验结果的独创性解释的情况下，任何公开报告……都是不正当的"。

在第五届华盛顿大会期间，51 位与会者坐着合了影。哪怕只列出一部分名单都能表明这次会议的威望之高。这些人有：奥托·斯特恩；费米；玻尔；哥伦比亚大学的哈罗德·尤里（Harold Urey），因分离出一种重氢即氘（氘的原子核里带有一个中子）而获得 1934 年度诺贝尔化学奖；格雷戈里·布赖特（Gregory Breit），一名尖刻但富有灵感的理论物理学家；拉比；当时在哥伦比亚大学工作的乔治·乌伦贝克（George Uhlenbeck），曾经是保罗·埃伦费斯特的助手；伽莫夫；特勒；来自康奈尔的汉斯·贝特；莱昂·罗森菲尔德；默尔·图夫。引人注意的是，西部没有人参加，也许是因为两个资助机构不打算为这趟长途旅行拨预算。

伽莫夫以向大家介绍玻尔作为大会的开幕式。玻尔带来的消息使会场活跃起来。坐在后排向前张望的年轻物理学家理查德·B. 罗伯茨（Richard B. Roberts）立即意识到了一种应用。他曾在普林斯顿大学接受训练，和图夫一起在卡内基研究所的地磁部做实验工作，这个实验部门坐落在华盛顿切维蔡斯居民区的一个花园般的处所。罗伯茨身材修长，精力旺盛，有着突出的下巴和波浪形黑发。1979年，他仍然生动地记得这次集会，将其写进了自传草稿里：

> 1939 年的理论物理学大会，主题是低温方面的，我并不迫切地想参加。不过，我在会场的后排坐了下来……玻尔和费米来到会场，玻尔开始介绍关于哈恩和施特拉斯曼实验的消息……他也报告了迈特纳的诠释，即铀裂开了。他像往常一样，说话含糊和漫无边际，因此，在他的讲话中，除了纯粹的事实外，几乎没有其他内容。接着是费米发言，他也像往常那样简明扼要，介绍了此事都有哪些意义。

大会闭幕后的星期一，罗伯茨在给他父亲写的一封信中解释道："费米也……描述了一个清晰检验这一理论的实验"——弗里施的实验，也就是费米、邓宁和安德森的实验。"值得注意的是，这个反应导致 200 兆电子伏的能量释放出来，使人们重新相信原子能的可能性。"

玻尔现在称裂变碎片为"裂块"。当时，每个人都借用玻尔的这个显得有些滑稽的用语。劳伦斯·R. 哈夫斯塔德（Lawrence R. Hafstad），长期以来和图夫合作的人，就坐在罗伯茨旁边。当费米讲完时，两人相互交换了一下眼色，便起身离开会场，匆匆去了地磁部。如果"裂块"是从铀产生的，那么他们想要成为尽早看到它们的人。

⊙

那天，西拉德在纽约拖着病体去最近的西联汇款办事处给英国海军部发电报：

诚恳请求忽略我最近写给你们的信件。

机密专利复活了。

⊙

《自然科学》大约在1月16日被寄到了巴黎。弗雷德里克·约里奥的一名助手后来回忆说："约里奥把自己锁在实验室里，好几天没对任何人说话，此后在一次令人动容的集会上，[约里奥]将这一实验结果告诉了约里奥夫人和我。"约里奥-居里夫妇再一次震惊地认识到，他们又错过了一项重大的发现。在随后的几天里，约里奥独立推导出了大能量释放并且考虑了链式反应的可能性，正如西拉德曾希望他做的那样。他首先试图从裂变中追踪中子，发现这种方法有困难，就构思了一个有些像弗里施所做的实验的实验设计。1月26日，他探测到了裂变碎块。

⊙

地磁部最新的地面建筑是原子物理学观测所，研究所所需的装置刚好在两星期前安置妥当：一台新的5兆伏电压的范德格拉夫起电机，图夫、罗伯茨和同事们用5.1万美元建造了它，用来拓展他们在原子核结构方面的研究。范德格拉夫起电机是用亚拉巴马州出生的发明这种设备的物理学家的名字命名的，但是图夫在1932年最先将它实际应用于实验中。它本质上是一种卓越的静电发生器，绝缘的、电机驱动的传动带从它的金属基座里的放电针上拾取离子，携带这些离子通过绝缘的支承圆柱体进入一个光滑的金属球形贮电器，并且积聚在球壳上。随着离子积聚，球壳上的电压便增加。之后，电压能以火花方式放电——范德格拉夫放电火花一度是科学狂人电影的主题——或者用来作为加速器加速管的动力。新机器建在一个梨形的、像水塔的水槽一样大的压力槽里，这样能帮助减少意外的火花。

当图夫首次向繁荣的切维蔡斯居民区的区委员会提出范德格拉夫起电机方案时，委员会拒绝了他。击碎原子一听就是种工业过程，而居民区要保护自己的土地价值。图夫注意到康涅狄格林荫大道向西数英里的海军观察所很受当地人的欢迎，于是在方案里改称原子物理学观察所，这么称呼也算符合事实。这一次方案就通过了。

罗伯茨和哈夫斯塔德选择在原子物理学观察所工作。他们打算在隔壁一幢建筑内使用老的1兆伏范德格拉夫起电机为裂块实验产生中子，但这台机器的离子源丝极被烧坏了。尽管原子物理学观察所的真空加速管渗漏，但找出渗漏比更换丝极要容易些。事实上，这需要两天时间。哈夫斯塔德在星期五晚上外出滑雪度周末，图夫的另一名年轻学生R.C.迈耶（R.C. Meyer）代替他做这件事情。

罗伯茨在实验室笔记簿上概述了星期六的工作：

星期六下午4：30

安装电离室以设法检测

$$U_{92}^{238}+n \rightarrow U_{92}^{239} \rightarrow Ba_{56}^{?}+Kr_{36}^{?}$$

中子来自Li+D［加速后的氘核轰击锂］

……

在用铀衬里的电离室观察到

α粒子［大致］产生1~2毫米的跳跃，偶尔有35毫米的跳跃（Ba+Kr?）

原子物理学观察所的靶室是一间小型圆形地下室，有些像印第安人的大地穴会堂，可以顺一条钢梯下去，寒冷的靶室闻上去有一股令人舒服的油味。罗伯茨一看到"对应于很大的能量释放的巨大脉冲"，他就和迈耶做遍他们能够想到的每一个实验。"我们迅速地试验了石蜡（用来给中子减速）的效应，然后用镉来消除慢中子。我们也对所有能够得到的其他重元素进行实验［确定它们是否能够被击碎］，使用钍时看到了相同的结果［也就是裂变］。"获得这一独创性发现后（在他们之前，弗里施在哥本哈根独立做出了这个发现），他们停下来去吃饭。"晚饭后，我告诉了图夫，他立即给玻尔和费米打电话，星期六晚上，他们来了。"

不仅尼尔斯·玻尔和费米来了，图夫、罗森菲尔德、特勒、埃里克·玻尔、格雷戈里·布赖特、约翰·弗莱明也来了。玻尔和费米穿着浓黑的细条纹服装，费米长得很快的胡子使他显得黝黑。埃里克·玻尔在钩花的丹麦毛线衣外潇洒地套着深色大衣，格雷戈里·布赖特看上去像一只猫头鹰。约翰·弗莱明是地磁部保守的负责人，他灵机一动请来了一名摄影师。除特勒外，所有其他人都在靶室里与迈耶和罗伯茨一起摆好姿势，留下这历史性的合影。电离室盒子在前景与许多石蜡盘堆在一起；玻尔捏着一个烟头；费米咧嘴而笑，露出他很晚才脱落的乳牙留下的两颗门牙之间的缝隙；罗伯茨疲倦而满意地朝照相机内张望。费米对示波器上的离子化脉冲感到吃惊，坚持要他们检查设备故障：他在罗马从未观察到过这样的脉冲（它们被铝箔拦截了，阿玛尔迪用铝箔包裹铀以屏蔽它的α本底）。玻尔仍然感到担心。"我不得不站在那里看这首次［原文如此］实验。"他写信给玛格丽特说，他并不确定弗里施是否做过了同一实验以及是否已经给《自然》发过短文。星期日回到普林斯顿大学，他从其他信中了解到弗里施做过了实验。"紧接而来的，"罗伯茨总结说，"是数日的激动，发布新闻和打电话。"

科学记者托马斯·亨利（Thomas Henry）出席了这次大会，他写的报道星期六下午登载在《华盛顿明星晚报》上。美联社转载了它。《纽约时报》周日版将它缩短以后在一个版面上转载了。邓宁可能看到了它，那天上午他终于将哥伦比亚大学的实验结果拍电报告诉了费米。正如赫伯特·安德森回忆的："费米……匆忙回到哥伦比亚，直接叫我到他的办公室。我的笔记本上列出了他觉得我们应该马上做的实验。这一天是1939年1月29日。"安德森说，他们已经意见一致，"我教他了解美国，他教我物理学"。这两门功课得到了认真对待。

《旧金山纪事报》转载了通讯社报道的消息。路易斯·阿尔瓦雷茨是欧内斯特·劳伦斯的高个子金发学生，也是一名未来的诺贝尔奖得主，他的父亲是梅奥医学中心的一名优秀医生。阿尔瓦雷茨在伯克利的史蒂文斯联合会理发室理发时坐在理发椅里读到了这条消息。"于是，［我让］理发师停止剪发，我立即从理发椅里站起来，尽快跑到辐射实验室……在那里，我的学生菲尔·埃布尔森［Phil

Abelson]……正[设法确定]当中子轰击铀时产生出的超铀元素是什么，他很接近于发现裂变现象，这太令人惋惜了。"埃布尔森仍然记得那痛苦的一刻："大约早上 9：30，我听到外面跑动的脚步声，紧接着阿尔瓦雷茨冲进实验室……他告诉我这一消息时，我认识到我很接近但错过了一项伟大的发现，我几乎变得麻木……几乎 24 小时我都处于麻木状态，身体都僵了。第二天上午，着手进行另一个计划时，我恢复了正常。"这天结束时，埃布尔森发现了碘，即辐照铀产生的碲的衰变产物，这是原子核能够裂开的另一个途径（也就是碲 52+锆 40=铀 92）。

阿尔瓦雷茨拍电报向伽莫夫了解细节，从那里了解到弗里施的实验，然后追踪到奥本海默：

> 我记得告诉罗伯特·奥本海默我正在寻找 [裂变引起的离子化脉冲]，他说"这是不可能的"，并且给出了许多裂变不可能真正发生的理论原因。我后来请他看示波器，当我们看到示波器上的大脉冲时，我要说在不到 15 分钟的时间里，罗伯特就确定了这确实是一个真正的效应……他认为，某些中子很可能在反应过程中被激发出来了，你能够借此制造出炸弹和产生动力，所有这些想法只在几分钟内就喷涌而出……他的头脑运转速度之快真让人惊奇，而且他得出的结论是正确的。

紧接而来的星期六，奥本海默在给加州理工学院的一个朋友的信中讨论了这一发现，勾画出了阿尔瓦雷茨和其他人在这一周里所完成的所有实验，并且推测了其应用：

铀的事情令人难以置信。我们首先在各种文章上看到它，再发电报以求得更多的消息，此后又有了许多报道……铀有多少种裂开的方式？是像人们猜测的那样随机的，还是只以几种特定的方式发生？尤其是，在裂开过程中，或者从受激的碎片中，有许多中子产生出来吗？如果是的话，那么，一块 10 立方厘米的氚化铀——需要氘［就是重氢］在不俘获［中子］的情况下来减慢中子的速度——应该是一个了不起的东西。你认为怎样？我想这是激动人心的，其原因不在于研究正电子和介子的罕见方法，而在于可靠的实用方法。

第二天，在写给哥伦比亚大学的乔治·乌伦贝克的信中，"了不起的东西"变成了"可能会将自己炸得无影无踪"。奥本海默的一个学生，美国理论物理学家菲利普·莫里森记得，"裂变被发现后，可能是一星期内，奥本海默办公室的黑板上有了一幅图，一幅极差劲的涂鸦之作：一颗炸弹"。

⊙

恩里科·费米做出了类似的推测。乔治·乌伦贝克在普平大楼里和他共用一间办公室，有一天无意中听到了他说话。费米站在这座物理学塔楼高处他办公室宽敞的窗前，俯瞰灰暗的冬季里曼哈顿岛的全景以及它那热闹的街道。在街道上，自动售货机、出租车和人群一如既往地川流不息。他把手拢起来，如同托着一个球。

"这么大的一个小炸弹，"他只说了一句，但口气并不轻松，"就会让这一切灰飞烟灭。"

第二篇

一种特殊的主权

"曼哈顿工程区"与我国的工业或社会生活毫无关联；它像是一个独立的州，有它自己的飞机、自己的工厂和自己的成千上万条秘密。它具有一种特殊的主权，这种主权能够以和平的或者暴力的方式终结所有其他的主权。

赫伯特·S. 马克斯（Herbert S. Marks）

我们很想知道这一系列的人和事——成百座发电厂，上千颗炸弹，聚集在国家机关里的几万人员，究竟是如何由少数几个人，坐在实验室的工作台前就某种类型原子的奇特行为展开讨论而导致的。

斯潘塞·沃特

第 10 章

中　子

1939 年 1 月底，利奥·西拉德仍然在感冒发高烧，在床上躺了一个多星期，但为了防止纳粹德国的物理学家们得知有关铀的链式反应可能性的信息，他决定做些事情。他在曼哈顿的西 116 街的王冠旅馆从床上强打起精神，走进纽约的寒冬里去找他的朋友伊萨多·艾萨克·拉比商量。拉比的个子没有西拉德高，但总是修饰整齐和镇定冷静，他将是 1944 年度的诺贝尔物理学奖得主。他于 1898 年出生于加利西亚，小时候随全家移民到了美国。意第绪语是他的母语；他在纽约市的下东区成长，他的父亲在一家制造女装的工厂里做工，直到积攒了足够的钱转行开了一家食品杂货店。因为他的家庭是信正统派的，并且属于犹太教中的基要主义者，所以拉比在从图书馆的书上读到地球围绕太阳转之前，并不知道这一知识。他在童年时代就读过《创世记》中关于宇宙起源的头几段，当他作为一个孩子沿纽约街道看到正在升起的月亮庞大的浅黄色月面时，他深感惊恐，这使他开始转向科学。他是一个有些鲁莽而又直言不讳的人，很难容忍愚蠢。他缺乏耐心的一个原因无疑是，这样可以使他对科学浓厚的热情不受到损害：他认为物理学是"无限的"，他后来在接近晚年时告诉一位传记作家说，他对当代的年轻物理学家很失望，他们只盯着技术，似乎没有察觉他发现的"神秘性：它与你能够看到的有多么大的差异，大自然是多么深邃"。

西拉德从拉比处了解到，在一周前举行的理论物理学第五届华盛顿大会上所做的公开陈述中，恩里科·费米论述了链式反应的可能性。西拉德来到费米的办公室，但没有在这里找到他。他又回到拉比处，请他告诉费米，"这些事情应该保密"。拉比同意后，西拉德才回到了他的病床上。

他正在康复，过了一两天后，他再次找到了拉比：

> 我对他说："你对费米说过了吗？"拉比说："是的，我说过了。"我说："费米说什么了吗？"拉比说："费米说：'胡说！'"所以我问："他为什么说'胡说！'？"拉比说："哦，我不知道，但他现在就在办公室，我们可以去问他。"于是我们来到费米的办公室。拉比对费米说："看，费米，我告诉过你西拉德的想法，你说'胡说！'，西拉德想知道你为什么这么说。"于是费米说："哦……在铀的裂变过程中放出中子从而产生链式反应只有极小的可能性。"拉比问："'极小的可能性'是什么意思？"费米说："这个嘛，百分之十的可能性。"拉比说："如果这意味着我们都可能因此而死，那么百分之十就不是一个'极小的可能性'。如果我患了肺炎，医生对我说，我死亡只有'极小的可能性'，为百分之十，我会因此而受到极大的刺激。"

费米轻巧地嗤之以鼻，而拉比在"概率"上做文章，这使两人无法达成一致。他们暂时撇开了这一讨论。

费米并没有误导西拉德的意思。站在办公室窗前俯瞰曼哈顿街区的费米很容易估计出来，如果单单是铀这种物质组成的聚集体就能自发裂变，一定数量的铀会有多大的爆炸力；甚至新闻记者也做过这种简单的计算。但这显然不是铀处于自然状态的情况，否则地球上的这种物质在很久以前就不存在了。无论这种反应从能量方面说多么引人注目，裂变自身也只能在实验室里满足人们的好奇心。只有当它释放次级中子，并且这些次级中子有足够的数量启动和维持链式反应时，它才可能起到更大的作用。"当时，"费米在实验方面的年轻伙伴赫伯特·安德森写道，"我们对如何确保产生中子一无所知。中子的产生必须在实验上观察到并且以定量的方式测量出来。"这种事还从未做过。事实上，费米从华盛顿一回来就立即向安德森提起这项新工作。对费米来说，这意味着利用裂变开发出一种战争武器是极不成熟的想法。

很多年后，西拉德简明地总结了他与费米之间立场的差别。"从一开始，这条界限就被划好了，"他说，"……费米认为保守的做法是淡化［链式反应］发生的可能性，而我认为，保守的做法是假定它会发生，并采取必要的预防措施。"

西拉德一康复就急起直追。他发电报给牛津大学，请人将他来美国时留在克拉伦顿实验室的铍圆筒通过船只托运过来，为他自己的中子发射实验做准备。应刘易斯·施特劳斯的请求，他用了一天时间与这位金融家讨论了裂变的可能后果。施特劳斯在回忆录中怀旧地指出，这次讨论使"我们在帕萨迪纳建的浪涌脉冲发电机已经变得无关紧要，而这一设备刚刚制造完成"。他投资数万美元的浪涌脉冲发电机失去意义了。施特劳斯预定在这天晚上乘通宵列车去一个棕榈海滨度假，西拉德则一路前往华盛顿继续进行讨论。他在讨好他的赞助人：他需要租用镭与他的铍一起制成一个中子源，希望能够说服施特劳斯提供这笔费用。

西拉德到达华盛顿的联邦车站时已经很晚，他给爱德华·特勒打了电话。特勒夫妇还没有从华盛顿大会的忙碌疲倦中恢复过来。米奇·特勒拒绝他突然来访，她的丈夫记得当时她的反应是："不！我们两人都很累。他必须去个旅馆。"不管怎样，他们还是与西拉德见了面，而大出特勒意料，米奇邀请他们的同胞留下来：

> 我们驾车回家，我指给西拉德他的房间。他疑虑重重地试了试床铺，然后突然转向我说："附近有旅馆吗？"有，他继续说："好的！我刚才想起以前在这张床上睡过，它太硬了。"
>
> 但在他离开之前，他坐在这张硬床的床沿兴致勃勃地说："你听到玻尔说的关于裂变的事情了吗？""听到了。"我回答说。
>
> 西拉德继续说："你知道这意味着什么！"

特勒回忆说，对西拉德来说，这意味着"希特勒可以靠它取得胜利"。

第二天，西拉德和特勒讨论了他自愿保密的计划，然后乘火车去普林斯顿和尤金·维格纳继续探讨此事，维格纳因黄疸病仍然在病房里休养。西拉德出现在普林斯顿时，尼尔斯·玻尔头脑中也正好形成了另一个重要的见解。

◉

玻尔和莱昂·罗森菲尔德逗留在普林斯顿大学教工中心的拿骚俱乐部。2月5日星期日，乔治·普拉切克在俱乐部的宴会厅与他们一同用早餐。这位波希米亚理论物理学家从哥本哈根出发，前一夜到达了普林斯顿，他是从纳粹迫害下逃亡的又一难民。谈话转向了裂变。"我们现在摆脱了那些超铀元素，这真是一种解脱。"罗森菲尔德记得玻尔当时说。他指的是20世纪30年代末哈恩、迈特纳和施特拉斯曼发现的那几种令人困惑的放射性。玻尔认为现在能够将其归因于一些较轻的已知元素——钡、镧和研究者们正在开始鉴别的许多其他裂变产物。

普拉切克表示怀疑。"情况比以前更让人困惑了。"他告诉玻尔。然后他开始指出困惑的根源。他直接向玻尔的原子核液滴模型的合理性提出挑战。这位丹麦诺贝尔奖得主对此相当重视。

物理学家们使用一个他们称为"截面"的方便的测量值来描述一种特定的核反应发生的概率。理论物理学家鲁道夫·派尔斯曾经用下面的这种类比解释这种测量值：

> 比方说，如果我向一个面积为1平方英尺的玻璃窗投出一个球，10次中可能存在1次击碎玻璃窗的机会，而10次中有9次是球被弹回。用物理学家们的语言说，这扇特定的窗子，对于用这种特定方式投上去的球来说，有1/10平方英尺的"击碎截面"和9/10平方英尺的"反弹截面"。

许多不同的核反应的截面能够被测量出来，它们不是用平方英尺表示而是用平方厘米的微小分数表示，通常为10^{-24}平方厘米，因为派尔斯的类比中的靶窗是微小的原子核。普拉切克在他和玻尔的讨论中所谈到的截面是俘获截面：核俘获逼近它的中子的概率。按照派尔斯的类比，俘获截面测出的是当球投到时窗口打开从而让球进入房内的概率。

核俘获特定能量的中子比俘获具有其他能量的中子的频度更高。可以说，核天生就"偏爱"某些特定的能级——这就像派尔斯的窗口更容易向以特定速度投掷的球打开一样。这种现象称为共振。普拉切克乐于强调的那种困惑涉及铀和钍俘获截面的一种共振。

普拉切克指出，铀和钍两者都对具有大约 25 电子伏的中等能量的中子显示出一种俘获共振。这首先意味着，尽管裂变是铀在中子轰击下可能表现出的一种行为，但俘获和随后的嬗变仍然是另一种行为。玻尔永远也无法摆脱那些棘手的"超铀元素"。它们中的一些是真实存在的。

例如，如果中子穿透铀核，其结果可能是裂变。但如果中子穿透铀核时碰巧有着合适的能量——在约为 25 电子伏的情况下——核就有可能俘获它而不裂变。接着就可能产生 β 衰变，使核的电量增加一个单位，其结果应该是产生一种新的、当时尚未命名的超铀元素，其原子序数为 93。这是普拉切克的一个观点。时间将证明这一观点至关重要。

困惑的另一个根源更为直接。它与如何利用原子能这一问题的关系也更密切。它涉及铀和钍的差异。

钍是 90 号元素，是一种柔软、较重、有光泽的银白色金属，是著名的瑞典化学家约恩斯·雅各布·贝采利乌斯（Jöns Jakob Be-rzelius）于 1828 年首先分离出来的。贝采利乌斯用北欧的雷神托尔（Thor）的名字把这种新元素命名为"钍"。它的氧化物在 19 世纪末找到了商业用途，开始作为汽灯脆弱编织罩的基本成分使用：热使它白热化，发出白炽光。因为它有轻微的放射性，而这种放射性一度被认为有滋补性，所以有许多年，钍也被掺入德国的杜拉马德牌（Doramad）牙膏里，牙膏广受欢迎。奥尔公司是德国制造汽灯的公司，也制造这种牙膏。哈恩、迈特纳和施特拉斯曼，还有约里奥-居里夫妇等人，像研究铀一样系统地研究过钍。它们的表现常常很类似。奥托·弗里施首先证明了它可发生裂变。1月在哥本哈根做实验期间，他在轰击过铀之后紧接着就用中子轰击了钍。弗里施从康盖坞村返回哥本哈根后与玻尔讨论过这个实验，而玻尔在美国不遗余力地保护此实验的优先权。

弗里施当时注意到了钍的裂变特性与铀的裂变特性有所不同，他也是第一个发现这一点的人。钍对石蜡的神奇效果没有反应，它不受慢中子的影响。理查德·罗伯茨和他在华盛顿卡内基研究所地磁部的同行们刚好独立地证实和推广了弗里施的发现。用5兆伏的范德格拉夫起电机，他们能够产生若干具有不同的已知能量的中子。他们于星期六晚间为华盛顿大会出席者演示完毕后，继续进行各种实验。他们对铀和钍在不同能量的裂变进行了比较，而弗里施是无法借助于单一的中子源进行这种比较实验的。他们惊讶地发现（弗里施的论文尚未发表在《自然》上），在快中子的轰击下铀和钍都发生裂变，而在慢中子的轰击下只有铀发生裂变。0.5兆电子伏和2.5兆电子伏之间的某个能量值标志着这两种元素的快中子裂变较低的能量阈值。（玻尔和约翰·惠勒在普林斯顿大学着手研究裂变理论，估计出阈值能量大约为1兆电子伏。）能使铀发生裂变的慢中子在很低能量下也有效。"通过这些比较，"地磁部研究小组在2月份的论文中推断，"看来，由快中子和慢中子产生的铀裂变经历的是不同的过程。"

普拉切克现在向玻尔尖锐地提出，为什么铀和钍具有类似的俘获共振和类似的快中子阈值，而对慢中子的响应却不同？液滴模型但凡有一点合理性，这个差异就是讲不通的。

　　玻尔猛然明白了原因，一时愣住了。他生怕这个目前仅有雏形的想法从头脑中溜走，于是几乎忘记了礼貌，直接推开身后的座椅，从房间里大步走出了俱乐部。罗森菲尔德赶忙跟了上去。"我赶紧离开普拉切克，赶上玻尔。他默默步行，陷入冥思苦想之中，我特别当心，以免打扰他。"两人无言地踏雪穿过普林斯顿校园，来到法恩大楼，这是一幢新哥特式砖块建筑，高等研究院当时就设在这幢大楼里。他们进入大楼，来到玻尔从爱因斯坦那儿借用的办公室。这是一间宽敞的办公室，有大扇的窗户、一个壁炉、一面大黑板，还有一块东方地毯让人脚下感到暖和一些。爱因斯坦不像玻尔那样喜欢走来走去，他觉得这间办公室太空旷，就搬到旁边一间秘书用的小厢房里办公去了。

　　"我们一走进办公室，"罗森菲尔德回忆说，"［玻尔］就急忙走向黑板，告诉我：'现在听着，我全明白了。'于是他开始在黑板上画几个图形——在此过程中像往常一样一言不发。"

　　玻尔画的第一个图形看上去就像这样：

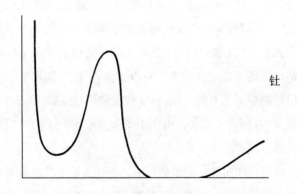

钍

横轴从左到右标志着中子从低到高、从慢到快的能量。纵轴标志着截面的大小——某一特定的核反应的概率——并且有双重用途。左边的S形曲线横跨了大部分区域，代表钍在不同中子能量下的中子俘获截面，陡峭的中心峰值表示中间区域的25电子伏共振。在右方从横轴向上抬起的尾部代表钍的一种不同的截面：它是开始于1兆电子伏阈值的高能量裂变的截面。因此，玻尔绘制的示意图反映了钍对能量不断增加的中子轰击的反应变化。

玻尔转而在黑板的另一个位置画了第二个图形。他标出了天然铀中含量最多的那种同位素的质量数。"他用很大的字写下质量数238，"罗森菲尔德说，"在书写过程中，他将粉笔弄得断成了几段。"玻尔急促的心情表示他想讲的要点来了。第二个图形看上去与第一个图形很相似：

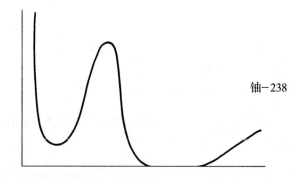

铀-238

但是还有第三个图形即将画出。

当弗朗西斯·阿斯顿在卡文迪许实验室首次让铀通过他的质谱仪时，他只发现了铀-238。1935年，芝加哥大学的物理学家阿瑟·杰弗里·登普斯特（Arthur Jeffrey Dempster）利用一种功能更强的仪器，探测到第二种同位素，这是较轻的同位素。"我们发现，"登普斯特在一篇演讲中称，"数秒钟的曝光对于发现阿斯顿博士报道过的主要成分铀-238来说是足够的，而长时间的曝光就使微弱含量的质量数为235的微量同位素也呈现出来。"三年后，哈佛大学的天才博士后研究员阿尔弗雷德·奥托·卡尔·尼尔（Alfred Otto Carl Nier），从德国移民到明尼苏达州的工人阶级之子，测得在天然铀中铀-235和铀-238的比例为1：139，这意味着在天然铀中，铀-235所含比重约为0.7%。相比之下，处于天然状态下的钍实际上就只有一种同位素，为钍-232。两种元素成分的天然差异是引导玻尔的线索。他画出了第三个图形。它描述了一个截面，而不是两个：

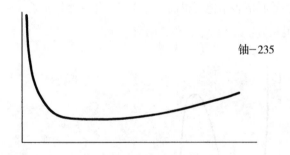

　　将他突然领悟的东西从头脑中转存到黑板上之后，玻尔终于准备开口解释了。

　　他向罗森菲尔德指出，从理论上讲，钍和铀-238有类似的表现：仅能用俘获能量高于1兆电子伏的快中子来产生裂变。它们似乎确实是这样。这样就只剩下了铀-235。玻尔带着成功的喜悦说，接下来就是一个逻辑推理的问题，铀-235一定是造成慢中子裂变的原因。这就是他的基本想法。

　　他继续探究几个反应的微妙能量差异。钍比铀-235轻，铀-238

则较重，但中间的同位素（铀-235）在另一重要方面有着更加意义非凡的不同之处。钍-232 吸收一个中子时，会变成奇质量数的核钍-233。铀-238 吸收一个中子时，它也会变成奇质量数的核铀-239。而铀-235 在吸收一个中子时会变成偶质量数的核铀-236。费米后来曾在一个演讲中解释说，核重新排列的变迁就像这样，"从奇数个中子向偶数个中子的改变会释放 1 兆电子伏或者 2 兆电子伏的能量"。这意味着铀-235 有一个优越于它的两个竞争者的内在能量优势：它仅凭改变质量就能积累裂变能量，而那两个则不能。

莉泽·迈特纳和奥托·弗里施在康盖坞村认识到，扰动原子核引起裂变需要有一定的能量，但他们没有从细节上考察这输入的能量背后的机制。他们的注意力被巨大的 200 兆电子伏的能量输出吸引过去了。事实上，铀核要求有一个约 6 兆电子伏的能量输入来引起裂变。要使被扰动的原子核拉长到分裂的程度，就必须有这么多的能量。吸收任何一个中子，不管它的速度多大，都会有约 5.3 兆电子伏的结合能可用。但这给铀-238 留下了约 1 兆电子伏的缺口，这就是铀-238 需要至少有阈值能量的快中子才能发生裂变的原因。

铀-235 吸收一个中子时，也会获得大小为 5.3 兆电子伏的能量。但它单单通过从奇质量数转变到偶质量数就获得了费米所讲的"1 兆电子伏或者 2 兆电子伏"的额外能量，从而使总能量超过 6 兆电子伏。因此，任何中子都能使铀-235 发生裂变——无论是慢中子、快中子还是介于快慢之间的中子。这就是玻尔的第三个图形所表示的：铀-235 的可能连续的裂变截面曲线。从图形左侧的电子伏能量只稍稍高过零的慢中子，到右侧的也能使铀-238 发生裂变的 1 兆电子伏以上能量的快中子，铀-235 原子核碰到的任何一个中子都将充分扰动原子核，导致核发生裂变。天然铀掩盖了铀-235

的这种连续可裂变性；更为丰富的铀-238俘获了绝大多数的中子，只有用石蜡减慢中子，使其能量低于铀-238俘获共振的25电子伏，像哈恩、施特拉斯曼和弗里施这样的实验家们才能设法使高度可裂变物质铀-235显现出来。玻尔用他突然的洞见回应了普拉切克提出的质疑，巩固了他自己的液滴模型。

1月，玻尔用三天时间写了一篇700词的论文来保护他的欧洲同行的优先权；现在，他急切地传播铀-235在裂变问题上扮演特殊角色的消息，用两天时间就写出了一篇1 800词的论文，于2月7日投到《物理评论》上。不过《铀和钍嬗变中的共振和核裂变现象》一文写得很仔细，读者在阅读时都未必这样仔细。每个人都懂得它的基本猜想——铀-235而非铀-238才是慢中子造成铀裂变的原因——但不是每个人都会在没有实验证实的情况下表示赞同。不过正如费米回忆时所说的，可能因为同位素在那时"被认为像中了魔法似的不可分离"，每个人都忽视了它更深层的意义。西拉德在那个月向刘易斯·施特劳斯解释说，"慢中子所击裂的似乎是丰度大约为1%的那种铀同位素"。地磁部的理查德·罗伯茨在1940年起草的一篇具有重大意义的报告中宣称："玻尔……把〔慢〕中子反应归因于铀-235，而把快中子反应归因于铀-238。"罗伯茨的误述可能只是一个初步得出的粗略结论，他在一篇修订的报告中进行了改正。但西拉德和罗伯茨的评论都表明，物理学家们一开始都在重点关注铀-235的慢中子裂变，而忽略了一种更为不祥的潜在可能性。

在发给《物理评论》的论文中，玻尔间接地认可了那些物理学家关注的重点。铀-235的慢中子裂变是他论述的重点，因为它解释了铀和钍那令人困惑的差异。不过，玻尔也考虑了在快中子轰击下铀-235的行为。"对于快中子，"他在论文接近结尾处写道，"……因为此处关注的同位素［铀-235］的含量很少，所以其裂变产物比起撞击丰度大的同位素［铀-238］所获得的要少得多。"这一陈述暗示了但没有明确提出这样一个耐人寻味的问题：铀-235若能够从铀-238中分离出来，那对于快中子来说，其产物会是什么？

◉

罗马的奥尔索·科宾诺的花园鱼池的最新替代物，是那年冬天费米和安德森在普平大楼的地下室里安装的3英尺宽、3英尺深的水箱。他们计划将氡-铍中子源插入一支5英寸的球形管的中心部位，将球形管浸入水中，悬挂在水箱的中央。从铍释放出的中子在水中散射开来，水会使中子的速度慢下来。中子会在铑箔条（这是费米最喜欢的中子探测器）上激发出特有的44秒半衰期的产物，铑箔条被以各种距离放置在球形管的边上。费米打算等确定了单用Rn+Be（氡加铍）源时中子活性的基线后，就将氧化铀装进球形管内，包裹住中子源再进行一系列的测量。如果有铀的情况比起没有铀的情况在水箱中有更多的中子出现，他就有理由推断，铀在裂变过程中产生了次级中子，并且能够粗略估计出它们的数量。一个中子进、一个中子出，这不足以维持一个链式反应，因为有些中子难免会被俘获而另一些中子会逃逸：每个初级中子需要产生多于一个次级中子，最好至少产生两个。

上到七楼，西拉德发现了一个不同的实验正在进行。沃尔特·津恩（Walter Zinn）是在城市学院任教的高个子、白皮肤、金发的加拿大博士后研究助理，他正在用从一台小加速器上产生的2.5兆电子伏的中子轰击铀。他是用中子能量而不是用中子数量来推理的；他正在寻找比他提供的2.5兆电子伏的中子速度更快的中子，以此证明产生了次级中子。到此时为止，他仅仅得到了一些不确定的结果。

"西拉德带着极大的兴趣观看了我的实验，"津恩回忆说，"然后提出，如果利用能量更低的中子，实验可能会取得更大的成功。我说：'那当然好，不过你从哪儿得到它们？'利奥说：'把工作交给我，我会得到它们的。'"

西拉德打算帮助津恩，但他还暗想得到津恩的电离室。"我们所需要做的一切，"他后来说，"是取得一克镭，取得一块铍，用从铍放出的中子辐照一块铀，然后借助于津恩已经建立的电离室观察在这一过程中是否有快中子放出。设备一旦搭建起来，只要你有中子源，进行这样一个实验需要的时间也就一两个小时。但是，当然我们还没有镭。"

问题仍然出在经费上。纽约和芝加哥镭化学公司是比利时的上加丹加矿业联盟的子公司，是全世界镭的主要供应源，乐于以每个月125美元的租金将一克镭以三个月为最短租赁期出租。刘易斯·施特劳斯当时正在他自己的弗吉尼亚农场，西拉德于2月13日写信给他，"看看你是否能提供这样一项经费开支"，有预见性地向这位金融家简要介绍了这一最新发展的意义。这封信的最关键段落讲了玻尔的最新假说，即铀-235是天然铀中慢中子裂变的原因：

> 如果这种同位素能够被用来维持链式反应，它就必须从铀块中被分离出来。如果有必要，我们无疑能做到，但可能需

要 5 年到 10 年的时间才能在技术上实现。如果小规模的实验能够表明，钍和天然铀块不可用，但是铀的稀有同位素可用，那我们就将有一项任务，即马上攻克铀的稀有同位素的浓缩问题。①

　　施特劳斯在浪涌脉冲发电机方面遭受损失的前车之鉴使他不敢再进一步在核事业方面投资。西拉德后来说，施特劳斯想知道，"我怎么能确信这能够起作用"。因为西拉德没有提供保证，所以施特劳斯没有提供支持。于是西拉德转向本杰明·利博维茨。"他虽不穷，但也并不十分富有……我告诉他这一切，他说：'你需要多少钱？'我说：'哦，我想借 2 000 美元。'他拿出支票簿，开了一张支票，我兑现了支票，租来了……镭，同时，铍块也从英国运到了这里。"

　　铍圆筒于 2 月 18 日运抵，沃尔特·津恩认为它是"一个奇怪而且独特的物品"，以为是西拉德的神奇方法的证明。同一天，西拉德从特勒处听说了华盛顿地磁部的重要工作。理查德·罗伯茨和 R. C. 迈耶正在准备一篇投寄给《物理评论》的快报，报道从裂变产

① 铀-235 和铀-238 的差异引发了一场辩论。"费米和其他一些人，"约翰·邓宁说，"非常怀疑铀-235，甚至不同意它起了作用——他们认为是铀-238［导致慢中子裂变的］。"这一异议激怒了玻尔。他告诉莱昂·罗森菲尔德，他感到"愤怒"，因为费米质疑他的观点，即钍和铀-238 是一类而铀-235 自成一类。罗森菲尔德写道："抱定决心按自己的思路进行研究，不受外界任何影响，既是费米的长处也是他的弱点……他认为玻尔讨论的证据可能还有其他解释，并且只有实验才能验证。"而邓宁则"立即接受了玻尔的论点"。这带来的重要结果是邓宁开始思考同位素分离，而费米还在继续研究在天然铀中产生链式反应的可能性。费米这次一反常态地表现出了保守态度，西拉德也是如此。

生缓发中子的发现。这些虽不是哥伦比亚大学研究人员正在寻找的瞬发次级中子，但确实证实了裂变碎片有富余的中子并且自发地放出它们。

特勒在繁忙的地磁部实验室所感受到的普遍激动给了他更为深刻的印象：

> 我刚一开始对铀产生兴趣，关于实际意义的尖锐讨论就开始了。图夫、哈夫斯塔德和罗伯茨完全清楚铀是拿来做什么用的。他们也知道费米的实验。当然，我什么也没有说。以上提到的［发给《物理评论》的］快报不会造成任何损害……

> 我不知道他们的详细计划，但我相信，必须尽快采取行动［以保守秘密］。很多人已经发现了其中的内幕。华盛顿的那些人想要说服卡内基研究所，鉴于铀研究的实际用途那么重要，应该为其提供更多的经费……但此时这样做不会产生实际效果，除非［卡内基研究所的］领导层对此表现出比迄今为止更多的兴趣……

> 我再说一遍，在华盛顿，到处都在谈论链式反应。我只要提到"铀"，就能对他们的想法听上两个小时。

卡内基研究所所长万尼瓦尔·布什（Vannevar Bush）是新英格兰的美国佬，祖父和外祖父都是船长。他是一名电气工程师、发明家，担任过麻省理工学院的工程学院院长。如果说布什最初对于投资链式反应实验的意愿比特勒预期的态度还要冷淡，那么像他这样的大有人在：无论是伯克利的欧内斯特·劳伦斯，达勒姆的奥托·哈恩，还是那年 2 月访问哥本哈根时与奥托·弗里施一道工作的莉泽·迈特纳，都不愿追逐"镜花水月"。只有哥伦比亚大学和巴黎进行了早期的实验，尽管地磁部不久就会跟着哥伦比亚大学加入进来。

弗雷德里克·约里奥和两个同事——一个是谈吐文雅的奥地利人汉斯·冯·哈尔班（Hans von Halban），另一个是大块头、敏锐的苏联人卢·科瓦尔斯基（Lew Kowarski）——开始做一个类似于费米在 2 月最后一周所做的那种实验，那次实验旨在找出裂变产生的次级中子。他们也将中子源置于水箱中央，但他们是将铀溶解在水中，而不是包裹在中子源周围。更为重要的是，他们有权直接使用镭研究所丰富的镭储备，这给他们的研究带来了优势。

因为费米的中子源依赖于氡而非镭，所以，这给他的实验带来了一个不确定的因素，西拉德发觉了这一因素并打电话引起他的注意：氡比起镭会使铍放出速度更快的中子；因此，费米在水箱里发现的中子增加至少有某一部分不是由裂变引起的，而是由铍中另一种与之竞争的反应引起的。费米认为这一不确定因素微不足道，但同意用一个镭-铍中子源重复做这个实验，正像津恩此前所做的那样。西拉德慷慨地将他的铍贡献出来。但是用来激活它的镭尚未到手，西拉德还在为租借它而进行谈判，迟迟谈不下来是因为他没有正式所属单位，镭化学公司对他不放心。

在西拉德设法进入哥伦比亚实验室，成为一名为期三个月的客座研究人员后，3 月上旬，他得到了他需要的镭：封装在一个黄铜小容器中的两克镭。他和津恩立即开始设置他们的实验。他们把各种组件装配成了一个精致的套件，很像套盒，所使用的组件有：一块大蛋糕状的石蜡，铍圆筒安放在石蜡的一个盲孔的底部，镭源放进铍圆筒中；在铍上，一个装满氧化铀的盒子置于石蜡内部，内衬是吸收中子用的镉；一根与示波器相连的电离管被推入盒内，但是用一块铅塞子来防护镭的γ辐射。西拉德说，借助于这一装置，他们能分别测出在有镉防护和无镉防护的情况下从铀中产生的中子的流量：

> 一切准备就绪，我们只需旋转一个开关，向椅背上一靠，看电视显像管的屏幕就够了。如果在屏幕上出现闪光，这意味着在铀裂变的过程中发射出了中子，进而又意味着原子能的大规模释放指日可待。我们旋转了开关，看到了闪光。我们看了一会儿，然后关上所有设备回家了。

他们对产生的中子数量进行了粗略的估计："我们发现，每裂变一次放出的中子大约为两个。"法国研究小组只要打电话就能取得镭，他们在一星期前就发现了"每吸收一个中子，就有超过一个中子……产生出来"。费米和安德森估计"每俘获一个中子产生大约两个中子"。西拉德立即提醒维格纳和特勒留意。特勒清楚地记得那一刻：

> 我坐在钢琴边，正打算和一个朋友合奏，他用小提琴能演奏出原汁原味的莫扎特的乐曲，此时电话铃响了。是西拉德从纽约打来的电话。他用匈牙利语告诉我，只一句话："我找到了中子。"

西拉德也给刘易斯·施特劳斯发电报告知此事：

> 今天用铍块做的计划中的实验产生了惊人的结果。发现有大量中子发射出来。反应的机会估计在50%以上。

从在伦敦百花里横穿街道的那天起，西拉德就懂得了中子意味着什么：未来的面貌。"那天晚上，"他后来回忆说，"我毫不怀疑，这个世界正在酝酿悲剧。"

⊙

尽管尤金·维格纳还处在黄疸病的康复过程中，但他对西拉德令人不安的消息做出了主动的回应。此时，背信弃义的风暴震惊了整个中欧。希特勒命令捷克斯洛伐克的总统和外交部长于3月14日来到柏林，然后威胁他们的国家投降，否则就要将布拉格炸成废墟。在纳粹元首的恐吓下，那天，斯洛伐克正式脱离捷克斯洛伐克共和国。鲁塞尼亚，捷克斯洛伐克沿着喀尔巴阡山脉向东方延伸的狭窄区域，也作为喀尔巴阡-乌克兰而宣布独立。第二天一早，海军上将霍尔蒂的法西斯匈牙利在德国的认可下入侵了这个新生的国家，这场盗墓式的闹剧顷刻间就停止了。希特勒作为胜利者飞到了布拉格。3月16日，他颁布法令，宣布捷克斯洛伐克剩下的地区——波希米亚和摩拉维亚——处于德国的保护之下。在慕尼黑会议上被法国和英国抛弃的这个国家在没有抵抗的情况下被肢解了。

维格纳赶上了去纽约的火车。3月16日上午，他在乔治·佩格拉姆的办公室与西拉德、费米和佩格拉姆见了面。至少从1月底起，西拉德就一直在推动他的同盟组成新形式——他称之为科学协作联合会——用以协调研究，募集和支付资金，以及保守秘密，作为一个民间组织来引导原子能的开发。他与刘易斯·施特劳斯在开往华盛顿的火车上讨论它，在特勒家度过硬板床的那个夜晚后与特勒讨论过它，在普林斯顿大学玻尔画那几个图形的周末与维格纳讨论过它。维格纳一涉足其中，这种民间自发的尝试就结束了。他"向我们强烈呼吁"，西拉德说，"立即将这些发现告知美国政府"。它是"一件严肃至极的事情，我们无法设想处理它的责任有多重大"。

乔治·佩格拉姆当时 63 岁，与那天上午在他的办公室争论的两个匈牙利人和一个意大利人相比，他是老一辈的人了。他是南卡罗来纳州人，1903 年凭借钍方面的研究工作从哥伦比亚大学获得博士学位；曾于柏林大学在马克斯·普朗克的领导下从事研究工作；当欧内斯特·卢瑟福还在麦吉尔大学富有成果的"流放"中不断取得进展时，他就与卢瑟福有了通信联系。佩格拉姆个头高，有运动员的体魄，以网球冠军身份步入他的花甲之年，在年轻时喜欢用桨和帆驾驶一条 18 英尺长的独木舟围绕曼哈顿岛转悠。他对放射性的兴趣可能是他那作为化学教授的父亲激发的。"当今在物理学家面前最重要的问题可能是，"老佩格拉姆于 1911 年告诉北卡罗来纳州科学院，"使〔原子内部的〕巨大能量能够为世界所用。"第二年，作为哥伦比亚大学的一名副教授，佩格拉姆写信给阿尔伯特·爱因斯坦，促成他到纽约做有关相对论的演讲。佩格拉姆将拉比和费米带到哥伦比亚大学，为这所大学树立起核研究方面的国际声誉。如今他头发花白而稀少，戴着金属边框眼镜，耳朵突起，下巴坚挺、方正、宽阔。他仍对放射性怀有兴趣，但作为一名大学院长，守旧的保守主义使他提醒自己小心谨慎。

佩格拉姆告诉维格纳，他在华盛顿认识一些人，比如海军副部长查尔斯·爱迪生（Charles Edison）。维格纳坚持要佩格拉姆立即给这人打电话。佩格拉姆乐意这样做，但这个小组首先应该统筹安排。由谁传送消息？费米那天下午要去华盛顿，在晚间要给一群物理学家做演讲，他可以在第二天去海军部见面。他是诺贝尔奖得主，海军部应该会对他有特别的信赖。佩格拉姆往华盛顿打了电话，没找到爱迪生，爱迪生的办公室叫佩格拉姆直接打电话给斯坦福·C. 霍普（Stanford C. Hooper）将军，海军作战部长的技术助理。霍普同意让费米带来消息。佩格拉姆的这通电话是核裂变方面的物理学家们和美国政府之间的首次直接接触。

那天上午的议程的下一个议题是保密。费米和西拉德两人都写了有关次级中子实验的报告，准备将它们投寄给《物理评论》。征得佩格拉姆的同意后，他们决定继续进行下去，将报告投寄给了《物理评论》，以确保自己的优先地位，但要求编辑推迟发表它们，直到保密的问题得到解决。两篇论文那天都投寄了出去。

佩格拉姆为费米履行这次使命准备了一封介绍信。信中用猜想的口气陈述了一种毫无把握的情况：

> 哥伦比亚大学物理学实验室的实验发现，或许可以找到某些特定的条件。在这些条件下，化学元素铀也许能够释放它大量额外的原子能，这也许意味着铀可以用作一种爆炸物，每磅这种爆炸物将释放 100 万倍于任何已知的爆炸物的能量。我个人的感觉是，上述概率极小，但我的同事和我认为，尽管可能性极小，此事仍然不应该被忽视。

费米就这样轻装上阵，前去海军部游说了。

辩论还未结束，维格纳漫长的一天也还没有结束。他拉着西拉德回到普林斯顿大学，与尼尔斯·玻尔进行一次重要的会面。这是事先计划好的；约翰·惠勒和莱昂·罗森菲德将参加这次会面，特勒也从华盛顿专程赶来。如果能够说服玻尔用他的声誉来支持保密，那么孤立德国核物理学研究的战役就能启动。

傍晚，他们在维格纳的办公室里会面。"西拉德概述了哥伦比亚大学的实验数据，"惠勒记述称，"以及这些数据的初步含义，即从每次中子引起的裂变中有两个次级中子出现。这不是意味着核爆炸确实可能吗？"未必，玻尔反驳说。"我们试图说服他，"特勒写道，"我们应该继续推进裂变研究，但我们不应该发表研究结果。我们应该对这些实验结果保密，以免纳粹获悉它们并且首先实现核爆炸。玻尔坚持认为，我们绝不会成功地产生核能，他还坚持认为，绝不应该把保密引进物理学。"

据惠勒说，玻尔的怀疑态度与"分离出所需的大量铀-235极为困难"有关。费米后来在一次演讲中指出，"［1939年，］人们还没有非常清楚地认识到，分离出大量的铀-235是一项需要严肃对待的工作"。特勒回忆说，在普林斯顿大学的这次会面中，玻尔坚持认为，"除非你们将美国变成一个巨大的工厂，否则这件事情是绝不可能做成的"。

对玻尔来说，更关键的是保密的问题。几十年来，他一直致力于将物理学界塑造成一个国际性的团体，在有限的特许范围内成为一个和平的、政治上团结的世界的典范。公开性是它脆弱而又基本的纲领，是运作所需的，正如言论自由对于民主来说是一种必要条件一样。完全的公开性确保了绝对诚实：科学家要报道其所有研究结果，无论有利的还是不利的，让所有人都能够读到它们，从而有可能纠正错误。保密将会废除这一纲领，会将科学从一种政治体系——波拉尼的"科学共和国"——降格为各民族国家间的无序竞争。没有谁比玻尔对纳粹德国的威胁更加感到痛苦；"在他到达美国的两个月后，"劳拉·费米回忆当年的情况时说，"他带着一种愈加不祥的预感谈及欧洲的厄运，他的面部表情显示出他在受到一种想法的折磨。"如果铀-235很容易从铀-238中分离出来，那么，这种不幸就可以成为暂时妥协以图自保的理由。但玻尔认为，从技术上看，这些同行担心的事情没有一丁点实现的可能性。会谈拖延到下半夜仍毫无结果。

第二天下午，费米如约来到宪法大街的海军部与霍普将军会见。他可能本来就打算以一种保守的方式阐述，而海军部官员向将军请示时的轻蔑语气使他更加认为应该保守一些。"外面有一个意大利佬。"费米在外面不经意间听到那个人这样说。诺贝尔奖得主的威望也不过如此。

在当时自愿为海军服务的刘易斯·施特劳斯所谓的"草草建成的老式会议室"里，霍普请来一个由海军军官、陆军军械局的军官和海军研究实验室的两名非军方科学家组成的旁听团。其中一个非军方的科学家是一名直爽的物理学家，名叫罗斯·冈恩（Ross Gunn），他在第五届华盛顿大会期间听过费米的全面讲解，不久后又看过理查德·罗伯茨在地磁部5兆伏范德格拉夫起电机的靶室内演示的裂变实验。冈恩从事潜艇动力的研究，他渴望对这种不用燃烧氧气的能源有更多的了解。

费米给他的旁听者们讲了一个小时的中子物理学。如果其中一名听众（一名海军军官）的笔记是全面的，那么费米在这次讲解中强调的是他的水箱测量法，而没有强调西拉德更为直接的电离室工作。费米解释说，正在准备的新实验可能会证实链式反应是存在的。之后要做的是组装出一个质量足够大的铀块，在次级中子从材料表面逃逸之前俘获和利用次级中子。

做笔记的军官打断了讲话。这个铀块可能要多大？它是否能装进炮膛？

费米没有去考察炮管中的物理机制，而是将话题转移到了宇宙中。它最后可能有一颗小恒星的尺寸，他笑着说，心里也更明白了。

中子在水箱中扩散：这一切太含糊了。除了提醒了罗斯·冈恩外，这次会议是没有成果的。"恩里科本人……怀疑他的预测毫无意义。"劳拉·费米说。海军方面说他们有兴趣保持接触，其代表无疑要参观哥伦比亚大学的基地。费米嗅到了在海军部屈尊的味道，感到心灰意冷。

3月17日是星期五，西拉德和特勒从普林斯顿大学前往华盛顿，费米周末待在家里。西拉德说，他们聚在一起，"讨论这些东西"——投给《物理评论》的论文——"是否应该发表。特勒和我都认为不应该发表。费米认为应该发表。但经过长时间讨论后，费米最终采取一种民主的态度说，如果大多数人反对发表，他就服从大多数人的意见"。在这一两天内发生的一件事情使这个争论失去了意义。他们几个人读到了约里奥、冯·哈尔班和科瓦尔斯基3月18日发表在《自然》上的论文。西拉德解释说："从那一刻起，费米强硬地认为，不发表论文是说不过去的。"

随后那一个月，4月22日，约里奥、冯·哈尔班和科瓦尔斯基在《自然》上发表了第二篇关于次级中子的论文。这篇题为《铀的核裂变中释放的中子个数》的论文取得了成功。这个法国小组在以往报道的实验的基础上进行计算，发现每一次裂变产生3.5个次级中子。这三人写道："作为一种产生核链式反应的方法，这里所讨论的现象的重要性在我们以前的信件中已经提及。"现在，他们得出结论，如果足够数量的铀被浸入合适的减速剂中，"裂变链将会自我维持，直到抵达限制媒介的屏障时才会终止。我们的实验结果表明，这种条件极有可能会得到满足"。这就是说，铀极有可能会发生链式反应。

约里奥的论文具有权威性。J. J. 汤姆孙的儿子G. P. 汤姆孙，伦敦国王学院的物理学教授，听说了这一消息。"我开始考虑用铀完成某些实验，"他后来告诉一个记者说，"我所想的并非只是做一番纯粹的研究，在我的想法背后暗含着制造一种武器的可能性。"他立刻向英国空军部申请一吨的氧化铀，"[尽管我] 羞于提出一个显得很荒谬的建议"。

更为不祥的是，法国人的报道促使德国同时做出了两个反应。一名哥廷根大学的物理学家提醒第三帝国教育部予以警惕。这一提醒导致4月29日在柏林召开了一次秘密会议，这次会议又导致了一项研究计划，它禁止出口铀，并要求捷克斯洛伐克的约阿希姆斯塔尔矿山供应镭。（奥托·哈恩应邀参加了会议，但被安排在另外的场所。）同一周，一位在汉堡工作的年轻物理学家保罗·哈特克（Paul Harteck）和他的助手联名给德国军需部写了一封信：

> 我们冒昧地提醒诸位注意核物理学方面的最新进展，照我们看来，它将使制造一种超级爆炸物成为可能，其威力比传统的爆炸物要高出许多个数量级……首先利用这种爆炸物的国家相对于其他国家有着一种无法超越的优势。

哈特克的信被送到了库尔特·迪布纳（Kurt Diebner）那里，迪布纳是一名有能力的核物理学家，郁郁寡欢地在纳粹国防军的军需部专门从事高爆炸药的研究工作。迪布纳将它转交给汉斯·盖革。盖革建议开展这项研究工作，军需部表示同意。

就在柏林举行秘密会议的同时，4月29日，华盛顿进行了一次公开论战。《纽约时报》的报道准确地概述了当时美国物理学界的分歧：

今天，在美国物理学会春季会议的闭幕式上，学会会员就某位科学家用一小块铀（产生镭的元素）炸毁地球上相当大一部分区域的可能性展开了激烈的争论。

来自哥本哈根的尼尔斯·玻尔博士是阿尔伯特·爱因斯坦博士在新泽西的普林斯顿高等研究院的同事，他宣称，用原子的慢中子轰击铀的少量纯净同位素铀-235会产生一种"链式反应"，或者说原子爆炸，这种原子爆炸的威力足以炸掉一个实验室和方圆数英里的地方。

但许多物理学家声称，从含量较为丰富的同位素铀-238分离出同位素铀-235会很困难，尽管并非不可能。同位素铀-235在铀元素中只占百分之一。

然而，耶鲁大学的昂萨格博士描述了一种新的设备，按照他的计算，用这种设备，元素的同位素能够以气体状态在管子里被分离出来。这种管子一端冷却，另一端被加热到高温。

其他物理学家则认为，这样一种过程斥资甚巨，而铀-235同位素的产量却少得可怜。然而，他们指出，如果昂萨格博士的分离过程能实现，那么产生的核爆炸轻轻松松就能摧毁像纽约市这么大的地区。他们声称，仅一个轰击铀原子核的中子就足以引起数以百万计的其他铀原子参与链式反应。

《纽约时报》的报道假设玻尔支持铀-235的观点是正确的，尽管连玻尔本人显然也仍只强调慢中子反应。费米等人则尚未完全相信铀-235的作用。两种铀同位素可能不容易大量分离，但在这个月早些时候，约翰·邓宁已经想到，可以用阿尔弗雷德·尼尔的质谱仪分离微量的铀。邓宁当时立即给尼尔写了一封热情洋溢的长信请求帮忙，实际上是请求他解决费米和玻尔的争论，将链式反应研究大踏步地向前推进。尼尔、邓宁和费米都参加了美国物理学会的这次会议。邓宁在开会时直接催促尼尔尝试做一次铀同位素分离，就像他在信的关键段落中所催促过的那样：

> 有一条攻坚路线值得全力尝试，这也是我们需要你合作的地方……最重要的是分离出足够的铀同位素，用于实际的试验。如果你能够有效分离出哪怕是微量的两种主要同位素［第三种同位素铀-234在天然铀中的含量仅为1.7万分之一］，尤金·T. 布思［Eugene T. Booth］和我就很有可能通过用回旋加速器轰击它们来证实是哪种同位素在起作用。解决这一问题没有别的途径。如果我们全力合作，你通过分离出一些样品来帮助我们，我们就能够联手解决全部问题。

邓宁的重点以及他激动的原因是，如果铀-235是慢中子裂变的原因，那么它的裂变截面一定是天然铀的慢中子裂变截面的139倍，因为它在天然铀中含量为1/140。"通过分离铀-235同位素，"赫伯特·安德森在一部回忆录中强调，"获得链式反应将会容易得多。不仅如此，借助于这些分离的同位素，制造出爆炸威力前所未有的炸弹的前景也是非常可观的。"

费米也用类似的措辞催促尼尔；尼尔回忆说，他"回去想出了我们该怎样改进设备以增加输出量……我确实在解决这个问题，但一开始像是没什么指望，因此我并没有尽力而为。它只是我正在尝试做的众多事情中的一件"。

无论如何，费米更有兴趣研究在天然铀而不是分离的同位素中产生链式反应。"他没有因为天然铀裂变截面小就感到气馁，"安德森解释道，"'陪我一起，'他提议，'我们用天然铀进行实验。走着瞧吧。我们会是最先引发链式反应的人。'于是我留下来和费米一道继续实验。"

4月中旬，西拉德设法从埃尔多拉多镭公司免费借来大约500磅黑色的、脏兮兮的氧化铀，这家公司归俄裔的鲍里斯·普雷格尔（Boris Pregel）和亚历山大·普雷格尔（Alexander Pregel）兄弟所有，前者在巴黎镭研究所从事过研究工作。埃尔多拉多公司做稀有矿产方面的投机买卖，在加拿大西北部的大熊湖拥有重要的铀矿床。

像费米和安德森之前的实验一样，西拉德的新方案需要在水箱中测量中子的产生情况。为了更准确地读数，这些实验需要的辐照时间比激活铑箔进而产生通常的44秒半衰期所需要的时间更长。他们决定将水箱充满10%浓度的锰溶液。锰是一种类铁金属，它使紫水晶呈现紫红色，并且在中子轰击下会被激活成一种具有将近3小时半衰期的同位素。"在锰中引起的［放射］活性，"他们后来在报告中解释说，"与出现的［慢］中子数成正比。"因此，水中的氢既能减慢从中心中子源释放出的初级中子，也能减慢由裂变产生的任何次级中子，而溶解在水中的锰将起到检测它们的作用——这是一种很节省的设计。

铀块表面的原子比铀块内部的原子更为有效地暴露于中子的辐照之下。因此，费米和西拉德决定不将他们的500磅氧化铀整块装进一个大容器中，而是先将它们分装在 52 个直径 2 英寸、长 2 英尺的像笛子一样的狭长罐中，再分置于整个水箱中。

在每次实验过后，装铀的罐子和锰溶液都需要更换，锰需要浓缩，因此装填铀罐和调制锰溶液的工作量不小。熬夜读取锰的放射性的读数也很辛苦。费米饶有兴趣地接受了挑战。"他愿意比其他人更努力工作，"安德森说，"不过每个人都很努力工作。"西拉德除外。"西拉德认为他应该将时间用于思考。"费米感觉受到了侮辱。"西拉德犯了一个不可饶恕的罪过，"塞格雷在回忆时像费米那样说，"西拉德说，'啊，我不希望像画家的助手一样工作，弄脏我的双手'。"西拉德宣布他雇了一个人来代替他，这是一个年轻人，安德森回忆说他"非常胜任"。费米不加评论就同意了这个安排。然而，他再也没有和西拉德合作过任何实验。

最后经过完善的实验装置看上去就像这样：

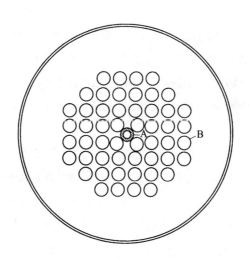

西拉德的Ra+Be（镭加铍）中子源放在水箱的中央，水箱里

注有 143 加仑锰溶液；52 个装有氧化铀的罐子围绕中子源密集地放置。

实验装置运行正常。三名物理学家发现中子活性"在有氧化铀时比起没有氧化铀时大约高出百分之十。这个结果表明，在我们的实验装置中，铀放出的中子数比铀吸收的中子数要多"。但实验也带来了棘手的问题。例如，共振吸收会捕获本来可以引起链式反应的中子，这明显是个问题。实验报告估计"每个热中子大约平均发射 1.2 个 ［次级中子］"，但又指出，"这个数目应该会增加到 1.5"，因为一些中子明显被俘获而没有引起裂变——表明在 25 电子伏附近有较强的俘获共振，玻尔在他的图形中将之归因于铀-238。

另一个问题是利用水作为减速剂。正如 1934 年费米的研究小组在罗马曾发现的那样，氢在减慢中子方面比任何其他元素都更为有效，慢中子能避免铀-238 的寄生俘获共振（parasitic capture resonance）。但氢本身也吸收一些慢中子，进一步减少了用于裂变的中子数。而且情况已经很清楚，要想在天然铀中产生链式反应，那么，每个次级中子都得尽可能小心、节俭地使用。乔治·普拉切克在康奈尔大学安了个新家，他从康奈尔大学来到这里观看实验安排，颇有预见性地不看好它的未来发展。正如西拉德所述：

> 我们倾向于得出的结论是……水-铀实验系统将会维持一个链式反应……普拉切克说，我们的结论是错误的，因为为了使链式反应持续下去，我们必须消除水 ［对中子］的吸收；也就是说，我们必须在实验系统中减少水的量，但如果我们在实验系统中减少水的量，那么，我们将会增加铀 ［对中子］的寄生吸收 ［因为水越少，被减慢的中子就越少］。他建议我们

放弃水–铀实验系统，采用氦来减慢中子。费米觉得这很可笑，所以此后费米总是将氦称作普拉切克的氦。

6月份，哥伦比亚大学研究小组将他们的实验写成论文寄给了《物理评论》，论文标题为《铀中的中子产生和吸收》，《物理评论》于7月3日收到了它。费米离开哥伦比亚大学去安娜堡执教理论物理学暑期班。安德森说，他的注意力转移了，"被宇宙射线的有趣问题吸引"。费米要么是不像西拉德那样对链式反应研究有着紧迫感，要么是因为海军部的冷淡态度和普拉切克对他的水–铀实验系统颇具说服力的批评而暂时抽身；也许两个原因都有。安德森专心研究铀的共振吸收，这个项目将会发展成他的博士论文。

西拉德留在了这座潮湿的城市里："我独自留在纽约。我在哥伦比亚大学仍然没有取得职位；我［被特许待在实验室里］的3个月快要到期了，但这里没有任何实验能继续进行，而我必须做的只是思考。"

◉

西拉德首先思考水的替换物。从周期表上溯，能发挥作用的下一种普通材料是碳，它的俘获截面明显小于氢，它廉价，具有热稳定性和化学稳定性。碳的矿物形态是石墨，化学上相当于金刚石，但是具有不同的晶体结构：这是一种黑色、油脂状、不传热、有光泽的材料，它是铅笔芯的主要成分。尽管碳减慢中子不及氢迅速，但通过精心设计，这个差异甚至可以成为优点。

刘易斯·施特劳斯于7月2日的这一周去了欧洲。西拉德希望这位金融家能够设法让比利时的矿业联盟支持铀研究，于是他在最后关头给施特劳斯发了一封信，指出铀的链式反应"很有可能发生"，但是在信中有意不提他的铀-石墨新构思。显然，他想首先与费米讨论它；同一天，也就是 7 月 3 日，他写了一封详细的信给这位意大利诺贝尔奖得主。"现在对我来说，"他说，"碳似乎完全有可能成为取代氢的绝佳元素，我很想在这上面赌一把。"他想要尝试"用碳-氧化铀混合物做一次大规模的实验"，一有足够的材料就行动。同时他认为，他也要做一个小型实验来更精确地测量碳的俘获截面，当时只知道这一俘获截面的上限。如果事实证明碳不适合，那么他们的"下一个最佳备选者可能是重水"，重水里富含氘，不过他们将需要"数吨"这种稀少而又昂贵的液体。（氘，即氢-2，对中子的俘获截面比普通的氢小得多。）

在《独立宣言》发表 163 周年纪念日那天，西拉德的想法迅速发展。7 月 5 日，他访问纽约的国家碳公司，考虑购买高纯度的石墨块（因为像硼这类具有大俘获截面的杂质将会吸收太多的中子）。他当天就写信将他此行的发现告诉费米："以公道的价格获得纯净的碳看来是可能的。"他还提到将铀和碳一层层放置。

周末，费米在安娜堡坐下来给西拉德回信，答复西拉德的第一封信。他自己也想到了一个类似的计划：

> 谢谢你的来信。我也在考虑用碳来减慢中子的可能性……按照我的估计，一种可能的配方是将大约 39 000 千克的碳与 600 千克的铀混合。如果真是这样，那么所需的材料就算不上太多。
>
> 但由于可用铀的量极少，尤其在均匀混合物中……也许，

使用被铀层分隔开的厚碳层可以提高铀的利用率。

用石墨以分层或者其他方式隔开铀的想法起源于费米在 6 月对锰水箱实验所做的计算。费米的计算使两个人在他们分别想出的新设计中都打算用石墨将氧化铀分隔开。在中子遇到任何铀-238 核之前，这种分隔提供的空间可以让快次级中子在减速剂附近反弹而慢下来。西拉德于 7 月 8 日写的下一封信提到："碳和氧化铀不用混合，而是分层组合，或者以某种罐装形式使用，不管是哪种情况。"费米的回信发出时，西拉德在 7 月 5 日和 7 月 8 日写的两封信显然还在邮递的路上。

收到费米的信时，西拉德已经有了更进一步的认识。他意识到，从链式反应的角度看，以石墨块搭配小铀球将会"比最初考虑的将铀按平面分层的系统效果更好"。西拉德在头脑中形成的实验设置被他称为"栅格"（lattice）。（可以这样来想象这种"栅格"，它就像一个球体，球体的表面和所有内部空间布满了均匀隔开的点。）他的计算结果指出，材料的量比费米的计算结果要大一些："也许为 50 吨碳和 5 吨铀。"他认为，整个实验将要花费大约 3.5 万美元。

西拉德认为，如果链式反应能在石墨和铀中进行，制造出一颗炸弹就是可能的。他进一步推断，如果他得出了这些结论，那纳粹德国的同行也会得出同样的结论。他在 7 月初的那几天找到佩格拉姆，试图说服他认识到用一个大规模的实验解决这一问题的紧迫性。这位院长对他的急切要求无动于衷："他的态度是，尽管这一问题看上去相当紧迫，但现在是夏天，费米也不在，在秋季到来之前，实在没有什么有意义的事情可以做。"

西拉德几个星期以来都在尝试独自从美国军方那里募集资金。

5月下旬，他曾请求维格纳与陆军的阿伯丁试验场接触，这是陆军在马里兰的武器研发部门。在全面考虑铀-石墨实验系统的可行性时，他询问过罗斯·冈恩海军方面能否支持。结果，费米7月9日的信和冈恩7月10日的信让他大失所望。费米提到了把碳和铀分层，但他是按照一种均匀分布的系统，也就是碾碎了的石墨和氧化铀混合在一起来计算的。西拉德得出的结论是，他正在受到嘲弄："我非常清楚，费米……计算均匀的混合物，只是因为它是最容易计算的。这向我表明，费米并没有真的认真对待它。"而冈恩则在信中说："［与海军方面］达成任何一种确实对你有帮助的协议……几乎是不可能的。我对这种情况表示遗憾，但看不出有什么其他办法。"

尽管西拉德高傲自负，但他还不至于感到完全靠单枪匹马就能拯救世界。他这时呼吁他的匈牙利同胞给予精神上的支持。爱德华·特勒当时已搬到曼哈顿，在哥伦比亚大学暑期班教物理；尤金·维格纳从普林斯顿前来和他们商量该怎么办。在后来的年月里，西拉德数次提到他们交谈的内容，但每次的说法不一样；不过他于1939年8月15日写的一封信提供了可靠的见证："维格纳博士的立场是，谋求与［罗斯福］政府合作是我们的责任。几星期前，他为了与特勒博士和我讨论这一观点来到了纽约。"西拉德向维格纳出示了他铀-石墨计算的结果。"他被打动了，并且十分感兴趣。"西拉德在1941年的一份背景资料备忘录中写道，特勒和维格纳两人都"认为不能再浪费时间，要马上沿着这个方向推进，在接下来的讨论中，他们的意见变得更加具体，认为应该尝试求得政府而不是私人企业的支持。尤其是维格纳博士，他非常强烈地要求向美国政府提出建议"。

但这一讨论从上述议题转到了"担心如果德国人占有了大量的

铀将会出现怎样的后果，比利时人正在刚果开采这些铀"。也许西拉德强调过，与政府方面的接触不会有结果，他和费米已经做过这种努力。"所以，我们开始考虑，我们能够通过什么渠道接近比利时政府，警告他们别将铀卖给德国人？"

随后，西拉德想起他的老朋友阿尔伯特·爱因斯坦认识比利时王后。爱因斯坦在 1929 年去安特卫普看望他叔父的旅途中与比利时王后伊丽莎白会面过，此后，这位物理学家和她保持着通信联系，爱因斯坦在他率直的信中直接称她为"王后"。

这几位匈牙利人知道爱因斯坦正在长岛避暑。西拉德提议去拜访爱因斯坦，请求他提醒比利时王后伊丽莎白留心此事。因为西拉德自己没有车并且从没有学习过驾驶，所以他让维格纳开车送他。他们向爱因斯坦在高等研究院的办公室打电话，了解到他仍待在老格罗夫池的避暑别墅内，那里位于拿骚岬角，它在长岛的东北角将大小皮科尼克海湾隔开。

他们在电话中和爱因斯坦约好了日子。此时，西拉德还在推进实施维格纳提出的与美国政府接触的建议，征求一名知识渊博的移民经济学家的意见，此人名叫古斯塔夫·施托尔珀（Gustav Stolper），是定居纽约的柏林人，曾是德国国会的一名议员。施托尔珀提出要设法确定一名有影响的信使。

7 月 16 日星期日早上，维格纳驾车载西拉德从长岛驶往皮科尼克海湾。中午刚过他们就到达了那里，却没能幸运地找到前往别墅的方向。后来西拉德想到借用爱因斯坦的名气来寻找别墅。"我们正准备放弃并返回纽约"——两名世界级的匈牙利物理学家冒着酷暑在乡间小道迷了路——"我看到一个七八岁的小男孩站在路边。我将身子探出车窗，说：'哎，你或许知道爱因斯坦教授住在哪儿吧？'这个男孩知道并将我们领到了那里。"

C. P. 斯诺两年前在同一个夏季休养地访问过爱因斯坦，也迷了路，他对当年的情景记忆犹新：

> 他在我们到达了一两分钟后走进起居室。除了几把折叠椅和一张小桌子外，没有别的家具。向窗外望去便是水面，但是百叶窗半关着，以防外面的热气流进来。房间里湿度很高。
>
> 近距离观察，爱因斯坦的脑袋正像我所想象的那样：很有气势，又带着些许喜剧特点，使他看上去更平易近人。前额刻着深深的皱纹，白发像光环一样散开，一双巧克力色的大眼睛向外凸起。如果我不认识他，那么我猜不出我对这副面孔会有什么期待。一位眼光尖锐的瑞士人曾说，他的脸上闪耀着一个好工匠的光彩，他看上去像一个小镇上憨厚的老派钟表匠，也许会在星期天收集蝴蝶标本。
>
> 使我吃惊的是他的体态。他刚刚驾完帆船回到房子里，身上除了一条短裤就没穿别的。这是一副结实的身躯，有着非常发达的肌肉：他的身体正在发福，肚子变圆了，屁股也变圆了，更像一名中年橄榄球运动员，但他仍然是一个非常强壮的人。他诚恳、天真、没有戒心。一双大眼睛看着我，就像他在思考：我来这里有什么目的？我想对他说些什么？
>
> ……几个小时过去了。我模糊地记得，有几个人在房间里进进出出，但我记不起他们是谁。天气闷热。好像是没有留出用餐的时间。我想他还没有吃过什么，但他仍然在抽着烟斗。单片三明治的托盘不时会端上来，上面各种香肠、干酪、黄瓜都有。这些都显得很随意，具有中欧特色。我们只喝了些汽水，

没有喝其他饮料。

西拉德他们也受到同样的礼遇。西拉德将哥伦比亚大学的次级中子实验以及他对铀和石墨的链式反应的计算情况告诉了爱因斯坦。很久以后他还能回忆起当时的惊讶：爱因斯坦竟然尚未听说过链式反应的可能性。当他提到链式反应时，爱因斯坦插话道："我从没思考过这个问题！"西拉德说，尽管如此，他"很快理解了我们的来意，完全乐意做任何需要他做的事情。他乐于承担敲响警钟的职责，即使这一警报很有可能会被证明是误报。大多数科学家真的很担心自己会出丑。爱因斯坦没有这样的担心，而这正是他在眼下这件事情上地位独一无二的首要原因"。

爱因斯坦对写信给伊丽莎白王后犹豫不决，但他乐意去接触一个相识的人，比利时内阁的一名成员。据西拉德说，维格纳再次明确地表示，应该向美国政府发出警报，并指出："我们还没有给美国国务院反对我们的机会，在这种情况下不应该直接去接触一个外国政府。"维格纳提出，他们通过美国国务院给比利时发一封附带他们信件的公函。三个人都认为这样做行得通。

爱因斯坦口述了一封给比利时大使的信，这是一种更为正式的接触，合乎他们通过国务院与比利时取得联系的计划。维格纳用手写的德文将它记了下来。同时，西拉德起草了一封附信。爱因斯坦的信是若干此类信件中的第一封——它们相继被用作正式信件的草稿——这些原始的陈述绝大多数最终被写进了他实际发出的信里。

维格纳将爱因斯坦的第一版草稿带回了普林斯顿，将它翻译成英语并于星期一交给秘书打印。准备就绪后，他将其邮寄给了西拉德。之后，他离开了普林斯顿，驾车去加利福尼亚度假。

古斯塔夫·施托尔珀寄来的一封信早已到了西拉德在王冠旅馆的住处。"他告诉我,"西拉德于7月19日写信给爱因斯坦说,"他和亚历山大·萨克斯博士讨论过我们的问题,萨克斯是雷曼公司的副总裁,也是一名生物学家和国民经济学家。并且萨克斯博士想就这件事和我交流。"西拉德热切地安排了一次会面。

亚历山大·萨克斯出生于俄国,当时46岁。他11岁来到美国,19岁从哥伦比亚大学生物学专业毕业,在华尔街当一名小职员,后来又回到哥伦比亚大学攻读哲学,然后带着几个享有盛誉的学会会员资格转到哈佛大学从事哲学、法学和社会学方面的工作。他为富兰克林·罗斯福1932年的竞选演说写了经济学方面的文本;从1933年开始,他在国家复兴署工作了三年,1936年加盟雷曼公司。他长着浓密卷曲的头发和后缩的下巴,长相和声音很像喜剧演员埃德·温(Ed Wynn)。有人造访时,如果国家复兴署本身还不足以说明罗斯福的激进改革才能,那么萨克斯的同事们就会把"埃德·温"拉出来作为终极证明。萨克斯在交流时会使用一些难懂而华丽的辞藻(那年春天,他考虑过写一本书,书名为《以最近的不幸历史以及美国和英国对国际政治经济事务的同期处理为例,证明两次世界大战之间理智的退潮》),但他在委员会中能够施展才华。

萨克斯听完了西拉德的陈述。正如西拉德在给爱因斯坦的信中所写的,随后他"表明了态度,并且完全让我相信,这些问题首先和白宫有关,从实际的角度看,最好是禀报罗斯福。他说,如果我们给他一份报告,他会确保这份报告亲自送到罗斯福手中"。看来尊重萨克斯的意见并且不时找他谈话的人当中就有美国总统。

西拉德感到震惊。数月来他面对的人都在谨慎行事和表示怀疑,因此萨克斯这个颇为大胆的提议赢得了西拉德的好感。"尽管我只见过萨克斯博士一次，"他告诉爱因斯坦说，"实在无法对他形成任何评价，然而，我认为尝试这条途径不会有任何害处，而且我也认为，关于此事，他能够履行他的承诺。"

西拉德从皮科尼克海湾回来后不久便和萨克斯会面了——在星期日和星期三之间的某一天。在这个星期的中间几天，维格纳到加利福尼亚去了，西拉德找不到维格纳，就去找特勒，特勒认为萨克斯的提议比他们先前的计划还要好。在爱因斯坦的第一份信稿的基础上，西拉德起草了一封写给罗斯福的信件。他是用德文写的，因为爱因斯坦对英语没把握，之后他附上另一封信寄往长岛。"也许你可以打电话告诉我，你是否愿意在页边批注，然后把信稿寄回给我，"他在附信中提出，"还是说我应该再次拜访，与你把整个事情再讨论一次。"西拉德还写道，如果他再次访问皮科尼克海湾的别墅，那么他会让特勒开车载他，"不仅因为我相信他的建议是有价值的，而且因为我认为你会乐于认识他，他是一个很和善的人"。

爱因斯坦想当面阅读这样一封写给总统的信。因此，大概是在7月30日星期日，特勒开着他那辆1935年产的无比结实的普利茅斯车载着西拉德来到皮科尼克海湾。"我是作为西拉德的司机载入史册的。"特勒这样调侃这段经历。普林斯顿的这位诺贝尔奖得主穿着旧衣服，趿拉着拖鞋迎接了他们。埃尔莎·爱因斯坦端上了茶。西拉德与爱因斯坦一起构思第三版信稿，特勒做记录。"是的，是的，"特勒记得爱因斯坦评论道，"这将是人类第一次以直接而非间接的形式释放核能。"他的意思是直接从裂变而不是间接从太阳获得核能，在太阳上，一种不同的核反应产生大量的辐射，它们到达地球时就成了阳光。

爱因斯坦显然问到过萨克斯是不是将消息带给罗斯福的最佳人

选。8月2日，西拉德写信给爱因斯坦，希望能就"应该尝试请谁作为中间人"达成一个"最终"的决定。其间西拉德见过萨克斯，这位经济学家当然希望自己能代表爱因斯坦与总统联系，但他大方地提出金融家伯纳德·巴鲁克（Bernard Baruch）和麻省理工学院院长卡尔·T.康普顿（Karl T. Compton）可以作为候选人。另一方面，萨克斯还强烈推荐查尔斯·林德伯格（Charles Lindbergh）；尽管他肯定知道罗斯福看不起这位著名的飞行员，因为林德伯格曾公开支持有利于德国的美国孤立主义政策。西拉德写道，他和萨克斯还讨论了爱因斯坦的另一版信稿，"字数更多，内容也更详尽"，那是在西拉德第二次到皮科尼克海湾与爱因斯坦会面时他们一同拟就的；西拉德把较长和较短的两版信稿都封好，请爱因斯坦从中选出一封，还请他撰写一封交给林德伯格的介绍信。

爱因斯坦选择了长信；它纳入了爱因斯坦自己最初的短信中的内容，又增添了西拉德与萨克斯磋商后附上的一些段落。爱因斯坦在两封信上都签了名，不到一星期的时间就将它们寄还给了西拉德，他还附了一张便条，表示希望"你们最终能克服内心的阻力；太想把事情办妥的时候，反而常常会出问题"。也就是说，他希望西拉德大胆付诸行动。西拉德于8月9日回答爱因斯坦说："我们会尽力听从你的劝告，尽可能克服我们内心的阻力；不可否认，这种阻力确实存在。顺便提一句，我们确实没有试图把这事做得多么漂亮，只要我们看上去不是太蠢就心满意足了。"

西拉德于8月15日将这封信的最终版和他自己的一份备忘录一起交给了萨克斯，他在备忘录里对信中关于裂变的可能性和危险性的讨论进行了详细说明。他不是要放弃与林德伯格接触——第二天他就起草了一封写给这位飞行员的信——不过他似乎已决定同时尝试萨克斯这条途径，也许这是为了推进这项计划；他直截了当地告诉萨克斯，要么把这封信交给罗斯福，要么把它退回来。

在爱因斯坦选择的那封长信中，西拉德所增加的一部分内容涉及由谁来担任"管理层和美国从事链式反应研究工作的物理学家群体"之间的联系人这一问题。在西拉德交给萨克斯的信中，他旁敲侧击地主动请缨来担任这个角色。他写道："如果能够找到一个具有勇气和想象力的人，并且按照爱因斯坦博士的提议，如果这个人在这一问题上能有一定权威性，这将是向前迈出的重要一步。为了让你可以看到这样一个人在我们的工作中能够起到怎样的协助作用，请允许我简要陈述近期的相关情况。"简要陈述的后面紧接着是一份隐晦的缩略版简历，基本上勾画出了自从玻尔公布有关裂变的发现以来这日新月异的 7 个月里西拉德自己所充当的角色。

西拉德的提议表现出了他对美国官僚主义政治是多么无知，以及他的建议是多么胆大包天。它当然也是他拯救世界的最强动力。此时，这些匈牙利人至少还相信他们看到了尤金·维格纳后来所谓的"恐怖军用武器"中固有的重要人道主义光辉，维格纳这样解释：

> 尽管［在早期］我们中间没有谁较多地谈论官方——他们认为我们是十足的空想家——但我们确实希望原子武器的研发除了能避免即将来临的灾难，还能有其他的效用。我们认识到，原子武器一旦研发出来，将没有哪两个国家能彼此和平相处，除非其军事力量由更高级别的权威机构所控制。如果这些控制能够足够有效地消除原子战争，那么我们相信，它们也能足够有效地消除所有其他形式的战争。我们有多么害怕成为敌人原

子弹轰炸的受害者，这种希望对我们的鞭策就有多强。

西拉德、特勒和维格纳——这些匈牙利"阴谋家"，默尔·图夫这样开玩笑地称呼他们——不仅希望这种他们试图催促美国研发的恐怖武器能震慑德国的侵略，也希望世界和平，希望能有一个世界性政府来控制他们设想的、用铀制成的炸弹。

亚历山大·萨克斯打算在见到总统时大声地朗读信件内容。他相信，大忙人面对的文件堆积如山，不会认真看纸上的文字。"我们的社会制度就是这样，"他在1945年告诉一个参议院委员会，"任何公众人物都会被印刷品弄得头昏脑涨……这是一件总司令兼美国总统必须知道的事情。我得有一段较长的时间与他待在一起，给他读这封信，只有这样，才能让这些内容通过他的耳朵进入脑子，而不是像睫毛膏一样，总也沾不上。"他需要占用富兰克林·德拉诺·罗斯福整整一个小时的时间。

横插进来的历史事变塞满了罗斯福总统的日程。阿道夫·希特勒轻而易举地攫取了莱茵兰、奥地利和捷克斯洛伐克，5月22日与意大利签订了《钢铁条约》，8月23日与苏联签订了一个十年期的互不侵犯中立条约，于1939年9月1日凌晨4点45分下令入侵波兰，引发了第二次世界大战。德国人调遣了56个师的兵力入侵波兰，对付沿着漫长的波兰边境稀疏分布的波兰30个师的兵力；希特勒有10倍于波兰的飞机，包括大量由斯图卡式俯冲轰炸机组成的空军中队，以及9个装甲师，他们面对的是用矛和剑武装起来的波兰骑兵。这次攻击是"现代闪电战的一个完美范例"，温斯顿·丘吉尔写道，"陆军和空军的战场紧密配合；所有通信系统和任何看上去有吸引力的目标城镇都遭到猛烈轰炸；活跃的第五纵队；间谍和伞兵的广泛运用；最重要的是，锐不可当的装甲洪流"。

数学家斯坦尼斯拉夫·乌拉姆刚刚访问波兰返回，和他一起的是持学生签证的他 16 岁的弟弟亚当：

> 我和亚当正待在哥伦布环形广场的一家旅馆里。这是纽约市的一个很热和潮湿的夜晚。我无法很好入睡。电话铃响起时，大约是凌晨一两点钟。我头晕、出汗，很不舒服。我拿起话筒，电话里传来我的朋友、拓扑学家维托尔德·胡尔维茨［Witold Hurewicz］阴沉、嘶哑的声音，他告诉了我战争爆发这样一个恐怖的消息："华沙遭受了轰炸，战争开始了。"他说。我就是这么得知第二次世界大战爆发的。他继续讲述他从收音机中听到的内容。我自己也打开了收音机。亚当在睡觉，我没有弄醒他。早上会有时间告诉他这个消息的。我们的父亲和妹妹在波兰，还有其他许多亲戚也在波兰。就在这一瞬间，我突然感到在我过去的生命中好像出现了一道黑幕，切断了它和我的未来。从那时起，一切都有了不同的色彩和意义。

罗斯福的首要行动之一是呼吁交战国停止轰炸平民百姓。至少从 1937 年日本轰炸上海起，美国对轰炸城市越来越反感了。当西班牙的法西斯主义者 1938 年 3 月轰炸巴塞罗那时，国务卿科德尔·赫尔（Cordell Hull）就曾公开谴责这一暴行。"没有哪个战争理论能够证明这种行为是正当的，"他告诉记者说，"……我觉得我正在代表全美国人民讲话。"6月，参议院通过了一份谴责"对平民百姓进行野蛮轰炸"的决议。当战争逼近时，反感开始让位于复仇的冲动；1939年夏天，赫伯特·胡佛促成了一个禁止轰炸城市的国际性禁令，却又仍然认为"不断制造轰炸机的强有力理由之一是准备报复"。轰炸是不对的，因为那是敌人在轰炸。《科学美国人》看穿了更为黑暗的真相："尽管……空投炸弹的数量不得而知、难以确定，但可以肯定，今天正在世界上发生的令人反感的暴行，仅仅是拉开了将要上演的疯狂戏剧的序幕。"

因此，尽管罗斯福在9个月前请求国会增加制造远程轰炸机的经费，但在1939年9月1日致交战国的呼吁中，他仍然能够强有力地表达出千百万美国人在道义上的愤慨：

> 在过去几年中，世界各地的敌对情绪已经白热化，对不设防的平民居住中心实行残酷的空中轰炸，导致了成千上万手无寸铁的成人和儿童死亡和伤残，这种轰炸使每一个文明的人，无论男女，都从内心里反感，它深深地震撼着人类的良心。
>
> 在世界如今面对的悲剧爆发期间，如果必须采用这种非人、野蛮的手段，那么成千上万无辜的人将失去他们的生命，而这些人对如今突然激化的敌意并不负有责任，甚至根本没有参与这种敌对。因此，我紧急公开呼吁各个可能被卷入的政府，保证在任何事件中和任何环境下，其武装力量都不对平民百姓或者不设防的城市进行轰炸，并且其所有对手均应谨守相同的战争法则。我请求马上答复。

同一天，英国对罗斯福总统的提议表示赞同。忙于轰炸华沙的德国于 9 月 18 日表示赞同。

德国对波兰的入侵在 9 月 3 日把英国和法国拖入了战争。突然间，罗斯福的日程表变得爆满。尤其是在 9 月上旬，他超时工作，与不太情愿的国会议员们将《中立法案》修订得更为有利于英国；萨克斯在 9 月的第一个星期结束前甚至都无法与总统讨论安排一次会见。

⊙

9 月，库尔特·迪布纳的新军需部已牵头加强了德国的裂变研究。迪布纳征召了莱比锡的一个年轻理论物理学家埃里希·巴格（Erich Bagge），两名物理学家一起计划召开一次秘密会议，讨论一项武器工程的可能性。他们有权力征召任何他们想要征召的德国公民为之服务，他们用这种权力发出一些公文，这些公文使汉斯·盖革、瓦尔特·博特、奥托·哈恩和许多特别年长的人紧张不安，他们吃不准这些公文是要邀请他们去柏林接受咨询还是命令他们到军队服役。

9 月 16 日，在柏林召开的一个会议上，物理学家们了解到，德国情报机构发现他国——大概是指美国和英国——已经开始研究铀。他们讨论了尼尔斯·玻尔和约翰·惠勒 9 月发表在《物理评论》上的细致长篇论文《核裂变的机制》，特别讨论了它的结论——铀-235 可能是造成慢中子裂变的铀同位素，这个结论是玻尔和惠勒从玻尔在星期日早晨所画图形的基础上精心阐述出来的。哈恩像玻尔一样认为，同位素分离很困难，几乎就不可能。巴格提出邀请他在莱比锡的顶头上司维尔纳·海森伯来裁决。

海森伯因此参加了 9 月 26 日的第二次柏林会议，探究了利用裂变能量的两种可能途径：一是通过借助于减速剂减慢次级中子，制造出一个"铀燃烧炉"；二是通过分离铀-235 产生一种爆炸物。汉堡的物理学家保罗·哈特克 4 月给军需部写过一封信，他带着一篇刚刚完成的论文来参加第二次会议，这篇论文论述了将铀和减速剂分层排列，以避免铀-238 的俘获共振这一做法的重要性——这与费米和西拉德早在 7 月就独立产生的见解相同。不过，哈特克的研究是考虑使用重水作为减速剂，尽管哈特克在卡文迪许实验室与卢瑟福一同工作过并且凭个人经验知道重水生产可能有多么昂贵——在重水中，氢被氘所取代，生产过程中必须花大量时间乏味地对成吨的常规 H_2O 做蒸馏处理。

　　迪布纳和巴格将这第二次会议概述为"启动核裂变开发实验的初步工作计划"。海森伯将领导理论研究。巴格将测量氘的碰撞截面，从而确定重水在减慢次级中子方面所起的作用有多大。哈特克将探究同位素分离。其他人将用实验确定其他有意义的核常数。军需部将接管 1937 年完工、设备精良的威廉皇帝物理研究所。整个计划将得到充足的资金支持。

　　德国的原子弹工程就这样顺利开始了。

　　与在美国的匈牙利人提出的项目一样，它在人道主义方面也并非泾渭分明的。卡尔·弗里德里希·冯·魏茨泽克（Carl Friedrich von Weizsäcker）是一名年轻且备受尊崇的德国物理学家，他是德国外交部国务秘书的儿子，几乎一开始就投入了这项工作。据冯·魏茨泽克 1978 年的回忆录回忆，他和奥托·哈恩在 1939 年春天讨论过利用核裂变制造炸弹的可能性。哈恩当时反对保密，部分是基于科学伦理观，但也部分是因为他"觉得如果这种炸弹制造出来，并且希特勒是这种炸弹的唯一拥有者，那么这对全世界甚至对德国来说将会是一件坏事"。像西拉德、特勒和维格纳一样，冯·魏茨泽克记得在与一个朋友讨论时认识到"这一发现必定会从根本上改变世界的政治结构"：

> 对一个发现自己站在一个新时代起点的人来说，它简单的基本结构可能会变得像在闪电的瞬间被照耀得清晰可见的远处景观一样。但在黑暗中通向它们的路是漫长而又模糊的。那时［即1939年］，我们面临一种非常简单的逻辑。如果在战争中使用原子弹变得稀松平常，也就是说，如果核战争成为一种常态，那么参战国似乎就不可能幸存下来。但是原子弹已经存在了，存在于某些人的头脑中。按照历史上军备和武力体系的已知逻辑，它不久就会拥有物理形态。如果确实如此，那么只有在作为常态的战争被废止时，参战国，最终是人类自身，才能够幸存。

双方可能都是由于惧怕对手而进行研究的。但双方某些正在进行研究的人也很矛盾地相信，他们正在准备一种最终会给世界带来和平的新力量。

⊙

就在9月的暴力蔓延时，西拉德的急躁情绪也在增长。他从亚历山大·萨克斯处什么音讯也没有听到。根据萨克斯先前的提议以及他自己的线索，他安排尤金·维格纳为他给麻省理工学院院长卡尔·康普顿写了一封介绍信；他重新接触了一个可能有影响力的实业家，这个人对爱因斯坦-西拉德冰箱压缩机产生过兴趣；他读到一份报纸有关林德伯格演讲的报道，随后告诉爱因斯坦这位飞行员"事实上不是我们自己人"。最后，9月底的那周，他和维格纳拜访了萨克斯，他们沮丧地发现这位经济学家手里仍然攥着爱因斯坦的那封信。"他说，他再三向罗斯福的秘书讲过，"西拉德在10月3日告诉爱因斯坦，"得到的印象是，罗斯福过于忙碌，迟些日子去见他才是比较明智的做法。他打算在这一周去华盛顿。"两位匈牙利人预备好重新开始："有一种明显的可能性，那就是萨克斯对我们没有用处。如果确实这样，那么我们必须将这件事情交给另外某个人。我和维格纳决定再给萨克斯十天时间。然后，我再写信给你，让你知道此事的进程。"

亚历山大·萨克斯确实去了华盛顿，不是在那周，而是在下一周。10月11日星期三，大概是在下午晚些时候，他出现在白宫。罗斯福的助手埃德温·M.沃森（Edwin M. Watson）将军——罗斯福和他的好友称他为"老爸"——与他自己的执行秘书和军事副官一起坐下来评估萨克斯的呈请。当他确信这一信息值得占用总统的时间时，沃森让萨克斯进入了椭圆形办公室。

"亚历克斯，"罗斯福招呼萨克斯，"这段时间你在干什么？"

萨克斯喜欢以向总统开玩笑的方式预热。他的幽默感一般体现为博学的寓言故事。现在，他给罗斯福讲了一位年轻的美国发明家的故事。这位发明家曾给拿破仑写了一封信，提出为拿破仑建一支舰队，这支舰队没有风帆，却能在任何气候条件下进攻英国。这位发明家在信中写道，他有能力在数小时内就将拿破仑的军队运送到英国，并且不必担心狂风暴雨。他准备递交他的计划。没有风帆的船？拿破仑嘲笑说："呸！带着你的幻想滚吧！"

萨克斯最后说，这位年轻发明家是罗伯特·富尔顿（Robert Fulton）。罗斯福舒心地哈哈大笑；也许，他是因为萨克斯说这个故事而发笑。

萨克斯是在提醒总统仔细听他接下来的话：他现在必须告知的事情的重要性不亚于汽船发明者给拿破仑的提议。罗斯福尚未做好听讲的准备，他随手写了一张小条子，召来一名助手。没过多久助手拿着一样珍品进来，这是一瓶小心包装的拿破仑白兰地酒，罗斯福夫妇保存在家里好几年了。总统倒了两杯，将一杯递给他的客人，向他祝酒后坐回了原座。

为了让罗斯福便于阅读爱因斯坦的信和西拉德的备忘录，萨克斯制作了一份文件。但他觉得将这些资料呈献给一位忙碌的总统很不合适。"我是一名经济学家，不是科学家，"他后来告诉他的朋友，"但我与总统有深交，西拉德和爱因斯坦一致认为我是制作一份对罗斯福先生来说简练易懂的科学资料的合适人选。没有哪个科学家能让总统买账。"因此，萨克斯准备了一份他自己版本的关于裂变的故事，把爱因斯坦和西拉德写的信件的内容综合起来解释。尽管将那些原始资料留给了罗斯福，但他没有给总统大声朗读其中的任何一份材料。他没有朗读爱因斯坦的著名信件，而是朗读了他自己写的 800 词概述，这是呈交给美国总统的第一份有关利用核能制造一种战争武器可能性的权威报告。这份概述首先强调了用核能发电，其次是辐射材料的医药用途，接下来才是"具有前所未见潜在爆炸力和爆炸范围的炸弹"。它建议与比利时协商铀的供给问题，扩大和推动实验，但推测美国的企业或者私人基金将会乐意承担费用。结尾处，它建议罗斯福"任命一个人和一个委员会作为联络者"，在科学家和行政部门之间进行联络。

　　萨克斯有意在裂变利用前景的第一条和第二条中列举了和平用途的潜力。他后来说，为了强调这一发现的"矛盾性"，即它体现的"善恶两极"，他在论述的末尾转向弗朗西斯·阿斯顿于1936年所做的题为"原子理论40年"的演讲，这篇演讲收录在1938年出版的一本论文集《现代科学的背景》里，萨克斯将它随身带到了白宫。在这篇演讲中，这位英国质谱学家嘲笑了"我们的史前祖先中守旧的类人猿"，他们"反对煮熟食物这一革新，并指出使用火这种新做法有严重的危害性"。萨克斯给罗斯福朗读了演讲最后的整个段落，强调结尾的几句：

　　　　我个人认为，亚原子能量无疑是能被我们所用的，总有一天，某些人会释放和控制它那几乎无穷的威力。我们无法阻止他们这样做，只能希望他们不要只把它用来炸飞隔壁的邻居。

　　"亚历克斯，"罗斯福很快就明白了，他说，"你的目的是避免纳粹将我们炸飞。"

　　"正是如此。"萨克斯说。

　　罗斯福将沃森召了进来。"这需要行动。"他告诉他的这位助手。

　　沃森随后与萨克斯会面，并按惯例采取了行动。他提议建立一个委员会，最初由标准局局长、一个陆军代表和一个海军代表组成。1901年根据国会法案建立的标准局是美国的国家级物理学实验室，负责通过应用科学技术来服务国家利益和公共利益。1939年它的局长是莱曼·J.布里格斯（Lyman J. Briggs）博士，他在约翰斯·霍普金斯大学获得博士学位，是在政府部门工作达43年的科学家，他是经赫伯特·胡佛提名并由罗斯福任命这一职务的。军事代表是陆军中校基思·F. 亚当森（Keith F. Adamson）和海军中校吉尔伯特·C. 胡佛（Gilbert C. Hoover），两位都是军火专家。

"让亚历克斯离开前和我再见一面。"罗斯福这样指示沃森。同一天傍晚，萨克斯与布里格斯见了面，向他做了简要介绍，建议他和委员会的其他两名成员将物理学家们召集到一起从事裂变方面的研究工作。布里格斯表示赞同。萨克斯再次见到总统，表示他对这一切很满意。这对罗斯福来说就足够了。

布里格斯于 10 月 21 日星期六召开了铀委员会的第一次会议。萨克斯建议邀请那几个流亡者；为了平衡这几个流亡者带来的影响，布里格斯邀请了图夫，而图夫在时间上有冲突抽不出身，所以让理查德·罗伯茨作为他的代表出席。费米仍然对他在海军方面受到的委屈耿耿于怀，因而拒绝参加，但愿意让特勒作为他的代言人。在约定的那一天，匈牙利"阴谋家"们和萨克斯一起在卡尔顿酒店用早餐，这些外埠人于前一晚到达这里。他们离开酒店后向商务部进发。当时，参加会议的有 9 人：布里格斯、布里格斯的一名助手、萨克斯、西拉德、维格纳、特勒、罗伯茨，还有陆军代表亚当森和海军代表胡佛。

西拉德在开场白中强调了在铀-石墨实验系统中产生链式反应的可能性。他说，这一系统是否会发挥作用取决于碳的俘获截面，而我们对此了解得尚不充分。如果这个值较大，他们认为大规模的实验将会失败。如果这个值非常小，大规模实验将会显得非常有希望。而这个值的大小介于中间时，有必要通过大规模实验进行判定。他估计一颗铀弹的潜在破坏力为 2 万吨烈性炸药当量。他在萨克斯带给罗斯福的备忘录中写过，这样一颗炸弹将依赖于快中子，并且可能"太重以至于无法用飞机携带"。这表明他还在思考使天然铀爆炸，而不是分离出铀-235。

亚当森插嘴了，公然地表示了轻蔑。"在阿伯丁，"特勒记得他当时讥讽地说，"我们把一头山羊用一根 10 英尺长的绳子拴在木桩上，我们设置了一项大奖，奖给任何一个能用某种死亡射线杀死这头山羊的人。还没有谁前来领取这一奖项。"至于 2 万吨烈性炸药当量，这位陆军军官说，有一次，当一个火药库爆炸时，他正站在这个火药库的外面，而即便这样他也没有被击倒。

维格纳耐着性子，在西拉德之后讲话支持了他同胞的论点。

罗伯茨严肃地提出异议。他确信，西拉德对于链式反应的乐观态度是不成熟的，西拉德有关用天然铀制造快中子武器的观念是错误的。就在一个月前，罗伯茨和人合写过一篇相关的综述论文。这篇论文赞同西拉德的如下观点："还没有充分的数据明确表明，一座铀电厂是否可能建成。"但论文也评估了天然铀的快中子裂变问题——因为地磁部已开始评估这一问题——并且发现，因为快中子的共振俘获和大范围散射，"快中子极不可能产生维持［链式］反应所需的足够数量的裂变"。

这位地磁部的物理学家还指出，其他研究途径可能比在天然铀中产生一种慢中子链式反应更有前途。他的意思是对铀进行同位素分离。在弗吉尼亚大学，欧内斯特·劳伦斯昔日在耶鲁大学的同事杰西·比姆斯致力于高速离心分离机的研究工作，他正在那里开发这种设备。罗伯茨认为，这些问题的答案可能需要进行数年的工作才能揭晓，因而这种研究工作应该同时交给各所大学。

布里格斯大声地为他的委员会鼓劲。他极力主张，在欧洲处于战争的时期，对裂变可能性的任何评估都不能只停留在物理学的层面上，而是必须也考虑对国防发展的潜在影响。

正如西拉德在第二天告诉佩格拉姆的，他对萨克斯在会上"积极而热心"的参与态度感到"吃惊"。萨克斯支持布里格斯和这些匈牙利人。"这个问题太重要，不能再等了，"他记得萨克斯当时的论点是这样的，"重要的是要有所帮助，因为如果我们稍有闪失，我们就有被炸飞的危险。我们必须争分夺秒，我们必须抢在前头。"

然后，轮到特勒了。他用低沉、有浓重地方口音的声音宣布，他强烈支持西拉德。不过他也担负着作为费米和图夫信使的任务，这两个人在纽约讨论过这些问题，并且取得了一致的意见。"我说，这方面需要一点点支持。尤其是我们需要获得一种合适的物质来减慢中子，因此，我们需要纯净的石墨，而纯净的石墨非常昂贵。"特勒还补充说，杰西·比姆斯的离心分离机的研究工作也需要得到支持。

"你们需要多少钱？"胡佛中校想要了解经费情况。

西拉德没有计划过申请经费。"政府为我们的这一目的划拨经费看来是几乎不可能的，"第二天他向佩格拉姆解释说，"因此，我本人避免在这方面提出任何建议。"但特勒迅速回答了胡佛，也许是替费米说话："这项研究的头一年我们需要 6 000 美元，主要用于购买石墨。"（"我的朋友们责备我，因为原子能的伟大事业只能用这笔微薄的资金启动，"特勒后来回忆说，"他们至今都没有原谅我。"西拉德于 10 月 26 日写信给布里格斯说，对于大规模实验来说，仅仅石墨就需要至少 3.3 万美元。因此西拉德听到特勒这样说时一定大吃一惊。）

亚当森预计他们会提出近乎洗劫国库的要求。"此时陆军代表做了一番激烈的长篇发言"，西拉德说：

亚当森告诉我们，如果我们相信可以通过创造一种新式武器来为国防做出重大贡献，那我们可谓天真至极。他说，如果一种新式武器创造出来了，那么要让人们知道这种武器到底有没有用，一般需要经过两次战争的检验。然后他相当卖力地解释说，赢得战争的关键不在于武器，而在于军队的士气。他兴致勃勃地讲了好长时间，直到我们当中最有教养的维格纳突然打断他的话。[维格纳]用他的尖嗓音说，对他来说，听到这些真是非常有趣。他一直认为，武器是非常有用的，而且是要花钱的，这也是军队需要如此多拨款的原因。但他很愿意听到有人说他搞错了：赢得战争的不是武器而是士气。如果这是对的，那么也许应该重新掂量一下军队的预算，也许可以削减这些预算。

"好了，好了，"亚当森接过话头说，"同意给你们拨款。"

铀委员会于11月1日向总统提交了一份报告，强调探究受控链式反应主要是为了"给潜艇提供持续的动力来源"。报告还解释说，"如果这种反应被证明是爆炸性的，那么，基于这种爆炸性可能制造出一种炸弹，这种炸弹的破坏力比目前已知的任何炸弹都大得多"。铀委员会建议"为彻底研究提供充分支持"。最初，政府答应可以提供4吨纯石墨（这将使费米和西拉德得以测量碳的俘获截面）。如果实验成功，就再提供50吨氧化铀。

布里格斯于11月17日收到了"老爸"沃森的信。沃森写道，总统读了这份报告，希望将它归档保存。这份报告便保存在档案里，默默地在那儿躺到了1940年。

甚至在西拉德和费米的研究工作停滞不前时，在美国其他许多实验室，裂变的研究工作仍在继续进行。比如，在费米 10 月下旬信件的催促下，明尼苏达大学的阿尔弗雷德·尼尔终于开始准备用质谱仪从铀-238 中分离出足够的铀-235，从实验上确定究竟是哪一种同位素导致了慢中子裂变。但对于美国政府内外的科学家和行政人员来说，铀弹似乎充其量只具有一种极小的可能性。不管他们的同情心有多强，这场战争终究是一场欧洲的战争。

第 11 章

截　面

　　据奥托·弗里施回忆，战前的日子里，他在汉堡常常与奥托·斯特恩一起，白天进行实验，然后深入地思考物理学问题直到深夜。"我准时回家，"弗里施告诉一名采访者，"7 点钟吃晚饭，晚饭后有一刻钟时间打盹儿，然后惬意地坐在台灯下，拿着一张纸工作到大约凌晨 1 点钟——直到我开始产生幻觉……我仿佛看到满屋子奇怪的动物，然后我想，'哦，好了，该睡觉了'。"这位年轻的奥地利人入睡前的幻觉是一种"不良感觉"，但在别的方面"它却是一种完美的生活，一种我以前从没有过的愉快生活——每晚集中精力进行 5 个小时的工作"。

　　与此相反，1939 年整个春天，在进行早期的裂变实验后，弗里施发现自己"处于一种完全忧郁的状态。我感觉到战争正在降临。进行研究有什么用？我简直不能振作精神。我处于非常糟糕的状态中，感觉'我现在开始的研究工作没有一点益处'"。正像他的姨妈莉泽·迈特纳在斯德哥尔摩为她孤立的处境担忧一样，弗里施在哥本哈根为他的脆弱而担忧；当英国同行们前来访问时，他一反常态地参与了他们的活动：

当布莱克特和奥利芬特途经哥本哈根时，我首先向布莱克特讲，然后向奥利芬特讲，我有一种恐惧感，害怕丹麦不久将会受到希特勒的蹂躏。我问他们，如果是这样，我是否有可能去英国。因为给英国工作好过无所事事，我也不愿以这样或那样的方式被迫去为希特勒干活或者被送往集中营。

马克·奥利芬特领导着伯明翰大学物理系。他没有安排什么复杂的计划，而只是在那年夏天邀请弗里施来他这里探讨这个问题。"所以，我整理了两只小手提箱，先乘船，再乘火车，像一名游客。"战争把他逼到安全的英国内地，但是他随身带的财产只有两只小手提箱和其中的物件，没有更多的东西。他在哥本哈根的朋友不得不保管好他的财产，退回他刚订购的钢琴。

奥利芬特给他安排了一份辅助讲师的工作。因为相对而言有了保障，他开始重新思考物理学。裂变仍然吸引着他。他缺少直接研究所需的中子源。但他一直密切关注着玻尔的理论工作：玻尔在2月提出的铀-235和铀-238的裂变特性的差异，以及玻尔和惠勒9月发表的重要论文中的内容。此时，德国对波兰的入侵引发了第二次世界大战，弗里施产生了"一种高度严肃紧张的情绪"。他不知道玻尔铀-235是造成慢中子裂变的同位素的观点是否正确。他构思了一种方法来进行验证：通过准备"一份两种同位素的比例不同于天然状态的铀样品"来进行实验。这意味着至少要在一定程度上分离同位素，正如费米和邓宁为了同样的目的敦促尼尔所做的那样。弗里施研读了各种方法。他判定最简单的是气体热扩散方法，这是由德国物理化学家克劳斯·克鲁修斯（Klaus Clusius）开发出的一种技术。在设备方面，只需要一根竖立的长管子，把一根加热棒从顶端一直插到管子的中心位置即可。将想要分离的气态物质充满管子，再用流水冷却管壁，"富含较轻同位素的物质就会堆积在顶端附近……而较重的同位素会倾向于堆积在管子的底部"。

弗里施着手组装克鲁修斯管，但进展较慢。他打算制成玻璃管，但实验室的吹玻璃工要优先完成奥利芬特的战时特殊工作，作为一名来自敌对国的侨民，按规定弗里施是不能知晓这种秘密工作的。实际上，奥利芬特的两名物理学家同事詹姆斯·兰德尔（James Randall）和 H. A. H. 布特（H. A. H. Boot）正在研究开发空腔磁控管，这是一种电子管，能够为地面雷达和飞机上携带的雷达产生高强度的微波辐射——C. P. 斯诺评价说，它是"在希特勒战争期间最有价值的英国科学创新"。

同时，英国化学会邀请弗里施写一篇有关核物理学实验进展的综述作为其年度报告。"我白天在自己的卧室里借助整天燃烧的煤气取暖器对付着写这篇论文，室内温度升到了 42 华氏度^①……到夜间，我床头的杯子里的水会结上冰。"他穿上冬季的外套，将打字机放在自己的膝上并且将椅子拉到靠近火炉的地方。"火炉里辐射出的温暖刺激了我的血液流向大脑，我如期完成了这篇论文。"

弗里施的综述文章提及了链式反应的可能性，但并不真的把它当回事。他的结论以玻尔的论点为基础：玻尔认为天然铀中的铀-238 将会散射快中子，使它们减慢到俘获共振的能量，而少数逃脱俘获的中子在铀-235 含量极少的情况下不足以启动慢中子链式反应。弗里施指出，无论如何，慢中子都不可能产生比普通爆炸更为强烈的爆炸；它们需要很长的时间才能减慢速度并碰到一个原

---

① 约 5.6 摄氏度。——编者注

子核。正如他后来所解释的那样：

> 这一过程要花费将近 1 毫秒［也就是千分之一秒］的时间，而整个链式反应将会花费数毫秒的时间；一旦加热到足以蒸发时，这些物质就将开始膨胀，反应就会停止下来而不再继续进行。所以，这些物质爆炸时可能会像一堆火药，而不会更加剧烈，因此它不值得担心。

逃离纳粹德国后不久，弗里施就发现自己否定爆炸性链式反应的观点得到了进一步的肯定。它得到了尼尔斯·玻尔这种级别的理论物理学家研究工作的支持。因此，他满意地发表了自己的论文。

这一观点此前就出现过，最著名的是议员温斯顿·丘吉尔在 1939 年 8 月 5 日致英国航空大臣的一封信中表达的。丘吉尔担心希特勒可能会利用一种新式秘密武器来讹诈内维尔·张伯伦，因此他从弗雷德里克·林德曼那里获取了一份简报，并且写信提醒内阁至少"在数年内"不用害怕"破坏力巨大的新型爆炸武器"。基于对尼尔斯·玻尔的认同，这位著名的议员强调，最卓越的权威相信，"在这些过程中只有很小一部分铀在起有效作用"。要想产生大规模的效果，这种起作用的成分需要在实验室中提取。"只有当浓缩出很大质量的铀时，链式反应才有可能发生，"丘吉尔稍微有些糊弄地继续写道，"这些能量一经产生，在任何真正剧烈的效应出现之前，就将发生一种温和的爆炸。但它不太可能产生任何更为危险的后果。"他乐观地下结论说："邪恶的暗示会降临人世，恐怖的谣言会不停流传，但我们希望没有人被它们蒙骗。"

弗里施那年在伯明翰与一位移民过来的同事交上了朋友，这个人是理论物理学家鲁道夫·派尔斯。派尔斯是一个事业上顺利的柏林人，瘦高个子，有一张稚气的脸，一副龅牙，还有着严谨的数学头脑。派尔斯出生于 1907 年，1933 年以洛克菲勒研究员的身份来到剑桥大学工作。由于纳粹对德国大学的清洗，他选择留在了英国。他在 1940 年 2 月加入英国国籍，成为一名英国公民，但严格说来，在此之前他一直都是一名敌国侨民。当奥利芬特不时向他请教对微波雷达来说很重要的共振腔的数学问题时，两人都装得像是在讨论一个纯学术问题。

派尔斯对裂变可能的爆炸效果的研究做出了重要的贡献。1938年 5 月，弗雷德里克·约里奥在巴黎的一个同事弗朗西斯·佩兰（Francis Perrin）发表了一篇有关计算铀的临界质量（就是维持铀的一个链式反应所需的最低质量）的一级近似公式的论文。小于临界质量的铀是稳定的，而达到临界质量的铀聚集在一起就会自发爆炸。

临界质量有可能存在是基于这样一个事实：球的表面积随半径的增加要比球的体积随半径的增加慢得多（接近于 r^2 比 r^3）。在某个特定的体积上——具体取决于物质的密度以及散射、俘获和裂变截面——碰到核并导致裂变的中子会比从表面逸出的中子更多，这个体积对应的质量就是临界质量。通过估计天然铀的这几个截面的大小，佩兰提出它的临界质量为 44 吨。如果用铁或铅包裹铀作为反射层，把中子反弹回去，那么将降低对质量的要求。根据佩兰的计算，在有反射层的情况下临界质量只有 13 吨。

派尔斯立即看出来，他能够对佩兰的公式进行深化。他在一篇理论论文中做了这一点，这篇论文是他在 1939 年 5 月到 6 月上旬写出来的，并由剑桥哲学学会发表在它的会刊的 10 月号上。因为基于慢中子裂变的临界质量公式在数学上很复杂，需要将减速剂的特性考虑进去，所以派尔斯提出考虑"一种简化的情况"：由未减慢的快中子引起的裂变。派尔斯指出，在公式中代入天然铀的裂变截面——实质上就是铀-238 的裂变截面——得到的临界质量"是数吨的数量级"。作为一种武器，这种尺度的物体笨重得无法让人接受。"当然没有可能将这样一种庞然大物装进任何飞机里，这篇论文看来也就没有实际意义了。"派尔斯虽然知道英国和美国都关心这方面的保密工作，但在这种情况下，他认为没有理由不发表论文。

11 月底，苏联乘机进入芬兰。欧洲的其他国家表现出了一种古怪的回避态度，爱达荷州的孤立主义参议员威廉·博拉（William Borah）将它称为"假战争"。派尔斯夫妇搬进了一所较大的房子里，新年伊始，他俩慷慨地邀请弗里施和他们住在一起。吉尼亚·派尔斯是一名苏联女人，她接受了这位单身的奥地利人。"她操持家务，"弗里施写道，"十分在行，令人愉快。她有响亮的曼彻斯特口音，带着苏联人完全忽视定冠词的习惯。她教我每天刮胡子，教我刚一洗好盘子就把盘子擦干，这项技能后来派上了很大的用场。"在派尔斯家的生活很舒心，但弗里施常常在不祥的黑暗中走回家，夜色太浓，有时他会被路边的长椅绊倒，只能凭行人帽檐缎带上的光亮来辨别行人。这提醒他德国的轰炸一直是个挥之不去的威胁。这时，他发现自己对给英国化学会写的原本信心满满的综述产生了怀疑："我写的东西真的正确吗？"

1940 年 2 月的某个时候，他再次审视了这些问题。铀的爆炸性链式反应总共有四种可能的机制：

（1）铀–238 的慢中子裂变；

（2）铀–238 的快中子裂变；

（3）铀–235 的慢中子裂变；

（4）铀–235 的快中子裂变。

　　玻尔合理地将铀–238 和钍作为一方面，而将铀–235 作为另一方面来考虑它们之间的差异，由此排除掉的情形有：情形（1），因为铀–238 不能由慢中子引起裂变；情形（2），因为散射和铀–238 的俘获共振的寄生效应，这种情形不会有效；情形（3），可能适合用来发电，但作为一种实战武器它太慢了。那么情形（4）又怎样呢？显然，在此之前，无论是在英国、法国还是美国，都没有人完全以这种方式提出过这一问题。

　　弗里施现在瞥见了通向深处的一条通道，他能做到这一点，是因为他仔细考虑过同位素分离，确定了哪怕像铀–235 这样难以获得的同位素也能分离出来。因此，他准备思考没有混杂铀–238 的纯物质的状态，而玻尔、费米甚至西拉德都尚未这样思考过。"我想知道，假设我的克鲁修斯分离管有效，如果能用许多这样的管子生产足够多的铀–235 使真正的爆炸性链式反应成为可能，而且它又不依赖于慢中子，那么这样的同位素需要多少？"

　　他将这一问题提出来和派尔斯一同探讨。派尔斯研究出了他的临界质量公式。在这种情况下，需要知道铀–235 的快中子裂变截面，这是一个无人知道的数字，因为还没有人分离出足够数量的这种稀少的同位素来从实验上确定它的截面，而实验是得知这一数字的唯一可靠途径。然而，派尔斯说："我们读过玻尔和惠勒的论文并且理解了它，它似乎使我们确信，在铀–235 中，中子的截面是由裂变支配的。"派尔斯能简单地描述出接下来会发生什么："只要一个中子碰撞到〔铀-235的〕核，就必然会发生某些事情。"

这个结论使截面变得直观而又明显：它与我们所熟悉的表示中子撞击铀核概率的截面，也就是几何截面——10^{-23} 平方厘米——是大体相同的，比先前给天然铀估算的 10^{-24} 平方厘米的裂变截面大整整一个数量级。

"抱着随便试试的态度"，弗里施写道，他将 10^{-23} 平方厘米代入派尔斯的公式中。"使我大为惊奇的是"，这个结果"比我预期的值小很多；不是数吨，而是只有一两磅"。对于像铀这样的重金属，其体积比一个高尔夫球还要小。

不过，这一两磅物质是会爆炸还是仅嗞嗞响一阵就再没动静呢？派尔斯很轻松就做出了一个估计。链式反应必须比加热金属球造成的汽化和膨胀要快。派尔斯通过计算中子的代与代之间的时间，得出链式反应时间为 $1 \times 2 \times 4 \times 8 \times 16 \times 32 \times 64 \cdots \cdots$ 乘积的倒数，大约为百万分之四秒，比弗里施估计的慢中子裂变所用的千分之几秒的时间要快很多。

那么，爆炸会带来多大的破坏力呢？在爆炸的膨胀导致铀-235的原子分离得过远从而使链式反应停下来之前，预计有大约80代中子的数量倍增，而经历的总时间仍然只有百万分之一秒，产生的温度和太阳内部温度相当，压力比铁在地球中心以液态流动的压力还高。"我计算出了这样一种核爆炸将会带来的后果，"派尔斯后来说，"我和弗里施都被这些计算结果惊呆了。"

最后，实际问题是：能够从铀-238中分离出哪怕是几磅铀-235吗？弗里施写道：

我借助克鲁修斯的公式算出了我的分离系统大致的效率，之后我们得出结论，借助由大约 10 万根类似的分离管组成的装置，或许可以在一段不算长的时间（大约为数周）里生产出一磅纯度合适的铀-235。对此，我们面面相觑，认识到原子弹终究可能被制造出来。

"建一个这样的工厂所需的费用，"弗里施补充自己的观点说，"与这场战争需要投入的费用相比微不足道。"

"喂，不应该让某些人了解这一切吗？"弗里施随后问派尔斯。他们赶紧将计算结果告诉马克·奥利芬特。"他们说服了我。"奥利芬特证实说。他让他们将全部内容都写下来。

他们简明地写成了两部分，一部分打印成三页，另一部分更为简短。派尔斯回忆说，他们一说起它就感到紧张（此时是 3 月，严寒已向温暖的天气转变）：

> 我记得我们正在……一楼的物理实验室我的房间里写备忘录；那是一个晴朗的日子，窗户开着……当我们正在讨论措辞时，一张面孔突然出现在开着的窗前。我们吓了一跳！原来，窗户（朝南的）下面正好栽种了一些西红柿，有人正弯腰照料西红柿秧苗。

他们将第一部分的标题定为《论"超级炸弹"的构造：基于铀核链式反应》。他们写道，该文试图"指出和讨论在……早期的讨论中被忽视的一种可能性"。他们接着谈到了他们之前私下讨论过的问题，指出"一枚 5 千克的炸弹释放的能量将等价于数千吨普通炸药释放的能量"。他们描述了构建这种武器的一种简单机制：将铀球块分成两半，"想要产生爆炸时就首先将这两个半球组合到一起。一旦组合起来，炸弹就会在一秒钟或更短的时间内爆炸"。他们认为，可以用一些弹簧将这两块小的半球拉到一起。这种组合必须迅速进行，不然链式反应会过早开始，只是毁坏炸弹，而不会摧毁其他东西。爆炸的一种副产品——他们认为大约为其20%的能量——将会是放射性的辐射，等价于"100吨镭"产生的辐射，这"甚至在爆炸发生很长时间后仍然对生物体是致命的"。"几乎不可能"存在有效防御这种武器的方法。

第二部分题为《关于放射性"超级炸弹"特性的备忘录》，是一篇技术含量较少的文件，显然是为科学家以外的人准备的一份替代性读物。这份研究报告探索的是设计和生产技术之外的持有和使用的战略性问题，既维护了自己的清白，又具有非凡的预见力：

1. 作为一种武器，超级炸弹的威力事实上是不可抵挡的。无法指望有什么材料或者设备能够阻挡得了这种爆炸的威力……

2. 因为放射性物质随风扩散，使用这种炸弹不可能做到不杀死大量的平民，这可能使它不适合作为一种武器被某个国家使用……

3. ……可以设想，事实上，德国正在开发这种武器……

4. 如果设想德国已经或者将会掌握这种武器，那么必须认识到，不会存在任何可供掩蔽的、有效的和可大规模使用的避难所。最有效的回击就是用相同的武器针锋相对地给予威胁。

因而，在 1940 年的头几个月里，这两位睿智的研究者已经清醒地认识到，核武器将会是一种大规模杀伤性武器，针对这一点，唯一显而易见的防御将是彼此拥有这种武器造成的威慑效果。

弗里施和派尔斯完成了两份报告，交给了奥利芬特。对这两个人盘根问底之后，奥利芬特将他们的备忘录连同一封附信（"我已仔细考虑过这些提议，并且与作者们进行了细致的讨论，讨论的结果让我相信，整个事情必须相当严肃地对待，哪怕只是确认目前另一方还没有在制造这种炸弹"）交给了亨利·托马斯·蒂泽德（Henry Thomas Tizard）。蒂泽德来自牛津，是一位训练有素的化学家，也是英国雷达研究开发的幕后推动人，同时是防空科学研究委员会的非军方主席。防空科学研究委员会通常被人们称为蒂泽德委员会，这是英国当时负责将科学应用于战争的最重要的委员会。

奥托·弗里施在多年后写下了他在认识到超级炸弹终究可能制造出来，而他和派尔斯还没有将这一消息告诉马克·奥利芬特时的心情："我常常问自己，我为什么不能在当时当地放弃这一项目，不向任何人说起这些事情？为什么要启动这样一个项目？这一项目一旦成功启动，就会最终制出一种无比残暴的武器，一种世界上从未见过的大规模杀伤性武器。答案非常简单，我们正在进行战争，理由也显而易见：很有可能某些德国科学家也已经有了相同的想法并且开始研发这种武器。"

一个交战国的科学家能想到的东西，另一个交战国的科学家也可能想到，而且还会保守秘密。1939 年年初和 1940 年年初，核武器竞赛开始了。有责任感的人会惧怕危险的敌人，怕看到自己的想法被敌方恶毒而扭曲地用到自己身上，这很正常，也可以理解。某些想法如果被握在友善的一方手中，看起来可能会是防御性的，但如果被握在另一方手中就可能是侵略性的。但其实它们都是相同的想法。

◉

维尔纳·海森伯将他深思熟虑的结论于 1939 年 12 月 6 日发送给了德国军需部，此时，费米和西拉德在等待布里格斯的铀委员会划拨给他们用作石墨研究的 6 000 美元，弗里施在准备他悲观的英国化学会综述。海森伯认为，如果能够找到一种合适的减速剂，那么甚至用普通铀产生的裂变也能产生能量。水不是合适的减速剂，但是"重水［或者］很纯净的石墨会是合适的减速剂，另一方面，目前有足够的证据表明"，海森伯写道，建造一个反应堆最可靠的方法"是浓缩铀-235 同位素。浓缩的程度越高，反应堆就能建得越小"。浓缩——增大铀-235 相对于铀-238 的比例——是"产生比迄今所知道的最强炸药还要强几个数量级的爆炸物的唯一方法"。（这一段话表明海森伯甚至在弗里施和派尔斯之前就认识到了快中子裂变的可能性。）

同一时期，保罗·哈特克正在汉堡制作一根克鲁修斯分离管；12 月，他在测试时成功分离了重气体氖的同位素。他在圣诞节那天前往慕尼黑与慕尼黑大学的物理化学教授克鲁修斯讨论如何改进设计。拥有一批钍专家的奥尔公司——汽灯罩和放射性牙膏的提供商——已经从约阿希姆斯塔尔矿石中加工出了第一吨纯氧化铀，并于 1940 年 1 月送交军需部。德国的铀研究蓬勃发展。

获得一种合适的减速剂看上去较为困难。德国科学家倾向于使用重水，但是德国没有自己的提取工厂。哈特克在 1939 年年初计算出，每生产 1 吨重水，一台烧煤的装置将要消耗 10 万吨煤，而在战时这是不可能做到的。世界上唯一的大量重水来源位于挪威南部奥斯陆以西 90 英里处尤坎附近的维莫尔克，那里的大瀑布旁 1 500 英尺高的峻峭花岗岩断崖中有座电化学工厂。挪威水电公司重水车间生产的这种稀有液体是为了人工合成氨电解氢时的副产品。

法本公司是由拜尔的卡尔·杜伊斯贝格于 20 世纪 20 年代组成的德国化学卡特尔，在挪威水电公司拥有股份；在了解到军需部的需要后，法本公司就与挪威人展开了接触，试图购买现有的所有重水，大约为 50 加仑，价值 12 万美元，并且以每月至少 30 加仑的量订购更多的重水。挪威水电公司当时每月生产的重水不到 3 加仑，在战前的年月里足以供应小型的物理实验室市场。它想了解德国为什么需要如此大的量。法本公司选择了沉默。2 月，这家挪威公司既拒绝出售它现有的库存，也拒绝增加重水产量。

重水也给法国的研究小组留下了印象，约里奥已将情况反映给了法国军需部长拉乌尔·多特里（Raoul Dautry）。当多特里听说德国给挪威水电公司的重水供给出价时，他决定为法国赢得这种水。一家法国银行——低地巴黎银行——在这家挪威公司控制了多数股权，并且该银行以前的一个高级职员雅克·阿利耶（Jacques Allier）此时是多特里的军需部的一名中尉。多特里于 2 月 20 日在约里奥在场的情况下向秃头、戴眼镜的阿利耶做了简要的交代：部长想要中尉带领一支法国特别行动小组到挪威获取重水。

3 月初，阿利耶化名潜入奥斯陆，与挪威水电公司的总经理见了面。这位法国军官准备支付 150 万克朗购买重水，并且甚至给德国人留下一半，但是一听说这种物质可能有什么军事用途，那位挪威人便自愿提供全部库存并且谢绝报偿。这些重水被分装成 26 罐，随后在半夜趁黑用小车拉着离开了维莫尔克。阿利耶的特别行动小组从奥斯陆将它分两批向爱丁堡空运——德国歼击机拦截了一架诱饵飞机，命其迫降并接受检查，阿利耶在装载第一批时假装把重水装上了那架飞机，然后通过火车和海峡轮渡将重水运往巴黎。在整个冬季和春季的"假战争"期间，约里奥都在巴黎为使用这些重水进行均相和多相两种情况下的氧化铀实验做准备。

在此期间，苏联的核研究只限于精巧的实验室工作。物理学家伊戈尔·库尔恰托夫（Igor Kurchatov）的两名助手于 1940 年 6 月在《物理评论》上报道说，他们在铀中观察到了罕见的自发裂变。"这一发现的发表在美国完全没有引起反响，"美国物理学家赫伯特·F. 约克（Herbert F. York）后来写道，"这一点是使苏联人相信美国一定在进行一个很大的秘密工程的因素之一。"此时它规模尚不够大，但它已经开始成为秘密。

日本首先是在军队里开始朝原子弹的方向研究的。日本陆军航空技术研究所的所长安田武雄是一名陆军中将，也是一名活跃的电气工程师，他尽责地追踪与他的研究领域相关的国际科学文献；在 1938 年和 1939 年间，他在阅读过程中注意到并追踪了核裂变的发现。1940 年 4 月，因为预见到裂变的可能后果，他命令一个受过科学训练的助手铃木辰三郎中佐准备一篇全面的报告。铃木满腔热情地着手工作了。

⊙

尼尔斯·玻尔于 1939 年 5 月初从普林斯顿返回哥本哈根，一心关注着欧洲末日的来临。他的朋友力劝他将家人接到美国并留下来，他没有动心。仍在逃离德国和此时正在逃离中欧的难民需要他，他的研究所需要他，丹麦需要他。希特勒提议用互不侵犯条约来达成斯堪的纳维亚地区各国家的中立妥协。只有讲求实际的丹麦接受了这项提议。丹麦人完全明白这种条约没有价值并且有损国家形象，但不愿因一项纸上的胜利而引起入侵。到了秋季，当约翰·惠勒在这一危难时期为玻尔的一个儿子在普林斯顿提供了一个庇护所的时候，玻尔接受了这份关照以备未来之需。"我们意识到一场巨大的灾难随时都可能降临。"他在波兰危机中这样写道。

1940 年 4 月，巨大的灾难粗暴而迅速地降临丹麦。玻尔正在挪威做演说。英国人已经声明他们要在挪威沿海水域布水雷，以防止挪威的铁矿石被运往纳粹德国。在玻尔做巡回演说的最后那天，即 4 月 8 日的傍晚，他和挪威国王哈康七世共进晚宴，发现国王和挪威政府都笼罩在遭受德国进攻这样一个可能的阴影之下。晚宴后，他登上了前往哥本哈根的夜班火车。一艘火车轮渡于晚间跨过厄勒海峡，将火车厢运到赫尔辛格，而此时乘客们都已进入梦乡。丹麦警察捶打着火车厢门叫醒他们，告诉他们一个消息：德国不仅入侵了挪威，而且入侵了丹麦。一支 2 000 人的德国军队隐藏在长堤码头（就是安徒生笔下小美人鱼所在的那个哥本哈根码头）附近停泊的运煤货船里，于凌晨疾风暴雨般冲上岸，这个场面太过让人意外，骑自行车回家的夜班工人以为是在拍电影。一支德国主力部队向北通过石勒苏益格–荷尔斯泰因，也向丹麦半岛进发，在黎明前跨过了边界。带有铁十字标志的德国飞机占据了空中优势。德国军舰控制了瑞典和丹麦之间的卡特加特海峡和丹麦与挪威南部之间通向北海的斯卡格拉克海峡。

挪威人奋起反击，并决定安排国王、宫廷和议会流亡海外。生活在装甲车队可以轻松挺进的平原上的丹麦人却没有这样做。凌晨，哥本哈根的街道响起了枪声，但国王克里斯蒂安十世下令立即停火，停火令于早上 6 点 25 分生效。此时，玻尔乘坐的火车正好到达丹麦首都，这座被丘吉尔称为"这个残酷的战利品"的城市保全下来了，街道上散落着绿色的投降传单，国王准备接见德军指挥官。丹麦抵抗力量将顽强而有效地进行斗争，但它很少采取与纳粹德国的国防军正面作战这样的自杀方式。

美国大使馆迅速传过话来，他们能够保证将玻尔安全地护送到美国。玻尔再次选择了道义和职责。他此时最关心的是烧毁那些帮助过成百上千名移民逃亡的难民委员会的文件。"这是尼尔斯·玻尔典型的做法，"他的合作者斯特凡·罗森塔尔写道，"他最优先做的一件事情是与各大学的校长以及丹麦的其他政府机构接触，以保护他研究所的那些职员，他预计这些人可能会遭到迫害。"其中最紧要的是波兰人，不过玻尔也找到了政府部门的领导人，要求共同抵制德国在丹麦制定任何反犹主义法令的企图。

在沦陷的日子里，他甚至为马克斯·冯·劳厄和詹姆斯·弗兰克交给他保管的诺贝尔奖大金质奖章担心。从德国带出黄金是一种严重的犯罪行为，而劳厄和弗兰克的名字刻在了他们的奖章上。乔治·德海韦西想出了一个有效的解决办法，将这些奖章溶解在酸里。它们被化为黑色液体，装在没有标记的罐子里，一直放在实验室的架子上，神不知鬼不觉地搁到了战争结束。后来，诺贝尔基金会重新铸造了这两枚奖章并将它们归还给它们的所有者。

挪威水电公司是德军的一个重要目标。尤坎附近发生了激烈的战斗，一直持续到 5 月 3 日，这是挪威南部最后一座沦陷的城镇。之后，管理层被迫向保罗·哈特克报告，它的重水设施——维莫尔克高浓缩工厂——能够扩大规模，将理想的中子减速剂的产量增加到每年 1.5 吨。

"我所需要的，"亨利·蒂泽德研读过弗里施和派尔斯的备忘录后写信给马克·奥利芬特说，"是建立一个相当小的委员会，它能够及时地建议该做什么事情，应该让谁去做，以及应该在什么地方做。我认为，你、汤姆孙，以及比如布莱克特，足以组成这样一个委员会的核心。"汤姆孙是指 G. P. 汤姆孙，他是 J. J. 汤姆孙的儿子，也是伦敦国王学院的物理学家。上一年，他订购了 1 吨氧化铀来开展研究，并对此举的荒谬感到羞愧。在许多次中子轰击实验后，他曾得出结论说，不太可能在天然铀中产生链式反应，因而这样的武器项目是不切实际的。蒂泽德本来就持怀疑态度，并将汤姆孙的结论视作对自己看法的支持。他任命汤姆孙为这个小委员会的主席；詹姆斯·查德威克此时在利物浦，他和他的助手穆恩以及卢瑟福的一名学生约翰·道格拉斯·考克饶夫（John Douglas Cockcroft）被增加进了委员会名单。布莱克特正忙于其他战时工作，不过后来也加入了委员会。4 月 10 日，这个委员会在伯灵顿宫的皇家学会总部首次开了一个非正式的会议。

　　这次会议可能一方面想讨论弗里施和派尔斯的研究工作，另一方面也想听取一名来访者的意见，这名来访者就是低地巴黎银行和法国军需部的那位似乎无处不在的雅克·阿利耶。阿利耶警告英国物理学家们说，德国对重水生产感兴趣，他还争取让英国和法国合作进行核研究。汤姆孙在他做的笔记中记录道，直到那时，他们才开始考虑"分离同位素的可能性……并且认为用六氟化铀［一种气态的铀化合物］做小规模实验进行验证的前景是乐观的"。他们毫不客气地提出，要提醒弗里施"一点也不能走漏风声，因为德国人表现出了这方面的兴趣"。他们愿意告诉弗里施，他们正在考虑他的备忘录，但是没有提供细节。（派尔斯的名字似乎尚未给汤姆孙留下印象，蒂泽德显然把弗里施和派尔斯的第二份备忘录留在了自己的众多文件里。）"我们带着疑惑多于相信的心情开始从事这一项目，"委员会后来报告说，"尽管我们觉得这是一个必须深入研究的问题。"汤姆孙的笔记中明显反映出怀疑的态度。至于蒂泽德，他给林德曼的兄弟、英国驻巴黎大使馆的科学顾问查尔斯写信说，他认为法国人对德国核研究的危险的担心纯属"庸人自扰"。"我仍然……认为，具有任何实际军事意义的可能性是非常小的。"他在同一星期写给英国战争内阁成员的一份意见书中做出了这样的估计。

这可能和布里格斯的铀委员会开过的第一次会议一样，是一个前途渺茫的开端。但汤姆孙的委员会的成员们不是军火专家，而是积极、有能力的物理学家。尽管他们最初持怀疑态度，但他们懂得弗里施和派尔斯所使用的数据的出处以及这些数据可能的含义。在4月24日的第二次会议上，汤姆孙简洁地记录下这样一段内容："弗里施博士做了一些解释，表明制造铀弹是切实可行的。"许多年后，奥利芬特回忆了当时更普遍的反应："委员会普遍对这一可能性感到震惊。"查德威克的有益意见帮了忙。当他看到弗里施和派尔斯的备忘录时，他恰好开始用新的利物浦回旋加速器独自探究快中子裂变，这在英国是第一次。在4月24日的会议上，他带着懊恼对这两位难民科学家的研究工作做出了肯定：他"有些尴尬"，奥利芬特说，"承认他得出了相同的结论，但认为在通过实验对中子的截面做出更多了解之前就报道这种可能性是不合适的。派尔斯和弗里施是使用计算值得出结论的，不是实验，但这一确切的证据引导委员会对……分离技术的研究开发给予了极大的关注"。

查德威克同意承担必要的研究工作。在接下来的几周里，弗里施和派尔斯一直被排除在他们自己揭开的这一秘密的研究项目之外，直到他们的抗议通过奥利芬特被传达给汤姆孙。但朝向用链式反应的铀制造炸弹的研究工作此时正式开始了，并且驶上了快车道。

⊙

西拉德有些烦躁。第一次铀委员会会议后的几个月成为"我生命中最奇怪的时期"。没人给他打电话。"我从华盛顿方面根本听不到什么消息……我曾设想，一旦我们论证了在铀的裂变过程中会放出中子，那么要引起人们的兴趣就不会是难事，但是我错了。"铀委员会在 11 月 1 日提交的报告事实上被放在罗斯福的文件堆中遭遇冷落，1940 年 2 月初，沃森最终决定由自己重新将它提出来。他问莱曼·布里格斯是否要补充点什么。布里格斯说给费米研究石墨里的中子吸收用的 6 000 美元终于交付了。这是"一项至关重要的工作"，布里格斯说，他推测它将决定"这项事业是否能实际应用"。他建议等待结果。

尽管布里格斯表现吝啬，但有一个因素激发了西拉德重新行动的积极性。他花了一个冬天进行彻底的理论研究："铀和碳组成的实验系统中的发散链式反应"。此处的发散是指这种链式反应一旦开始便持续不断地倍增（这份文献的第一个脚注编号为 0，写的是引自"H. G. 威尔斯 1914 年出版的《获得解放的世界》"）。新年伊始，约里奥的研究小组报道了一种铀-水实验，西拉德说，它"距离链式反应似乎近在咫尺，如果我们用石墨代替水对这个实验系统稍加改进，依我看来，我们应该就能突破这一障碍"。他安排了一次午餐，与费米一起讨论法国人的论文。"我问他：'你读过约里奥的论文吗？'他说他读过了。我问他：'你认为它怎么样？'费米说：'不怎么样。'"西拉德发怒了。"到这个份上，我看不出还有继续交谈的理由，于是回家了。"

他再次去普林斯顿拜访爱因斯坦。他们又共同写了一封信，签上爱因斯坦的名字后将它寄给了萨克斯。信中强调德国开始在威廉皇帝研究所秘密进行铀研究，他们已经从物理化学家彼得·德拜那里了解了这些事情。德拜是1936年度诺贝尔化学奖得主，是达勒姆的物理研究所的所长，最近来到了美国。表面上他是来度假，实则是因拒绝放弃荷兰国籍加入纳粹德国而遭到驱逐。萨克斯将爱因斯坦的信转发给了"老爸"沃森，再转交给罗斯福。但沃森认为先与铀委员会商量较为明智。亚当森的反应和布里格斯如出一辙：一切都取决于哥伦比亚大学的石墨测试结果。沃森建议等待正式的报告。萨克斯可能进行过反驳；罗斯福于4月5日写信给这位紧盯不放的经济学家强调说，布里格斯的委员会是"继续进行这种研究的最切实的途径"，但他也召开了另一次萨克斯可以参加的委员会会议。布里格斯尽责地将这次会议安排在4月27日星期六下午。

与此同时，另一进展异军突起。在费米再次写信催促他后，明尼苏达大学的阿尔弗雷德·尼尔着手准备分离出相当数量的铀-235和铀-238样品。约翰·邓宁给他送去了六氟化铀，这是一种高腐蚀性的化合物，在室温下是一种白色固体，但在加热到140华氏度①时就会挥发成气体。"我在1939年年底用这些材料进行了两个月的研究。"尼尔后来回忆说。很不幸，这种气体太容易挥发；尽管他

_____

① 60摄氏度。——编者注

用真空泵卖力地清除它，但它还是弥漫于质谱仪 3 英尺长的玻璃管中，污染了集电极板：

> 最后我说："这没法做。"1940 年 2 月，一台新设备大约在 10 天内制作完成。我们的吹玻璃工为我吹制了一根马蹄形质谱仪管，我自己制作金属部件。我使用 [他早年] 在哈佛大学实验中剩下的挥发性较小的四氯化铀和四溴化铀作为铀源。铀-235 和铀-238 的首次分离实际上是在 1940 年 2 月 28 日和 29 日完成的。这一年是闰年，2 月 29 日星期五下午，我将一小片样品 [收集在镍箔上] 粘在一封手写的信件的纸页边上，大约在 6 点钟将它们投到明尼阿波利斯邮局。这封信使用的是航空特别专递，于星期六到达哥伦比亚大学。星期天凌晨，我被约翰·邓宁 [他工作了一整夜，用从哥伦比亚大学的回旋加速器产生的中子轰击这一样品] 打来的长途电话唤醒。哥伦比亚大学的样品测试清晰地表明，铀-235 是铀慢中子裂变的原因。

这一实验证明了玻尔的猜想是正确的，但这也使布里格斯对天然铀的价值甚至产生了更大的怀疑。他于 4 月 9 日向沃森汇报说，"是否能在不把铀-235 与其他铀分离的情况下实现链式反应"，这是"非常值得怀疑的"。尼尔、邓宁和他们的合作者尤金·布思以及阿里斯蒂德·冯·格罗塞在 3 月 15 日的《物理评论》中写的意思差不多："这些实验突出了为研究铀的链式反应的可能性而进行大规模铀同位素分离的重要性。"但同位素分离本来就是邓宁在这一问题上首先采用的方法，也是他的热情所在；慢中子的相关发现也很难证明费米和西拉德的实验系统不可行。更容易引发误导的可能是尼尔和哥伦比亚研究小组于 4 月 15 日发表的使用大样品（但仍然是微量的）所做的实验的测量结果："此外，在这些中子强度条件下，观测到的每微克铀–238 的裂变数就足以解释在未分离的铀中实际观察到的所有快中子裂变。"这样的表述在这种针对小样品的实验测量的范围内是正确的，但是它的措辞似乎不支持铀–235 的快中子裂变。事实上，尼尔还没有积累足够多的铀–235 供哥伦比亚大学测量这种可能性。当时，所有人唯一知道的是，铀–235 的快中子裂变的截面小于这种同位素的慢中子裂变的截面。但这种截面非常大，正如尼尔和他的哥伦比亚小组在这方面的第一篇论文所报告的，为 400×10^{-24} 平方厘米到 500×10^{-24} 平方厘米。

因此，可以预见，在 4 月 27 日召开的会议上——萨克斯、佩格拉姆、费米、西拉德和维格纳都在场——铀委员会听取了新一轮的辩论，无视萨克斯的劝诫，坚定地认为大规模的铀–石墨实验应该先等费米的石墨测量结果出来。

◉

此时，6 000 美元已经拨出，哥伦比亚大学能够购买西拉德为费米做实验而找到的石墨了。"用纸板箱小心包装的石墨块送到了普平实验室，"赫伯特·安德森后来回忆说，总量为 4 吨，"费米带着热情重新回到链式反应问题上。这是他最喜爱的那种物理学问题。我们一起将石墨块整齐地堆叠起来。我们在一些石墨块上刻出窄沟，以便插入我们想要插入的铑箔探测器，很快，我们就做好测量的准备了。"

"因而，普平实验室七楼的物理学家们开始看上去像煤矿上的矿工，"费米补充说，"当这些物理学家晚上疲惫不堪地回到家时，他们的妻子都纳闷究竟发生了什么事情。"

实验设置被设计用来确定从氡-铍中子源——放在石墨柱下方地面上的石蜡中——产生的中子被散射碰撞减慢速度后，在石墨柱中能扩散多远的距离。中子传播得越远，就说明碳的吸收截面越小，它就越是好的减速剂。普平大楼七楼变成了像罗马物理学院二楼那样的一条跑道。安德森描述了这一情景：

> 每次测量都严格按进度表执行。在把铑置于石墨中后，中子源被插入石墨堆中的规定位置，进行 1 分钟辐照后被撤除。为了在限定的 20 秒内将铑箔置于盖革计数器的检测之下 [因为它的诱导半衰期只有 44 秒]，需要协作和快跑。有明确的分工。我负责听到信号就撤出中子源；费米手持秒表，拿着铑箔以最快的速度跑过走廊。他的时间很有限，需要放好铑箔，盖上铅盖，并且在规定的时间里开始计数。看到一切运转正常后，明显满意的他便要观察计数器上的闪光，随着记录的"咔嗒"声不时用手指敲击工作台。放射性现象的示数从没使他失去过兴趣。

正如费米和安德森随后计算出的那样，吸收截面被证明足够小，为 3×10^{-27} 平方厘米。他们认为借助于更纯的石墨还能使之更小。这一测量强有力地支持了费米和西拉德在天然铀中引发慢中子链式反应的计划。

不过，这样一项计划可能只展示了一种潜在的未来能源，为布里格斯提供建议的美国科学家和行政管理人员尚未看出它能有何军事用途。4 月份，英国的汤姆孙委员会要求英国驻华盛顿大使馆的科学顾问 A. V. 希尔（A. V. Hill）查明美国在裂变方面正在做什么。根据英国原子能计划的官方史料记载，希尔与身份不明的"卡内基研究所的科学家们"谈过话，他以尖锐的语言汇报了这些人的意见：

> 实际的工程应用和战争用途最终可能出现，这并非不可想象。但美国的同行们使我确信，目前不存在上述情况出现的迹象，而且对忙于紧迫问题的英国人来说，研究铀对战争能起到什么作用纯粹是浪费时间。如果有什么对战争有价值的东西出现，他们无疑会及时给我们有关的暗示。有很多美国物理学家正在从事这一课题的研究或者对这一课题有兴趣；他们有精良的设施和设备；他们对我们十分友好；他们觉得，最好是他们继续加紧做这件事，而不是我们的人将时间浪费在这件事情上。这样的研究在科学上是有意义的，但是就目前的实际需要而言，可能会竹篮打水一场空。

卡内基研究所的科学家的意见或许很务实，但它不仅仅是出于偏见。罗伯茨、哈夫斯塔德和他们在地磁部的同事、物理学家诺曼·海登伯（Norman P. Heydenburg）改进了他们对天然铀中快中子裂变、散射和俘获截面的测量方法。爱德华·特勒使用他们的数据在这一时期做了许多计算，从其中的一次中得出了临界质量为 30 吨的结果，与佩兰和派尔斯在他之前得出的计算结果有相同的数量级。罗伯茨显得更悲观一些，他下结论说："[天然铀中的]俘获截面太大，以至于快中子链式反应目前来看似乎不可能发生，甚至在一块无限大的纯铀块中也不可能发生。"到 1940 年春季，哥伦比亚大学和地磁部的实验就这样把铀-238 中的慢中子和快中子裂变两种情况都排除了，只肯定了铀-235 中的慢中子裂变。这种不对称性本可以提供一条线索的，但没有人注意到它。

◉

至少从爱因斯坦给罗斯福写第一封信的时候起，爱德华·特勒就因为武器研究工作的伦理性在内心展开了斗争。他的人生曾两次被极权主义连根拔起。他清楚战争之初德国那令人恐惧的技术优势。"我于 1935 年来到美国，"他后来解释说，"当时的情况已经很明显了。那时我相信，除非发生奇迹，否则希特勒将会征服世界。"但纯科学仍然使他平静。"将我的注意力从我所喜爱的专职物理学工作转向武器方面的工作不是一件容易的事情，在相当长的一段时间里我都没有下定决心。"

同时偶然发生的两个事件导致他做出了决定。"1940 年春天发表的通告说，罗斯福总统将会在华盛顿的泛美科学大会上讲话，作为乔治·华盛顿大学的一名教授，我被邀请了。我不打算参加。"在那个至关重要的日子——1940 年 5 月 10 日——发生的另一个事件改变了他的想法："假战争"突然终止了。德国用 77 个师和3 500 架飞机在没有宣战和警告的情况下侵入比利时、荷兰和卢森堡，打开了入侵法国的通道。特勒认为罗斯福可能是针对这一暴行发表讲话。特勒说，他在战前持独善其身的态度，从没拜访过国会山，从没听过一次罗斯福的广播讲话，也从没参与过会使自己卷入美国政治生活的事，但他此时想亲眼看到美国总统。

在参会的科学家当中，只有特勒知道爱因斯坦的信。这是一种直接的关联，而他是一个感性的人。而且见到罗斯福很奇怪地给了他一种私人会见的感觉："我们从未谋面，但我有一种不合理性的感觉，觉得他正在对我个人讲话。"总统提到了德国的侵略，它是对美国人珍视的"文明延续"的挑战，现代技术将现代世界的距离缩短为交通时刻表，也除去了美国人一度感到的从欧洲战争中"神秘豁免"的感觉。"之后，他开始谈到科学家的作用，"特勒后来回忆说，"科学家们谴责过发明致命武器。他下结论说：'如果自由国家的科学家不制造武器来捍卫他们国家的自由，那么，必将失去自由。'"特勒相信，罗斯福不是在说科学家可以做些事情，"而是我们有责任且必须做些事情——解决军事问题，因为如果没有科学家的工作，战争会失败，世界会毁灭"。

特勒对罗斯福演说的回忆与演说的文本有所不同。总统说的是，许多人痛恨"征服、战争和流血"。他还说，探求真理是一种伟大的探险，然而，"在世界的其他地方，教师和学者不被允许"进行这种探求——特勒对此有亲身体验。之后，罗斯福精明地事先为战时工作豁免罪责：

> 作为科学家，你们可能听人说起过，你们在某种程度上对今天的大灾难负有责任……但我向你们保证，对此负有责任的不是全世界的科学家……目前发生的事情完全是由这样一些人引起的，他们打算利用或者正在利用你们的成就，而这些成就是你们出于完全不同的动机、沿着和平的道路取得的。

"我心意已决，"特勒说，"没再变过。"

⊙

　　这年春天，万尼瓦尔·布什做出了同样的选择。这位目光敏锐的新英格兰人工程师看上去像一个没有胡须的山姆大叔，他离开了麻省理工学院副院长的职位，到卡内基研究所任第一把手，使自己在战争逼近之时更加接近政府的权力之源。卡尔·康普顿提出自己改任麻省理工学院董事会董事长，而让布什当院长，以此来挽留他，但布什有更大的计划。

　　布什年轻时仅用一年就获得了由麻省理工学院和哈佛大学联合授予的工程学博士学位，作为一名拥有如此学位背景的年轻人，他于 1917 年满怀爱国热情地加入了一家科研公司，研发一种潜艇磁性探测器。这种设备效果不错，生产了 100 套，但是因为官僚制度的混乱，它们从没被用来对付德国潜艇。"这个经历，"布什后来在回忆录中写道，"相当强烈地使我认识到，战时在开发武器方面军队和文职部门之间完全缺乏适当的协作，我也知道了缺乏这种协作意味着什么。"

　　在德国入侵波兰后，这位卡内基研究所所长在华盛顿召集了一群科学界的管理人员，商讨如何应对日益逼近的国际冲突，其中有弗兰克·朱厄特（Frank Jewett），贝尔电话实验室主席和美国科学院的院长；詹姆斯·布赖恩特·科南特，哈佛大学年轻的校长，著名化学家；加州理工学院的理查德·托尔曼，就是那个想要争取爱因斯坦的理论物理学家；还有卡尔·康普顿：

　　　　当时还处于"假战争"期间。我们认为，战事必然要爆发成一种激烈的冲突，美国肯定迟早会卷入这种激烈的冲突，这将会是一场高度技术性的冲突，我们在这方面完全没有准备。最后也最重要的是，现存的军事体系……绝不可能完全施展出新手段，而我们现在恰恰需要这样的手段。

他们构想了一个国家级的机构来承担这一工作。布什在华盛顿认识到了自己的道路，并在其中起了带头作用。布什想要建立的机构需要有独立的权力。他认为他应该直接向总统汇报而不是通过军方渠道，并且应该有他自己的经费来源。他起草了一份提案。之后，他安排了一场与哈里·劳埃德·霍普金斯（Harry Lloyd Hopkins）的会见。

哈里·劳埃德·霍普金斯来自艾奥瓦州一个小镇，在格林内尔学院攻读四年后来到纽约从事社会服务，并在"大萧条"时期纽约州应急救援部成立之初得到一个职位。当罗斯福作为纽约州州长当选为总统时，霍普金斯随罗斯福来到华盛顿帮助其推行新政。他先是管理庞大的公共事业振兴署，随后接任商务部长之职。他的表现使他和求贤若渴的总统的关系越来越紧密。随着战争的逼近，一天晚上，罗斯福邀请霍普金斯参加白宫的晚宴，并且将他提升为在这整个非常时期内他最亲近的顾问和助手。霍普金斯个子很高，烟瘾很大，瘦弱到恶病体质的地步。他糟糕的健康状况是癌症外科手术的结果，这个手术摘除了他很大一部分胃，使他无法吸收更多的蛋白质，将慢慢地因营养不良而死。他在白宫的地下室里拥有一间办公室，但是他常常在凌乱的林肯卧室里工作，那里位于罗斯福卧室的走廊尽头。

当布什遇到霍普金斯时，尽管这位总统助手是自由派民主党人，而这位卡内基研究所所长是赫伯特·胡佛的景仰者和自封的保守派，但布什后来写道，"某些事情一拍即合"，"我们发现我们有共同语言"。霍普金斯的方案是创建一个发明家理事会。布什心里盘算着建立更为全面的国防研究委员会。"我们两人都试图将自己的想法兜售给对方。"布什赢了，霍普金斯喜欢他的计划。

6月上旬，布什巡回走访了华盛顿的重要部门：陆军部、海军部、国会、美国科学院。6月12日，"然后哈里和我去白宫见总统。这是我第一次与富兰克林·罗斯福见面……我在一张纸片的中间用四个短小的段落提出了创建国防研究委员会的计划。整个会见持续了不到十分钟的时间（哈里无疑在我之前就到了那里）。我带着签有'同意，罗斯福'字样的计划出来，整个方案开始启动了"。

国防研究委员会立即吸纳了铀委员会。这是目标的一部分。布里格斯是一个小心谨慎而又节俭的人，但是他的委员会也没有独立于军方获得经费来源的权力。这位满头白发的国家标准局局长将继续负责裂变研究工作。此后，他需要向詹姆斯·布赖恩特·科南特汇报进展。科南特是哈佛大学校长，瘦高结实，从外表看来有些稚气，但实际上冷静而且保守，罗斯福刚一授权给布什成立新的委员会，布什就将他列入了委员名单。

国防研究委员会在执行部门里为原子核裂变研究提供了一个能够发出自己声音的平台。然而，尽管布什和科南特感觉到了德国科学的挑战——"一种可能的原子弹的威胁，"布什写道，"存在于我们每个人的头脑中"——但这两个因科学资源稀缺而担忧的人最初都更想要证明这样的武器不可能存在，而非尽快将其制造出来：德国人没法做做不到的事情。当布里格斯在7月1日给布什的一份报告中总结铀委员会并入国防研究委员会之前的工作时，他请求拨发14万美元的经费，其中4万美元用于截面和其他基本物理常量的研究，10万美元用于费米和西拉德的大规模铀-石墨实验（军方已经决定单独通过海军研究实验室拨款10万美元用作同位素分离研究）。布什只为布里格斯分配了4万美元。费米和西拉德只好继续等待时机。

⊙

当内维尔·张伯伦于德国入侵低地国家那一天提出辞职时，温斯顿·丘吉尔接受了乔治六世的邀请，组织一个政府；他平静地肩负起了首相之职，但感觉到了这个职责沉重的分量。C. P. 斯诺记得还有一种更为矛盾的情绪：

> 我记得——我在有生之年应该不会忘记——1940年那个美丽、晴朗又令人绝望的夏天……说来也怪，我们当中大多数人在那些日子里非常快乐。举国上下存在一种共同的欢快情绪，我不知道我们在想些什么。我们都很忙，我们有了一个目标，我们生活在持续的兴奋之中。通常，我们如果正视真实的处境，就会感到前途无望。如果认清现实，那么很难看出我们还有什么机会。但是我怀疑我们中的大多数人没有太认清现实，也不会想那么多。我们都在发疯工作。支撑我们的是一种民族精神的浪潮，而丘吉尔既是这种精神的象征和本质，也是其唤起者和代言人。

不仅土生土长的英国人感觉到了这种浪潮，英国所庇护的移民科学家们也是如此。弗朗茨·西蒙（Franz Simon）是一名卓越的化学家，弗雷德里克·林德曼于 1933 年将他从德国争取到克拉伦顿实验室。法兰西战役前夕，西蒙写信给老朋友马克斯·玻恩说，他渴望"在战斗中为这个国家贡献我的全部力量"。尽管西蒙可能尚未认识到，然而他的机会已经来了。年初，当弗里施和派尔斯起初讨论最终催生他们重要备忘录的想法时，派尔斯向西蒙请教过同位素分离的方法。弗里施选择了用气体热扩散方法——用他的克鲁修斯管——进行分离工作，因为这对他来说似乎是最简单的方法，但西蒙随后开始思考其他分离系统。他试验过六种方法。西蒙曾开玩笑地说，你向地板啐口唾沫就能分离出同位素，问题是如何收集它们。他一直想找到一种适合大规模生产的方法，因为铀同位素的比例为 1:139，所以铀同位素分离必须大规模进行，像弗里施就计算出要用大约 10 万支克鲁修斯管进行分离。弗里施用一个比喻生动解释了这种困难："这就像找到一位用艰辛的劳动制造出了一点点新药品的医生并对他说：'现在我们想要足以铺路的数量。'"

民族精神的浪潮也鼓励着马克·奥利芬特，在这种情绪下，他对有妨碍的规矩甚至比平常更没有耐心。当 P. B. 穆恩质疑气体热扩散方法是同位素分离的最佳方法的假设时，他没有得到汤姆孙委员会的支持，但是在伯明翰，奥利芬特直接告诉他不用管委员会，让他与派尔斯详细地讨论一下。"一两个星期内，"穆恩后来写道，"派尔斯就确认常规扩散从逻辑上看是一种更好的过程，并就这一问题直接写信给汤姆孙。"派尔斯建议汤姆孙委员会咨询最合适的人，也就是西蒙。虽然西蒙是一名加入了英国国籍的公民，但委员会仍然犹豫不决。因而，奥利芬特授权派尔斯立即到牛津大学与西蒙见面。

与此同时，西蒙正努力使持怀疑态度的林德曼改变观念。在西蒙的建议下，派尔斯于 6 月 2 日写信给林德曼。6 月下旬，他们一同见到了林德曼本人。"我不太了解他，不能准确地弄懂他的咕哝声。"派尔斯这样描述这次会见。但他确定自己"使他相信应该严肃对待整个事情"。

与派尔斯一样，在对候选方案进行筛选后，西蒙选择了"常规"气体扩散（与气体热扩散相对而言）作为同位素分离的最佳方法。气体通过多孔材料按照比率扩散，这一比率由它们的分子量所确定，较轻的气体比较重的气体扩散得更快。弗朗西斯·阿斯顿在 1913 年使用过这一原理，当时，他将一份混合样品数千次周而复始地通过陶管——确切地说，就是那用来做陶土管的没有上釉的素陶——进行扩散，从而分离氖的两种同位素。像陶管这样的笨重材料分离过程太慢，效率达不到工业规模的要求。西蒙在寻找更为有效的机制，并且推断，一种带有数百万个微孔的金属箔的生效速度会更快。用这样一种箔多孔膜将圆柱形管分隔成几段，将同位素混合气体从分隔的圆柱形管一端泵入，当气体从圆柱形管的一端流向另一端时，它会通过多孔膜扩散。与留在后面的气体相比，通过多孔膜扩散的气体将是相对浓缩的较轻的同位素。就六氟化铀而言，浓缩系数很小，在理想条件下为 1.0043。但借助足够多的重复过程，任何程度的浓缩都有可能达到，直到接近百分之百。

西蒙看到，直接的问题是多孔膜的选材。孔越小，分离系统能够承受的压力就越高，而压力越高，设备就能做得越小。不管是哪一种材料，它都必须扛得住六氟化铀的腐蚀，否则气体将会阻塞它的微孔。他们开始将六氟化铀简称为"六"，无须将它的全称读出来。

这年 6 月的一个早晨，西蒙突发灵感，拿着一把锤子走向他在自家厨房里找到的一块金属丝网。他带着它们来到克拉伦顿实验室，将两名助手叫了过来——一个是匈牙利人尼古拉斯·库尔蒂

（Nicholas Kurti），另一个是从爱达荷州立大学来的身材高大的罗兹奖学金获得者，H. S. 阿姆斯（H. S. Arms）。"阿姆斯，库尔蒂，"西蒙手持丝网喊道，"我想我们现在能够分离同位素了。"他演示起来，将丝网面锤打平整，使金属丝之间的空隙收缩成气孔。

"我们使用的第一个物件，"库尔蒂后来回忆说，"是'荷兰布'，我认为应该这样称呼它，这是一种非常精细的铜质薄纱，每英寸有数百个孔。"助手们动手将这些孔锤打得甚至更加细密。他们没有用六氟化铀测试铜多孔膜，而是使用水蒸气和二氧化碳的混合物进行测试，"换句话说，这很像平常的汽水"。这便是在整个夏季和秋季完成的一系列紧迫实验中的第一个，这些实验用来研究材料、气孔大小、压力和其他设计设备的基本参数。

6 月下旬，G. P. 汤姆孙给他的委员会取了一个新名称，以使它的行动具有隐蔽性：莫德（MAUD）。它乍一看好像是一个缩写，其实不然。这个神秘的词语来自莉泽·迈特纳给一位英国朋友的一份电报："最近见到尼尔斯和玛格丽特两人都好但对事件感到不快请告知考克饶夫以及 MAUD RAY KENT。"迈特纳的朋友将这一信息转给了考克饶夫，考克饶夫写信告诉查德威克，他觉得 MAUD RAY KENT 是"'radium taken'（占有镭）打乱字母顺序后重新排列出来的。这与德国人正在控制所有他们能够控制的镭这一点相一致"。汤姆孙借用考克饶夫神秘乱序表述的第一个词语，起了一个具有误导性的名字。直到 1943 年，委员会的成员们才知道莫德·雷（Maud Ray）其实是教过玻尔儿子们英语的家庭女教师，她住在肯特郡。

战火最初是从空中越过海峡的。德军将其 1939 年秋天对华沙的战略轰炸视作战术需要，因为波兰的城市防御坚固。于是英国空军放弃了不进行战略轰炸的保证。尽管每夜的灯火管制带来了不便，增加了两国人民对战时负担的忧虑，但两个交战国没有急着相互空袭，而是处于隐性休战状态，直到1940年5月中旬。在一个星期内，两起事件促使英国发起了行动。在一次空袭中，德国空袭编队原本要轰炸位于第戎的法国机场，不料迷了路，结果误炸了德国南部城市弗赖堡，导致57人死亡。德国宣传部无耻地公然指责这次轰炸事件是英国或者法国制造的，并且威胁说要加以五倍的报复。更为邪恶和残暴的野蛮行动摧毁了鹿特丹市中心。荷兰军队在这个荷兰老港口城市的北部区域顽强抵抗，一直坚持到5月14日。德军指挥官命令进行"短暂但毁灭性的空袭"，他希望以此解决战斗。与荷兰方面的谈判有了进展，空袭也就取消了，但是这一停火令传达得太迟，没有能够阻止50架奉命行动的亨克尔Ⅲ型轰炸机投下94吨炸弹。轰炸在肉店和奶油店引起熊熊大火。第一份荷兰官方的声明发布于荷兰驻华盛顿大使馆，声明称这座被毁坏的城市里伤亡达3万人之多，西方民主国家对这一暴行表示愤慨。实际死亡人数在1 000人上下，约7.8万人无家可归。

英国于5月15日实施了报复，派遣了99架轰炸机轰炸德国鲁尔区的铁路枢纽和补给站。因为忙于法兰西战役，希特勒没有立即给予回击，但他下达了一个准备回击的指示，命令德国空军"只要有足够的军力可以调用，就对英国本土发起一次全力的进攻"。

德国空军最初发起的不列颠战役开始于8月中旬：接下来的一个月里，德国空军和英国战斗机司令部之间为争夺制空权在白天展开了激烈的厮杀。德军打算在此之后执行跨海峡的登陆行动，代号为"海狮"。此时德国空军尚未攻击城市，英国机场和飞机制造厂是其主要的轰炸目标。正如以前的德皇那样，希特勒暂时没有轰炸伦敦的打算。可是不久后，城市相继成为轰炸目标。德国空军预定于 8 月 28 日晚间袭击利物浦。意外事件再次发生了：轰炸泰晤士河岸边的储油罐的德国轰炸机于 8 月 24 日越过它们的目标，错误地轰炸了伦敦市中心。

丘吉尔立即下令反击，一个星期之内对柏林进行了四次猛烈的空袭。这几次空袭造成的实际破坏不大，但激起了希特勒歇斯底里的报复：

> 如果英国空军投下 2 000、3 000 或者 4 000 千克炸弹，那么，我们将在一个晚上就投下 15 万、18 万、23 万、30 万、40 万、100 万千克的炸弹。如果他们声称将对我们的城市进行大规模的攻击，那么，我们将夷平他们的城市！

无论怎样，德国空军在不列颠战役中失败了，遭受了无法承受的损失——德国大约损失了 1 700 架飞机，而英国大约损失了 900 架。夜间轰炸可以减轻损失，因为夜幕会掩护轰炸机。但在没有有效雷达的那些日子里，夜间轰炸与白天轰炸相比，准确性明显低得多，相应地，轰炸目标也就需要更大。很多城市和它们的平民百姓成为牺牲品，这部分是因为更为准确地命中目标的必要技术尚未出现。不论在何种情况下，恐怖行动都是一种希特勒特别青睐的手段，他认为借此可以摧毁敌人的"斗志"。9 月上旬，希特勒告诉他的海狮行动策划者："系统而持久地轰炸伦敦可能会让敌方产生一种心态，它将使海狮行动变得多余。"他下令进行轰炸。因为从天空中像下雨一样投了数月的炸弹，所以很难说这是闪电战（Blitzkrieg），但是暴露在轰炸下的市民们并没有心情去做精细的区别，他们很快便将它称为闪电战（Blitz）。

格雷欣法则[①]不仅适用于良币和劣币，也适用于防空掩蔽：人们首先挤满了像狄更斯和琼斯这样较好的百货公司的地下室，那里的职员们会供应巧克力和冰激凌。因为轰炸不断在进行，一夜接着一夜，伦敦人便有时间去习惯它，不过心理调节有两个截然不同的方向：自信的人慢慢放松下来，而害怕的人则进入了比惊恐还要糟糕的精神状态。

更多的伦敦人到此时为止是在家中而不是在掩蔽所内躲避空袭：27%的人躲在后花园里用波状钢搭建的家庭简易防空洞里，9%的人躲在街道掩蔽所内，只有4%的人躲进地铁。到11月中旬，伦敦已经被投下13 700吨高爆炸弹和12 600吨燃烧弹，平均每夜投下201吨炸弹；在9个月的整个不列颠战役期间，从1940年9月到1941年5月，高爆炸弹的总投弹量达到18 800吨，用现代标准即为18.8千吨。在1940年和1941年，伦敦平民总计死亡20 083人，英国其他地方平民死亡23 602人，因此在战争的第二年和第三年（其间很长一段时间美国政府仍然保持中立），不列颠战役造成的总死亡人数为43 685人。此后，伦敦不再是重点轰炸对象，1942年只有27名伦敦人因轰炸而丧生。

1940年12月在牛津，弗朗茨·西蒙此时正式为莫德委员会工作，他针对铀弹的研发提出了一个几乎与首创的弗里施-派尔斯备忘录同样关键的报告，题为《对实际的分离工厂规模的估计》。西蒙写道，报告的目的是"为每天能从天然铀中分离1千克铀-235

---

① 格雷欣法则，亦称劣币驱逐良币法则，为16世纪英国伊丽莎白铸币局长托马斯·格雷欣（Thomas Gresham）提出。他观察到消费者保留储存成色高的货币（贵金属含量高），而使用成色低的货币进行市场交易、流通。此后，此定律被广泛应用于非经济学的层面。——校者注

的工厂的规模和成本提供数据"。他估计这样一个工厂要花费大约500万英镑并且仔细地概述了它的必要性。

西蒙从来不相信邮政系统。他在不列颠战役最激烈之际就更不相信邮政的可靠性了。他将报告复制了大约40份，攒足了用于来回行程的配额汽油，在圣诞节前驱车从牛津来到受轰炸威胁的伦敦，将他半年来努力工作的成果交给了G. P. 汤姆孙，这是他在战争中为国家贡献的全部力量。

◉

德国人可能一直在收集镭：考克饶夫认为MAUD RAY KENT暗示的就是这个意思。他们无疑正在储备工业规模的铀库存。1940年6月，大约在西蒙锤平他的厨房丝网之时，奥尔公司向已经被德军占领的比利时矿业联盟订购了60吨精炼的氧化铀。汉堡的保罗·哈特克那一个月试图用氧化铀和干冰状态的二氧化碳这样一个独创性的组合——干冰是除氧之外没有任何其他杂质的碳源——测出中子的倍增率，但他无法说服海森伯给他提供足够的铀，以使他能获得明确的实验结果。海森伯有更大的计划。他已经在与威廉皇帝研究所的冯·魏茨泽克合作。7月，他们开始规划在威廉皇帝研究所的地基上紧挨着物理研究所建一座木质的实验室建筑，用于生物和病毒的研究。为了打消人们的好奇心，他们将这座建筑命名为病毒所。他们打算在那里建一座亚临界铀燃烧炉。

德国可以使用世界上唯一的重水工厂和成千吨比利时和比属刚果的铀矿。拥有首屈一指的化学工厂以及卓越的物理学家、化学家和工程师，只缺少回旋加速器用来测量核常数。法国的战败——巴黎于 6 月 14 日沦陷，德法两国在 6 月 22 日签订了停战协定——使这一需求得到了满足。常驻军需部的核物理学专家库尔特·迪布纳急忙赶到巴黎。他发现，佩兰、冯·哈尔班和科瓦尔斯基已经逃到英国，带走了阿利耶弄到的 26 罐重水，但是约里奥选择留在了法国（这位法国诺贝尔奖得主将成为战时法国最大的抵抗组织民族阵线的指导委员会委员长）。

当约里奥在巴黎沦陷后返回他的实验室时，德国军官们长时间地盘问了他。他们之间的翻译人员是从德国海德堡派来的，没想到是沃尔夫冈·根特纳，他以前是镭研究所的学生，1933 年当约里奥发现人工放射性时，就是他为约里奥证实盖革计数器运转正常的。一天傍晚，根特纳与约里奥在一个学生咖啡馆秘密会面，并且警告约里奥说，约里奥正在建造的回旋加速器可能会被没收并船运到德国。为了避免这一糟糕的结果，约里奥通过谈判求得妥协：回旋加速器留下来，但德国物理学家可以用它来做纯科学实验；约里奥则获准继续当实验室主任。

病毒所于 10 月完工。除了一间实验室外，这座建筑还包含一个专用的砖砌的坑，它有 6 英尺深，类似于费米研究中子倍增用的水箱。到 12 月时，海森伯和冯·魏茨泽克准备好了第一个这样的实验。坑中的水既当反射体，又当辐射防护物质，他们将一个交替充以氧化铀层和石蜡层的大铝罐浸入水中。放置在铝罐中央的镭-铍中子源提供中子，但是德国物理学家根本没有测到中子倍增。这一实验证实了费米和西拉德已经证实的结果：普通的氢，无论以存在于水中的形式还是以存在于石蜡中的形式，都不能在天然铀中维持链式反应。

认识到这一点后，德国的这个项目就只存在两种可能的减速剂了：石墨和重水。1月，一个起到误导作用的测量结果把减速剂排除到了只剩一种。在德国海德堡，后来与马克斯·玻恩分享诺贝尔奖的杰出实验物理家瓦尔特·博特将一个3.6英尺的高质量石墨球浸入水箱中，测得了碳的吸收截面。他发现截面值为6.4×10^{-27}平方厘米，比费米的测量值的两倍还多，博特的计算还表明，石墨会像普通水一样吸收太多的中子，无法在天然铀中维持链式反应。冯·哈尔班和科瓦尔斯基此时在剑桥大学并且与莫德委员会取得了联系，他们同样将碳的截面值估计得过大——石墨在这两次实验中可能都被硼这样的吸收中子的杂质所污染——但他们的研究工作最终与费米的工作进行了比照。博特无法做这样的比照。上一年秋天，西拉德又一次呼吁费米保密：

当［费米］完成他的［碳吸收］测量时，保密问题就再一次被提了出来。我来到他的办公室说，我们得到了这个数值，也许这个数值不应该公开。这次，费米真的发了脾气，他确实认为这很荒谬。我没有更多话可说了。但当我下一次去他的办公室时，他告诉我，佩格拉姆来看过他，佩格拉姆认为这些数值不应该发表。从那时起保密工作就开始了。

这正好及时地阻止了德国的研究者发现一种便宜而又有效的减速剂。博特的测量使德国在石墨方面的实验就此结束。没有记录表明这种数值过大的估测是故意的，但值得注意的是，瓦尔特·博特这位马克斯·普朗克的学生是反纳粹的，所以在1933年他从海德堡大学物理研究所所长的位置上被赶了下来。"这些令人烦恼的斗争影响了我的健康，"他后来在一份没有出版的简要回忆录中写道，

"我不得不长时间地待在巴登韦勒的一家疗养院。"博特康复后，普朗克将他安排到了威廉皇帝学会的海德堡物理研究所，但是"纳粹继续烦扰我，甚至指控我在科学上造假"。

几乎在同一时间，即1941年年初，哈特克在汉堡知道了奥托·弗里施最近在利物浦所获得的认识。弗里施来到了英国西北部的这座工业化港口城市，与查德威克一起用查德威克的回旋加速器进行研究。他在这里与查德威克指派给他的一名学生助手制造了克鲁修斯管——他们在这个实验室中积极协作，以至于赢得了"弗里施和他的影子"的昵称。弗里施说，他们发现"六氟化铀是一种克鲁修斯方法不起效的气体"。这一发现一点也没有使英国的计划落后，因为西蒙已经在努力着手研究气体多孔膜扩散法。但德国研究人员此前对热扩散方法充满信心，没有想过要研究其他方法。此时他们迅速开始找寻新方法，并确定了几种有希望的方法；说来也怪，他们的方法中没有多孔膜扩散。对分离问题的重新研究使德国人甚至更为确信，铀-235和铀-238只能用强力方法分离，并且需要高额费用。

1941年3月，哈特克在与同事们开过一次会议后向军需部汇报，他强调称，他们一致认为，同位素分离"只对不计成本的特殊应用来说"是切实可行的。他的"特殊应用"指的是制造一种炸弹，至少在战后他是这样告诉历史学家大卫·欧文（David Irving）的。在德国物理学家们眼里，"特殊应用"排在第二位；他们将重水生产列为所有工作中最为紧迫的。像费米和西拉德一样，他们最初选择在天然铀中产生慢中子链式反应。如果这种反应能顺利产生，那么"特殊应用"或许就能随之而来。他们只知道这些，很难做出别的选择。

铃木中佐于1940年10月向安田武雄中将做了汇报。他将报告限制在一个基本问题上：日本可用的铀矿。他把目光转向了日本之外的朝鲜和缅甸，推断他的国家可以取得充足的铀。因此，制造一颗原子弹是可能的。

　　安田武雄随后被调任为日本理化学研究所（也称理研）所长，他将这一问题交给了他们国家的领头物理学家仁科芳雄。仁科出生于明治时代晚期，1940年时已经50岁，以在康普顿效应方面的理论工作而著称，曾在哥本哈根和尼尔斯·玻尔一同从事研究工作，他留给哥本哈根的同事们的印象是一个世界主义者和一个卓越的人。他在东京的理研实验室已经建造了一台小型回旋加速器，并且在一名曾在伯克利接受过训练的助手的帮助下，正在建造一台具有250吨磁铁的60英寸回旋加速器，它的设计方案是欧内斯特·劳伦斯赠予的。超过100名年轻的日本科学家，一群佼佼者，在理研实验室由仁科领导开展工作；对他们来说，他是"亲分"，也就是"父亲般的头子"，他用温和而又不拘礼节的西方风格管理他的实验室。

　　理研实验室于12月开始测量截面。1941年4月，正式通知下达了：帝国陆军航空队批准了向研发原子弹的方向推进研究。

　　利奥·西拉德此时已经被整个美国物理学界认为是裂变问题保密方面最主要的倡导者。1940年5月下旬，他的信箱里出现了一封由普林斯顿大学物理学家路易斯·A.特纳（Louis A. Turner）寄来的令人费解的信。特纳给《物理评论》的编辑写了一篇短文，他发来的就是这篇短文的复制件。文章的标题为《铀-238 的原子能》，他不知道是否应该发表它。"这篇论文像是很不切实际的推测，因而它不可能带来危害，"特纳告诉西拉德，"但这需要其他人来判断。"

特纳在 1 月的《现代物理评论》上已经发表了一篇 29 页的关于核裂变的高水平综述文章，其中引用了自 12 个月前哈恩和施特拉斯曼发表的发现以来的近 100 篇论文；论文的数量表明了这一发现在物理学方面的影响以及物理学家们探究它的紧迫感。特纳还注意到了最近尼尔和哥伦比亚大学小组报道的将慢中子裂变归因于铀-235 的论文。（他不太可能错过它，《纽约时报》和其他报纸广泛传播了这个消息。他急躁而又率直地写信给西拉德说，他发现，"考虑到最近发表的同位素分离方面的大量论文，遵守［对裂变研究保密的］原则有点难"。）他为写这篇综述文章所做的阅读以及哥伦比亚大学新的实验测量刺激他进一步思考，其成果就是他写给《物理评论》的那篇短文。

他在这篇短文中指出，因为造成慢中子裂变的是铀-235，而且通常 140 份铀中只包含 1 份这种同位素，所以"自然会得出这样的结论：如果用的是慢中子，那么任何数量的铀都只有 1/140 能够被作为原子能的可能来源"。但事实可能并非如此，特纳继续写道，如果大部分铀-238 的裂变能量无法直接利用，那么也许仍能找到间接释放这些能量的途径。

特纳提到中子轰击铀可能会使一些铀转变为超铀元素，而玻尔曾经希望裂变的发现可以排除超铀元素存在的可能性。当一个铀-238 原子俘获一个中子时，它就变成同位素铀-239。特纳提出，这种物质本身可能会裂变。但不管铀-239是否会发生裂变，它在能量方面总是不稳定的，可能会通过β衰变成比铀重的新元素。其中一种或多种新元素也许能够产生慢中子裂变——因此，它将会使铀-238间接地发挥作用。

从铀出发沿着周期表下行，下一个元素应该是93号元素。然而，特纳认为最有可能发生裂变的不是 $^{239}_{93}X$，而是再下一个元素，即94号元素 $^{239}_{94}X$，他称这种元素为"类锇"（eka-osmium）[1]并记为 $^{239}_{94}EkaOs$。特纳提出，当原子核吸收一个中子，准备发生裂变（239个核子–94个质子＝145个中子，145＋1＝146）时，就像铀-235转变为铀-236那样，中子数从奇数转变到偶数，它应该甚至比较轻的铀同位素更容易发生裂变："在 $^{239}_{94}EkaOs$ 中……额外的能量甚至比在 $^{236}_{92}U$ 中更多，因此，应该会有一个大的裂变截面。"

当特纳透彻思考这些理论时，加州大学伯克利分校的两个人，埃德温·M. 麦克米伦（Edwin M. McMillan）和菲利普·埃布尔森，正在独立地朝通过实验证实它们的方向迈进。麦克米伦身材瘦弱，脸上有雀斑，是一名出生于加利福尼亚的实验物理学家；20世纪30年代欧内斯特·劳伦斯的回旋加速器改进后能够稳定工作并且产生可靠的实验结果，他功不可没。1939年1月下旬，在发现裂变现象的消息传到伯克利后不久，他设计了一种简单的实验探究这一现象。"当铀核吸收一个中子并发生裂变时，"麦克米伦后来告诉一群听众，"两块由此产生的碎片极为猛烈地飞散开来，足以在空气

---

[1] 尽管玻尔多年前思考过，如果有超铀元素，它可能在化学性质上类似于铀，但研究者们仍然普遍假设，超铀元素的化学性质会类似于元素周期表中开始于铼和锇并且包括铂和金的一系列金属。Eka是一个意为"类似"的老前辍。

或其他物质中飞出一段距离。这一距离被称为'射程'，它是一个比较重要的量，我对它进行了测量。"他首先用薄铝箔进行了测量，这些铝箔"像书页一样"堆叠在一层搁在滤纸上的氧化铀上。他用慢中子轰击铀。某些裂变碎片会被反冲进入铝箔堆层中；每块碎片都会嵌入它射程末端的那层铝箔中，究竟嵌入哪一层取决于它的质量；麦克米伦随后只要在电离室中检查每一张铝箔，寻找各种裂变产物的特征性半衰期并记录其射程，就能将裂变产物的种类和其放射性特征匹配起来（铀核以多种不同的方式分裂，产生多种不同的轻元素核）。

　　然而，铝本身也会被中子的轰击激活，这使半衰期的测量变得困难。因此，麦克米伦用一叠香烟纸取代铝箔，这些香烟纸事先用酸处理过，以去除任何在轰击下可能产生放射性的微量无机物。"从中没有发现关于裂变碎片引人关注的地方。"他评论道。另一方面，在香烟纸堆层下涂在滤纸上的铀"有些非常值得注意的地方"。它显示出两种半衰期的活性，它们与那些被反冲的裂变产物不同。由于留在铀层中的物质没有被反冲，这两种不同的活性可能不是来自裂变产物。它们可能是通过俘获中子在铀中诱导的放射性。麦克米伦怀疑，两种活性物质之一，半衰期为23分钟的那种，是哈恩、迈特纳和施特拉斯曼在20世纪30年代鉴定的铀-239，是"一种由共振中子俘获产生的铀同位素"。另外一种留在铀层中的活性物质具有更长的半衰期，大约为2天。在他关于铝箔和香烟纸实验的报告中，麦克米伦选择不去考虑第二种活性物质可能是什么，但是他回忆说，在私下里他认为"这种2天半衰期的物质可能……是铀-239β衰变的产物，因此，是［超铀］元素93的一种同位素；事实上，这是最合理的解释"。

为了检验这一解释，麦克米伦需要这种物质的某些化学特性作为线索。他预计93号元素在化学性质上会表现得像75号元素金属铼（铼在元素周期表中紧排在锇的旁边），旧的术语会将这种元素称为"类铼"。他轰击一块较大的铀样品，得到了埃米利奥·塞格雷的帮助，塞格雷此时作为一名研究合作者正在伯克利工作。"塞格雷非常熟悉［铼的］化学性质，因为在1937年他和［研究铼的］合作者一起发现了［一种类似的元素］，现在称这种元素为锝。"塞格雷开始对辐照过的铀进行化学分析；同时，麦克米伦使他的半衰期测量结果精确到了2.3天。麦克米伦说，塞格雷"指出半衰期为2.3天的这种物质不具有铼的特性，它实际上表现得反而像一种稀土元素"。稀土元素，从57号元素（镧）到71号元素（镥），构成一种在元素钡和元素铪之间的化学上关系接近的特殊元素系列。因为它们位于周期表的中部位置，有接近钡的原子量，所以它们常常作为裂变产物出现。当塞格雷发现2.3天半衰期的活性物质表现得不像预测的铼，而像一种稀土元素时，麦克米伦以为它就是稀土元素："因为稀土元素在裂变产物中很常见，所以这一发现在当时似乎要为故事画上句号了。"塞格雷甚至发表了一篇关于这项研究工作的论文，标题为《对超铀元素的一次不成功的探究》。

麦克米伦原本可以就此打住，不再关注这个问题，但是2.3天半衰期的物质没有从铀层反冲离开的事实使他感到烦恼。"随着时间的推移和裂变过程得到更好的理解，我发现越来越难以相信一种裂变产物会以某种方式表现得与其他产物很不相同，因此，在1940年年初，我重新思考了这个问题。"60英寸的回旋加速器拥有厚重的矩形磁铁，其规模大到足以让劳伦斯的全体工作人员站在它的两极之间拍一张照片——共有27个人，前两排坐在这一怪物的下颌上，劳伦斯突出地居于中央位置，而第三排站在它的肚子里。这个回旋加速器当时已经建成并且在运行，麦克米伦用它更为详细地研究了半衰期为 2.3 天的这种活性物质。他也用化学方法研究了这种物质，观察到一个重要现象：它并非总是像稀土元素那样少量地从溶液中结晶出来。

"此时已经是 1940 年春天，"麦克米伦继续说，"菲利普·埃布尔森博士来到伯克利短期休假。"为了将发现裂变的消息告诉这个年轻的实验物理学家，路易斯·阿尔瓦雷茨曾经在伯克利的理发室头发才理到一半便匆匆离开，赶去实验室。埃布尔森已经在伯克利取得了哲学博士学位，并且在地磁部与默尔·图夫签约受聘。与麦克米伦一样，他开始怀疑 2.3 天半衰期的活性物质只是另一种稀土裂变产物的结论。他于 1940 年 4 月抽空着手研究它的化学性质——尽管他在研究生阶段是作为物理学家来培养的，但他也是华盛顿州立大学的化学专业理学学士。他需要的用于轰击的铀样品比他借助地磁部的设备所能制备出来的要大。"当他来到这里度假时，"麦克米伦说，"我们发现彼此有共同的兴趣，于是决定一起工作。"麦克米伦配制被辐照的铀的新原料，埃布尔森研究它的化学性质。

"不到一天，"埃布尔森后来回忆说，"我就确定了 2.3 天半衰期的活性物质具有与任何已知元素都不同的化学性质……［它］具有与铀相似的性质。"显然，超铀元素不是像镧和铈这样的金属元素，而是类似于铀的类稀土元素的新增系列的一部分。为了严格证明他们确实发现了一种超铀元素，两人分离出具有强活性的 23 分钟半衰期的铀-239 纯铀样品，用半衰期的测量来证实 2.3 天半衰期物质放射性的强度随着 23 分钟半衰期物质活性的减弱而增强。如果 2.3 天半衰期活性物质在化学上不同于任何其他已知的元素并且是在铀-239 的衰变过程中产生的，那么，它一定是 93 号元素。麦克米伦和埃布尔森详细描述了他们的实验结果。麦克米伦为这一新元素想出了一个名称——镎，这个名字来自天王星以外的下一颗行星的名字[①]。但在他们的报告中并没有采用这一名称。他们于 1940 年 5 月 27 日将论文《93 号放射性元素》投递给了《物理评论》，同一天，路易斯·特纳将他的超铀元素理论寄给了西拉德：一项科学发现竟然能够和预测其存在的理论在时间上如此相近。

当西拉德于 5 月 30 日回复特纳的信时，大概他还不知道伯克利的研究成果（发表于 6 月 15 日），因为他没有提到它，但是他认可特纳的逻辑，告诉他"最终可能会证明这是非常重要的贡献"——并且提醒他保密。西拉德比特纳看得更远。他看到，一种在铀中生成的裂变元素能够用化学方法分离出来：作为制造原子弹的一种途径，相对容易和便宜的化学分离过程能够取代非常困难和昂贵的同位素物理分离过程。但不稳定的 93 号元素镎还不是这种裂变元素，西拉德也还没有认识到，纯净的裂变物质的量究竟要多小才能达到临界质量。（特纳在这方面是第一人，但是他不是独一无二的。7 月的一天，冯·魏茨泽克在乘坐柏林地铁时也独立产生了这种想法，不过他推断 93 号元素就可以用于制造原子弹；此时他在德国还没有收到发表麦克米伦和埃布尔森论文的 6 月号《物理评论》；他将这一想法写成一篇 5 页的报告提交给军需部。1941 年年初，卡文迪许实验室的一个英国研究小组也想到了这一点并且上报了莫德委员会。但德国人认为只有重水才能使可能产生新元素的铀反应堆正常运行，而英国对同位素分离工作的态度变得十分乐观。

---

① 在英语中，海王星是 Neptune，镎是 neptunium。——译者注

因而，这两个研究小组都没有采用特纳的方法。）

　　埃布尔森回到华盛顿后，麦克米伦加紧进行研究。不稳定的镎产生一个具有 2.3 天半衰期的 β 衰变，他认为它衰变成了 94 号元素。与自然地放出 α 粒子的铀类比，94 号元素也应该自然地放出 α 粒子。因此，麦克米伦寻找从他的铀-镎混合样品放出的与从铀放出的射程不同的 α 粒子。到秋天时，他鉴定出了它们。他试过一些化学分离方法，"发现 α 活性不是由镁、铀或者镎的同位素产生的"。他是如此地接近真相。

　　然而，被英国的呼吁激励的美国科学家最终加快了备战的步伐。1940 年夏末，丘吉尔派遣亨利·蒂泽德率领一支专家代表团赴美，代表团带了一只黑磁漆的金属轮船衣箱（就是那种最早的黑色箱子），里面装满了军事机密。在这些军事机密中有一件珍贵的样品，那是一支伯明翰的马克·奥利芬特实验室研发的空腔磁控管。约翰·考克饶夫，这位肩负重大使命的未来的诺贝尔奖得主，前往美国介绍这种高性能的微波发生器。美国人从没见过任何这类东西。10 月的一个周末，考克饶夫、欧内斯特·劳伦斯和拥有千万家财的物理学家兼金融家阿尔弗雷德·卢米斯（Alfred Loomis）——最后一位绅士科学家——聚集在卢米斯的私人实验室里，这个实验室位于纽约的高雅郊区塔克西多帕克的聚居地。这次会谈为建于麻省理工学院的一个重要的国防研究委员会新实验室奠定了基础。为了使这项工作保密，它被命名为辐射实验室，仿佛严肃的科学家真的正在研究如何实现核物理学幻想家们口中那些可疑的应用一样。卢米斯希望劳伦斯领导这个新的实验室。劳伦斯更愿意待在伯克利为一台新的 184 英寸回旋加速器拟订计划和筹集资金，但他愿意鼓励他最优秀的助手去麻省理工学院。他使麦克米伦相信："1940 年 11

月我将离开伯克利去参加国防用途的雷达的研发。"劳伦斯和麦克米伦的优先关注事项可以用来衡量 1940 年年底美国科学的优先关注事项。和平时期的回旋加速器和用于防空的雷达比超级炸弹优先级更高。出于对这一问题的不同看法，利物浦的詹姆斯·查德威克对麦克米伦和埃布尔森报道 93 号元素的论文的发表异常恼怒，他通过英国大使馆提出正式的抗议。一名大使馆参赞被适时地派往伯克利，谴责 1939 年度的诺贝尔物理学奖得主欧内斯特·劳伦斯，因为他在危险的战争时期将秘密泄露给了德国人。

　　劳拉和恩里科·费米以及他们的两个孩子于 1939 年夏天跨过乔治·华盛顿大桥、越过帕利塞兹，从曼哈顿的公寓搬到新泽西州舒适的利昂尼亚郊区。哈罗德·尤里个头不高，是个热情洋溢的人，他与其他一些哥伦比亚大学的教工家庭也住在这里，事实上，是他说服费米在这里买了房子。劳拉后来写道，尤里称赞利昂尼亚的"优秀公立中小学学校"，赞美"住在一座中等城镇的好处。在这里，孩子们可以拥有其他孩子所拥有的一切"。尤里给这对意大利夫妇提了很多有益的建议，包括告诫他们要不断进行铲除马唐草的战斗。费米是在罗马公寓里长大的，他很快就不带感情色彩地将马唐草看成"一种无节制蔓延的一年生草本植物"，打算不理睬它。劳拉准备与马唐草进行斗争，但是又不会分辨绿化用草和马唐草。一天，尤里顺路来到费米家给她建议并教她如何识别。"劳拉，你知道你的草地有什么不妥吗？"这位诺贝尔化学奖得主同情地对她说，"全是马唐草。"在利昂尼亚的生活是愉快的，费米在努力融入。塞格雷后来回忆说，他的这位朋友"特意研究美国当代文化并且阅读连载漫画……在成年移民中，我从未看到过还有谁如此努力地融入美国"。

塞格雷于 1940 年年底来到印第安纳州访问普渡大学，只是顺便访问而已，因为他打算留在伯克利——"机器设备如此之好，使我能做那些我无法在其他地方做的事情"。他继续向东旅行，来到利昂尼亚拜访费米夫妇。塞格雷回忆说，他和费米在没有受到特纳影响的情况下独立考虑了 94 号元素。塞格雷后来写道，12 月 15 日，"我们在严寒的天气里沿哈得孙河走了很长一段路，在这段时间里，我们谈到分离原子量为 239 的 94 号元素的同位素的可能性……它可能是一种慢中子可裂变物质。如果证明这是正确的，那么〔它〕能够取代铀-235 作为一种核爆炸物。此外，用普通的铀作为燃料的核反应堆将会产生出〔这种新元素〕。这为制造核爆炸物开辟了一个全新的前景，不再需要分离铀同位素，而分离铀同位素在当时实在是一件吓人的事情"。

劳伦斯碰巧正在纽约访问。"费米、劳伦斯、佩格拉姆和我在哥伦比亚大学的佩格拉姆的院长办公室里会面，为一种回旋加速器辐照方法拟订计划，这种方法能够产生足够数量的〔94 号元素〕。"圣诞节后，塞格雷回到了伯克利。

这里的一名年轻化学家格伦·T. 西博格（Glenn T. Seaborg）已经开始鉴定和分离 94 号元素。西博格出生于密歇根州，父母为瑞典血统的美国人。他成长于洛杉矶市，于 1937 年在伯克利获得化学方面的博士学位，当时他 25 岁。他特别高、瘦弱，有着瑞典人小心谨慎的性格，但天赋极佳，享受工作。奥托·哈恩 1933 年在康奈尔大学所做演讲的演讲录《应用放射化学》当时已经出版，这部演讲录曾是他在研究生院的学习指南：放射化学是他的热情所在。1939 年 1 月听说裂变的消息时，他已经在伯克利从事放射化学方面的工作；像菲利普·埃布尔森一样，他为这一发现感到兴奋，为错过了它而感到懊恼，在听到这一消息的那个夜晚在街道上漫步了好几个小时。

早在 8 月底，西博格就轰击了一份铀样品，产生了镎，并将产物交给他的二年级研究生阿瑟·C. 沃尔（Arthur C. Wahl）研究它的化学性质。和他一起寻找 94 号元素的一个合作者是约瑟夫·W. 肯尼迪（Joseph W. Kennedy），他像西博格一样是伯克利的一名化学讲师。11 月下旬，这个研究小组又做了四次轰击实验并取得了进展，他们对镎的化学性质有了足够的了解，得以设计出分离高纯度样品的技术。之后，西博格写信给麻省理工学院的麦克米伦，他在后来写成的一份细致的历史记录中总结了这封信："我认为，因为他当时离开了伯克利……所以不在继续做这项〔研究镎和寻找 94 号元素的〕工作的位置上，而我们很乐意在他不在的情况下作为他的合作者继续从事这项工作。"麦克米伦于 12 月中旬同意合作；就在塞格雷返回伯克利时，西博格用受到轰击的样品分离出了各种重要物质，包括铀、裂变产物、纯净的镎和一块可能包含 94 号元素的稀土碎片。

因此，两支队伍同时在推进。西博格的小组将研究一种他们发现的、特别强的 α 粒子发射体，这个小组希望能证明它是 94 号元素的一种同位素，其化学性质不同于所有其他已知的元素。同时，塞格雷和西博格将大量制造出镎-239 以寻找它的衰变产物（应该是 $^{239}_{94}X$），并且试着测量这种物质的裂变性。

1 月 9 日，在 60 英寸的回旋加速器中，塞格雷和西博格用了 6 个小时轰击 10 克固体的铀化合物——六水合硝酸铀（UNH）。第二天上午，他们用了 1 个小时轰击另外 5 克这种物质。到下午，他们从电离室的测量结果了解到，他们能够用回旋加速器轰击来制造

94 号元素；他们算出，1 千克被适当辐照的六水合硝酸铀应该可以产生大约 0.6 微克（千万分之六克）的 94 号元素，这是由它的直接产物镎经过适当时间的 β 衰变产生的。

1 月 20 日，西博格的研究小组鉴定出镎-238 的一种会发出 α 辐射的衰变产物，为了彻底证明它就是需要进行化学分离的 94 号元素，研究小组在 2 月进行了细致而又单调乏味的工作。每个人日常都会工作到半夜，将难度很大的分馏法进行到底。某一周之初，出现了至关重要的突破。2 月 23 日星期天下午，沃尔发现他能够使用钍作为载体从酸溶液中将这种 α 辐射体沉淀出来。但他当时不能从钍中分离出这种 α 辐射体。他向伯克利的一位化学教授请教，这位教授建议使用更为有效的氧化剂。

那天傍晚，西博格和塞格雷开始用 60 英寸回旋加速器轰击 1.2 千克六水合硝酸铀，使其中的某些铀转变成镎。他们用六水合硝酸铀装填玻璃管，将管子放入在 10 英寸的石蜡块上钻出的孔中，然后将石蜡块放入一只木箱内。之后，他们将木箱安放在大回旋加速器的铍靶后面，回旋加速器将用 16 兆电子伏的高能氘核从铍核轰击出大量的中子——重水中包含的氘核是研究者喜欢使用的回旋加速器炮弹。在把六水合硝酸铀放入回旋加速器的相应位置后，西博格爬上吉尔曼大楼的三楼，上面有一间带有小阳台的狭窄房间，沃尔在那里做好了分馏的准备。那天傍晚，沃尔和西博格一起尝试了那位教授建议的氧化剂。方法有效！钍从溶液中沉淀了出来，而 α 辐射体留在了溶液中，其数量足以在线性放大器上每分钟读出大约 300 个跳跃信号。西博格后来写道，这是"发现它的关键一步"。但他们仍然需要把 α 粒子发射体沉淀出来，他们夜以继日地工作。西博格回忆说他注意到了新一天的到来——一道亮光在旧金山上空向西跨过海湾——此时，他正踱步到阳台上呼吸一下新鲜空气。星期二，沃尔再次工作到午夜，他得到了一块不含钍的沉淀物。"借助于这次与钍的最终分离，"西博格用着重的方式记录道，"我们确证了我们的α放射性与所有已知的元素不相干，因而，现在很清楚了，我们的α放射性源于原子序数为 94 的新元素。"

塞格雷和西博格对千克重量级样品的轰击持续了一个星期，不时被其他实验中断，因为那些实验也需要使用回旋加速器。被轰击的六水合硝酸铀变得具有更强的放射性；当塞格雷和西博格浓缩他们制造出的镎-239 时，放射性的危险大大增加了。他们开始使用护目镜和铅屏蔽物进行工作，首先将铀溶解在 2 升乙醚中，然后进行一系列费力的沉淀处理。

他们于 3 月 6 日完成了第五次、第六次再沉淀工作。此时，他们从 1.2 千克六水合硝酸铀中分离出了不足百万分之一克的纯净镎-239，这些镎-239 与足够的载体混合在一起，在直径为 2/3 英寸、深度为 0.5 英寸的小铂金盘上留下了斑点。在这些上帝造物时没有兴趣创造的物质的斑点干燥后，他们只是剪下铂金盘的侧面，用杜科胶泥做保护层将样品覆盖起来，将铂金盘粘在一个标有"样品 A"的纸板上，将它放到一边，直到它完全衰变成元素 $^{239}_{94}X$。

3 月 28 日星期五（在这一星期，德国非洲军团司令、陆军将领埃尔温·隆美尔在北非展开了一次重要的攻势；英国肉类配给减少到每人每周不到 0.4 磅；英国的鱼雷轰炸机成功攻击了从爱琴海返回的意大利舰队，这一行动引起了日本极大的兴趣），西博格记录道：

这天早晨，肯尼迪、塞格雷和我用"样品 A"对 $^{239}_{94}X$ 的裂变性进行了首次测试⋯⋯

肯尼迪在刚过去的几周里造了一台用于检测裂变脉冲的便携式电离室和线性放大器……"样品 A"（估计包含 0.25 微克的 $^{239}_{94}X$）靠近电离室遮蔽的窗口放置，这个电离室被置于 37 英寸回旋加速器的铍靶旁边的石蜡中。用具有 8 兆电子伏能量的氘核辐照过的铍靶所产生的中子诱发了每分钟每微安 1 次的裂变率。当电离室被镉屏蔽层包围时，裂变率基本上下降到 0……

　　这强有力地表明，$^{239}_{94}X$ 经历了慢中子引起的裂变。

直到 1942 年，他们才正式为这种与铀-235 具有相似裂变性而又能够用化学方法与铀分离的新元素提出一个名称。但西博格已经知道他会怎样称呼它了。化学家马丁·克拉普罗特在 1789 年将他当时发现的新元素铀的名字跟当时最新发现的行星（天王星）联系在一起，麦克米伦沿着这个思路以海王星来命名镎，西博格打算与他们保持一致，将 94 号元素的命名与冥王星联系起来，将它命名为钚①。冥王星是太阳系第九大行星②，于 1930 年被发现，其名称来自古希腊的冥府之神的名字，这个神分管土地的丰饶，但也分管死亡。

◉

弗里施和派尔斯基于合理的理论算出了铀-235 很小的临界质

---

① 在英语中，冥王星是 Pluto，钚是 plutonium。——译者注
② 2006 年国际天文学联合会大会投票决定将冥王星从行星中除名，而归入"矮行星"。——译者注

量值。地磁部默尔·图夫的研究小组整个冬季都在不断地提高它的截面测量精度；3月，图夫给英国发送了测得的铀-235的快中子截面值，英国人用这个截面值确定了比弗里施和派尔斯的估计值稍大的临界质量值：无反射层时大约为18磅，而被合适大小的反射填充物包裹时约为9磅或者10磅。"对理论的首次检验，"派尔斯在那个月自豪地写道，"给出了一个完全肯定的答案，整个方案无疑是切实可行的（假如同位素分离的技术问题能顺利解决的话），铀球块的临界尺寸问题是容易解决的。"

查德威克也进一步测量了截面。他本就是一个清醒的人，当他看到新的数据时，他变得更加清醒了。他在1969年接受一次采访时描述了这一变化：

我仍记得1941年的那个春天。我当时认识到，制造出原子弹不仅是可能的，而且是必然的。这些想法迟早会为我们所独有。不用多久，人人都会思考它们，并且一些国家会付诸行动。我和谁都没法谈论此事。你看，这个实验室中的主要人物是弗里施和［波兰实验物理学家］约瑟夫·罗特布拉特［Joseph Rotblat］。尽管我对他们的评价很高，但他们不是这个国家的公民，而其他人又是些相当年轻的小伙子。没有人能和我探讨这个问题。我度过了许多个不眠之夜，但我认识到这会是非常非常严重的问题。我随后开始服用安眠药，这是唯一的治疗方法。从那时起我就从未停止过服药。整整28年，我在这28年中应该没有一个夜晚不曾服药。

40

40.美国科学界的战时领军人物，1940 年。从左到右：欧内斯特·劳伦斯、阿瑟·康普顿、万尼瓦尔·布什、詹姆斯·布赖恩特·科南特、卡尔·康普顿、阿尔弗雷德·卢米斯。

41. 1939 年 9 月 1 日，德国入侵波兰，战争降临欧洲。在这张照片中，华沙的波兰公民在看纳粹的公告。罗斯福呼吁交战国停止轰炸平民。

41

42

42.吉尼亚·派尔斯和鲁道夫·派尔斯夫妇。当美国人的努力遇阻时，派尔斯和奥托·弗里施于 1940 年在英国研究出了用铀-235 作为燃料的快中子裂变铀弹的基础理论，并说服他的英国同行们相信这是切实可行的。

43

43.尤金·T.布思（左）和约翰·邓宁（右）1940年决定用气体多孔膜扩散法分离铀-235和铀-238。英国也采用了同样的方法。

44

44.经济学家亚历山大·萨克斯将爱因斯坦的告诫信带给了罗斯福。萨克斯在接下来的一年里努力敦促保守的布里格斯铀委员会尽快行动，但没能成功。

45.理论物理学家、诺贝尔奖得主尤金·P. 维格纳。西拉德、爱德华·特勒和他一同被称为"匈牙利阴谋家"。西拉德称他为"工程从始至终的良心"。

46.阿尔弗雷德·O. C. 尼尔用质谱仪分离出一份铀-235样品。哥伦比亚大学用这份样本证实,是这种稀有的同位素导致了慢中子裂变。

47

47.澳大利亚人马克·奥利芬特于 1941 年访问美国，协助促成了美国原子弹工程的启动。

48

48.格伦·西博格，钚的发现者之一，与未婚妻海伦·格里格斯的合影，1942 年，洛杉矶。

49

49.战略轰炸不久后就横跨天堑英吉利海峡。照片中是考文垂大教堂被德国炸弹摧毁后的场景。

50

50. 1941 年 12 月 7 日,日本偷袭珍珠港,最终促使美国参战。美国不仅向日本宣战,还向德国和意大利宣战。美国的原子弹研制工作立即加快了速度。

51.富兰克林·罗斯福看到了长远的潜力，本能地将核武器的决策权留给了自己。

52. 1942 年 8 月 20 日，路易斯·B.沃纳和伯里斯·坎宁安在芝加哥分离出了第一份纯净的钚样品。

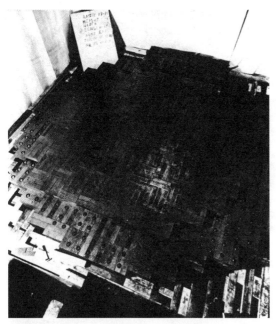

53

53.芝加哥一号反应堆，这是 1942 年 11 月在芝加哥大学建造的第
一个人工核反应堆。底下一层由钻了孔的石墨块组成，孔里放着氧
化铀伪球体，上面未完工的是不放置铀的"死"石墨层。注意前景
处有把锤子作为尺度参照。

54

54.用于铀-235 电磁分离的橡树岭 α-I 电磁同位素分离器的粒子轨道。缠绕了银线的磁
铁像肋骨一样突出来，由半圆形质谱仪箱分隔开。备用箱放在左前方。

55

55. 田纳西州橡树岭的 K-25 气体扩散工厂。工厂建筑规模巨大，纵深半英里，占地 200 万平方英尺。

56

56. 威廉·帕森斯和菲利普·埃布尔森。帕森斯领导洛斯阿拉莫斯的军火开发，埃布尔森为铀的浓缩开发了液体热扩散法。

57

57. 埃布尔森的液体热扩散支架。水蒸气通过一条内部管道循环，冷却水流过外部管道，致使铀-235 在内部回旋向上扩散。最后产生的浓缩材料提供给欧内斯特·劳伦斯的电磁同位素分离器。

58

59

58.华盛顿州汉福德哥伦比亚河上的美国钚制造综合企业。重达1 200吨的石墨反应堆上有2 004个装铀块的孔。裂变产生的中子将万分之二点五的铀-238转变为钚。D堆位于前景的水箱之间。

59.显示铀块孔的堆面。

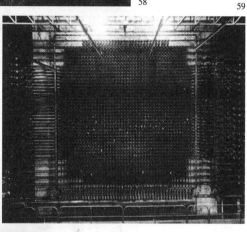

60

61

60.汉福德的"玛丽女王号"钚分离工厂。通过沿800英尺长的混凝土建筑分布的分离装置,遥控系统将铀块中溶出的钚分离出来。

61.分离处理车间内部。

62

62.挪威维莫尔克的挪威水电公司，在被盟军炸瘫之前，一直为德国的铀研究生产重水。

63

63.挪威廷湖上的"水电号"渡轮，在运载最后一批挪威水电公司生产的重水前往德国的途中被突击队员炸沉。

64.一所秘密实验室于 1943 年建于新墨西哥州圣菲以北海拔 7 200 英尺的草木繁茂的洛斯阿拉莫斯平顶山上。科学家和工程师们聚集在这里设计和制造第一颗原子弹，陆军工程兵部队建起了四套间房型的公寓楼。

64

65

65.在洛斯阿拉莫斯进行的各项实验确定了铀-235和钚-239的临界质量。将铀-235块料加进铍反射层包围的空间中，在铀的加料量接近临界质量时，中子的通量明显增加。

66

66.洛斯阿拉莫斯技术区。

67

67.用于研究超临界装配（龙实验）的装置"断头机"。

68

68.第一次镭-镧试验。注意左下方为观察者准备的陆军坦克。

69.尼尔斯·玻尔于1943年获悉美国的这一工程。他预见，原子弹将会终结大规模战争，并促使民族国家走向开放的世界。

70.波兰数学家斯坦尼斯拉夫·乌拉姆在洛斯阿拉莫斯进行相关的流体力学计算。1951年，他为制造氢弹构想了基本的、突破性的可行方案。

71.匈牙利理论物理学家爱德华·特勒（左）协助制造钚弹的工作。海军物理学家诺里斯·布拉德伯里在"三位一体"试验场领导它的试验装配。特勒在洛斯阿拉莫斯指导氢弹的理论研究。

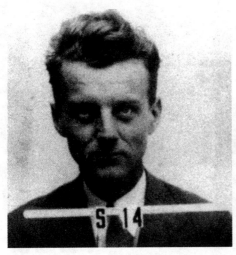

72

72.塞斯·尼德迈耶。当杂质可能导致钚弹设计失败时，他提出的利用普通烈性爆炸将核物质挤压成临界状态的方法挽救了钚弹方案。

73

73.基蒂·奥本海默领着彼得在洛斯阿拉莫斯。

74.一周工作 6 天的洛斯阿拉莫斯工作人员，星期天才有时间休闲娱乐。这张照片是在一次星期天长途徒步旅行的过程中拍摄的。从左到右，站立者：埃米利奥·塞格雷、恩里科·费米、汉斯·贝特、H. H. 斯陶布（H. H. Staub）、维克托·韦斯科普夫。坐着的人：艾里卡·斯陶布（Erika Staub）、埃尔弗里德·塞格雷（Elfriede Segré）。

75. 1944 年 6 月的诺曼底登陆，决定性地导致了盟军 11 个月后在欧洲的全面胜利。最高司令德怀特·艾森豪威尔到前线视察。

76.凶猛的日本抵抗力量声称要在太平洋地区增加美军伤亡。硫黄岛一战 6 万美军有 3 万伤亡，日军战死 2 万。

77.在洛斯阿拉莫斯，乌克兰化学家乔治·基斯佳科夫斯基负责给原子弹"胖子"制作和测试爆炸透镜。

78

78. "胖子"内爆弹早期
模型，上部外壳被移除，
显示出其内部。整体直
径大约为 5 英尺。

79

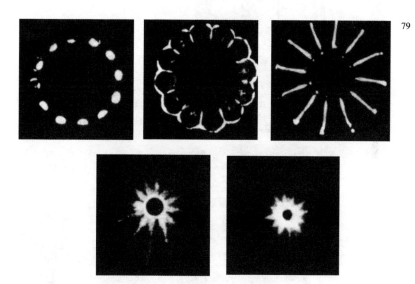

79.内爆实验的X射线照片系列。注意最后一张照片中被压缩的内核。

80

80.建于新墨西哥州阿拉戈多城北面沙漠中的"三位一体"试验场的发射塔。洛斯阿拉莫斯工作人员准备于1945年春天在这里进行钚弹试验。

81

81.基地营房。

82

82.将引爆物插入核心位置并且在反射层的圆柱形塞子上安装好部件后，工作人员便将它交付给发射塔，将它安装在原子弹内部。

83.燃料和设备仓库。

84.理论物理学家菲利普·莫里森（左）和欧内斯特·劳伦斯一起护送钚核块到"三位一体"试验场。

85. 1945年7月12日下午大约6点钟，赫伯特·莱尔（Herbert Lehr）中士将放置在减震盒中的钚核块转交给"三位一体"试验场的麦克唐纳大农场装配室。将于第二天早上进行装配。

86. 1945 年 7 月 15 日，诺里斯·布拉德伯里主持在"三位一体"试验场的发射塔上整体安装原子弹。

87.将引爆物插入内核并且在反射层的圆柱形塞子上安装好部件后，工作人员就将它交付给发射塔，再将它安插入原子弹内部。

88—93.第一次人造原子核爆炸:"三位一体"试验场, 1945 年 7 月 16 日 5 点 29 分 45 秒。各张图片相继展示爆炸过程。请注意火球膨胀时尺度的变化。伊萨多·拉比说:"我们第一次认识到这种自然力原来是这样的——嗯,就是这种感受。"

88

89

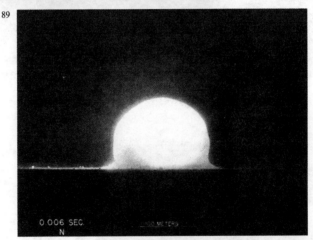

0.006 SEC.
N

100 METERS

90

0.016 SEC.
N

100 METERS

91

0.053 SEC.
N
100 METERS

92

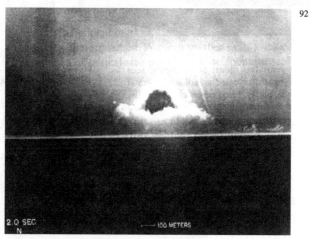

2.0 SEC.
N
100 METERS

93

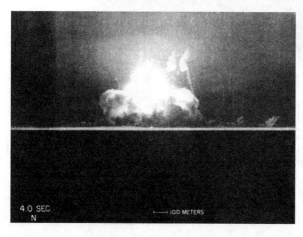

4.0 SEC.
N
100 METERS

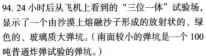

94

94. 24 小时后从飞机上看到的"三位一体"试验场，显示了一个由沙漠上熔融沙子形成的放射状的、绿色的、玻璃质大弹坑。（南面较小的弹坑是一个 100 吨普通炸弹试验的弹坑。）

95. 洛斯阿拉莫斯的主任奥本海默（左）随后与曼哈顿工程总指挥莱斯利·格罗夫斯将军一道视察试验场，发现只有发射塔塔底的钢筋还没有被汽化掉。

95

96. 在一次战争胜利的庆典上，英国代表团在洛斯阿拉莫斯用哑剧表演战争年月的故事。一架人字梯充当"三位一体"试验场的发射塔。注意看弗里施（左三），他穿着裙子扮演女用人。

96

第 12 章

来自不列颠的信息

　　詹姆斯·布赖恩特·科南特于 1941 年年初的冬天来到伦敦，建立了英国政府和美国国防研究委员会之间的一个联络处。他是按照蒂泽德计划（Tizard Mission）以特使身份第一个访问这个饱受攻击的国家，并且具有政府头衔的美国科学家，他把这次旅程看成"我生命中最特别的经历"。"我作为希望的使者受到欢迎，"他在自传中这样写道，"我看到了在轰炸下强毅不屈的人们。我看到了一个有着坚强后盾、无所畏惧的政府。几乎每时每刻，我看到的或者听到的，都使我为我是人类的一员而感到自豪。"

　　科南特，哈佛大学校长，到 3 月底满 48 岁。他受到了热烈欢迎，这并非只是因为他出于这所名校，或者因为他作为美国国防研究委员会成员这样一个显赫的身份。在长达数月的"假战争"期间，他是美国孤立主义旗帜鲜明的反对者，因而他的到来也是一种姿态，对他的欢迎也是对这一姿态的欢迎——只有首相有不同看法。丘吉尔在与这位哈佛校长的午餐会上没有表现出一丝乐观。"我该对他说什么呢？"人们听到他这样问。"他认为你是一个白胡子老头，浑身散发着学究气。"丘吉尔的助手布伦登·布拉肯（Brendon Bracken）事后告诉科南特。但在唐宁街 10 号地下防空掩体吃午饭的时候，面对这位美国人亲英的好战观点，加上他穿了一套使人感到放松的粗呢西装，首相终于变得热情起来，发表了一通丘吉尔式的独白，其中一再重复他近来常说的那句话："只要给我们工具，我们就能完成任务。"

1920 年，27 岁的科南特向哈佛大学化学家、诺贝尔奖获得者、原子量测定的先驱 T. W. 理查兹（T. W. Richards）的独生女儿求婚。科南特向理查兹的女儿许下了宏愿："我有三个心愿。先成为美国有机化学的领头人，再成为哈佛大学校长，之后成为政府内阁成员，也许是内政部长。"如果这是一个不那么有才华的人说的，听起来可能显得荒唐，而且这些心愿看上去并不相关。但科南特逐一实现了。他出生于马萨诸塞，他的家族于 1623 年定居于此。从罗克斯伯里拉丁学校毕业后，他来到哈佛学院，在他未来岳父的指导下获得了有机化学和物理化学双博士学位。第一次世界大战期间，他将所学知识应用于在埃奇伍德的毒气研究工作中，从而崭露头角。在他晚年写的自传中，他这样评述这段经历：

> 在 1917 年我没有理解，在 1968 年我也没有理解，用高爆炸弹把人的五脏六腑炸得稀烂比攻击肺部或皮肤使人残废好在何处。所有战争都是不道德的。从道理上讲，只有百分之百的和平主义者的立场是无懈可击的。一旦放弃了这一立场，比如，当一个国家变得好战时，人们只会对撕毁条约、挑起战争、某种战术或武器带来的后果津津乐道。

和万尼瓦尔·布什一样，科南特是一个信奉将先进技术应用于战争的爱国者。

"科南特早就在天然产物化学和物理有机化学两方面都赢得了国际声誉。"出生于乌克兰的哈佛大学化学家乔治·B. 基斯佳科夫斯基（George B. Kistiakowsky）后来写道。天然产物包括叶绿素和血红蛋白，科南特为揭开这两种生命分子的面纱做出了贡献。他的研究也有助于推广酸和碱的概念，这些概念如今被视为重要的化学基础。他即使算不上美国有机化学的最高权威，也算得上是美国顶尖的化学家。当加州理工学院试图用丰厚的科研经费把他挖走时，哈佛大学提出了更优越的条件并拒绝放行。

科南特年轻时的第二个心愿是成为他母校的校长。1933 年，他实现了这一愿望。哈佛校董找到他时，他先是推辞（这显然是个必要的姿态），后来表示，如果他被选上，他也愿意为学校服务。他在 40 岁时当选为校长，创建了具有卓越的奖学金制度以及"不发表就淘汰、不升职就走人"制度的现代哈佛。

科南特的第三个雄心也在战事发生后基本得以实现，虽然他的职务比内阁成员级别略低一些。他在政府的长期志愿服务就始于国防研究委员会的职务。

1941 年深冬，他在英国会见了英国政府的其他领导人，谒见了英王，被剑桥大学授予了一个荣誉学位，并在剑桥的后园（Backs）中散步，观赏盛开的报春花。在美国使馆陆军和海军武官们的敌视下，他为国防研究委员会代表机构找到了一个理想的办公场所。后来他还再次和丘吉尔共进午餐。他是作为外交使节而不是技术人员来到英国的。他谈起了毒气战和炸药制造，但无法交流有关雷达的信息，因为他对电子学知之甚少。尽管他熟悉有关铀的工作，而且这项工作也在他的国防研究委员会的职责范围内，但由于这属于机密，而且他"深信'按需知晓'^①的原则"，所以他没有去打听英国人对制造一种新炸弹的可能性有多少了解。

科南特在牛津大学见到了一位"法国科学家"，可能是汉斯·冯·哈尔班，此人向他抱怨铀-重水的研究不够积极。"因为他的抱怨明显'偏离了轨道'，我很快终止了交谈并淡忘了这件事情。"这一反应是可以理解的：科南特几乎不了解英国与"自由法国"达成了怎样的安全协议。但他对林德曼也采取回避态度。他们在伦敦一家俱乐部单独吃午餐时，"他提起了铀原子裂变研究的话题，我的回应是重申我表达过的怀疑，以及我在国防研究委员会的会议上听到别人提出的怀疑"。林德曼无视这些并突然发难：

> ［林德曼］说："你忽略了制造一种威力无比的炸弹的可能性。"我问："那要怎样实现呢？""首先，分离出铀-235，"他说，"然后，将两块这样的铀同位素突然碰到一起，它们合在一起后便会自发地发生自持反应。"

值得注意的是，这位国防研究委员会化学和爆炸组的组长后来于1941年3月补充说："这甚至是我首次听说制造这样一种炸弹有那么一点可能。"他没有再深究这一问题。"我实事求是地认为，如果布什想接触英国在原子能方面的工作，他在这样做的时候会通过布里格斯这一渠道。"那些匈牙利"阴谋家"继续感到气恼也就不足为怪了。

---

① 只让相关人员在必要时了解其必须知晓的情况，除此以外的信息均不透露。——编者注

之后，美国一流的物理学家们首次参加到了辩论中，他们的意见不容忽视。甚至在西博格和塞格雷证实钚的裂变性之前，欧内斯特·劳伦斯就在美国流行的怀疑论和保守主义与他的英国朋友日益高涨的狂热之间权衡过了，并且以他典型的热情积极做出回应。欧内斯特·卢瑟福的女婿，丧偶的拉尔夫·福勒，于20世纪30年代访问了伯克利并与这位回旋加速器的发明者一起参加野餐和周末晚会。福勒现在是英国驻华盛顿的科学联络官，利用近水楼台的优势劝劳伦斯加盟。马克·奥利芬特也这样做了，劳伦斯在1933年索尔韦会议后访问卡文迪许实验室时见到了他并对他产生了好感。

劳伦斯鼓励对钚的研究，部分是因为迄今为止所讨论过的所有同位素分离方法都看不到希望，这些方法包括用离心分离机、热扩散或气体多孔膜扩散。但大约在这一年年初，他开始考虑用电磁法分离同位素，阿尔弗雷德·尼尔已小规模使用过这一方法。劳伦斯想，他可以将他的37英寸回旋加速器改装成一个大号质谱仪。尼尔曾认为不可能以工业规模实现电磁分离，这反而激励了这位伯克利的诺贝尔奖得主。劳伦斯差不多全身心地投入到了机器的改造中，斗志昂扬地构思建造一种将铀-238中的铀-235分离出来（当时，伯克利用费米的铀-石墨反应堆制备出了钚）的机器。一个切实可行的计划正在形成。

这个计划分成几个阶段。劳伦斯在情感上还没有准备好搁置他和平时期的计划。洛克菲勒基金会自然科学部主任沃伦·韦弗（Warren Weaver）于2月访问伯克利，来看4 900吨重、直径为184英寸的回旋加速器的制造进展，基金会在不到12个月之前曾为此项目资助 115 万美元。劳伦斯长时间地抱怨铀委员会的怠惰（韦弗和国防研究委员会的这个部门也是有合作的），但他随后驱车带韦弗来到了大学后面山坡上的回旋加速器实验室。他对更大、更先进的机器的展望先是让洛克菲勒的这位管理者感到厌烦，随后转为欣喜。

3月，当科南特从伦敦回国四处发表演说的时候，劳伦斯又一次抱怨起来。"给布里格斯的铀委员会点一把火，"这位精力充沛的加利福尼亚人鼓动哈佛大学校长，"难道要在德国科学家成功制造出了原子弹时我们还只是在论证它的可能性吗？"劳伦斯为全面出击做好了准备。3月17日，他在麻省理工学院见到卡尔·康普顿和阿尔弗雷德·卢米斯时，行动便开始了。

卢米斯是从法律和银行投资这些赚钱的事业转行到物理学的。康普顿已经是一位著名的物理学家，在 1930 年成为麻省理工学院院长之前，他在普林斯顿大学获得理学博士学位并从教了 15年。这两人都懂得组织内部的政治运作，然而，他们被劳伦斯的激情所感染。几乎是在劳伦斯刚一离开的时候，康普顿就给万尼瓦尔·布什打了电话，接着在同一天又口述了一封信。"[布里格斯]生性迟钝、保守，用和平时期政府部门的节奏处理事务，"康普顿写道，传达了劳伦斯直言不讳的抱怨，"奉行与这些特质相一致的政策，并由于保密要求而更加束手束脚。"即使美国拥有"全世界最多、最好的核物理学家"，英国仍然占据领先地位。德国则"非常积极"。而布里格斯只邀请了极少数美国核物理学家从事这项工作。此外，在裂变研究中，除了探索如何用慢中子链式反应作为动力，还存在其他可能性，"如果成功，[实现这些可能性]将具有重要得多的军事用途"。

尽管卢米斯和康普顿觉得可以这样告诫布什，但两人都对劳伦斯心怀敬畏——卢米斯此时已为劳伦斯提供了3万美元的私人资助，方便他巡游全国，并且认为布什最好的选择就是放手交给劳伦斯："我得赶紧补充一句，在任何机构重组的过程中都让欧内斯特积极参与的这个想法，绝不是他自己提出来的，他甚至都没这么想过，但我坚信它将是一个理想的解决途径。"

布什的自负与他的职责分量相当，卢米斯和康普顿应该知道这一点。欢迎劳伦斯的行动可能是一种策略，这主要是因为卢米斯是受人尊敬和有影响力的陆军部长亨利·史汀生（Henry L. Stimson）的近亲和密友。但布什将劳伦斯的行动当成是在挑战他的权威，这是自从他成立国防研究委员会以来物理学界第一次向他发起挑战，他确信自己能成功应对这个挑战。在劳伦斯与康普顿、卢米斯在麻省理工学院见面两天后，布什在纽约见了劳伦斯并直言不讳地表达了自己的态度：

> 我直截了当地告诉他，我正在主持这项工作，我们建立了操作流程，他可以或者作为国防研究委员会的成员通过内部机制提交他的意见，或者完全置身局外，以个人身份并以任何他认为合适的方式行事。他选择参与进来，我便安排他与布里格斯一起参加一系列精彩的会谈。不过我明白地告诉劳伦斯，我打算向布里格斯提供尽可能有用的忠告和建议，但最终我要支持布里格斯和他委员会的决定，除非有某个非常有力的理由需要我个人介入。因此，我认为这个问题已彻底解决，但它留下了一些尾迹。

通过威胁要把劳伦斯和几位流亡者打入冷宫，布什暂时把铀的问题搁在一边。这一做法仅持续了不到一个月。

1940 年，劳伦斯已将哈佛大学实验物理学家肯尼思·班布里奇（Kenneth Bainbridge）招募到麻省理工学院从事雷达研究，这是一位核物理学家，建造了哈佛大学的回旋加速器。当科南特前往伦敦建立国防研究委员会联络处时，班布里奇和其他一些人随行，并在各自的专业领域和英国人合作。因为班布里奇像了解雷达一样了解核物理，甚至熟悉同位素分离，于是英国人让他参加了一次正式的莫德委员会会议。班布里奇惊奇地发现，这个委员会"对临界质量和［炸弹的］组装［机制］有很好的想法，并且促进个人间的交流……他们估计至少要用 3 年时间解决所有与制造原子武器有关的问题"。班布里奇立刻与布里格斯取得了联系，并提议派出美国的铀问题代表。

布什又齐又硬的头发下面是满脑袋的困惑。"我不是原子物理学家，"他直率地写道，"很多内容我都不能理解。"从他在那年 4 月见到的情形来看，"这的确可能要花费大量的资金，然而眼下我们面前还没有出现一条可以通向重要国防成果的光明坦途"。但他感受到了日益增大的压力——劳伦斯在刺激他，班布里奇又证实了英国的进展——他现在需要帮助。

"这是布什的策略，"卡尔·康普顿的弟弟、美国实验物理学家阿瑟·康普顿后来写道，"作为国家战争研究机构的协调者，将美国科学院当成重大科学问题的最终裁判所。"4 月中旬的一个星期二，在与布里格斯会谈后，布什写信给贝尔电话公司的资深工程师弗兰克·朱厄特，此时的朱厄特是美国科学院院长。布里格斯从班布里奇处听说了消息，并提醒了布什；布什和布里格斯"不安地"商议起来。"英国人显然做得与我们一样多，甚至更多，如果这真是一个非常重要的问题，我们就应该为这个国家承担更多的责任。"布什希望"一个由卓越的物理学家组成的小组对整个情况做出积极而冷静的评估"，入选的人应该"具有理解问题的足够知识，并且能足够超脱地客观评估"。

在紧接着的星期五美国科学院的华盛顿例会上，朱厄特、布什和布里格斯组织了他们的评估小组。他们把劳伦斯添加进委员会，同时还有近来退休的通用电气研究实验室前主任、物理化学家威廉·库利吉（William D. Coolidge）。他们还找到了芝加哥大学教授、诺贝尔奖获得者阿瑟·康普顿，请他来领导委员会。康普顿先是自谦地表示"唯恐难以胜任"，后来还是欣然接受了。

阿瑟·霍利·康普顿是一位长老教会牧师、俄亥俄州伍斯特地区伍斯特学院的哲学教授的儿子。他的母亲是门诺派教徒，献身于传教事业，曾是1939年的"年度美国母亲"。阿瑟追随哥哥卡尔从事科学研究，并在成就上超越了哥哥，不过他也延续了家族的虔诚传统。"阿瑟·康普顿每天与上帝为伴。"芝加哥大学恩里科·费米的年轻学生利昂娜·伍兹如此评说。不过她也评价康普顿是"一个杰出的科学家，一个杰出的人……他一生都非常潇洒，有着运动员一样高大而强健的身躯"。伍兹写道，费米认为"英俊潇洒往往与智力成反比"，但"阿瑟·康普顿除外……他智力非凡"。

正如费米所言，康普顿的物理学研究是一流的。他毕业于伍斯特学院，在普林斯顿大学取得博士学位。1919年，康普顿获得了美国国家研究委员会新设立的研究资助，在卡文迪许实验室卢瑟福的领导下从事研究工作。他在那儿开始了一项高难度的工作——测试γ射线的散射和吸收，这直接导致了以后称为康普顿效应的重大发现，他因此获得诺贝尔奖。

1920年，康普顿写道，他在圣路易斯华盛顿大学接受了一个教授职务，"一个小地方"，避开了物理学主流，因而他能集中精力从事散射研究，当时他的研究范围正从γ射线延伸到X射线。他用石墨块散射X射线，用方解石晶体X射线光谱仪接收它们并测得它们的莫塞莱型的波长。他发现，X射线通过石墨散射后，出射波长比入射波长长：就好像喊声被远处的一堵高墙反射后声调很奇怪地变低沉了。如果X射线（X光）仅仅是一种波动，那么它们的波长就不会改变。事实上，康普顿于1923年用实验证明了爱因斯坦1905年在光电效应理论中提出的观点：光是波，同时也是粒子——光子。一个X射线光子与一个电子弹性碰撞，好像台球相撞，光子被反弹回来并因而损失它的部分能量。方解石晶体显示出了这种能量的损耗，表现为X射线光波的波长增大。阿诺尔德·索末菲为康普顿效应——光子被电子弹性散射——热烈欢呼，将它称为"物理学当下能做出的可能最重要的发现"，因为它证明了光子的存在——在当时，1923年，人们还很难相信这一点——并且清晰地用实验证明了光既是粒子又是波的波粒二象性。

当这位有敏锐见解的实验者从研究科学转为服务上帝时，他的敏锐见解就离他而去了。科学的严谨堕落为肖托夸式①的逻辑。他大肆宣扬说，海森伯不确定性原理可以延伸到原子尺度以外的人类

---

① 肖托夸是19世纪末与20世纪初在美国非常流行的成人教育运动。肖托夸为社区提供娱乐与文化教育，成员包括了当时的演说家、教师、音乐家、牧师和其他各领域的专家。但这一运动随着广播、电视、电影等的崛起而逐渐消亡。美国前总统西奥多·罗斯福（Theodore Roosevelt）曾说肖托夸是"美国最具美国性的事物"。——校者注

世界，并证实了自由意志的存在。玻尔在20世纪30年代早期访问美国期间听了康普顿有关自由意志的演说，觉得好笑。"玻尔高度评价了作为一个物理学家和作为一个男人的康普顿，"这位丹麦诺贝尔奖得主的一个朋友后来回忆说，"但他觉得康普顿的哲学思想太原始：'康普顿似乎想说，对上帝来说，不存在不确定性原理。这是胡扯。在物理学上，我们不去谈论上帝，而只谈论我们能够了解的东西。如果我们要谈论上帝，那我们就必须换一种完全不同的方式去谈论。'"

1941年的战争工作对阿瑟·康普顿的哥哥来说是有好处的。卡尔·康普顿在科学界获得了国家级的重要地位，并且为麻省理工学院赢得了一个重要的秘密实验室。阿瑟希望得到更多。他面对着和平主义的问题、他母亲的门诺派教徒信条以及当时在美国祭衣室被讨论得很多的话题——孤立主义的一种宗教翻版：

> 1940年我48岁，我开始强烈地感受到，我作为一个公民，有责任在这场其他很多国家已经卷入、我国也即将卷入的战争中找到自己的合适位置。在芝加哥，我与一些人进行了讨论，其中包括我的牧师。他很奇怪，为什么我不支持他对我们教堂的年轻人发出的要站在和平主义立场上的呼吁。我用这种方式回答他："我确信还有比我的生命更有价值的东西，而只要我还确信这一点，我就会为捍卫这些价值义无反顾，哪怕冒着死亡的危险甚至献出自己的生命。"

"一段短时间后"，当布什和美国科学院邀请他领导评估小组时，阿瑟·康普顿已经做好了准备。

评估委员会立即会见了布里格斯在华盛顿的一些同事。一星期后，1941年5月5日，评估委员会在坎布里奇再次集会，听取其他铀委员会成员及班布里奇的意见。"紧接着，"康普顿写道，"用了两个星期与其他极为感兴趣的人讨论铀的军事应用可能性。"康普顿迅速完成了7页篇幅的报告并于5月17日递交给了朱厄特。

报告开头指出，评估委员会考虑的是"原子裂变的可能以及军事方面的相关问题"，并列出了三种可能性："生产强辐射物质……用飞机像投炸弹一样散布到敌人的领土"，"潜艇和其他船只的动力能源"以及"烈性炸弹"。在"链式反应的首次成功实现之后"，放射性尘埃还需要一年的准备工作，这意味着"不会早于1943年"。在链式反应后，准备动力能源至少需要3年。而炸弹需要浓缩铀-235或者可能需要通过链式反应制造出钚，因此"很难预期原子弹在1945年之前能被制造出来"。

问题在于，报告没有提及快中子裂变、临界质量以及炸弹组装机制。报告用大量篇幅讨论了"安全控制链式反应"，考虑使用铀-石墨、铀-铍和铀-重水系统。委员会提出要为费米的中间实验及其他方面提供他所需要的足够资金。它还颇为独到地发现并强调了这一新领域的长期决定性挑战：

> 对我们来说，核裂变在两年之内成为军事应用似乎不可能……然而，如果链式反应能发生并被控制，它就可能迅速在战争中成为决定因素。因此，考虑到战事可能持续10年甚至更久，我们在这一发展方向上取得领先地位至关重要。率先引发并控制这一过程的国家将拥有优势，这种优势会随着应用的倍增而不断增长。

当布什收到美国科学院的这份报告时，政府科学部门正在改组。国防研究委员会在科学研究方面已拥有与军事实验室和国家航空顾问委员会同等的权力，但无权进行工程开发。布什提议建立一个新的综合性机构——科学研究和发展局——赋予它统领所有为战争服务的政府科学部门的权力。布什作为局长将亲自向罗斯福汇报。布什准备召回科南特来接管国防研究委员会，自己则升任科学研究和发展局局长。"只要局势一明朗，我很快就会有一个新的职位，"科南特写道，"当布什考虑如何对待布里格斯的铀委员会时，我开始得到他的信任。"凭着他在英国工作的经历，科南特告诉布什，他对康普顿的报告"几乎完全持否定态度"。

朱厄特把这个报告寄给了布什，并附信称赞这个报告"权威而令人印象深刻"。不过私下里，他警告布什，他"隐隐担心"这份报告"可能有些过于热情，因而不能很好地权衡全局"。朱厄特也将报告转给了一些资深的同事征求意见，其中有加州理工学院的罗伯特·密立根，1923年的诺贝尔物理学奖得主。朱厄特将他们的评价于6月上旬发给了布什。相关各方对英国方面进展的了解混乱不清，这让布什在回信时恼火不已：

这个铀的事情真让人头疼！我看过密立根的评价了，很明显，他写这些东西时对现状一点都不了解。英国已经明确无误地确定了铀-238［原文如此］有可能发生链式反应，这将完全改变整个局面。密立根的评价却建立在相信只有铀-235有指望的基础上。这不意外，因为他没有接触过信心十足的英国人告诉我们的最新进展。

他同意工作"应该以更富有生气的方式进行",但他仍然对最终的产出成果深表怀疑:

> 即使物理学家们取得了他们期待的一切,我仍相信,从这种物质中生产出某些实用的东西之前,需要很长一段时间困难至极的工程工作,除非取得重大突破,而我对出现这种突破深表怀疑。

尽管得到了钚有显著的裂变性这一新消息,这位科学研究和发展局局长仍然尚未彻底信服。塞格雷和西博格通过 1941 年春天连续不断的工作确定了各种人造元素的截面。5 月 18 日星期天,他们终于制备出一份薄到足以精密测量的样品,算出钚的慢中子裂变截面是铀-235 的 1.7 倍。西博格后来说,劳伦斯在星期一听到这一消息后立刻行动起来:

> 我们告诉劳伦斯,我们昨天明确证实了钚-239 可慢中子裂变,他非常兴奋。他立即打电话到芝加哥大学,将这一消息告诉阿瑟·康普顿……康普顿立即打电话给万尼瓦尔·布什(但没有联系上),后来又给布什发了一封电报……在这封电报中,康普顿指出,这种实验验证……极大地增加了裂变问题的重要性,因为可用的材料[也就是从铀-238 嬗变的钚]增加了 100 倍以上……他说,阿尔弗雷德·卢米斯和欧内斯特·劳伦斯因而请求他重新强调推进哥伦比亚大学的[铀-石墨]工作是多么至关重要。

美国的这个计划因官僚主义疑虑而陷入停顿，而希特勒和他的战争机器却使它复活了。那年夏天，代号为"巴巴罗萨行动"的攻势使战争大规模升级，行动于6月22日星期天清晨在东线揭开了序幕。一支有164个师的德国军队（包括一些荷兰和罗马尼亚的部队）向东猛攻，以闪电战的方式入侵苏联。德国元首在6个月前的一道密令中野心勃勃地扬言，"甚至要在对英国的战争结束之前就用快速行动摧垮苏联"。希特勒意欲在冬季到来之前长驱直入，一直推进到乌拉尔地区并强占苏联的工业和农业基地；7月，德军的装甲部队渡过第聂伯河，基辅岌岌可危。

　　科南特在伦敦的经历以及扩大的战事反而使他对自己刚刚接手领导的计划越发怀疑了：

　　　　我对布什说，我对康普顿的第一份报告所担心的是，产生链式反应虽说很重要，但花费如此之多的财力和人力是否合理。对我来说，自由世界的防御状态如此危急，只有在数月或者一两年内可能产生结果的努力才值得认真考虑。1941年夏天，我对自己在英国的所见所闻的印象仍然很鲜活，我无法忍受那些我经常遇到的、与铀委员会有关联的物理学家的观点。他们用兴奋的声调谈论着发现了一个新领域，他们说在这个领域，从铀反应堆生成的能量将给我们的工业社会带来一场革命。我对这些空谈态度冷淡。我提醒他们，我们的精力应该集中在最紧要的目标上，直到纳粹德国被打败。

科南特经历了伦敦遭到的空袭，产生了一种受困的心态；而布什则如科南特指出的那样，"面对着该优先发展什么的重大决断"。两人都希望有一个牢靠而又务实的评估。他们认定，康普顿的报告需要注入工程专业技术常识。康普顿谨慎地从领导位置上退了下来，通用电气的科学家库利吉临时取而代之。科南特从贝尔实验室和西屋实验室各引进了一个工程师，并在7月上旬扩大了委员会，重新审视第一次评估。

布里格斯是一个可以相信的见证人。那时，他已收到了莫德委员会技术分会4月9日会议的备忘录，派尔斯在会上报告称，截面测量证实了快中子炸弹的可行性。布里格斯也正好从劳伦斯那里了解到钚有比铀-238大10倍的快中子裂变截面。劳伦斯甚至提交了一个有关94号元素的独立报告，并首次在美国官方审议中强调快中子裂变比慢中子裂变重要。但布里格斯仍然专注于产生能量的慢中子链式反应，美国科学院的第二个报告也是如此。"1941年夏天，"约翰·邓宁的合作者尤金·布思后来回忆说，"布里格斯在哥伦比亚大学普平实验室的地下室访问了我们，看了我们对六氟化铀用［气体］扩散法分离铀-235的实验。他很有兴趣，祝福我们，却没有给我们钱。"

那年夏天，康普顿认为美国的这个计划正处于夭折的危险之中："政府的负责代表们……非常倾向于将核裂变研究从战争项目中除去。"他相信这一计划之所以会保留下来，是因为劳伦斯提出了用钚制造炸弹的建议。94号元素的裂变性也许说服了康普顿，但对于政府的负责代表们来说却不是决定性的。他们是很顽固的人，需要有说服力的事实。这些事实正在逐渐出现。"比康普顿和劳伦斯的论点还要重要的，"科南特后来写道，"是这样一则新闻：一个英国物理学家小组断定，用铀-235制造炸弹是完全切实可行的。"

英国人在整个冬季和春季都在试图让美国人相信这一点。7月，他们又尝试了一次。G. P. 汤姆孙于6月23日草拟了一个报告供莫德委员会考虑，这一天正好是德国在巴尔干地区和波兰东部发起"巴巴罗萨行动"的第二天。加州理工学院的查尔斯·劳里森，一个受人尊敬的资深物理学家，正在为国防研究委员会研发火箭，在莫德委员会起草计划期间，他恰好在伦敦与英国人协商。莫德委员会邀请他参加7月2日在伯灵顿宫召开的会议。劳里森认真听着，做着笔记，然后与当时从事这项工作的24个物理学家中的8个人单独会谈。他第二周回到美国时，立即向布什汇报了莫德委员会的发现。"大体上，"科南特后来说，"他概述了'报告的草稿'。"劳里森会见的物理学家们都为推进美国建造气体扩散工厂做出了贡献。

英国政府直到10月上旬都没有正式将莫德委员会的最终研究报告提供给美国政府，但莫德委员会在7月15日就确认了该报告（委员会不久后即被解散），而且那时汤姆孙的草案副本已经提供给了布什，里面具体讲述了一些重要发现。莫德委员会的报告与美国科学院的两份研究报告不同，它是一份蓝图，开篇就宣布：

> 我们现在得出结论，制造一颗实际的铀弹是可能的，这颗铀弹将含有约25磅的放射性材料，爆炸力相当于1 800吨的梯恩梯（TNT）炸药，而且将释放出大量的放射性物质……一座每天生产2.25磅［铀-235］（或者说每月3颗炸弹）的工厂造价大约500万英镑……尽管这是一笔非常大的开销，但我们

认为这种炸弹在物质上和精神上的破坏效果极大，因而应该尽一切努力生产它……生产第一枚炸弹的材料在 1943 年年底能准备好……即使在铀弹制造出来以前战争就已经结束，这种努力也不会是没有回报的，除非出现全面裁军这种不太可能出现的情况，不手握这种破坏力惊人的武器将会带来极大的风险，因此没有哪个国家会愿意冒这个险。

报告在结论和建议方面，清晰明了地列出了三点：

（i）委员会认为发展铀弹的计划是切实可行的，而且很可能对战争产生决定性的结果。

（ii）建议把这一工作继续放在最优先地位，并扩大到必要的规模，以在尽可能短的时间内制造出这一武器。

（iii）应将目前同美国的合作继续下去，尤其应加强实验工作领域中的合作。

"有了从大不列颠非官方渠道传来的信息后，"科南特在 1943 年草拟的一份工程秘史中总结道，"……对科学研究和发展局局长以及国防研究委员会主席来说，很明显，有必要按报告所勾画的路线大力推进相关的工作。"

他们仍然没有立即组织推进。战后科南特回忆说，他当时也还没有相信铀弹会像报告形容的那样发挥作用。英国人的研究和深思熟虑的判断至少提出了一个轮廓鲜明的军事发展计划。布什将这份报告交给了白宫的智囊、副总统亨利·华莱士（Henry Wallace），他是内阁成员中唯一的科学家，一名开发了许多品种的杂交玉米的植物遗传学家。"7月间,"科南特写道,"布什与华莱士副总统商讨了将大量政府经费用于铀工程的问题。"自那以后,布什显然决定等待官方转送过来莫德委员会的最终研究报告。

"如果每个必要的步骤都需要花费10个月去仔细考虑,"利奥·西拉德1940年向亚历山大·萨克斯抱怨说,"那么很明显,实现有成效的研发将是不可能的。"虽然美国的计划现在比以往有所加快,但仍然远远不够。

⊙

那年夏天,正当劳伦斯和康普顿支持用钚推进研究的时候,一个高大、消瘦、受过战争摧残的奥地利人却躲在德国的物理研究机构里,试图把这种可裂变的新元素隐藏起来。他是奥托·弗里施的一个老朋友:

> 弗里兹·豪特曼斯和我是在柏林认识的,但〔战前〕在伦敦,我对他印象较深的就是他的长相像一只老鹰:他有一半犹太血统,同时又是一名共产党员,这种人很少能逃过盖世太保的迫害。他的父亲是荷兰人,母亲是一个犹太人,他为自己的犹太血统感到自豪。对于反犹言论,他常常会如此反击:"当你们的祖先还生活在森林里的时候,我的祖先已经在制造假支票了!"他有满脑子的绝妙想法。

豪特曼斯在哥廷根获得实验物理学的理学博士学位,但是他却精于理论。他的绝妙想法之一与恒星能量的生成有关。20世纪 20 年代后期，他在柏林大学时与一位来访的英国天文学家罗伯特·阿特金森（Robert Atkinson）共同提出了相关理论。阿特金森很熟悉他年长的同事阿瑟·爱丁顿最近对太阳和其他恒星的能量所做的估算，这些恒星以千万度量级的温度燃烧并拥有数十亿年的寿命，这意味着在恒星内部存在尚未查明原因的巨大能量消耗。1927 年夏天，两人在哥廷根附近散步时想到，卢瑟福在卡文迪许实验室产生的那种核转变或许能解释恒星的持续燃烧。他们很快提出了一个基本理论：用汉斯·贝特后来的描述来说，"在恒星内部的高温下，恒星内的原子核可以进入另外的核而产生核反应，释放能量"。当两个热的（因而也是快速运动着的）氢核以足够的力量碰撞从而克服它们各自的电势垒且合并成氦核时，这一过程中便会释放出部分结合能。后来豪特曼斯和阿特金森同伽莫夫一起把这些现象命名为"热核反应"，因为这一过程是在极高的温度下进行的。

1933 年，豪特曼斯移民苏联，"但在监狱里待了好几年，"弗里施后来写道，"他的妻子和两个小孩设法来到了美国。1939 年希特勒和斯大林签订了临时协议，其中包括交换犯人，于是豪特曼斯被作为'犯人'交还给了盖世太保。"幸好他碰上了马克斯·冯·劳厄，弗里施称赞后者为"具有威望和勇气、敢于对抗纳粹的罕见的德国科学家"。冯·劳厄设法使他获得了自由，并为他在一位富有的德国发明家曼弗雷德·冯·阿登（Manfred von Ardenne）男爵那里找到一份工作。冯·阿登学过物理学，在柏林郊外的利希特费尔德有一间私人实验室。他独立于海森伯和军需部，自己从事铀的研究，研究经费是从邮政部那里得到的。邮政部拥有一笔很大的研究预算，大部分都没有使用。邮政部长幻想着能向希特勒交付一种决定性的秘密武器，因此资助建造了一台 1 兆伏的范德格拉夫起电机和两台回旋加速器，所有这些均已在 1941 年动工。在设备建成之前，豪特曼斯专心于理论研究。

8 月，豪特曼斯已经独立研究出制造一颗炸弹所需要的全部基本概念。他写了一份 39 页的报告论述它们，这份报告题为《论释放链式反应的问题》。报告中考虑了快中子链式反应、临界质量、铀-235、同位素分离和 94 号元素。豪特曼斯特别强调 94 号元素的生产。"每一个未使铀-235 裂变并被铀-238 俘获的中子，"他写道，"这样就产生了一种可由热中子引发裂变的新核。"他私下和冯·魏茨泽克以及海森伯讨论了他的一些想法，但他注意到，邮政部瞒过军需部的眼睛，将他的报告秘密保存了起来。在苏联，他学会了为了生存而配合，在那里他曾被单独关押数月之久。同在苏联一样，在德国他也尽可能不把自己知道的东西说出来。他没有公开对通过链式反应从天然铀嬗变而来的 94 号元素表示过认可，这也许是德国在同位素分离方面疏忽的一个原因。1941 年夏天过后，德国的炸弹计划完全依赖于铀和维莫尔克的重水。

⊙

英国人至少知道自己在干什么。蒂泽德对莫德委员会的报告表示怀疑，并且怀疑在战争结束之前这种炸弹造不出来。林德曼不这么想。他现在是一位男爵了，称为彻韦尔（Cherwell）勋爵，这得益于他的首相朋友。彻韦尔一直认真地关注着莫德委员会的工作。他尊敬汤姆孙，西蒙是他的老朋友，派尔斯则准确地读懂了他的啰唆文章。他相信这些人的判断力，于是着手把长篇报告压缩为一份简短的备忘录呈交给丘吉尔阅读。丘吉尔喜欢递交给他的文件都不超过半页。因为这个报告内容重要，彻韦尔无法迁就丘吉尔，便把它写成了两页半长。他认为研究工作应持续 6 个月，然后再进一步评估。他认为同位素分离工厂不应建在美国而应建在英国（虽然面临人力不足的处境和德国轰炸的危险），"最坏"也要建在加拿大。他这个结论同莫德委员会的结论不同。"赞成［建在英国］的原因，"他写道，"是可以更好地保密……而且最重要的是，哪个国家有这样一个工厂，哪个国家就能够向世界其他国家发号施令。不管我多么信任和依赖我的邻居，我都很不愿意让自己完全任其摆布。因此，我不会愿意让美国人来承担这项工作。"他的总结压低了成功的可能性，但显著提升了"赌注"：

　　研究这些问题的人认为两年内十之八九会成功，而我不会押注赌成功概率超过三分之二或五五开。但我非常清楚我们必须行动。如果让德国人利用这种武器在战争中战胜我们，或者在他们被打败后回过头来翻案，那将是不可饶恕的。

　　丘吉尔在 8 月 27 日收到了彻韦尔的建议，三天后用备忘录告知他的军事顾问，以嘲讽的口气用德军空袭的后果表达了自己的看法："尽管我个人相当满足于已有的炸弹，但我觉得我们不能停留在改良的道路上，因而，我认为我们要按彻韦尔勋爵所建议的那样采取行动。"
　　英国三军参谋长也在 9 月 3 日表达了相同的看法。

马克·奥利芬特协助在美国上层推动美国的计划。"如果国会了解原子能工程的真实历史",利奥·西拉德战后公正地说,"我认为,应该制造特别的奖章授予那些有杰出贡献的'爱管闲事'的外国人,第一个应该授予的是奥利芬特博士。"科南特在他1943年写的秘史中认为,1941年秋天计划变更方向的"最重要"原因是"大力提倡奋力攻克铀问题的人变得更加直率和坚定",并且首先提到了奥利芬特的影响。

奥利芬特在8月下旬乘飞机抵达美国——他认为乘坐途经里斯本的泛美航空公司的飞机太慢,因此常常乘坐缺乏供暖的轰炸机——与他在国防研究委员会致力于雷达研究的搭档们一起工作。但他也负责打听美国对莫德委员会的成果熟视无睹的原因。"记录和报告……已经送到莱曼·布里格斯那里……但我们事实上没有得到任何意见,我们对此迷惑不解……我在华盛顿给布里格斯打电话,发现这个口齿不清、心不在焉的人将报告扔在保险柜里,从未给他的委员会成员们看过。"奥利芬特对此感到"吃惊而又沮丧"。

后来,他接触了铀委员会。塞缪尔·阿利森(Samuel K. Allison)是委员会的新成员,一位有才干的实验物理学家,是阿瑟·康普顿在芝加哥大学的学生。阿利森后来回忆说:"[奥利芬特]出席了会议……十分明确地提到了'炸弹'。他告诉我们,我们必须将全部精力都集中在这种炸弹上,我们没有理由继续建造发电厂或者做其他任何事情,只能全力以赴制造炸弹。他说,这种炸弹将要花费2 500万美元,而英国没有这么多的财力和人力,因此责任就落在了我们身上。"阿利森感到非常惊讶。布里格斯一直在瞒着委员会的成员。"我以为我们正在为潜艇制造一种动力能源。"

在绝望中，奥利芬特去找他所认识的在美国有影响的支持者。他接通了欧内斯特·劳伦斯的电话："我甚至要在合适的时间乘飞机到伯克利与你见面。"9月初，他去了伯克利。

劳伦斯驱车将奥利芬特带到伯克利校园后面山坡上的184英寸回旋加速器实验室，在那里他们可以在不被偷听的情况下谈话。奥利芬特讲述了莫德委员会的报告内容，劳伦斯从未看到过这份报告。劳伦斯接过话题，讲到在改进过的回旋加速器上可能实现铀-235的电磁分离，还讲到钚的诸多优点。"我不知道要用多少话来赞美你的实验室所做的一切，"会见之后，奥利芬特在给劳伦斯的信中这样写道，"我确信，在你们手中，铀问题将得到正确而周密的考虑。"回到办公室，劳伦斯打电话给布什和科南特，安排奥利芬特与他们见面。从奥利芬特那里，劳伦斯获得了英国秘密报告的一份成文摘要。

在华盛顿，科南特邀请奥利芬特一起用餐，满怀兴趣地听他介绍相关情况。布什在纽约会见了他，仅仅出于礼貌给了他20分钟的时间。这两位行政长官都没有透露知道莫德委员会的报告。"核物理学家之间对一个禁谈话题的闲聊。"科南特在他的秘史中这样描述奥利芬特的这趟旅程。

奥利芬特也顺便访问了费米，和他交换了意见。他发现这位意大利的诺贝尔奖得主比以往还要谨慎，"对快中子炸弹的态度不明朗，对玻尔和惠勒的裂变理论也不完全满意"。

在华盛顿和纽约的会面前后，奥利芬特在纽约州斯克内克塔迪的通用电气公司拜访了临时董事长威廉·库利吉，美国科学院的第二份评估报告就是由他撰写的。这次访问至少激起了某种义愤。库利吉立刻将奥利芬特带来的消息写信告诉了朱厄特，强调对纯净的铀-235来说，"通过快中子直接作用将会发生链式反应……就我所知，直到美国科学院委员会提交第二次评估报告之后，我国才得到这个信息。我认为，奥利芬特所讲的这些事情应该得到认真考虑"。美国其实早就得到了这些信息，至少得到了莫德委员会的备忘录，包括派尔斯4月9日的陈述，但布里格斯将它锁起来了。奥利芬特回到伯明翰大学，他不知道自己此行是否产生了什么影响。

劳伦斯已经采取行动。在奥利芬特离开伯克利之后，他打电话给芝加哥的阿瑟·康普顿。"某些明确的发展使他相信可能制造出原子弹，"康普顿后来这样解释那次对话，"这种炸弹，如果及时造出来，可能决定战争的结局。德国人在这个领域的活动使他觉得我们加快发展是非常紧迫的事情。"这正是两年前西拉德的观点。9月25日，劳伦斯按日程要在芝加哥大学做一场演讲。科南特也要来芝加哥接受一个荣誉学位。康普顿邀请两人一起到他家来。这样，劳伦斯能够直接向这位国防研究委员会主席施加压力。

⊙

在泛美科学大会上决定投身政治后，爱德华·特勒留在乔治·华盛顿大学任教，同时开展裂变方面的研究工作。1941年3月，在默尔·图夫等人的担保下，特勒一家宣誓效忠美国，成为美国公民。汉斯·贝特当时临时离开康奈尔大学，来到哥伦比亚大学教授春季学期的课程，在同一个月也宣誓成为美国公民。在学期结束时，贝特向哥伦比亚大学推荐用特勒接替他。为了在工作中与费米和西拉德更加接近——还可以用他敏锐的洞察力来裁定他们之间的争论——特勒接受了邀请并移居曼哈顿，住在晨光大道的一所公寓内。

在实验过程中，费米抽出时间建立理论。9月间一个舒适的日子里，他和特勒在大学俱乐部一同用过午餐，然后步行回到普平实验室。"突然间"（特勒说），费米大声问，不知道是否可以用原子弹来充分加热大量的氘，从而引发热核聚变。在这样一个机制中，一枚将氢聚变成氦的炸弹，其能量应该比核裂变炸弹高三个数量级，按等量爆炸力衡量又廉价得多。对费米来说，这一想法是随口说的，而特勒认为这是一项惊人的挑战，并将它记在心上。

特勒喜欢开辟新领域。他在理论上理解了某事后，通常等不及实验验证就迫不及待地推进。他懂原子弹，进而考虑制造氢弹的可能性。他做了大量的计算，结果令人失望。"我确定氘不能用原子弹引爆，"他后来回忆道，"接下来的那个星期天，我们家和费米家一起出去散步。我向恩里科解释了氢弹绝对不能制造出来的原因，他相信了。"有一段时间，甚至连特勒自己也相信了。

然而，恩里科·费米和爱德华·特勒并不是最早想象用核链式反应激发氢的热核反应的人。这一功劳应属于京都帝国大学富有科学才能的日本物理学家萩原笃太郎。萩原笃太郎一直在关注世界核裂变研究的进展，并开展自己的研究工作。1941年5月，他做了题为"超级炸药铀-235"的演讲，综述了已有的核物理知识。他知道依赖于铀-235的爆炸链式反应，并且理解同位素分离的必要性："因为爆炸链式反应的应用潜力很大，应该立即找到实现它的实际方法。找到从天然铀中大量提取铀-235的方法非常重要。"之后，他论述了他注意到的核裂变和热核聚变之间的关联："铀-235一旦能大量生产出来并适当浓缩，将极有可能作为氢聚变的引爆物。我们对此寄予很高的期望。"

但在日本人或者美国人制造氢弹之前，他们必须先制造一个原子弹。这两国都还没有大力支持发展相关的技术。

◉

"9 月一个凉爽的夜晚，"阿瑟·康普顿后来回忆说，"科南特和劳伦斯来到了我家，我妻子向他们打了招呼。她给围坐在火炉边的我们每人倒了一杯咖啡后，就上楼忙自己的事去了。这使我们能无拘无束地谈话。"

劳伦斯说话时充满激情。"[他] 在表达自己对美国计划的不满时显得精力非常旺盛，"科南特后来写道，"那个夏天，奥利芬特博士见到了他，并告诉了他英国人的期盼，这让劳伦斯更为热情地在这整个领域投入更多行动。"科南特完全清楚英国人在期盼什么，也知道空谈误国，他选择故意唱反调，轻轻松松就让康普顿上了当，而康普顿还以为自己的论述改变了局面：

> 科南特不太情愿。根据他当时收到的报告，他的结论是，是时候不再将核研究作为战时研究课题支持了……我们的每一份力量都需要用在国防上，我们不能把科学和工业上的投入浪费在一项军事价值非常可疑的原子计划上。
>
> 我决心给劳伦斯以支持……科南特开始被说服了。

科南特后来说："我禁不住接过劳伦斯的高谈阔论，问他是否准备好搁置自己的研究计划。"康普顿以极为戏剧化的方式呈现了科南特的质疑：

> "如果这项任务像你们这些人所说的这样重要，"[科南特]说道，"我们就必须开始行动。我向万尼瓦尔·布什指出过，铀计划在战争期间应保密。现在你们把制造一种高效武器的计划放到我面前。如果要制造这种武器，我们必须第一个制造，否则我们承担不起后果。但我在这里要告诉你们，除非我们倾力而为，否则这项工作不会有任何重大的进展。"

> 他转向劳伦斯。"欧内斯特，你说你对这些核裂变炸弹的重要性深信不疑，你准备将你生命中以后的数年时间奉献出来制造它们吗？"

> ……这一问题使劳伦斯大吃一惊。我仍能记得他的眼神，他半张着嘴坐在那里。这是一个严肃的个人决定……他只犹豫了片刻："如果你告诉我这是我的职责，我一定会尽力而为。"

回到华盛顿，科南特简要地向布什汇报了他称为"我在不情愿且孤立无助的情况下进行的芝加哥商谈的结果"。两位管理者决定着手准备美国科学院的第三次评估报告，这时，扩大了的康普顿委员会纳入了化学工程师 W. K. 刘易斯（W. K. Lewis）和科南特在哈佛大学的同事乔治·基斯佳科夫斯基，前者在评估将实验室工序成功扩大至工业规模的可能性方面享有盛誉，后者是常驻国防研究委员会的爆炸专家。

基斯佳科夫斯基个子高，骨架大，性格暴躁，长着斯拉夫人式的扁平的脸，自信满满，18 岁时自愿加入了白军，在俄国革命中投入战斗。"我在一个对民权和人类自由都看得很重的家庭中长大，"他在晚年告诉一个采访者，"我的父亲是一个社会学教授，曾写过有关这些主题的文章和书籍，因而在沙皇政权下惹上麻烦，非常大的麻烦。母亲也有同样的政治倾向。我认为，他们两人在很短的一段时间里曾是马克思主义者，然后背离了它。这也就是为什么我18 岁时加入了反布尔什维克的军队。这的确不是因为我喜欢沙皇专制。当然，早在这一切全都结束之前，我就已对白军深感厌恶。"基斯佳科夫斯基逃到了德国，于 1925 年在柏林大学取得博士学位。他可以留下来，但他的教授劝他到别处看看。"他告诉我如果想从事学术研究，我就应该移民，说我在德国绝对找不到工作：'你在这里永远是一个苏联人。'"普林斯顿同意这个乌克兰化学家作为研究人员来校工作，不久后聘请他任教。之后，哈佛大学发现了他并把他挖了过去。1930 年，他移居美国并来到哈佛大学，1938 年成为化学教授。

科南特就是将基斯佳科夫斯基从普林斯顿大学挖到哈佛大学的人。他非常尊重这位朋友兼化学家同事的意见。"当我告诉他将两块可裂变物质快速组合在一起能制造出炸弹的想法时，他的第一反应是疑虑重重。'这在战场上似乎太难做到了。'他评说道。"但当英国的期待和物理学家们的恳求都未能奏效时，最终还是基斯佳科夫斯基的判断说服了科南特：

> 几周后，当我们见面时，他的疑虑就消失了。"它能够被制造出来，"他说，"我百分之百被说服了。"
>
> 当我听到乔治·基斯佳科夫斯基深思熟虑的判断时，我对布里格斯计划的怀疑立刻烟消云散。我与乔治相知多年……我

请他担任国防研究委员会爆炸组的组长……我对他的判断完全有信心。如果他相信阿瑟·康普顿的计划，我还凭什么持保留意见呢？

奥利芬特说服了劳伦斯，劳伦斯说服了康普顿，基斯佳科夫斯基说服了科南特。科南特说，康普顿和劳伦斯的态度"深受布什重视"。但"更重要的"是，莫德委员会的报告由 G. P. 汤姆孙——现在是英国驻渥太华的科学联络官——于10月3日正式递交给了科南特。10月9日，来不及等待美国科学院的第三份评估报告出来，布什就将莫德委员会的报告直接交给了总统。

富兰克林·罗斯福、亨利·华莱士与科学研究和发展局局长星期四在白宫会晤。在布什同一天写给科南特的一份备忘录中，他明确地指出，莫德委员会的报告是这次会谈的基础："我在商议时报告了英国的结论。"他告诉总统和副总统，原子弹的爆炸核心可能重25磅，而爆炸威力却相当于大约1 800吨TNT，需要一个造价数倍于一座大炼油厂的庞大工厂来分离铀-235，原材料可以从加拿大和比属刚果得到，英国估计第一枚原子弹可能在1943年年底制造出来。布什试图说明，一个原子弹工厂一个月只能生产两三枚炸弹，不知总统是否接受这种"相对低的产量"。他强调，他的发言主要基于"一些实验室研究的计算结果，不是已被证实的情况"，因此不能保证成功。

布什基本上是在介绍英国的计算结果和英国的结论。这番介绍表明，英国在这一领域比美国更为先进。因此，讨论话题转向了美国可不可以依附或如何依附英国的计划上。"我提出与英国进行彻底的技术交流，这一建议被采纳了。"布什解释说，英国的"技术人员"也制定了政策，建议政府研发原子弹这种战争武器，并且将他们的方案直接提交给了战时内阁。布什说，在美国，国防研究委员会的一个小组和顾问委员会将考虑技术问题，只有他和科南特考虑政策。

政策是总统的特权。布什刚一提出来，罗斯福就一把夺了过去。布什将这一决定当成这次会议极为重要的成果，在给科南特的备忘录中将它强调为头等重要的东西。罗斯福希望只由一个小组（后来称为最高决策小组）来制定政策。他指定了小组成员：副总统华莱士、陆军部长亨利·史汀生、陆军参谋长乔治·马歇尔、布什和科南特。每个人都直接由总统授权。罗斯福本能地将核武器的决策权留给了自己。

因此，在美国原子能工程开始时，对于这种他们建议制造的武器的政治和军事用途，科学家们已经基本失去了发言权。布什高兴地接受了这一现实。对他来说，这只是一个由谁来主持局面的问题。会议的结果使他留在了最高核心圈内，他将立即利用这一有利条件来使物理学界步入正轨。正如他在 11 月写给弗兰克·朱厄特的信中说的，在几小时内，他就"向阿瑟·康普顿和他的那班人强调，他们只需汇报技术上的工作，而政策方针不是他们要考虑的问题"。

值得注意的是，布什将保留决策权和免受批评联系了起来："过去的许多困难事实上都是因为欧内斯特·劳伦斯在政策方面有过于坚定的想法，并且到处谈论它们……我不能……让他参加讨论，因为总统没有授权我这样做。"他也是用这样的标准——对政策保持沉默——来检验劳伦斯和康普顿的忠诚度的："我认为［劳伦斯］现在懂得了这一点，我相信阿瑟·康普顿也是如此，我认为我们在这方面的困难已经克服了。"

一个科学家可以选择帮助或者不帮助制造核武器，而且这是他唯一能做的选择。必须放弃在这一问题上的所有其他进一步的权力，才能加入这个秘密而独立的"国家"，这个"国家"只通过总统本人和他独有的权力与公众国家产生联系，拥有独立的主权。

许多人决定参与是出于爱国精神，但从物理学家的言谈来看，他们更深层的动机是担心——担心德国人赢得战争，担心原子弹造就一个不可战胜的德意志"千年帝国"。比担心更深的是宿命论。原子弹早就潜藏在自然界中，就像肉体内潜藏的基因组一样。任何国家都可能学会"表达"它，因此这场竞争并不仅仅是针对德国的。正如罗斯福明显感觉到的那样，这也是在与时间赛跑。

布什在备忘录中暗示，相较于对德国人的担心，罗斯福更担心的是获得这样一种具有决定意义的新式毁灭工具的长期后果。"我们最后讨论了战后如何控制，"布什在给科南特的信中写道，"以及原材料的来源问题。"（当时人们相信这种原材料的来源相对稀少，似乎谁掌握了它们，谁就很有可能垄断原子弹。）罗斯福的考虑已经超越了为这场美国尚未卷入的战争研发原子弹，他也在思考将会改变世界政治格局的军事发展。

布什是一个成功的管理者，部分原因是他知道自己的权限，所以他提出，"更大的计划"——原子弹的工业生产——到时候要由某些大机构而不是科学研究和发展局来掌控。罗斯福同意了。总结自己的观点时，布什告诉总统，他懂得要设法加快必需的研究，但"在从罗斯福那里得到更多指示之前，无法以任何明确的步骤继续实施这一扩展了的计划……他指出这是正确的"。至于资金，总统告诉他，"会专款专用，并且……他能够安排好"。

美国尚未决定制造原子弹，但决定全面论证是否能够造出原子弹。一个人，富兰克林·罗斯福，在没有咨询过国会和法院的情况下秘密地做出了这一决定。这似乎是一项军事决策，而他是美国的总司令。

◉

布什和科南特着手要求阿瑟·康普顿准备提交美国科学院的第三次评估报告。康普顿向塞缪尔·阿利森要一份能帮他计算铀-235 临界质量的人员名单。阿利森在碳吸收截面课题上一直与恩里科·费米有联系，因而极力推举他。康普顿"在哥伦比亚费米自己的办公室会见了他。他走向黑板，为我简单而直接地推导出方程，从这个方程能计算出……链式反应球体的临界尺寸。他指出了最新的各个实验常数值，讨论了数据的可靠性……甚至连最保守的估计也表明，引起核爆炸所需的裂变金属的量几乎不会超过 45 千克"。[1]

康普顿转而到哈罗德·尤里的办公室观察同位素分离。尤里因在氢同位素分离方面的研究成果而获得诺贝尔奖，在该领域是世界公认的领头人；他一开始就在铀委员会和海军研究实验室指导同位素分离的研究工作。他亲自研究铀-235 的化学分离（考虑到当时

---

[1]　康普顿记忆有误，他所说的比费米的计算结果更为乐观。在康普顿拜访费米之后，布里格斯铀委员会的理论物理学家格雷戈里·布赖特请求费米将推导过程写在纸上。费米忙于他的铀-石墨实验，于 10 月 6 日交出了一组粗略的笔记。他用截面推测出了 130 千克的结果。他补充说："依我看来，没有谁能排除［临界质量］低到 20 千克或高达数吨的可能性。"

可供使用的化合物，通过化学方法分离是不可能实现的）和离心机分离。他估计每天生产 1 千克铀–235 的离心机厂房需要四五万码长的离心机，花费约 1 亿美元。他不久前已经以铀委员会的名义与西屋公司签约，生产一台样机。

尤里起初怀疑气体多孔膜扩散的方法。他和约翰·邓宁合不来，也许因为他们都是狂热的人。直到 1940 年年底离心分离机开发工作进展顺利的情形下，尤里才把注意力转到邓宁和尤金·布思正在用他们自己的经费致力开发的方法上。1940 年的一个晚上，在从斯克内克塔迪返回的路上，邓宁和布思在晚餐时选择了气体多孔膜扩散，其他方法因为不适合大规模生产而被逐一地排除了，这很像派尔斯和西蒙做过的那样。布思后来回忆道，他们感兴趣的是核能而不是制造原子弹，"我们研究用同位素分离来生产核能的原因很简单，也很宽泛。如果普通的铀可以实现链式反应，那么使用浓缩铀就可以建造更小，或许更廉价的发电厂"。

1940 年 11 月，邓宁和尤里对气体多孔膜扩散过程做了一次联合评估。邓宁当时的膜材料是烧结的玻璃——部分是熔合的，因而是多孔渗透性的二氧化硅，就是那种制造瓷器的材料，可能会被六氟化铀腐蚀。他们估计气体多孔膜扩散工厂将用到大约 5 000 个分离罐——"一级一级的"——但没有打算确定其成本和所需的动力。

1941 年秋天，在没有官方支持的条件下，邓宁和布思仍然取得了重大进展。他们改用黄铜做多孔膜，其中的锌被腐蚀掉了（黄铜是铜和锌的合金，把锌腐蚀掉就能制作多孔渗透性材料）。就在康普顿访问一个月后的 11 月，他们用设备成功浓缩了数量可观的铀。

康普顿的下一步是到普林斯顿拜访与费米有密切合作的尤金·维格纳。维格纳为康普顿澄清了快中子和慢中子裂变的区别。他认同费米为生产 94 号元素而开发的铀-石墨系统。康普顿写道："他几乎是流着泪恳求我帮忙使这项原子计划运转起来的。他对纳粹可能会首先造出原子弹的真切恐惧给我的印象极为深刻，因为他在欧洲的生活经历使他对纳粹有深入的了解。"

回到芝加哥后，康普顿找格伦·西博格谈话，西博格是在康普顿的要求下从伯克利来到东部的。西博格相信自己能发明出一种大规模遥控技术，用化学方法从铀中分离 94 号元素。

借助这一圈访问得到的信息，康普顿于 10 月 21 日在斯克内克塔迪召开了一次委员会会议。他为会议草拟了一份报告。劳伦斯写信说他想带罗伯特·奥本海默过来："我非常信任奥比，我很想听听他对我们讨论的意见。"在康普顿家的火炉边，科南特听说劳伦斯邀请了奥本海默，便狠狠地斥责了劳伦斯，毕竟奥本海默还是一个局外人。但为了促进理论研究，劳伦斯的请求还是得到了同意。

因为劳伦斯所谓的奥本海默的"左倾活动"，劳伦斯与这位理论物理学家发生了争执，这差点使奥本海默被排除在原子弹计划之外。这时奥本海默已和一个原名叫凯瑟琳·普宁（Katherine Puening）、昵称为基蒂的女人结了婚，并有了一个 6 个月大的儿子。奥本海默开始想获得这个项目的一项任务。"我认识的许多人都已经离开，去从事雷达和其他方面的军事研究工作，"他后来表示，"我很羡慕他们。"当他邀请劳伦斯参加他在伊格尔希尔雅致的新居为一个专业协会——美国科学工作者协会，康普顿是这个协会的资深成员——举行的组织会议时，他才认识到被接纳入铀项目需要付出的代价。劳伦斯不想参加任何涉及"事业和忧患"的政治活动，并且禁止他的员工参加。"我不认为这是一个好想法，"他告诉他们，"我不希望你们参加。我知道它并没有什么问题。但我们正在计划一些与战争工作有关的大项目，这样做就欠妥了，我不想让华盛顿的某些人有机会找我们的麻烦。"奥本海默不是一个这么容易放弃的人，他不同意劳伦斯的观点，认为人道主义是每个人的责任，比较幸运的人应该帮助"倒霉的人"。纳粹才是首要问题，劳伦斯针锋相对地说。他把科南特对自己的指责告诉了奥本海默，但奥本海默仍保留自己的观点。10月21日的会议上，奥本海默得以凭自己卓越的才能评判铀项目的这些科学领导人，这改变了他的想法。他证实："直到我头一次与这个初步的原子能计划联系在一起，我才开始看到我能够直接发挥作用的地方。"一旦看到他在战争工作中的用武之地，他很快就把那些"倒霉的人"忘掉了。11月12日，奥本海默写信给劳伦斯：

> 我……向你保证，任何时候都不会再有与A.A.S.W.［美国科学工作者协会］相关的问题了……我非常相信，不会有人此时想去成立一个组织，以刁难、分裂、干扰我们正在进行的工作。我还没有和所有涉事者谈话，但所有和我谈过话的人都赞同我们，所以你别在意这事。

劳伦斯在会议开始时阅读了奥利芬特总结的莫德委员会的报告概要。康普顿随后拿出了基于他10月出访时所获信息的评估报告。奥本海默在讨论铀-235的临界质量时提出了一个100千克的估计值，这很接近于费米130千克的估计值。康普顿写道："基斯佳科夫斯基曾经解释过，用单独一架飞机运载一枚原子弹便能给予敌方沉重打击，这在经济上是巨大的优势。"

然而，康普顿悲哀地发现，他无法打动评估委员会的工程师们。布什坚持的务实精神使美国科学院的评估报告过于脚踏实地，不论是估计制造原子弹需要多长时间，还是估计这项事业需要多少花费，皆是如此：

> 他们一致拒绝给出估计结果……理由是没有足够的数据。事实是，所有已经存在的相关资料都摆在了他们面前。给出一个结果是必要的，哪怕只是粗略的结果，否则我们的建议就无法实施。在经过一些讨论后，我提出总的时间在 3 年到 5 年之间，而总的开支……大约为数亿美元。没有哪个委员会成员提出反对。

所以美国人的数字也像英国人的一样，是从科学家的魔术帽中冒出来的。原子能对工程学来说还是太新了。

如果说康普顿因为这种据不参与而感到沮丧，劳伦斯感到的则是震惊。在 24 小时之内，他给委员会主席写了一封言辞激烈、带有威胁和挑战意味的信：

> 在我们昨天的会上，有这样一种倾向：强调不确定性，从而强调铀可能不是战争的一个要素。按我的意见，这是非常危险的……
>
> 如果铀是否能用于军事用途这一问题的答案最终是否定的，这就不是一场灾难。但如果答案是绝对肯定的，而我们又不能率先得到这种武器，其结果对于我们的国家来说就完全是一场悲剧。因此，我强烈感到，在全力以赴地积极研究铀的问题上，

任何一个犹豫不决的人，都要承担严重的责任。

但康普顿已经遭受到另一个专家——万尼瓦尔·布什——的威胁了，他也很清楚自己的职责，尽管他还不知道布什已经决意推进此事并扩大这个计划。他难以估计"原子弹的破坏性"。这些计算"涉及气压、迄今未知的温度下的比热、辐射和粒子穿过物质的传播以及惯性力等问题"。他求助于格雷戈里·布赖特。布赖特比布里格斯还要热衷于保密。"没有得到任何帮助。"康普顿咬牙切齿地说。他转而求助于奥本海默。"我认识'奥比'大约有14年之久，我认为他在理解复杂问题的本质以及解释他观察到的问题方面有很强的能力。因此我乐于收到他的来信，提出一些对我有益的建议。"整个10月下旬，康普顿都在忙碌。

9月，在莱比锡，维尔纳·海森伯收到了从挪威水电公司运来的第一批40加仑的重水，他立即着手再一次进行上一年在达勒姆的"病毒所"里没有成功的链式反应实验：30英寸的铝球里充满了交替的重水和氧化铀层，超过300磅重，中间放置中子源，然后将铝球浸在实验室储水箱的水中。这一次，海森伯发现中子有些增加，这足以推断出实验成功了。这位德国诺贝尔奖得主现在从冯·魏茨泽克和豪特曼斯的工作中了解到，天然铀的持续链式反应将产生94号元素。他后来说："从1941年9月起，我们看到一条开阔大道出现在我们面前，引导我们制造原子弹。"

他决定告诉玻尔。他从未明确解释过他觉得玻尔可以帮助他达到什么目的。他的妻子伊丽莎白（Elisabeth）认为"他在德国感到孤独。尼尔斯·玻尔对他来说是父亲般的人……他认为他能够与玻尔无话不谈……他的这位老朋友，在人事和政治事务方面都富有经验，玻尔的劝告对他总是那样重要"。"看到自己面对着原子弹的幽灵，"伊丽莎白·海森伯后来解释说，"他想告诉玻尔，德国既不会制造原子弹，也没有能力制造出原子弹……暗地里他甚至希望自己的这一信息能防止有朝一日在德国使用原子弹。他不断被这一想法所折磨……这个含糊不清的希望也许是他这次远行的最强烈的动机。"

10月底，海森伯和冯·魏茨泽克参加了在哥本哈根召开的一个科学会议。玻尔像他抵制丹麦和德国的所有联合活动一样，照例抵制了这次会议，以强调他拒绝合作。不过，他却答应见见海森伯。按海森伯妻子的话来说，他"热情而慷慨地"接待了海森伯。

海森伯计划把他和玻尔的重要谈话留在晚上，那时，他们将在"光荣之家"的嘉士伯啤酒厂附近长时间散步。"因为意识到玻尔处于德国政治势力的监视之下，"战后他回忆说，"以及他关于我的看法可能会被报告给德国人，所以我试图将这次谈话引导到不会对我的生命带来直接危险的方面。"海森伯记得当时问过玻尔，对一个物理学家来说，战时从事"铀问题"工作是否正确，因为这一工作极有可能"在军事技术中产生严重后果"。从美国回来以后，玻尔一直不相信原子弹实际上有可能制成，他后来回忆说，"从他略带恐惧的反应中，我立刻就察觉出这个问题的含义"。海森伯显然认为玻尔已经知道美国的秘密，并且对不经意间暴露了秘密感到羞愧。但玻尔紧接着的反应使海森伯明白，玻尔只不过是为海森伯的问题感到吃惊而已：玻尔立即问海森伯，原子弹是否真有可能制造出来。海森伯回忆说，他回答：需要"在技术上极其努力"，他希望在当前这场战争中不会实现。"玻尔被我的回答震惊了，明显认为我在有意向他暗示，德国在研制原子武器方面有了重大进展。尽管我随后试图纠正给他造成的这一错误印象，但我或许没能成功……我对这次会谈的结果很不满意。"

这就是这次晚间散步交谈的海森伯版本，玻尔的版本语焉不详。他的儿子奥格（Aage），一位诺贝尔奖获得者，接替了他父亲的哥本哈根理论物理研究所所长的职位，他在一部回忆录中总结说：

> 我们觉得德国非常重视［原子能研究的］军事意义，1941年秋天维尔纳·海森伯和冯·魏茨泽克对哥本哈根的访问加深了我们的这种印象……在与我父亲的一次私人会谈中，海森伯提出了原子能的军事应用问题。我的父亲沉默不语，表现出他的怀疑态度，因为还有很大的技术困难需要克服，但他有这样一个印象，那就是海森伯认为如果战争拖延下去，这种新的可能性可能会决定战争的结果……［海森伯对这次会谈的］叙述没有事实依据。

罗伯特·奥本海默也直接从玻尔那里听说了这件事，他是这样总结这次会谈的："海森伯和冯·魏茨泽克从德国那边过来，其他人也是如此。玻尔的印象是，他们去哥本哈根的目的不是想告诉玻尔他们知道些什么，而是想看看玻尔是否清楚一些他们还没搞清楚的问题，我相信双方发生了对峙。"

这两个说法并不矛盾，但二者都遗漏了一个至关重要的事实：海森伯向玻尔呈递了一份他正在打造的重水反应堆实验的图纸。如果他暗中做了这件事，他一定是冒着生命危险的。如果他做这件事是在玩弄手段，在纳粹的授意下用以误导盟国的谍报系统，那么他肯定不会再像伊丽莎白·海森伯所写的那样将玻尔当成父亲般的人。无论他是哪种意图，这都让玻尔产生了误解。伊丽莎白·海森伯认为，"玻尔基本上只听到了一句话：德国人知道原子弹可以制造出来。他对此深感震惊，而且他惊愕到了其他一切都没听进去的程度"。但奥格·玻尔和奥本海默的叙述都暗示了玻尔另外的反应：愤慨，甚至怀疑海森伯可能乐意以某种方式、出于某种理由与纳粹德国合作。海森伯则对玻尔未能看到和相信他的保留态度感到吃惊，而且正如他妻子写的那样，他也对玻尔未能理解他"与他的国家和人民的联系并不等于他同那个政权的联系"而感到吃惊。相反，她补充说："玻尔告诉海森伯，他完全理解，在战时，一个人应该用他的全部才能和力量为他的祖国效力。"由于这暗示玻尔把他往最坏了想——认为他在心甘情愿地为纳粹服务——所以毫不意外，"玻尔的回答使海森伯深感震惊"。

这次会谈尤其是海森伯交出的图纸使玻尔深感忧虑，但他对任何一个国家，特别是在战时，能够拥有足够的工业生产能力来进行同位素分离一直持怀疑态度。他一定为他眼中这样一个曾经忠实的杰出学生的背叛行为感到痛苦。而对海森伯而言，海森伯的妻子说，他发现自己处在"一种混乱和令人失望的状态下"，即使冒了险，他也没能使玻尔相信他的真诚，没能通过对话避免可能发生的灾难。没有这样的对话，他或许只能暗暗地用链式反应方面进展的消息来进一步给德国最强大的敌人发出预警。这些消息一定会促进盟国致力于制造原子弹。正如鲁道夫·派尔斯所写的那样，在海森伯生命中的那段时间里，"他自愿与魔鬼一同喝汤，也许还发现没有一把足够长的汤匙。"

阿瑟·康普顿在 11 月 1 日之前将美国科学院第三次报告的草稿副本上交给了万尼瓦尔·布什和弗兰克·朱厄特。新报告很简短，只有 6 页，而且是隔行打字的（附有 49 页技术附录和有关图表）。最后，报告强调："现在这个报告的特别目标是考察一种用铀-235 产生爆炸裂变反应的可能性。"康普顿写道，分离铀同位素方面的进展使重新思考这种可能性变得紧迫起来（一个有些不够坦率的原因是：英国的进展刺激了这种改变）。

这一次，报告明确指出："一颗具有超级破坏力的裂变炸弹可以由足够质量的铀-235 元素迅速组合在一起而产生。这似乎是所有根据理论和实验得出的尚未验证的预测中最有把握的一个。"在第二页上，三份报告中首次提到对快中子裂变临界质量的估计："在合适的条件下，产生爆炸性裂变所需要的铀-235 的质量，不可能小于 2 千克，也不会大于 100 千克。上下限相差极大，这主要反映了在实验中铀-235 快中子俘获截面的不确定性。"

美国科学院对破坏力的估计比莫德委员会报告的估计低一些，每千克铀-235 约为 30 吨 TNT 当量（换言之，25 磅的铀相当于大约 300 吨 TNT，而莫德委员会估计的则是 1 800 吨）。但美国的报告强调了炸弹的放射性对生命的破坏效力"也许和爆炸本身同样重要"，试图以此来打消对从少量物质中释放巨大能量的效率的怀疑。

离心法和气体扩散法已经"接近实施阶段"。"在三四年之内可以有一定数量的"裂变弹投入使用。与前两个报告一样，报告没有强调德国人的挑战而是强调了远景："必须严肃考虑一种可能性，即在几年之内，使用这里所描述的原子弹或者其他类似的铀裂变武器的一方可能会取得军事上的优势。为了巩固我们的国防，看来需要紧急发展这个计划。"

在详细的附录中，康普顿计算出密密包裹在反射层中的炸弹的临界质量不会超过 3.4 千克；基斯佳科夫斯基讨论了一次裂变爆炸是否会具有在能量上相当的 TNT 炸药爆炸的破坏力，证明了将两块铀高速撞在一起而发生反应的可能性；在康普顿的委员会，一位资深物理学家对同位素分离系统做出了肯定的报告，经过考虑后推荐采用"平行发展的原则"，也就是同时发展各种方法，这样做成本较高，却能节约时间，防止一个或者多个方法行不通导致进度延误。

值得注意的是，第三份报告没有提到哥伦比亚大学的铀-石墨和钚的工作。康普顿回忆说，铀-235 原子弹看上去比钚原子弹"更为直接，成功的把握更大"，但这种省略也表明，布里格斯对优先项目的判断以及他本人都已边缘化。布什在会见康普顿之前写信给朱厄特，提到"目前让布里格斯去掌管一个致力于物理测量的部门"——实在是微不足道的事情——并且正在组建"一个新小组，由一名全职负责人领导研发工作"。他正在考虑欧内斯特·劳伦斯，但又认为劳伦斯管不住嘴："事情……必须在最严格保密的条件下处理。这是我对提名欧内斯特·劳伦斯举棋不定的原因。"

如果说第三份也是最后一份美国科学院报告只是将先前的总统决定合理化，那么它至少审核了英国人的独立发现，并对美国物理学界有所交代。美国终于走上了原子弹制造之路。它就像一辆重型卡车，惯性是与它的科学、工程和工业能力的大小成正比的，如今，加速度克服了惯性，它开始运转了。

在富兰克林·德拉诺·罗斯福签署的文件中，没有一份与加速原子弹研究的重大决定有关。万尼瓦尔·布什在 10 月 9 日给詹姆斯·布赖恩特·科南特的备忘录中告诉他：档案文件中没有泄露任何确凿的证据。档案中最接近于这种记录的只有一张普普通通的短笺，而正是这张纸改变了世界。布什于 1941 年 11 月 27 日将美国科学院的第三份报告亲自交给了总统。两个月以后，罗斯福把报告退还给他，并附有一张用黑墨水和粗笔尖在白宫信纸上写的短笺。除了开头的口语表达和总统名字的首字母缩写体现出的权威性之外，这一短笺传达的只是国家机密管理的惯常流程：

THE WHITE HOUSE
WASHINGTON

Jan 19

V. B.
OK — returned — I think you had best keep this in your own safe

FDR

　　短笺内容："1 月 19 日——V. B.（布什）OK——回执——望把它妥善保存在你自己的保险柜内——FDR（罗斯福）"

钚仍然是无人领养的孤儿，劳伦斯和康普顿却相信它前途无量。12月上旬，当布什和科南特召集铀委员会成员到华盛顿宣布他们工作的重组情况时，康普顿找到了发表这方面意见的机会。布什和科南特决定，让哈罗德·尤里在哥伦比亚大学开发气体扩散方法；劳伦斯在伯克利继续进行电磁分离；一位年轻的化学工程师、新泽西标准石油公司研究部主任伊格·V. 默弗里（Eger V. Murphree）负责监管离心分离机的研发工作，并且监管更广泛的工程问题；康普顿在芝加哥负责原子弹的理论研究和实际设计。康普顿写道："会议宣布休会，将在两周内再次召开，好比较进展情况，更加稳固地形成我们的计划。"

布什、科南特和康普顿在拉斐特广场的宇宙俱乐部共进午餐。在那里，这位芝加哥大学的物理学家谈起了钚。他强调用化学提取法制备 94 号元素比用同位素分离法更优越，这种优势使 94 号元素成为"一个有价值的竞争者"。布什持谨慎态度。科南特指出，新元素的化学性质仍然很不清楚。康普顿记得他们当时是这样交换意见的：

> "西博格告诉我，在［钚通过链式反应］形成后的 6 个月内，他就能用它来制造原子弹。"这是我的意见。
>
> "格伦·西博格是一个非常有才能的年轻化学家，但他还没优秀到那种程度。"科南特说。

格伦·西博格作为化学家到底有多优秀或许还有待观察，但科南特记得康普顿当时进一步指出，即使最后证明钚不适合用来制造原子弹，"［在天然铀中］实现自持链式反应［费米和西拉德的项目］也是一个辉煌的成就"，"将会证明测量和理论计算都是正确的"：

> 我一直不知道究竟是什么打消了布什头脑中的疑虑，是慢中子反应几乎肯定将被证实，还是康普顿在制造钚原子弹方面的信念给他留下了深刻印象，尽管我作为化学家对钚原子弹缺乏信心。不管怎么样，在几周内，他就同意康普顿在芝加哥建立非常秘密的项目了。

布什将华盛顿的会议安排在周末，以方便这些繁忙的人。1941年12月6日，星期六，他们再一次聚集在一起，几乎马上就变得更忙碌了。

◉

1941年12月7日，星期日，夏威夷时间上午7点，在瓦胡岛最北端的卡胡库角附近，两名正在关闭奥帕纳移动雷达站的二等兵注意到显示屏上有不寻常的迹象。这个雷达站用于侦察飞行器，凌晨4点开始运作。他们检查并证实没有任何故障，确认了成团的大量光点"肯定是一个机群"。他们的标图板表明其方位为东北132英里处，飞机似乎超过50架。其中一个士兵打电话告知瓦胡岛的另一端的沙夫特堡的情报中心，雷达和目视观察报告同时摆在了这里的地图桌上。接电话的陆军中尉听到雷达操作员说他看见了"他从未看到过的最大规模机群"，可是这个操作员没有报告他估计的飞机数量。

陆军和海军都收到了日本进攻的紧急警报。日本人认为统治东亚对他们来说生死攸关。1937 年，侵华日军在上海残忍地杀害了多达 20 万的成人和儿童。[1]美国对日本军事扩张的反应是禁运战争物资和冻结日本人在美国的资产。航空用油、钢铁和废铁相继列在1940 年 9 月的禁运清单中，当时日本人在懦弱的法国维希政府的许可下，占领了原法属印度支那。日本人估计，如果没有获得亚洲其他国家的石油和铁矿，他们最多只能坚持 18 个月。一段时间里，他们一边继续谈判，一边准备战争。现在，谈判失败了。

沃尔特·C. 肖特（Walter C. Short）中将，陆军夏威夷部队司令，于 11 月 27 日收到一份由陆军参谋长乔治·马歇尔签名的密电，部分内容如下：

> 与日本进行的所有实质性谈判看来已经走到了尽头，日本政府重回谈判的可能性微乎其微。日本的进一步行动是不可预知的，但日本人随时可能采取敌对行动。如果战争行动不可避免（重复一遍，不可避免），那么美国希望是日本首先采取公开的行动……应该采取一些措施，但不要（重复一遍，不要）惊动民众或暴露意图。

肖特有三种级别的预警措施可供选择，从"防御破坏、间谍和颠覆行动，没有外部威胁"，逐级上升到针对"全面进攻"的全面防卫。他认为陆军部的信息明显"主要是写给在菲律宾的麦克阿瑟将军的"，并且选择了有限的针对破坏活动的防卫，也就是最低级警报。

---

[1] 原文如此。1937 年 11 月 12 日日军占领上海，随即进犯南京，于 12 月 13 日在南京屠杀了超过 30 万中国平民。——译者注

海军上将赫斯本德·E.金梅尔（Husband E. Kimmel），美国太平洋舰队总司令，数小时后也收到了海军部发给他的相似但更为严峻的消息，他的舰队当时停在瓦胡岛南岸、火奴鲁鲁西部的珍珠港。电文如下：

> 这封急件是一份战争警报。与日本谋求太平洋地区稳定的谈判中止了，估计近日内日本会发起一场攻击性行动。日本部队的数量和装备及其组建的海军特混舰队表明，日军会对菲律宾、泰国、朝鲜半岛或是婆罗洲发起两栖进攻。做好适当的防御部署并随时待命。

金梅尔注意到，电文中提到的可能发生冲突的区域在其他地方。在他和肖特交换信息时，他注意到陆军警报中"更谨慎的措辞"。他认为，"适当的防御部署"的意思是对海里的船只采取全面的安全措施。突如其来的潜艇攻击看来是可能的，他下令对在瓦胡岛周围水域发现的任何潜艇使用深水炸弹。

因此，接到奥帕纳移动雷达站电话的陆军中尉没有意识到危险。他为这不寻常的报告寻找并且找到了常规解释。陆军出钱给火奴鲁鲁的KGMB广播电台，让它在陆军向岛上调飞飞机时通宵播放夏威夷音乐，给飞机领航员们一个搜索的信号。那天早晨，在前往情报中心的路上，这名陆军中尉在广播中听到了这种音乐。他确定雷达是探测到了B-17的机群。奥帕纳移动雷达站标出的航向也是接近从加利福尼亚飞来的平常方向。"好了，别担心了。"陆军中尉如此告诉雷达操作员。

珍珠港是一个在岛内拥有天然屏障的浅水混合内港，通过一条狭窄的通道通向海里。一个半岛（珍珠城）和一个港内岛（福特岛）使珍珠港的主港湾成为一圈狭窄的环形水域。1941年，干船坞、油罐区和一个潜艇基地占据了港口不规则的东岸。那个星期天的早晨，7艘战列舰直接停在福特岛的东南岸边。"内华达号"单独停泊，"亚利桑那号"紧挨着修理船"维斯塔尔号"，"田纳西号"紧挨着"西弗吉尼亚号"，"马里兰号"紧挨着"俄克拉何马号"，"加利福尼亚号"单独停泊。第八艘战列舰，"宾夕法尼亚号"，毫无防备地停在附近的干船坞里。

39岁的日本帝国海军中佐渊田美津雄，身着红色衬衫，以此向别人掩饰他可能流出的血，头盔上缠着一条写着"必胜"字样的白色头巾。上午7点53分，当他的飞行员在珍珠港西南的巴伯角附近倾斜飞行时，他大喊"虎！虎！虎！"，以此来通知正在收听电讯的日本海军，他的183架飞机的第一轮突袭成功地让对方措手不及。他指挥的43架战斗机、49架高空轰炸机、51架俯冲轰炸机和40架鱼雷机是从北方200英里外的6艘航空母舰上出发的。这些航空母舰在战列舰、重型巡洋舰、驱逐舰和潜艇的强力护航下于11月25日离开日本北方择捉岛的单冠湾，在无线电静默的情况下黑灯瞎火地在狂风暴雨中穿过辽阔空旷的太平洋，航行了大约两个星期后到达这个最佳的集合点。

鱼雷轰炸机被分成两架一组、三架一组进行俯冲。机组人员已经准备好在必要时用机身猛撞美国战列舰，不过他们的进攻没有遇到任何阻拦。上午7点58分，福特岛指挥中心慌乱地用明码发出无线电信号：空袭珍珠港，这不是演习。海军上将金梅尔在邻居家的草坪上目睹了进攻的开始——"完全不相信自己的眼睛，完全被惊呆了，"他的邻居后来回忆说，"脸色苍白得与他穿的制服一样。"

鱼雷机攻击了一艘轻型巡洋舰和一艘靶舰、一艘布雷舰、另一艘轻型巡洋舰，然后是战列舰："亚利桑那号"被掀出水面；"西弗吉尼亚号"受到巨浪的冲击；"俄克拉何马号"被三架鱼雷轰炸机轮番攻击，立刻向左舷严重倾斜；"亚利桑那号"的船底被炸掉；三架鱼雷轰炸机向"加利福尼亚号"进攻；另有两架攻击"西弗吉尼亚号"；第四架也前来袭击"俄克拉何马号"，使这艘巨舰跃至空中，然后翻转倾覆；"亚利桑那号"被一枚炸弹击中前弹药库，船体被炸开，至少有 1 000 人死亡，尸体、手、腿和头被炸上天空，然后令人毛骨悚然地像雨一样落下；一枚鱼雷炸断了"内华达号"左舷舰首。浓黑的烟团翻滚着，遮蔽了夏威夷早晨蓝色的天空，水面在猛烈燃烧，尖叫的人们试图从燃烧着的黏稠浮油中游到岸边。在希卡姆机场、埃瓦机场和惠勒机场，日本战斗机和轰炸机摧毁了美军在地面上的飞机，用机枪扫射从兵营里涌出的海军和陆战队士兵。一小时后，又有 167 架强击机发起了第二轮进攻，进一步造成了破坏。两轮袭击造成 8 艘战列舰、3 艘轻型巡洋舰、3 艘驱逐舰以及 4 艘其他舰艇沉没、倾覆或受损，292 架飞机被摧毁或受损，其中包括 117 架轰炸机。在持续了仅仅几分钟的突袭中，军人和平民都算在内，有 2 403 名美国人死亡，1 178 人受伤。第二天下午，富兰克林·罗斯福召开参众两院联席会议，在国会上发表了讲话，要求不仅对日本，而且对德国和意大利宣战。这个要求得到了国会的批准。

策划偷袭珍珠港的人是日本联合舰队总司令、海军大将山本五十六，他对最终战胜美国并未抱有幻想。他在哈佛大学上过学，当过驻华盛顿的海军武官，深知美国的强大。但如果战争注定要到来，他会在一开始最意想不到的时候"突然给敌方舰队致命的打击"。他希望通过这次偷袭行动为他的国家赢得 6 个月到 1 年的时间来建立"大东亚共荣圈"，同时做好固守的准备。

鱼雷机曾面临一个挑战。珍珠港只有 40 英尺深。从飞机上落下的鱼雷通常会先下沉到 70 英尺以下的深度，再上浮到攻击深度。日本人只好显著下降投弹高度，不然他们的鱼雷会陷在珍珠港的淤泥中。

他们通过反复试验发现，只要在水面上方 40 英尺高的空中飞行并限制飞行速度，就能够做到浅水投弹——这种操作需要熟练的飞行技巧——但进一步的改善需要重新设计鱼雷，主要是测试和校正误差。直到 10 月中旬，渊田美津雄的机组仍然最多只能在 60 英尺深的水中投弹，还是太深了。

一种新的稳定翼，最初是为确保航空稳定性而设计的，却使这项特殊任务起死回生。9 月份测试时，它始终让鱼雷机保持在低于 40 英尺的高度上稳定飞行，但是飞行员仍然需要做瞄准练习；到 10 月 15 日，只保证有 30 架这样的飞机能够使用，到月底可以多 50 架，最后 100 架预计到 11 月 30 日交付，这已经是在特混舰队预定起航的时间以后了。

制造商贡献了重要力量。因为认识到这些武器对史无前例的秘密计划至关重要，经理福田幸郎一改公司规则，超时加班开动机床、装配产品，并于 11 月 17 日将 180 架改进的鱼雷机全部交货。三菱军需品公司在九州的鱼雷机工厂凭借着爱国精神，为太平洋战争中首次重大偷袭的成功做出了决定性的贡献。九州在日本岛的南端，离开长崎市老港海湾沿浦上川上溯 3 英里，就是该厂所在地。